# CONTROLE PREDITIVO BASEADO EM MODELO

Blucher

sociedade brasileira de
AUTOMÁTICA

Julio Elias Normey-Rico
Rodolfo César Costa Flesch
Daniel Martins Lima
Vinícius Berndsen Peccin

# CONTROLE PREDITIVO BASEADO EM MODELO

Caso monovariável linear

Volume 1

*Controle preditivo baseado em modelo: caso monovariável linear - volume 1*



*Publisher* Edgard Blücher
*Editor* Eduardo Blücher
*Coordenador editorial* Rafael Fulanetti
*Coordenação de produção* Andressa Lira
*Produção editorial* Alessandra de Proença
*Diagramação* Horizon Soluções Editoriais
*Revisão de texto* Edi Carlos Sousa
*Capa* Leandro Cunha
*Imagem da capa* iStockphoto

**Blucher**

Rua Pedroso Alvarenga, 1245, 4° andar
CEP 04531-934 – São Paulo – SP – Brasil
Tel.: 55 11 3078-5366
**contato@blucher.com.br**
**www.blucher.com.br**

Segundo o Novo Acordo Ortográfico, conforme 6. ed. do *Vocabulário Ortográfico da Língua Portuguesa*, Academia Brasileira de Letras, julho de 2021.



Dados Internacionais de Catalogação na Publicação (CIP)
Angélica Ilacqua CRB-8/7057

Controle preditivo baseado em modelo : volume 1 : caso monovariável linear / Julio Elias Normey-Rico ... [et al]. – São Paulo: Blucher, 2024.
334 p.

Bibliografia
ISBN 978-85-212-2128-9

1. Engenharia 2. Controle preditivo 1. Normey-Rico, Julio Elias

23-6070 CDD 620

Índice para catálogo sistemático:
1. Engenharia

# Agradecimentos

Aproveitamos este espaço para agradecer a pessoas e entidades que, de diversas maneiras, tornaram este livro possível. Primeiro, agradecemos os incentivos dos nossos colegas e amigos de departamento. Alguns exemplos e estudos de caso apresentados ao longo deste livro foram elaborados com base em pesquisa científica financiada pela CAPES, FINEP, ANP e CNPq, assim, agradecemos a estas instituições pelo suporte. Lembramos do acolhimento deste livro pela Sociedade Brasileira de Automática, que o incluiu na série de material didático da SBA Press.

# Conteúdo

CAPÍTULO 1

# Introdução

Este livro tem como objetivo principal apresentar aos estudantes de engenharia e de áreas afins os fundamentos do controle preditivo baseado em modelo, também denominado apenas como controle preditivo (MPC, do inglês *Model Predictive Control*). O MPC é uma das metodologias de controle mais usadas na indústria de processos (ALAMIR, 2013), sendo, depois do PID, a estratégia mais difundida e com maior satisfação de uso por parte dos usuários. Ainda, ela é muito pesquisada no meio acadêmico, o que pode ser comprovado pela grande quantidade de artigos publicados no assunto anualmente. Este sucesso se deve a vários fatores: (i) ela pode ser aplicada tanto a processos monovariáveis quanto a multivariáveis, sejam eles lineares ou não lineares; (ii) as restrições das variáveis do processo podem ser incluídas diretamente na formulação do controlador, o que é um importante diferencial frente a outras técnicas de controle avançado e talvez uma das suas caraterísticas mais importantes do ponto de vista das aplicações práticas; (iii) os objetivos para o sistema em malha fechada são definidos no domínio do tempo, o que simplifica o entendimento e sua aplicação; (iv) é uma estratégia de controle ótima, que busca a minimização de uma função custo que pode ser bastante flexível, possibilitando a sua adaptação para uma grande diversidade de problemas práticos.

O livro tem uma abordagem teórico-prática, que prioriza o desenvolvimento da teoria clássica do MPC, além de apresentar aspectos de implementação e estudos de caso retirados do ambiente industrial. Para tal, diversos casos reais são usados para motivar e embasar as metodologias de controle e seus respectivos desenvolvimentos matemáticos.

No decorrer deste texto, que é o Volume 1 de um conjunto de dois volumes, os conceitos básicos de controle preditivo serão detalhados, abordando as principais metodologias de MPC linear usadas na prática industrial, para o caso mais simples de sistemas de uma entrada e uma saída (SISO, do inglês *Single-Input Single-Output*). São traçados paralelos com a teoria clássica de controle para comparar os resultados apresentados com estratégias bem conhecidas da literatura, como controladores PID e o preditor de Smith. Posteriormente, no Volume 2, tratam-se os problemas mais gerais multivariável (MIMO, do inglês *Multi-Input Multi-Output*) e não linear, bem como aspectos mais detalhados de métodos de otimização.

Todo o desenvolvimento teórico apresentado neste livro segue uma abordagem no domínio do tempo discreto, recorrendo a conceitos e ferramentas básicas da teoria de controle digital clássico, como equações a diferenças e transformada Z. O livro é orientado a estudantes de engenharia e de áreas afins que possuem conhecimentos básicos de teoria de controle em tempo contínuo e tempo discreto, podendo ser usado tanto em cursos de graduação (nas fases finais) quanto em cursos de mestrado. Para cursos mais avançados e pesquisas de doutorado, sugere-se também o uso do material apresentado no Volume 2.

Este livro é organizado da seguinte maneira:

- o Capítulo 2 introduz os primeiros conceitos sobre controle MPC e apresenta exemplos motivadores para mostrar o potencial da ferramenta;
- os Capítulos 3 e 4 apresentam, para o caso SISO, duas das abordagens de MPC mais usadas na literatura e na indústria, respectivamente, o controlador DMC (do inglês *Dynamic Matrix Control*) e o controlador GPC (do inglês *Generalized Predictive Control*);
- para finalizar este volume, o Capítulo 5 trata de aspectos práticos dos controladores MPC. Detalhes de estratégias usadas na prática para adaptar o MPC acadêmico ao uso industrial, e que são muito importantes para o sucesso dessas aplicações, são apresentadas. Assim, se discutem, entre outros, problemas como o uso de variáveis de folga nas restrições, fundamental para as restrições nas variáveis controladas do processo, e as técnicas de blocagem, muito utilizadas para reduzir o tempo de cálculo da lei de controle.

Para fins de revisão dos conteúdos apresentados, no final de cada capítulo são propostos exercícios e atividades de simulação. Ainda, nos apêndices, são apresentados uma ferramenta de simulação gratuita, e um resumo dos algoritmos MPC discutidos no livro. Os códigos dos exemplos são disponibilizados para descarga na página web do livro[1].

[1] https://danielml.paginas.ufsc.br/livro-mpc/.

CAPÍTULO 2

# Controle preditivo baseado em modelo

O controle preditivo baseado em modelo (MPC, do inglês *Model Predictive Control*), como seu nome indica, é uma estratégia de controle que usa o conceito de predição para o cálculo da ação de controle a ser aplicada no processo. Predição é o ato ou efeito de predizer, de afirmar o que vai acontecer no futuro. Quando fazemos uma predição, estamos antecipando aquilo que, supostamente, vai acontecer. No caso do MPC, essas predições são calculadas usando um modelo do processo a ser controlado e dados presentes e passados desse processo. Assim, o MPC, também chamado apenas de controle preditivo, é uma estratégia de controle que baseia suas decisões em predições do que vai acontecer no futuro calculadas com base em um modelo.

De uma certa forma, o controle preditivo tenta reproduzir a forma como os humanos tomam decisões. Considere, por exemplo, as ações tomadas por uma pessoa antes de iniciar o cruzamento de uma avenida. A partir do momento em que o pedestre chega no fim da calçada, a ação de controle seguinte, cruzar ou não a avenida, depende de uma análise realizada com base na observação das posições e velocidades dos carros que trafegam, e num cálculo mental do tempo que eles vão levar para chegar até o ponto onde o pedestre pretende cruzar. Ainda, o pedestre estima o tempo necessário para cruzar até o outro lado. Assim, ele está realizando uma predição, em uma janela de tempo futuro, de qual será a sua posição e de quais serão as posições dos carros. A janela de tempo que ele considera é dada, aproximadamente, pelo tempo necessário para cruzar até o outro lado. A decisão final a ser tomada, que podemos denominar ação de controle, não depende apenas das medições realizadas no instante atual, mas também das predições das variáveis envolvidas no problema. Se, pelo cálculo mental realizado, o tempo necessário para cruzar for menor que o necessário para os carros chegarem até o local, o pedestre vai cruzar. Caso contrário, deve esperar outra oportunidade. Ainda, se a decisão foi a de cruzar a avenida, normalmente o pedestre irá continuar a análise da movimentação dos carros e reavaliará a situação para poder alterar sua decisão, se necessário. Por exemplo, se o pedestre observar a aceleração de um dos carros que se aproxima, a reavaliação da predição pode concluir que é necessário acelerar o passo para chegar a salvo no outro lado da avenida.

O mesmo acontece em outras situações, por exemplo, quando dirigimos um carro. As decisões de acelerar ou frear não são tomadas apenas com a informação do instante atual de todos os elementos móveis que podem colidir com o nosso carro, mas usamos também as predições das velocidades e posições dos mesmos. E fazemos isso continuamente, sempre atentos a movimentações dos carros e pedestres próximos.

Em todas essas situações, usamos um modelo mental obtido com a experiência, que nos permite realizar as predições em uma determinada janela de tempo e, a partir das informações desse modelo e do ambiente em que estamos, decidimos que ação tomar usando algum critério. No caso do carro, por exemplo, se estamos com muita pressa podemos tomar uma decisão bem diferente da que tomaríamos, caso nosso objetivo fosse economizar combustível ou prezar pela segurança. Ainda, se estivermos dirigindo um carro popular ou um carro esportivo, por mais que tenhamos um objetivo bem definido, usaremos uma estratégia diferente para pisar no acelerador em cada caso. Isso ocorre porque o comportamento dos veículos é diferente para uma dada ação de controle, então nosso comportamento ao volante também terá que ser diferente para que os veículos possam se comportar de modo semelhante. Ou seja, nossas decisões são impactadas pelos objetivos traçados e pelo modelo do processo que controlamos. Ainda em relação a este exemplo, observe que as decisões que tomamos são reavaliadas a cada instante e sempre consideram uma janela de tempo futuro.

O controle preditivo coloca toda essa filosofia de tomada de decisão mediante uma formulação matemática. Nessa formulação estarão definidos o modelo, os objetivos e as restrições. Por exemplo, no caso do carro, vamos construir um modelo matemático que relacione a sua velocidade e posição na estrada, que serão as variáveis controladas (ou saídas), com as variáveis manipuladas (ou entradas de controle), que neste caso são a posição do volante, do acelerador e do freio. O objetivo pode ser, por exemplo, conduzir o carro seguindo uma trajetória definida por velocidades e posições ao longo da estrada. As principais restrições do problema neste caso são a velocidade máxima e a aceleração máxima do carro, a velocidade máxima permitida na via em cada trecho, o máximo ângulo de giro do volante e a distância mínima que desejamos manter em relação a outros carros ou obstáculos. Assim, com base na predição calculada pelo modelo no horizonte, vamos calcular a ação de controle que atenda da melhor forma possível o objetivo de seguir a trajetória planejada, satisfazendo também as restrições associadas ao problema. Finalmente, a cada amostra, o algoritmo de controle reavalia a situação, dado que os carros e obstáculos próximos mudam de posição, e desloca a janela de tempo usada para a predição.

Em controle preditivo, utiliza-se uma formulação matemática para descrever os objetivos de controle, assim como para considerar as restrições do problema, o que implica, na prática, a resolução de um problema de otimização a ser resolvido em cada amostra. Encontrar as ações de controle futuras a serem aplicadas no processo, de forma tal que cheguemos o mais próximo possível do objetivo pode ser, em geral, colocado como um problema de maximização ou minimização de uma função, normalmente chamada de função custo ou função objetivo.

A Figura 2.1 mostra um diagrama de blocos do MPC considerando as ideias anteriormente expostas. Nele, podemos ver o bloco que representa o modelo matemático que aproxima o comportamento do processo e o otimizador que encontra a ação de controle a ser aplicada no processo a cada amostra. Apesar de otimizador e modelo serem representados em blocos separados, o otimizador precisa de informações do modelo para poder definir a sequência ótima de ações de controle, então esses elementos são representados na figura como compartilhando um espaço de memória, para troca de informações. Observe que o otimizador precisa, como entradas, uma função custo (ou função objetivo), as restrições do problema, as referências e o modelo que relaciona as predições com as ações de controle. Em geral, pode-se colocar o problema de otimização de forma genérica como: encontrar as ações de controle numa janela de tempo futuro para minimizar a função custo e, ao mesmo tempo, satisfazer as equações do modelo e as restrições.

Dessa forma, por um lado o otimizador precisa das predições futuras para poder encontrar o sinal de controle ótimo. Por outro lado, o modelo precisa dos valores passados das variáveis manipuladas e controladas e também dos controles futuros definidos pelo otimizador para encontrar as predições na janela de tempo futuro, comumente chamada de horizonte de predição. Essa troca de informações é o que se representa no espaço de memória compartilhada na Figura 2.1.

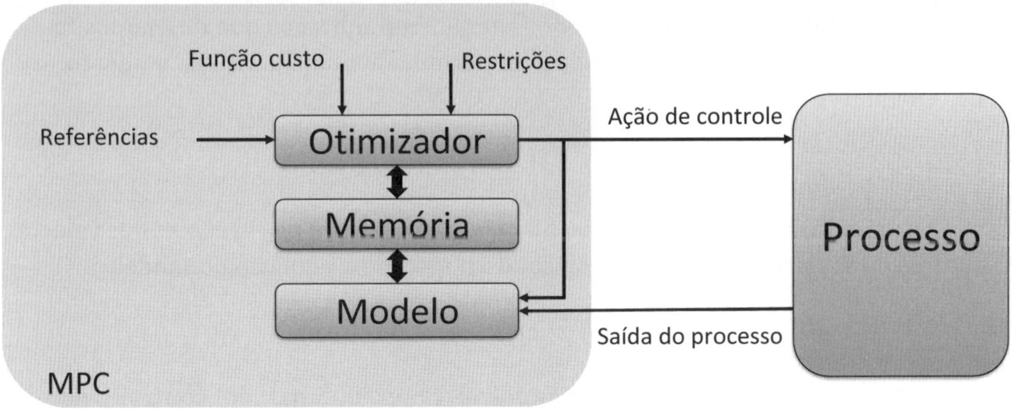


**Figura 2.1** Diagrama de blocos do MPC.

Como o modelo utiliza os valores passados das variáveis controladas para calcular as predições, fica claro que o controle preditivo é uma estratégia que utiliza a realimentação. Muitas pessoas têm a falsa ideia de que o MPC, por trabalhar com predições, não precisa de informações sobre a medição do processo, mas isso não é verdade. Abordagens MPC utilizam a saída do processo para o cálculo da ação de controle. Essa dependência não aparece de forma explícita, mas por meio do modelo na Figura 2.1, que calcula as saídas futuras com base nas medições já feitas, e do fato que o otimizador faz uso do modelo para encontrar as ações ótimas de controle.

Observe a generalidade desse sistema de controle, pois ele pode ser aplicado nos mais diversos problemas, usando os mais diversos tipos de modelo, e considerando diferentes objetivos. Na formulação do MPC não especificamos, por exemplo, se o modelo é linear ou não linear, se está dado em relações entrada-saída ou com variáveis de estado, se é um modelo fenomenológico ou do tipo caixa preta. Também não especificamos se os objetivos são seguir uma determinada referência ou maximizar uma produção, por exemplo.

Mas será que o uso do conceito de predição na formulação de uma lei de controle é uma exclusividade do MPC? Vamos apresentar um exemplo simples de controle em tempo discreto para analisar este ponto.

**Exemplo 2.1**

Considere um processo modelado por um sistema de tempo discreto de primeira ordem do tipo:

$$y(k) = ay(k-1) + bu(k-1),$$

sendo $y(k)$ a saída, $u(k)$ o controle, $k$ a amostra de tempo atual e $a$ e $b$ coeficientes reais que caracterizam a dinâmica do sistema. Suponhamos que desejamos fazer com que o processo tenha uma saída predeterminada numa janela de tempo futura de tamanho $N$ dada por:

$$\mathbf{y}_d = [y_d(k+1) \;\; y_d(k+2) \;\; \ldots \;\; y_d(k+N)]^T.$$

Assumindo que o modelo representa bem o processo, é possível obter os valores futuros da saída simplesmente deslocando no tempo a equação do modelo:

$$y(k+i+1) = ay(k+i) + bu(k+i).$$

Com esta última equação, é possível obter o sinal de controle necessário para garantir que a saída em $k+i+1$ tenha o valor desejado $y_d(k+i+1)$ ao se isolar o sinal de controle $u(k+i)$ e substituir $y$ por $y_d$. Se isso for feito para diferentes valores de $i$, chega-se a uma sequência de sinais de controle futuros que garantem o seguimento de todas as referências desejadas (novamente, assumindo que o modelo é uma boa representação do processo):

$$\begin{aligned} u(k) &= (1/b)(y_d(k+1) - ay(k)), \\ u(k+1) &= (1/b)(y_d(k+2) - ay_d(k+1)), \\ &\vdots \\ u(k+i) &= (1/b)(y_d(k+i+1) - ay_d(k+i)) \\ &\vdots \\ u(k+N-1) &= (1/b)(y_d(k+N) - ay_d(k+N-1)). \end{aligned}$$

Note que o primeiro elemento do conjunto de equações acima depende da medição de $y(k)$, mas nos demais os valores futuros da saída foram substituídos por seus valores desejados correspondentes. Assim, os controles futuros podem ser determinados antecipadamente a partir das saídas desejadas e da suposição de que a saída futura do modelo (predição) estima bem a saída futura do processo.

Suponhamos, agora, que a nossa janela de tempo é de uma amostra, $N = 1$, ou seja, vamos apenas definir $y(k+1)$. A lei de controle a implementar nesse caso é:

$$u(k) = (1/b)(y_d(k+1) - ay(k)),$$

que é uma lei de controle de tempo discreto composta por uma ação realimentada do tipo proporcional e uma ação antecipativa baseada no valor futuro desejado para a saída do processo.

Este exemplo mostrou como podemos, de maneira simples, considerar a predição da saída do processo na lei de controle, sem que para isso seja necessário o uso de técnicas mais sofisticadas.

Nos controladores clássicos usados na indústria, como o PID, é comum considerar a ação de controle com base no erro de seguimento de uma referência, dado, no caso contínuo, por $e(t) = r(t) - y(t)$, com $r(t)$ sendo a referência a ser seguida em malha fechada. A lei de controle PID clássica ideal pode ser escrita como:

$$u(t) = K_p e(t) + K_i \int_0^t e(\mu) d\mu + K_d \frac{de(t)}{dt}, \tag{2.1}$$

sendo $K_p$, $K_i$ e $K_d$ os ganhos proporcional (P), integral (I) e derivativo (D), respectivamente. A parte integrativa desta lei de controle apenas considera os valores do erro em tempos anteriores ao atual, mas a parcela PD do controlador:

$$u_{PD}(t) = K_p e(t) + K_d \frac{de(t)}{dt}, \tag{2.2}$$

que pode ser escrita como:

$$u_{PD}(t) = K_p \left( e(t) + (K_d/K_p) \frac{de(t)}{dt} \right), \tag{2.3}$$

$$u_{PD}(t) = K_p \left( e(t) + T_d \frac{de(t)}{dt} \right), \tag{2.4}$$

definindo $T_d = K_d/K_p$ como o tempo derivativo, pode ser interpretada de uma maneira diferente, como uma ação proporcional da predição do erro. Vamos analisar esse fato na sequência.

Observe que a maneira mais simples de estimarmos o valor futuro de uma variável, com base na informação disponível em um instante atual, é fazermos uma aproximação da curva que descreve seu comportamento pela reta tangente à curva no instante atual. Para estimar o valor de $e(t + \delta t)$, sendo $\delta t$ um incremento de tempo para o futuro, podemos realizar a seguinte aproximação com base na expansão de Taylor de primeira ordem:

$$e(t + \delta t) \approx e(t) + \left. \frac{de(t)}{dt} \right|_t \delta t \,. \tag{2.5}$$

Agora, se comparamos esta equação com a do cálculo da ação PD, dada por (2.4), e usamos $\delta t = T_d$, podemos reescrever a lei de controle PD como:

$$u_{PD}(t) = K_p \hat{e}(t + T_d)\,, \tag{2.6}$$

considerando $\hat{e}(t+T_d)$ a predição do sinal de erro do sistema, em um instante $T_d$ unidades de tempo à frente do instante atual, $t$. A Figura 2.2 ilustra essa ideia. Nela, podemos observar a curva real da evolução do erro e o valor estimado para $t + T_d$, usando a reta tangente avaliada no instante $t$.

Finalmente, como o erro é calculado com base na saída do processo, de fato, a ação de um controle PD pode ser considerada como a primeira estratégia proposta na literatura para usar uma predição da saída do processo na lei de controle. Observe que ao usar a derivada da variável, consideramos a tendência de variação, que é uma forma de prever o comportamento futuro da mesma.

Se consideramos a lei de controle PD em tempo discreto, usando a aproximação de Euler para a derivada:

$$\frac{de(t)}{dt} \approx \frac{e(kT_s) - e[(k-1)T_s]}{T_s}, \tag{2.7}$$

chegamos a:

$$u_{PD}(kT_s) = K_p e(kT_s) + K_p (T_d/T_s)(e(kT_s) - e[(k-1)T_s]), \tag{2.8}$$

sendo $T_s$ o período de amostragem. Como observamos em (2.8), o controle PD não usa informação do futuro, mas tem intrinsecamente embutido um cálculo que prediz esse comportamento.

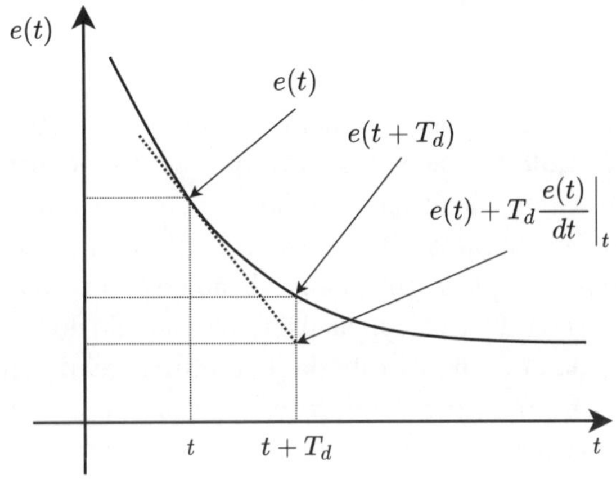


**Figura 2.2** Interpretação da ação PD como uma predição linear do erro.

Agora vamos considerar um segundo exemplo, incluindo um atraso no modelo do processo. Por simplicidade de notação, quando não seja necessário especificar o $T_s$ nas equações, usaremos apenas a variável $k$ para representar o instante de tempo $kT_s$.

**Exemplo 2.2**

Considere um processo modelado por um sistema de tempo discreto de primeira ordem com atraso de $d$ amostras do tipo:

$$y(k) = ay(k-1) + bu(k-1-d),$$

com as mesmas definições de variáveis empregadas no Exemplo 2.1. Neste caso, devido ao atraso, a saída do processo no instante $k$ depende do sinal de controle aplicado em $k-d-1$, o que, como sabemos do controle clássico, dificulta o projeto do controlador, porque sempre estamos observando o efeito de uma ação de controle que aplicamos há algum tempo. Uma possível estratégia seria ajustar o sinal de controle atual para fixar o valor futuro da variável de processo no instante $k+d+1$ usando a mesma estratégia empregada no Exemplo 2.1, ou seja:

$$\begin{aligned} y(k+1+d) &= ay(k+d) + bu(k), \\ u(k) &= (1/b)(y(k+1+d) - ay(k+d)). \end{aligned}$$

Assumindo que o modelo representa bem o processo, podemos, a cada passo, impor $y(k+d+i) = y_d(k+d+i)$ (para $i$ de 0 a 1) e calcular o controle necessário para impor que a saída futura seja a desejada. Como a saída atual é simplesmente um sinal atrasado do sinal arbitrado, a resposta do sistema seguirá a trajetória desejada depois de passado o atraso.

A ideia discutida no Exemplo 2.2 é justamente a ideia do preditor de malha aberta usado em sistemas de controle clássico. Observe que a lei de controle obtida nesse exemplo corresponde à do sistema de primeira ordem sem atraso anteriormente descrito, mas usa os sinais futuros em tempos diferentes. Assim, uma predição de $y(k+d)$, representada como $\hat{y}(k+d \mid k)$ (que significa a predição de $y$ em tempo $k+d$ calculada com a informação disponível em $k$), é calculada usando o modelo do processo sem atraso e esta predição é empregada em uma estratégia de controle realimentado, como a da Figura 2.3. Na figura, $q(k)$ é uma perturbação na entrada do processo e $n_1(k)$ uma perturbação na saída do processo, que também pode representar o ruído de medição (neste caso, $y(k)$ é a medição da saída do processo e não necessariamente o valor real encontrado na saída do processo).

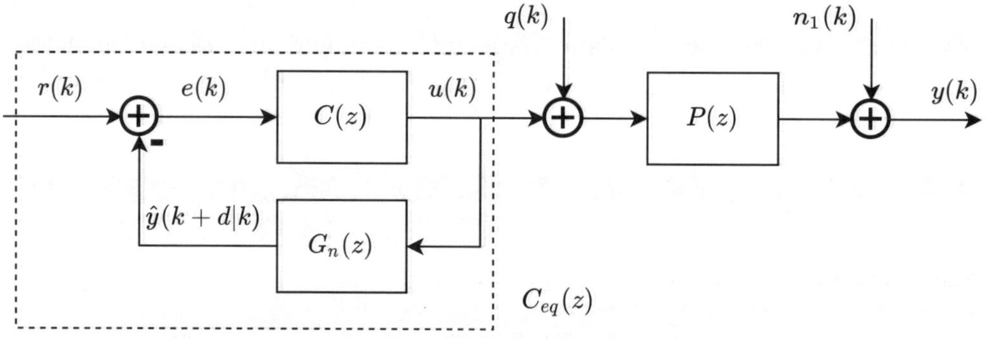


**Figura 2.3** Diagrama de blocos do preditor em malha aberta.

Nesse esquema, o bloco $C(z)$ do controle é ajustado por métodos tradicionais para que a resposta do modelo sem atraso, representado por $G_n(z)$, seja a desejada. Logo, espera-se que a saída do processo, com dinâmica representada por $P(z)$ na figura, seja simplesmente um sinal atrasado de $d$ amostras com relação a $\hat{y}(k+d \mid k)$, a predição da saída em $k+d$ dadas as informações no instante $k$. O controle que vemos na figura, que pode ser considerado como um sistema equivalente $C_{eq}(z)$, como destacado, tem as seguintes caraterísticas: (a) permite um ajuste simples de $C(z)$ dado que o atraso não está no modelo $G_n(z)$; (b) usa um modelo explícito do processo dentro da estrutura de controle; (c) é um controle em malha aberta, pois não considera a saída do processo para o cálculo de $u(k)$. Esta última propriedade mostra duas desvantagens do esquema analisado: ele será insensível às perturbações (como as dos sinais $q(k)$ e $n_1(k)$ da Figura 2.3) e caso o modelo não represente bem a dinâmica do processo, não teremos em $y(k)$ o sinal desejado.

Uma estratégia que resolve esses problemas é o controlador conhecido como preditor de Smith (PS), proposto em 1957, e válido para processos estáveis em malha aberta. Nesse controlador, também usamos uma predição de $y(k+d)$ calculada a partir do modelo do processo sem atraso, mas adicionamos uma realimentação da saída do processo. O esquema do PS é mostrado na Figura 2.4.

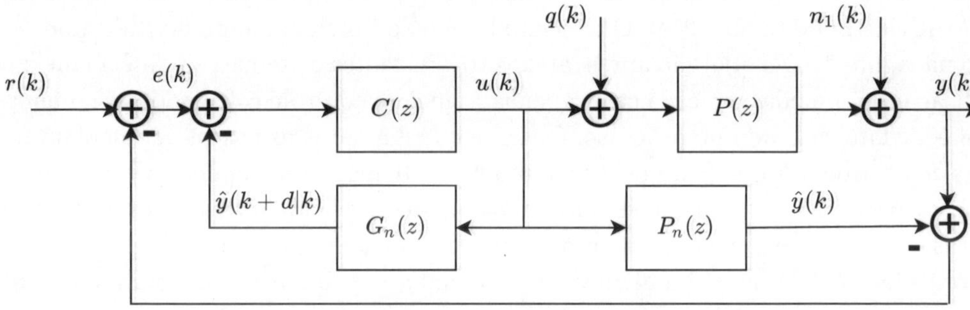


**Figura 2.4** Diagrama de blocos do preditor de Smith.

Nesse esquema, observamos que foi adicionado um bloco $P_n(z)$, que é um modelo do processo com atraso. Ainda, temos uma realimentação do erro entre a saída desse modelo (que é uma predição $\hat{y}(k)$ da saída) e a própria saída do processo. Assim, o PS é uma estrutura de controle em malha fechada que permite levar em consideração as perturbações e os possíveis erros de modelagem. Logicamente, o ajuste de $C(z)$, denominado controlador primário do PS, deve ser feito de acordo com as especificações de robustez e desempenho desejadas.

Observando esta estrutura e a do MPC da Figura 2.1, podemos concluir que o controle preditivo pode ser considerado como uma estratégia baseada em predições de terceira geração, que generaliza as ideias do PID e do PS para todo tipo de sistema, considerando predições em um horizonte genérico e embutindo na formulação do controlador aspectos bem importantes para a indústria, como o uso de restrições e de critérios ótimos de desempenho. Vamos nos debruçar na próxima seção no estudo das caraterísticas gerais do MPC.

## 2.1 FORMULAÇÃO GERAL DO MPC

O controle preditivo baseado em modelo, como conhecido e utilizado hoje em dia, surgiu nos anos 70 do século XX como uma estratégia de controle ótimo. De forma geral, o MPC calcula a ação de controle a ser aplicada no instante atual, $k$, a partir da predição do comportamento da planta, baseado em um modelo dinâmico da mesma, em um horizonte finito $N$. São computados $N_u$ incrementos de controle futuros por meio da otimização de uma função custo que representa algum critério de comportamento do sistema e condições de operação da planta. Apenas a primeira ação de controle é aplicada ao sistema e o MPC recalcula uma nova sequência de controle a cada novo instante de amostragem, uma vez que novas informações da planta são adquiridas (CAMACHO; BORDONS, 2004). O conceito básico do funcionamento do MPC pode ser visto na Figura 2.5, na qual são apresentados três instantes de tempo em que a janela de predição é computada. Em cada caso, apenas o sinal de controle calculado para o tempo atual é, de fato, aplicado no processo. Observe que em todos os passos se calculam três ações de controle futuras (para este exemplo $N_u = 3$), mas, como apenas o primeiro dos três controles é usado, no passo seguinte novamente de calculam três ações de controle futuras, e assim sucessivamente. Observe, por exemplo, como no segundo passo o sinal de controle $u(k+1)$ não é igual ao valor calculado no primeiro passo para o instante $k+1$. Assim, o valor aplicado de controle no passo 2 não é necessariamente igual ao controle futuro $u(k+1)$ calculado no instante $k$.

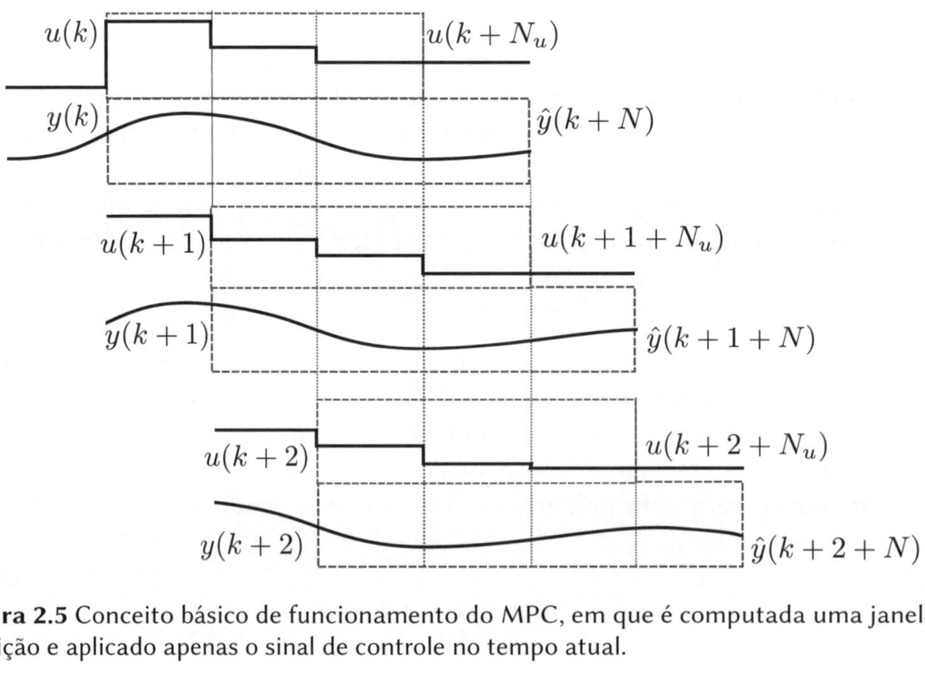


**Figura 2.5** Conceito básico de funcionamento do MPC, em que é computada uma janela de predição e aplicado apenas o sinal de controle no tempo atual.

Como o cômputo da ação de controle do MPC passa por um processo de otimização, podem ser definidas, de forma explícita, restrições nas variáveis do sistema. Outras características importantes desta forma de colocar o problema de controle são: (i) se as referências futuras da planta forem conhecidas, é possível ter ações de controle antes mesmo da mudança de referência realmente acontecer; (ii) se as perturbações forem mensuráveis, é possível considerar as ações de controle antecipativas na formulação do problema de otimização (NORMEY-RICO; CAMACHO, 2007). Finalmente, como já comentado, a forma geral do problema de controle proposto permite tratar os mais diversos casos e considerar diferentes objetivos.

### 2.1.1 Fundamentos

Como visto, o MPC não é uma estratégia de controle específica, mas uma filosofia de controle que contempla uma família de estratégias ou técnicas de controle que têm alguns elementos em comum (CAMACHO; BORDONS, 2004):

- existência de um modelo de predição;
- existência de uma função custo (ou função objetivo);
- procedimento para a obtenção da lei de controle baseado em horizonte deslizante e otimização.

O que diferencia cada tipo de técnica é, basicamente, como as perturbações são consideradas, o modelo utilizado na predição e a função custo. Vamos analisar cada um desses elementos.

#### Modelo de predição

O modelo de predição varia de acordo com o algoritmo MPC. Como é uma estratégia definida no domínio do tempo, podemos utilizar qualquer tipo de modelo do processo, sempre que represente adequadamente as relações entre as principais variáveis do processo: manipuladas, controladas e perturbações. Ainda, as diferentes formulações podem considerar o modelo das perturbações de diferentes formas. Por exemplo, o DMC, que apresentaremos no Capítulo 3, utiliza um modelo entrada-saída de tempo discreto, linear e invariante no tempo da planta, denominado do tipo resposta ao degrau. Neste modelo, apenas se armazenam os coeficientes da resposta das saídas da planta a degraus aplicados nas entradas (manipuladas e perturbações). Para as perturbações, a formulação DMC considera que somente sinais de tipo degrau são esperados, o que simplifica bastante a formulação.

Outro modelo deste tipo que pode ser usado é o da resposta ao impulso, que é adotado em outro dos algoritmos de MPC linear usados na indústria, o controle algorítmico baseado em modelo (MAC, do inglês *Model Algorithm Control*). Assim como o DMC, o MAC também usa um modelo que permite representar perturbações constantes. Não analisaremos o MAC neste livro devido à sua similaridade com o DMC. Já o GPC, que estudaremos no Capítulo 4, é baseado em modelos lineares entrada-saída do tipo função de transferência, que são os modelos de tempo discreto usados nas estratégias de controle digital clássico. Para as perturbações, o GPC permite considerar modelos mais gerais, que podem incluir diversas características dinâmicas. Outro modelo linear bastante usado é o que se baseia em modelos de espaço de estados, que estudaremos no Volume 2. Muitas estratégias de MPC usam essa abordagem, entre elas o controle preditivo funcional (PFC, do inglês *Predictive Functional Control*). Essa formulação é bastante genérica, admitindo o uso de diferentes modelos para as perturbações. Existem muitas outras abordagens com uso de modelos lineares, que são os mais usados, mas várias metodologias de controle preditivo foram propostas na literatura considerando modelos não lineares do processo na sua formulação. A classe de metodologias que usam modelos não lineares é tipicamente chamada de controle preditivo não linear (NMPC, do inglês *Nonlinear Model Predictive Control*). Modelos do tipo variáveis de estado não linear são bastante comuns nos desenvolvimentos de controle preditivo de forma geral. Nessas abordagens, o estado no próximo instante é escrito como uma função genérica não linear que depende do estado no instante anterior e das entradas do sistema. Existem, também, formulações de MPC usando modelos caixa preta baseados, por exemplo, em redes neurais artificiais ou algoritmos genéticos. Também é possível formular um MPC com base em modelos fenomenológicos do processo, usando esse modelo genérico como preditor dentro da estrutura de controle. Algumas metodologias de NMPC serão estudadas no Volume 2, com foco naquelas mais gerais e que têm maior possibilidade de serem implementadas na prática.

### Função custo

A função custo também varia de acordo com a técnica MPC. Para uma formulação geral de um problema de controle com a estratégia MPC, poderíamos considerar uma função custo bem complexa, que permitisse incluir todos os tipos de objetivo que sejam considerados interessantes para o controle de um processo. Porém, muitas formulações específicas têm proposto o uso de funções objetivo simples. Uma expressão bastante utilizada na prática para o caso SISO é dada por:

$$J = \sum_{j=N_1}^{N_2} \delta(j) \left[\hat{y}(k+j \mid k) - r(k+j)\right]^2 + \sum_{j=0}^{N_u-1} \lambda(j) \left[\Delta u(k+j)\right]^2, \qquad (2.9)$$

sendo $\hat{y}(k+j \mid k)$ uma predição da saída em um tempo futuro $k+j$, dadas as informações em $k$, $r(k+j)$ é a referência em $k+j$, $\Delta u(k+j)$ é o incremento de controle em $k+j$, $N_1$ e $N_2$ definem o horizonte de predição e $N_u$ é o horizonte de controle. Os termos $\delta(j)$ e $\lambda(j)$ ponderam o comportamento futuro do erro e do esforço de controle, respectivamente, e são definidos como uma sequência de pesos, que podem assumir valores diferentes ao longo do horizonte.

A função custo descrita em (2.9) possui os elementos mais básicos e fundamentais num problema de controle tradicional: (i) buscar que a saída do processo siga uma dada referência; e (ii) ajustar o esforço de controle necessário para esse objetivo. Veja que dois objetivos geralmente conflitantes são estabelecidos, dado que para minimizar o erro de seguimento tenderíamos a usar grandes esforços de controle e, ao minimizar o esforço de controle, estamos impondo respostas mais lentas que, como consequência, levam a maior erro de seguimento de referência. O compromisso desses dois objetivos é ajustado por meio das ponderações dos dois termos da função, ou seja, utilizando $\delta(j)$ e $\lambda(j)$. Ainda, os horizontes têm um papel importante na definição do custo, porque definem as janelas de tempo consideradas em $J$. Estudaremos essas ideias com mais detalhes nos próximos capítulos, mas observe que horizontes de predição muito longos, quando comparados aos tempos de resposta do processo, vão ponderar fortemente o regime permanente das respostas. Por outro lado, horizontes de predição muito curtos dão mais importância ao transitório. O horizonte de controle está fortemente associado à complexidade do problema a ser resolvido, dado que maiores horizontes implicam uma maior quantidade de valores de controle futuro a serem calculados. Por outro lado, usando horizontes de controle mais longos temos mais graus de liberdade para resolver o problema de controle proposto. Assim, novamente temos um compromisso entre dois objetivos para esta escolha: maior flexibilidade para definir os sinais de controle ou menor complexidade computacional.

Antes de finalizar esta seção, é importante ressaltar que todas os parâmetros de ajuste do MPC estão associados com a função custo, são definidos no domínio do tempo e são bastante intuitivos. Definir pesos sobre uma variável frente a outra numa função custo é uma regra de sintonia simples de aplicar e de entender, o que se configura como outra das vantagens do MPC nas aplicações práticas. Os usuários rapidamente conseguem interpretar as ideias associadas à sintonia, que é uma propriedade que poucas técnicas de controle avançado possuem. Porém, não devemos pensar que o ajuste de um MPC, embora intuitivo, vá ser simples, principalmente no caso de sistemas MIMO.

### Obtenção da lei de controle

A obtenção da ação de controle do MPC passa por um processo de otimização da função custo do tipo:

$$\begin{aligned} \min_{\Delta \mathbf{u}} \quad & J \\ \text{s.a.} \quad & \overline{\mathbf{R}}\Delta\mathbf{u} \leq \overline{\mathbf{r}} \\ & \overline{\mathbf{C}}\Delta\mathbf{u} = \overline{\mathbf{c}}, \end{aligned} \tag{2.10}$$

em que $\overline{\mathbf{R}}\Delta\mathbf{u} \leq \overline{\mathbf{r}}$ e $\overline{\mathbf{C}}\Delta\mathbf{u} = \overline{\mathbf{c}}$ representam as restrições de desigualdade e igualdade, respectivamente, colocadas em função do vetor de incrementos de controles futuros, $\Delta\mathbf{u}$, que tem dimensão $N_u$. As matrizes $\overline{\mathbf{C}}$, $\overline{\mathbf{R}}$, $\overline{\mathbf{r}}$ e $\overline{\mathbf{c}}$ são calculadas em função do modelo, dos limites impostos para as diferentes variáveis e de eventuais outras restrições que possam vir a ser impostas. Essas restrições podem ser de todo tipo e sobre todas as variáveis do problema, mas, em geral, podem ser colocadas em função da variável de decisão do problema, que é o vetor de controle futuro, usando o modelo do processo. Exemplos de restrições na variável manipulada podem ser simplesmente os limites superior e inferior dos atuadores. Para as variáveis controladas, normalmente faixas de operação devem ser respeitadas, para manter a operação do processo segura e economicamente viável. Assim, as restrições são de grande importância na prática. O sucesso do MPC na indústria é devido principalmente à possibilidade de tratar as restrições de uma forma simples na formulação do problema de controle. Estudaremos vários tipos de restrições usadas na prática nos próximos capítulos.

O problema de controle (2.10) definido no MPC, que é um problema de otimização, tipicamente deve ser resolvido a cada instante de amostragem. Há casos em que o problema de otimização tem solução analítica, mas, no geral, ele precisa ser resolvido com métodos numéricos. Esse problema de otimização é um ponto crítico na questão de custo computacional, já que a sua solução depende do tipo de modelo usado para as predições, do número e tipo de restrições e do tamanho dos horizontes de predição e de controle. Os casos mais simples de resolver na prática são aqueles que utilizam modelos de predição lineares, restrições lineares e uma função custo quadrática com horizontes curtos. Os mais complexos são os que usam modelos e restrições não lineares, funções objetivo complexas e horizontes longos. Para entender conceitualmente como podemos transformar o problema de controle MPC na solução de (2.10), suponhamos que usando o modelo de predição podemos escrever o vetor de predições da saída do processo $\mathbf{y}$ em função dos controles futuros como $\mathbf{y} = \alpha(\Delta\mathbf{u}) + \mathbf{p}_p$, sendo $\alpha(\cdot)$ uma função qualquer e $\mathbf{p}_p$ um termo que expressa a dependência de $\mathbf{y}$ com as informações passadas. Usando esta função nas restrições da saída e no termo de $J$ que depende das predições de $y$, podemos transformar tanto as restrições como a função custo em expressões dependentes apenas do controle futuro e de informações conhecidas (da referência e dos valores passados das variáveis). Assim, como mostrado em (2.10), o problema de otimização passa a ser escrito na variável de decisão $\Delta\mathbf{u}$. A solução encontrada nesse problema pode variar dependendo dos parâmetros de ajuste do controle MPC, ponto que será analisado na próxima seção.

### 2.1.2 Sintonia do MPC

Realizaremos, nesta seção, uma discussão geral dos efeitos dos parâmetros de sintonia nas respostas em malha fechada de um MPC com base na função custo básica apresentada em (2.9). Aspectos mais específicos e tratamento de casos particulares serão apresentados em capítulos posteriores.

Como já comentado, os diversos algoritmos MPC utilizam diferentes funções objetivo para calcular a lei de controle, porém praticamente todos eles consideram como objetivo minimizar um índice $J$, que reescrevemos aqui:

$$J = \sum_{j=N_1}^{N_2} \delta(j) \left[\hat{y}(k+j \mid k) - r(k+j)\right]^2 + \sum_{j=0}^{N_u-1} \lambda(j) \left[\Delta u(k+j)\right]^2, \tag{2.11}$$

e que considera o erro entre as predições da saída, $\hat{y}(k+j \mid t)$, e a referência futura, $r(k+j)$, e penaliza as variações do controle, $\Delta u(k+j)$.

Assim, os parâmetros de ajuste do controlador são:

- $N_1$ e $N_2$, que são os horizontes de predição mínimo e máximo;
- $N_u$, que é o horizonte de controle;
- $\delta(j)$, que é a ponderação do erro;
- $\lambda(j)$, que é a ponderação do esforço de controle.

Apesar de não existirem regras analíticas para a escolha desses parâmetros, os valores dos mesmos têm uma interpretação relativamente clara e, por isso, há recomendações para a definição dos valores a serem usados. Essas recomendações são apresentadas na sequência.

#### Escolha dos horizontes

Os termos que definem o horizonte de predição, $N_1$ e $N_2$, indicam os instantes nos quais se deseja que a referência siga a saída, ou seja, quais erros futuros devem ser considerados em $J$. Em geral, a janela de predição, $N = N_2 - N_1 + 1$ deve ser escolhida para capturar a dinâmica transitória do processo, o que se consegue ajustando um valor de $N_2$ entre 50% e 100% do tempo de assentamento do mesmo. Por exemplo, se um sistema em malha aberta tem um tempo de assentamento dado por $t_{5\%}$, definido como o tempo que o sistema demora para permanecer dentro da faixa de $\pm 5\%$ em torno do valor de regime permanente para uma entrada degrau, e o período de amostragem for $T_s$, o valor de $N_2$ deve estar preferencialmente no intervalo $[0{,}5t_{5\%}/T_s,\ t_{5\%}/T_s]$. Já o ajuste de $N_1$ permite desconsiderar, quando desejado, o erro cometido nos primeiros $N_1 - 1$ instantes da janela de valores futuros, que vai de 1 a $N_2$.

Por exemplo, em sistemas com atraso, se este pode ser representado por $d$ amostras, é lógico escolher $N_1 > d$, já que não haverá resposta do sistema à entrada $u(k)$ até o tempo $k + d$ (o primeiro instante em que aparece alguma alteração na resposta causada por uma variação da variável manipulada em $k$ é $k + d + 1$). Note que em sistemas reais, o efeito do sinal de controle aplicado em $k$ só vai aparecer na resposta do sistema, no mínimo, no instante seguinte, dado que no MPC primeiro se mede a saída do processo e depois se atua usando o controle calculado em $k$. Assim, mesmo que o sistema tenha uma parcela de resposta instantânea, ela só será medida em $k + 1$. Por este motivo, uma escolha habitual é usar $N_1 = d+1$ em um MPC para um sistema com atraso de $d$ amostras.

Em casos nos quais, por questões de especificação, deseja-se dar mais importância ao regime permanente do que ao transitório da resposta, o valor de $N_1$ pode ser aumentado, assim como a janela de predição $N$. Caso contrário, quando se deseja dar prioridade ao transitório, o valor de $N_1$ deve ser o menor possível ($N_1 = d + 1$) e a janela de predição $N$ pequena comparada ao valor de $t_{5\%}/T_s$.

O horizonte de controle $N_u$, que é por definição menor ou igual que $N_2$, especifica por quantos instantes no futuro desejamos considerar as variações da ação de controle durante o cálculo do controle ótimo. Assim, um MPC calcula, a cada instante de amostragem, $N_u$ valores de incrementos de controle ótimos e assume que após $N_u$ instantes o controle permanece constante (os incrementos são nulos). Note que $N_u$ define os graus de liberdade do problema de controle, então $N_u$ tipicamente não deve ser muito grande para evitar aumentar a dimensão do problema de controle a ser resolvido. Observe que a função $J$ a minimizar depende do vetor $\Delta\mathbf{u}$, que tem dimensão $N_u$. Assim, quanto maior for este horizonte, mais complexo será o problema a ser resolvido a cada amostra. Por outro lado, valores muito pequenos tendem a gerar dinâmicas com tempos de resposta muito similares aos de malha aberta, em especial quando o horizonte de predição é escolhido para capturar o regime permanente do processo. Observe que se temos poucas possibilidades para escolher na manipulação do controle ($N_u$ pequeno) e devemos cumprir a condição de regime permanente, o controle a ser aplicado vai ser muito parecido com o valor necessário para a saída do processo alcançar o valor desejado em regime permanente. Na prática, é comum utilizar valores de $N_u$ entre $1/5$ e $1/2$ de $N$. Quando temos a possibilidade de realizar um ajuste por simulação, uma recomendação interessante é começar com horizonte $N_u$ bem pequeno e aumentá-lo até observar que as mudanças não causam mais efeito na saída do processo. Note que alterações no horizonte de controle causam também alterações na composição da função custo, pois o número de termos referentes ao incremento de controle aumentará nessa função. Assim, tipicamente é necessário alterar as ponderações em conjunto com a alteração dos horizontes. Isso será discutido logo na sequência.

### Escolha das ponderações

A ponderação $\delta(j)$ é usada para definir o peso, ou importância, dos erros futuros na janela de predição $N$. Os valores de $\delta(j)$ podem variar no horizonte, mas cabe ressaltar que geralmente são escolhidos valores constantes, ou seja, $\delta(j) = \delta, \forall j$. Na sequência desta análise consideramos as ponderações $\delta(j)$ e $\lambda(j)$ constantes no horizonte, já que tipicamente não é trivial ajustar um valor diferente de ponderação para cada elemento de cada um dos horizontes (de controle e de predição). Entretanto, em alguns casos pode ser interessante empregar ponderações variáveis ao longo do horizonte, por exemplo, para ponderar mais os erros de predição no início do horizonte do que no final, em um caso em que o modelo sabidamente não seja uma representação muito fiel do processo. Com isso, garante-se que sejam mais ponderadas informações mais confiáveis, já que ao longo do horizonte os erros do modelo tendem a se acumular, então informações mais próximas do instante de medição tendem a ser mais confiáveis.

Aumentar o valor de $\delta$, mantendo $\lambda$ constante, implica dar mais importância ao erro de seguimento de referência na função $J$, o que tem como consequência um controle que tenta se aproximar da referência mais rapidamente. O contrário também é válido, ou seja, valores menores da ponderação permitem respostas transitórias com maior erro de seguimento, resultando em respostas mais lentas.

A ponderação $\lambda$ é usada para limitar os movimentos da ação de controle no horizonte $N_u$ e, por isso, na indústria é comum usar a denominação "fator de supressão do controle". Valores maiores de $\lambda$, mantendo $\delta$ constante, têm como consequência um controle mais suave, dado que grandes variações de controle resultariam em um valor muito elevado para $J$, já que os incrementos de controle são multiplicados por uma ponderação grande para comporem a função custo $J$. Se queremos utilizar ações de controle rápidas e agressivas, devemos usar valores menores de $\lambda$, já que neste caso mesmo variações grandes de controle não causariam um aumento significativo de $J$, pois os valores seriam multiplicados por uma ponderação baixa.

Possivelmente já ficou claro na análise feita no parágrafo anterior que no ajuste das ponderações, devemos considerar o peso relativo das contribuições das parcelas que dependem dos erros futuros e dos incrementos da ação de controle futuros. Aumentar ou diminuir simultaneamente $\delta$ e $\lambda$ na mesma proporção não vai causar efeito algum na solução, dado que apenas estaríamos multiplicando $J$ por uma constante, sem alterar a sequência de sinais de controle que levariam a função custo a alcançar seu mínimo.

Assim, um procedimento comum no caso SISO é fixar uma das ponderações como unitária e usar apenas a outra para a sintonia do controlador.

No caso multivariável, esta simplificação em geral não se utiliza, dado que na maioria das aplicações cada variável manipulada e controlada precisa ter horizontes e pesos diferentes na função custo devido às diferentes dinâmicas presentes no processo e à importância que cada variável tem no desempenho do sistema. Este tópico é apresentado com maiores detalhes no Volume 2.

Devemos ressaltar aqui que o ajuste das ponderações é dependente de vários fatores relacionados com a forma da função $J$ e com o modelo do processo. Por exemplo, o ganho estático do processo terá influência na escolha das ponderações, dado que processos com ganho grande terão maiores variações das saídas para as mesmas variações das entradas que no caso de processos com menor ganho. Também, como a contribuição de cada parcela em $J$ depende das ponderações e do horizonte, o efeito de duplicar $\lambda$, por exemplo, não é igual para dois casos que consideram valores diferentes para os horizontes, dado que a sua influência depende do número de termos sendo considerados em $J$.

Devemos ressaltar que o ajuste das ponderações com as variáveis $y(k)$ e $u(k)$ não normalizadas pode ser complexo na prática, dado que as variáveis do processo podem estar em intervalos muito diferentes em termos de valores numéricos. Assim, na prática, é aconselhável normalizar todas as variáveis do processo antes de se formular o problema MPC, de forma tal que todas as variações esperadas estejam em intervalos pré-estabelecidos, por exemplo, de 0% a 100% ou de 0 a 1. Essa normalização pode ser realizada de diversas maneiras, mas é comum efetuar este procedimento dividindo o valor da variável pelo seu valor máximo esperado.

### Outros elementos de sintonia

Como comentado, os elementos analisados são os básicos de uma função custo simples. Outros parâmetros de ajuste do controle podem ser considerados dependendo da formulação do MPC e da função custo. Por exemplo, termos adicionais em $J$ podem ser colocados para manter variáveis dentro de bandas, para buscar que as variáveis manipuladas se aproximem de pontos ótimos de operação da planta, entre outros objetivos. Ainda, na própria formulação do MPC podem ser utilizados filtros de referência ou de predição que precisam ser ajustados. Todos esses pontos serão analisados em capítulos posteriores deste Volume 1 e no Volume 2.

### 2.1.3 Exemplos motivadores

Antes de passar ao estudo detalhado das diversas técnicas de MPC nos próximos capítulos, vamos apresentar dois exemplos. O primeiro serve para ilustrar o ajuste de parâmetros em um sistema simples e o segundo para mostrar o potencial da técnica MPC em um processo mais complexo e considerando restrições. Em ambos os casos, os resultados das simulações foram obtidos usando um ferramenta de simulação interativa, que permite ajustar os diferentes parâmetros da simulação e visualizar as respostas obtidas de forma simples, não requerendo conhecer detalhes da implementação do código do controle. A ferramenta e suas principais propriedades são apresentadas no Apêndice A.

**Exemplo 2.3**

Aqui, vamos mostrar a sintonia do MPC para um caso simples. Consideraremos um sistema de controle de velocidade de um motor de corrente contínua, modelado por uma função de transferência de segunda ordem e com variáveis normalizadas, que tem uma resposta em malha aberta com tempo de assentamento de aproximadamente 2 s e ganho estático unitário. Neste processo, a variável manipulada é a tensão aplicada no motor.

Vamos utilizar um controle MPC com a função custo básica já definida nesta seção em (2.9) e observar o efeito dos ajustes dos horizontes e ponderações. O período de amostragem é escolhido como $T_s = 0{,}1$ s. Vamos usar um cenário de simulação de 5 s com uma mudança de referência de 0 para 1 em tempo 0, e uma perturbação do tipo degrau de valor 0,2 aplicada na entrada do processo na metade do tempo de simulação. Usaremos $\lambda$ e $\delta$ constantes no horizonte, com o ajuste de $\delta = 1$ fixo e apenas variaremos o valor de $\lambda$. Todas as simulações foram realizadas com a ferramenta interativa de controle GPC SISO apresentada no Apêndice A.

Apresentamos primeiro uma simulação com $N_1 = 1$, $N_2 = 20$ e $N_u = 7$, seguindo as recomendações para uma janela de predição de quase todo o transitório do processo, uma janela de controle próxima de $1/3$ da de predição e usando $\lambda = 0{,}5$. As respostas podem ser vistas na Figura 2.6a, em que se mostram a saída do processo, o sinal de controle e o incremento de controle ($\Delta u(k)$). Como podemos ver, as respostas são rápidas e sem oscilações (há apenas um pequeno sobressinal na resposta) e o sistema segue a referência e rejeita a perturbação em regime permanente.

Para ver o efeito da ponderação, na Figura 2.6b é mostrado o caso com os mesmos horizontes ($N_1 = 1$, $N_2 = 20$ e $N_u = 7$), porém com um valor maior de ponderação para o incremento de controle, $\lambda = 2$. Observamos que as repostas são mais lentas que as observadas no caso anterior e o sinal de controle tem variações menores, ambos os fatos justificados pelo maior valor da ponderação do esforço de controle.

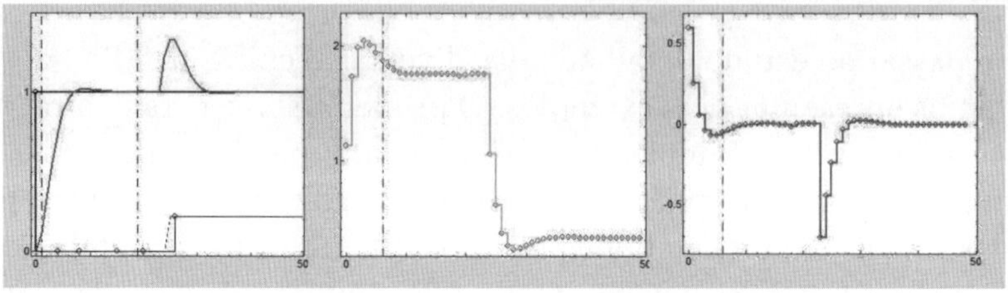

**(a)** Respostas para $N_1 = 1$, $N_2 = 20$, $N_u = 7$ e $\lambda = 0{,}5$.

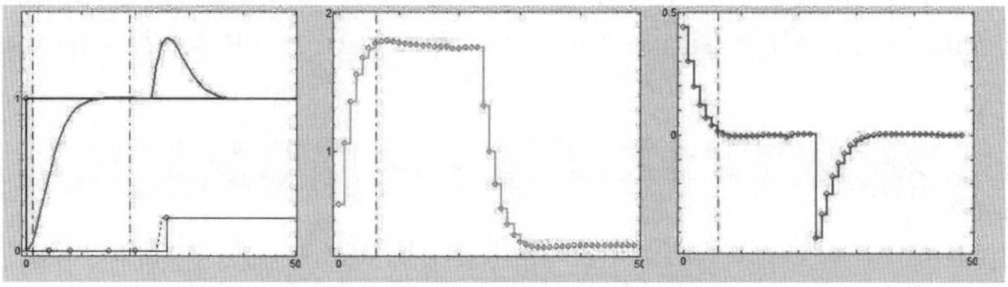

**(b)** Respostas para $N_1 = 1$, $N_2 = 20$, $N_u = 7$ e $\lambda = 2$.

**Figura 2.6** Análise da variação de $\lambda$. À esquerda, referência, saída e perturbação; no centro, ação de controle; e à direita, variação do sinal de controle ($\Delta u(k)$). O tempo é dado em amostras.

Para ver o efeito de $N_1$, na Figura 2.7b é apresentado o caso com $N_1 = 6$, $N_2 = 20$, $N_u = 7$ e $\lambda = 0{,}5$, que é o caso inicial, porém com $N_1$ maior (para efeitos de comparação o caso inicial é repetido na parte (a) da figura). Neste caso, a função custo não considera a parte inicial do transitório e, assim, os erros iniciais não são levados em conta, o que acarreta uma resposta lenta. Esta resposta é a mais lenta de todas as analisadas neste exemplo e isso se deve a uma combinação de fatores: os erros maiores são observados no início do transitório e houve uma diminuição do tamanho do horizonte de predição sem alterar as ponderações.

Para ver o efeito de diminuir $N_2$, na Figura 2.8b é apresentado o caso com $N_1 = 1$, $N_2 = 3$, $N_u = 3$ e $\lambda = 0{,}5$ (para efeitos de comparação, o caso inicial é repetido na parte (a) da figura). Note que, neste caso, foi necessário ajustar também o horizonte de controle, pois não há sentido em definir sinais de controle para períodos futuros que não serão considerados na resposta observada do sistema, além de isso causar problemas para a solução do problema de otimização, como será discutido no Capítulo 3. Neste caso, a função custo somente considera a parte inicial do transitório, e o modelo usado nas predições é bem pouco representativo do processo, o que acarreta uma resposta mais oscilatória e mais lenta que no caso inicial com $N_2 = 20$.

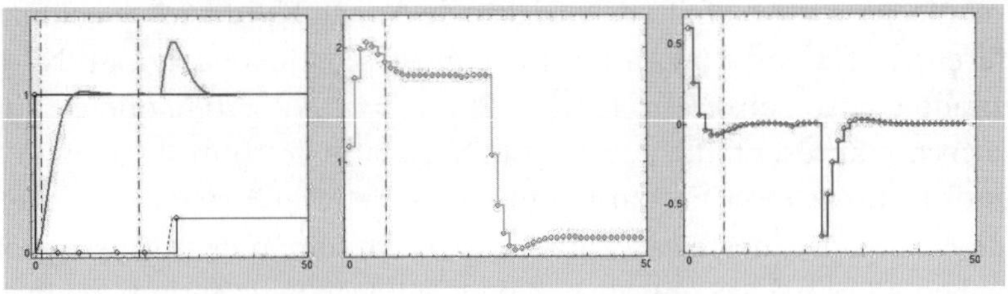

**(a)** Respostas para $N_1 = 1$, $N_2 = 20$, $N_u = 7$ e $\lambda = 0{,}5$.

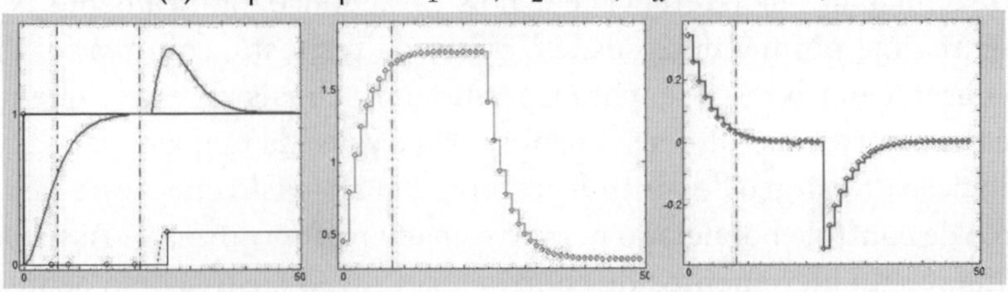

**(b)** Respostas para $N_1 = 6$, $N_2 = 20$, $N_u = 7$ e $\lambda = 0{,}5$.

**Figura 2.7** Análise da variação de $N_1$. À esquerda, referência, saída e perturbação; no centro, ação de controle; e à direita, variação do sinal de controle ($\Delta u(k)$). O tempo é dado em amostras.

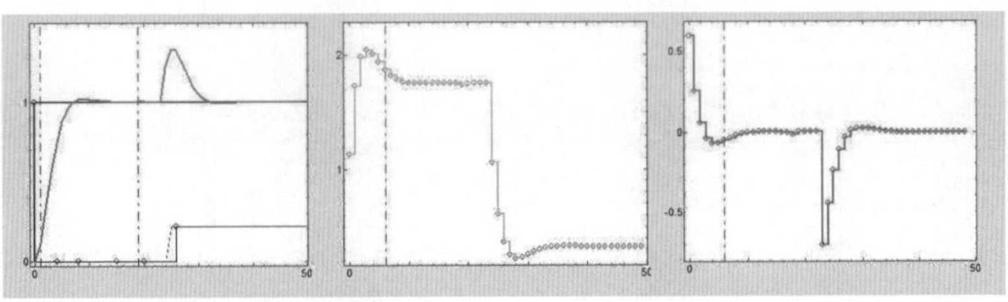

**(a)** Respostas para $N_1 = 1$, $N_2 = 20$, $N_u = 7$ e $\lambda = 0{,}5$.

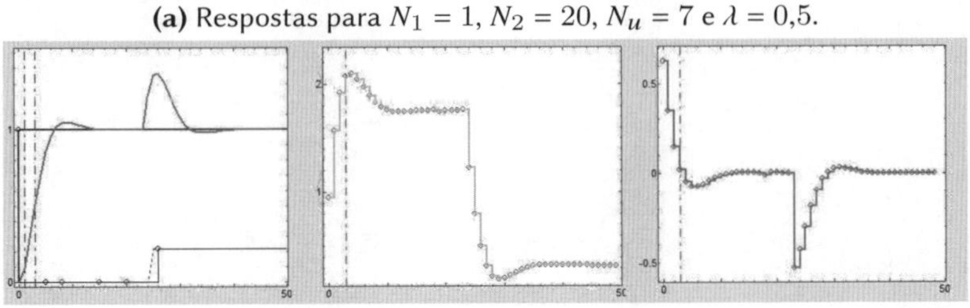

**(b)** Respostas para $N_1 = 1$, $N_2 = 3$, $N_u = 3$ e $\lambda = 0{,}5$.

**Figura 2.8** Análise da variação de $N_2$. À esquerda, referência, saída e perturbação; no centro, ação de controle; e à direita, variação do sinal de controle ($\Delta u(k)$). O tempo é dado em amostras.

Finalmente, para ver o efeito da variação de $N_u$, na Figura 2.9 se comparam três casos diferentes. Na parte (a) da figura se mostra o ajuste original. Na parte (b) é apresentado o caso com $N_1 = 1$, $N_2 = 20$, $N_u = 1$ e $\lambda = 0{,}5$, que é equivalente ao primeiro caso apresentado, porém com horizonte de controle de uma amostra. Observamos como as repostas para seguimento de referência são mais lentas que no caso de $N_u$ maior e, neste caso, apresentam um tempo de resposta próximo ao de malha aberta. O sinal de controle tem uma variação mais abrupta no instante em que ocorre a mudança de referência e depois varia pouco, praticamente assumindo o valor de regime permanente desde o início da resposta, como já foi discutido. Também observe que a resposta para a perturbação é mais agressiva que nos casos anteriores. Em parte, essa alteração na resposta é causada também pela diminuição da contribuição do esforço de controle na função custo, visto que, neste caso, apenas um esforço de controle ponderado por $\lambda$ é somado na função custo. Assim, ao invés de considerar sete incrementos de controle na função custo, como acontecia nos casos anteriores, é considerado apenas um.

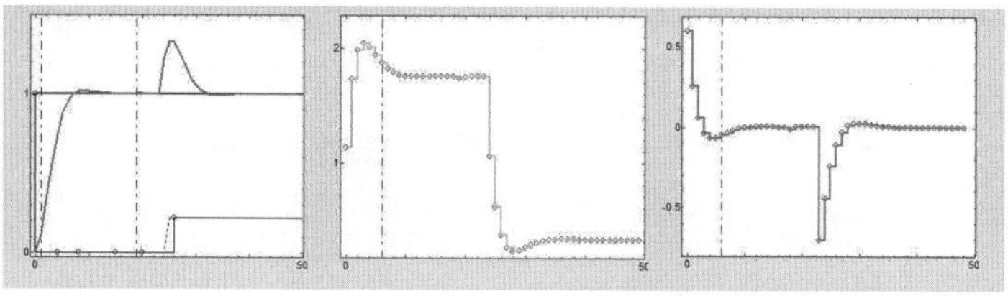

**(a)** Respostas para $N_1 = 1$, $N_2 = 20$, $N_u = 7$ e $\lambda = 0{,}5$.

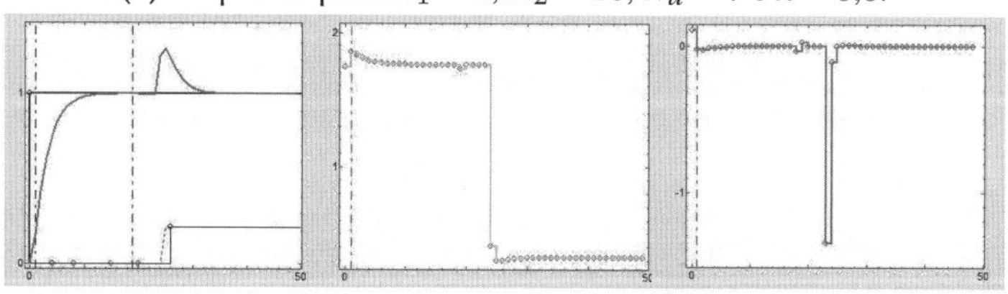

**(b)** Respostas para $N_1 = 1$, $N_2 = 20$, $N_u = 1$ e $\lambda = 0{,}5$.

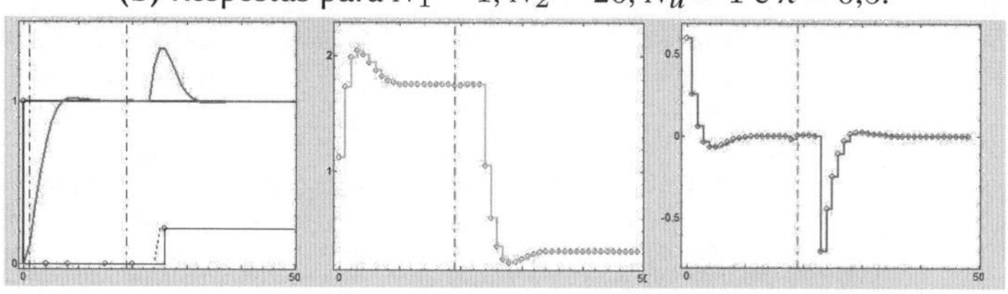

**(c)** Respostas para $N_1 = 1$, $N_2 = 20$, $N_u = 10$ e $\lambda = 0{,}5$.

**Figura 2.9** Análise da variação de $N_u$. À esquerda, referência; saída e perturbação; no centro, ação de controle; e à direita, variação do sinal de controle ($\Delta u(k)$).

Já na parte (c) da Figura 2.9 é apresentado um caso em que aumentamos o horizonte de controle, assim o ajuste é $N_1 = 1$, $N_2 = 20$, $N_u = 10$ e $\lambda = 0{,}5$, que é equivalente ao primeiro caso apresentado, porém com horizonte de controle maior. Observamos como as repostas não melhoram, se comparadas ao caso inicial, de $N_u = 7$. Assim, neste exemplo, não compensa aumentar $N_u$, visto que como consequência se aumenta também a complexidade do algoritmo, sem que isso se reflita em ganhos aparentes de desempenho.

Podemos observar, a partir das simulações apresentadas, que as regras gerais de ajuste do MPC obtiveram os resultados esperados para este caso simples. Ao longo do livro realizaremos outros estudos de sintonia em casos mais complexos. Ressaltamos que apesar de o MPC ter regras gerais de sintonia intuitivas, o ajuste não é simples de se realizar, principalmente nos casos multivariáveis. Mesmo neste exemplo simples, fica claro que a alteração de um parâmetro de ajuste acaba causando mais de um efeito na resposta, como o observado na diminuição do horizonte de controle, que acaba reduzindo também a contribuição total do incremento de controle na função custo se as ponderações forem mantidas constantes.

Para motivar os leitores e mostrar o potencial da estratégia de controle MPC, principalmente no tratamento de restrições, para conseguir que o processo atenda as especificações de operação, vamos considerar agora um estudo de caso de um processo que possui uma dinâmica estável mas com comportamento de resposta inversa (também conhecida como de fase não mínima) e restrições.

**Exemplo 2.4**

Este exemplo considera o controle de um processo de fase não mínima com restrições que pode ser modelado na região de operação como um sistema contínuo linear de segunda ordem com um zero no semi-plano direito:

$$P(s) = \frac{(1-s)}{(0{,}5s+1)(s+1)},$$

com o tempo em minutos.

Um MPC SISO foi projetado com uma amostragem de 0,3 min para este sistema, usando horizonte de predição inicial igual a 1, e horizonte final de 10. Observe que esta escolha parece intuitivamente adequada, pois uma janela de predição de 10 amostras (3 min) captura bem a dinâmica de malha aberta do processo. Assim, escolhemos $N_1 = 1$ e $N_2 = 10$. O horizonte de controle foi ajustado com $N_u = 3$, um terço da janela de predição da saída.

Vamos considerar que inicialmente não temos restrições e as ponderações são fixadas em $\lambda = 0{,}1$ e $\delta = 1$. O resultado de aplicar este MPC no processo, para mudanças tipo degrau na referência, é mostrado na Figura 2.10. As figuras mostradas são do simulador interativo usado para estudo do controle GPC SISO, descrito no Apêndice A.

Como podemos observar, o sistema apresenta uma resposta sem oscilações. A ação de controle tem um comportamento suave e o sistema de controle permite que a referência seja alcançada no regime permanente. Ainda se observa, como esperado, o comportamento de resposta inversa devida ao zero em $s = 1$.

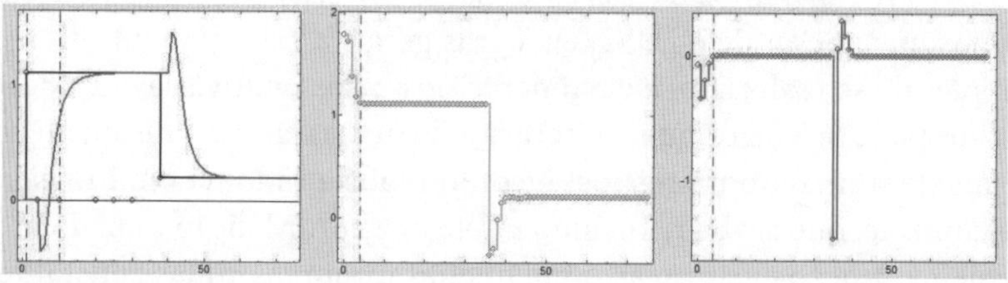

**Figura 2.10** Resposta do do processo $P(s)$ para o caso sem restrições. O tempo é dado em amostras.

Para mostrar o potencial do MPC, uma segunda simulação inclui restrições na variável controlada. Neste caso, se deseja minimizar a resposta inversa do sistema, isto é, diminuir o pico da resposta no sentido contrário ao da mudança de referência. Esta restrição coloca uma condição tal que se a referência tem um valor maior que o valor inicial da variável controlada no momento da aplicação do degrau (como é o caso do exemplo), então o controlador tenta evitar que no transitório a variável controlada assuma valores menores que o valor inicial. Ao incluir esta restrição no problema, são obtidas as respostas mostradas na Figura 2.11.

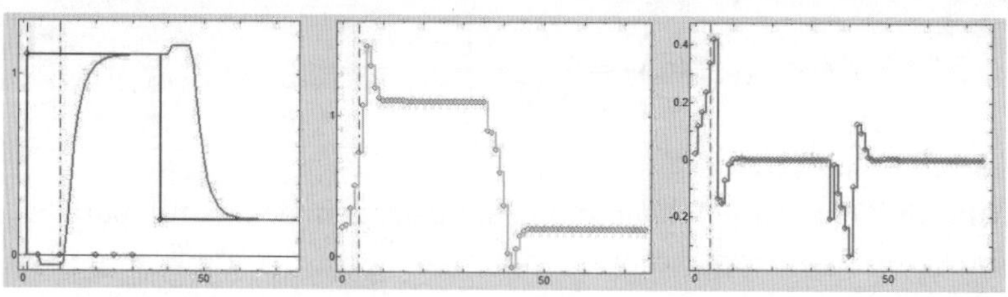

**Figura 2.11** Resposta do do processo $P(s)$ para o caso com restrições que evitam a resposta inversa. O tempo é dado em amostras.

Podemos observar que o pico da resposta inversa é bem menor que no caso anterior e para isso o controle necessita realizar movimentos mais bruscos. Observa-se, ainda, que o preço a pagar, como esperado, é uma reposta mais lenta que no caso anterior.

Na simulação a seguir, colocamos uma restrição no incremento de controle, colocando como limites uma variação máxima em módulo de 0,2. Como esperado, o controlador respeita as restrições e o processo tem uma reposta mais lenta. As respostas obtidas são mostradas na Figura 2.12.

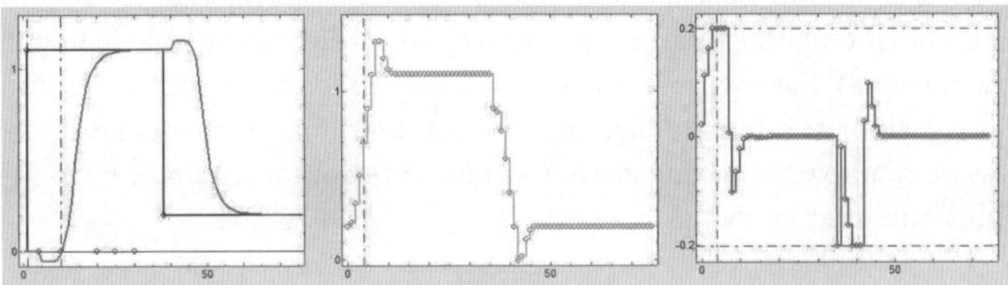

**Figura 2.12** Resposta do do processo $P(s)$ para o caso com restrições que evitam a resposta inversa e restringem o incremento de controle. O tempo é dado em amostras.

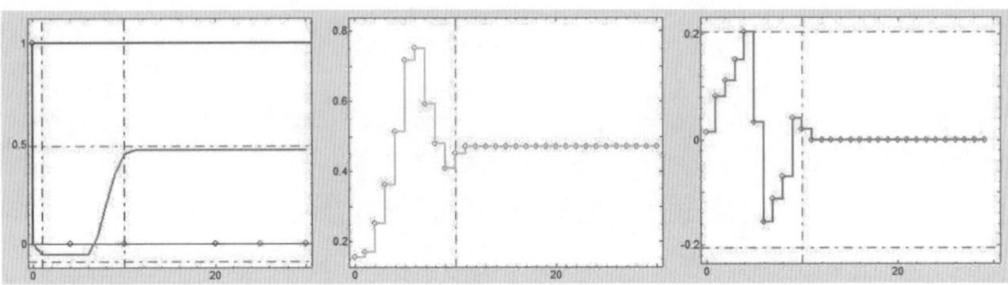

**Figura 2.13** Resposta do do processo $P(s)$ para o caso com restrições que evitam a resposta inversa, restringem o incremento de controle e limitam a saída ao valor 0,5. O tempo é dado em amostras.

Na última simulação, consideramos um cenário diferente, com apenas 9 minutos de ensaio e uma mudança de referência. Vamos supor que não se deseja que a variável controlada se afaste mais do que 0,5 do ponto de operação, mas que um operador envia um comando de mudança de referência de valor 1. Na Figura 2.13 é mostrado o resultado desta simulação. Observe que o controlador MPC não permite que a variável $y$ viole a restrição imposta quando se aplica a mudança de referência, e tenta manter, durante todo o tempo, a variável na restrição 0,5, garantindo, assim, o correto funcionamento do processo. Logo, podemos concluir que o MPC é extremamente flexível e permite atender diversas especificações. Estudaremos com mais detalhes esses aspectos nos próximos capítulos.

## 2.2 O MPC NA PIRÂMIDE DA AUTOMAÇÃO INDUSTRIAL

A Figura 2.14 apresenta uma representação esquemática da Pirâmide da Automação Industrial. Essa pirâmide compreende os diferentes níveis de controle para sistemas industriais considerando a escala de tempo da operação (tempo de execução da tarefa, objetivo ou requisito operacional) e o número de unidades de controle (complexidade do objetivo de controle). Essa representação é bastante usada na prática e é muito útil para entendermos melhor as diferentes ações e funções dos diferentes sistemas de controle em um processo complexo, dado que ele é normalmente composto por vários subsistemas mais simples que interagem.

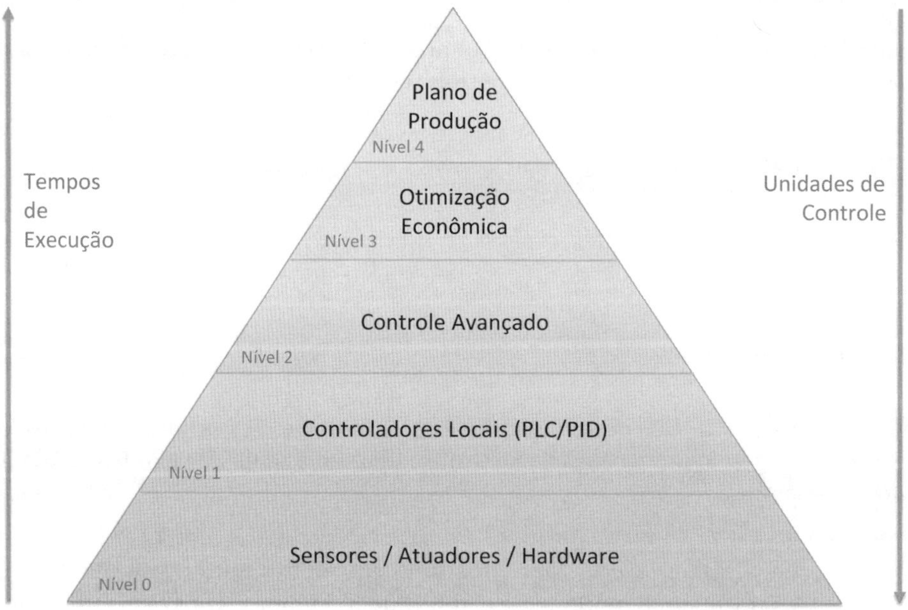


**Figura 2.14** Pirâmide da automação industrial e os níveis de controle: o MPC tipicamente atua na camada de controle avançado.

Como podemos observar na figura, no nível de controle mais baixo (nível 0), temos os sistemas de sensoriamento, atuação e *hardware* atrelados ao processo; esses componentes operam em escalas de tempo rápidas (na ordem de segundos ou milissegundos). Já no primeiro nível de controle (nível primário), temos os controladores locais, função para a qual geralmente se utilizam os controladores lógico programáveis (CLPs) e controladores tipo PID, também chamados de controladores de baixo nível, que regulam os processos em termos de objetivos da ordem de tempo de alguns segundos ou minutos. Essa camada é normalmente denominada na indústria de camada regulatória.

Os controladores locais recebem da camada superior (nível secundário) os valores de referência e condições a serem usados para manter as variáveis de processo deste nível dentro de determinados requisitos. No nível secundário, observamos os controladores avançados, que se ocupam de controlar de forma conjunta várias variáveis do processo, levando em consideração acoplamentos entre os diferentes subsistemas. Esses controladores geralmente consideram dinâmicas da ordem de minutos ou de horas e recebem do nível terciário os valores desejados para as variáveis de processo do nível secundário.

No nível terciário de controle, temos os controladores (ou otimizadores) da produção do sistema industrial, que geralmente trabalham na escala de dias, levando em conta requisitos econômicos associados aos custos das matérias-primas, energia usada no processo e valor de venda dos produtos. Finalmente, no topo da pirâmide se encontra a etapa de planejamento de produção, na qual se definem os planos mensais ou anuais de produção.

A forma da pirâmide usada nesta figura se justifica, uma vez que nas camadas mais baixas (perto da planta) temos mais unidades de controle, ou seja, mais sistemas de controle operando do que nas camadas mais altas. Por exemplo, em uma indústria petroquímica, existem centenas (ou até milhares) de atuadores, sensores e controladores de baixo nível, algumas unidades de controle avançado e otimização e, normalmente, um único sistema de planejamento, que coordena a planta como um todo.

A pirâmide apresentada é bem geral e tem cinco níveis, mas na prática os processos podem usar mais ou menos camadas de controle, dependendo da complexidade do processo e do nível de automação. A maioria das aplicações de MPC na indústria se situa no nível 2 de controle avançado, sendo que o MPC é o sistema de controle mais usado no meio industrial nessa camada. Porém, devemos ressaltar que existem também muitos estudos e aplicações de MPC em sistemas de controle local para alguns casos específicos. O uso de MPC no sistema de controle local tem se massificado graças aos avanços das tecnologias de software e hardware, que permitem a implementação mais eficiente de algoritmos de controle complexos com períodos de amostragem menores. Estudaremos alguns aspectos relacionados com este tema no Volume 2 desta obra. Além disso, mais recentemente, os estudos de MPC têm abordado estratégias denominadas de MPC Econômico, no qual as camadas de controle dos níveis 2 e 3 são executadas em um único MPC, que inclui na sua função custo os requisitos da otimização econômica.

## 2.3 UM POUCO DE HISTÓRIA

Pode-se considerar que o MPC surgiu no ambiente industrial no final da década de 1970 em aplicações da indústria petroquímica, operando como sistema de controle avançado de nível 2, recebendo da camada de otimização as referências e enviando comandos para os controles locais. Nessa época, surgiram o controle algorítmico baseado em modelo (MAC, do inglês *Model Algorithm Control*) (RICHALET et al., 1976) e o controle por matriz dinâmica (DMC, do inglês *Dynamic Matrix Control*) (CUTLER; RAMAKER, 1980), que utilizavam modelos de tipo resposta ao impulso ou ao degrau para descrever a planta e consideravam restrições no processo de otimização. O sucesso desses algoritmos nas aplicações deveu-se fundamentalmente à simplicidade das ideias utilizadas, mas não veio acompanhado de estudos relacionados com a estabilidade e robustez dos algoritmos.

Apesar de o método ter sido proposto há mais de 40 anos, a pesquisa em aplicações industriais do DMC continua ativa, e alguns trabalhos recentes podem ser citados. Em Fernandes et al. (2020), por exemplo, o DMC foi utilizado em uma planta integrada de separação de ar e ciclo Allam. Uma estratégia com DMC para controlar uma usina termelétrica a carvão é apresentada em He e Lima (2019). Em Wang et al. (2020), o DMC é utilizado no contexto de controle preditivo distribuído, aplicado a um processo reator e separador. Em Shi et al. (2022), o DMC é usado em uma planta de recuperação de resíduos. Também, Xu et al. (2020) apresenta um DMC implementado a partir do modelo de convolução orientado a dados, no qual a representação de entrada-saída é obtida diretamente da resposta ao degrau amostrada. Finalmente, uma generalização do DMC para plantas instáveis em malha aberta foi recentemente publicada (SANTOS; NORMEY-RICO, 2023). Neste trabalho, os autores apresentaram a possibilidade de ajuste do controle via dados, o que é bem interessante para aplicações industriais.

No início dos anos 1980, uma outra família de algoritmos de MPC surgiu no meio acadêmico, com abordagens relacionadas ao controle adaptativo e utilizando geralmente uma descrição por uma função de transferência para sistemas monovariáveis (DATTA; OCHOA, 1996). Entre outros, podem ser citados o controle preditivo generalizado (GPC, do inglês *Generalized Predictive Controller*) (CLARKE; MOHTADI; TUFFS, 1987; CLARKE; MOTHADI; TUFFS, 1987), o controle adaptativo de predição estendida (EPSAC, do inglês *Extended Prediction Self-Adaptive Control*) (DE KEYSER; CUAWENBERGHE, 1985), o controle adaptativo de horizonte estendido (EHAC, do inglês *Extended Horizon Adaptive Control*) (YDSTIE, 1984) e o controle preditivo unificado (UPC, do inglês *Unified Predictive Control*) (SOETERBOEK, 1992).

Finalmente, diversas formulações foram propostas utilizando modelos de variáveis de estado, permitindo fundamentalmente que toda a teoria de espaço de estado fosse utilizada no contexto de MPC (GARCIA; PRETT; MORARI, 1989).

Do final dos anos 1980 até o ano 2000, muitos trabalhos foram publicados analisando questões de estabilidade e robustez dos diversos algoritmos, principalmente do GPC, que se tornou bastante popular (CLARKE; MOHTADI, 1989; ROBINSON; CLARKE, 1991; YOON; CLARKE, 1995). Considerando aspectos como restrições de igualdade no horizonte ou pré-estabilização do sistema, foi possível encontrar procedimentos para garantir a estabilidade em malha fechada (KOUVARITAKIS; ROSSITER; CHANG, 1992; CLARKE; MOHTADI; TUFFS, 1987). Estudos sobre sistemas com atrasos dominantes e os problemas de robustez associados também foram publicados nesses anos (NORMEY-RICO; CAMACHO, 1999; NORMEY-RICO; CAMACHO, 2000). Esse período foi marcado também pelo aparecimento dos primeiros livros sobre MPC (SOETERBOEK, 1992; CAMACHO; BORDONS, 2004) e pela solução do problema de estabilidade do controle preditivo com restrições (MAYNE et al., 2000).

Do início dos anos 2000 até hoje, a maioria dos trabalhos de pesquisa tem se orientado ao estudo de controle preditivo não linear, MPC para sistemas híbridos, MPC robusto, MPC econômico e em aplicações com tempos de amostragem muito pequenos. O MPC linear tem se consolidado como a técnica de controle avançado MIMO mais utilizada na industria (TAKATSU; ITOH; ARAKI, 1998; QIN; BADGWELL, 2003) e muitos trabalhos têm sido publicados abordando resultados de pesquisas mais recentes sobre MPC, como pode ser visto nas diversas conferências internacionais sobre o tema.

## 2.4 COMENTÁRIOS FINAIS

Este capítulo apresentou as principais ideias do MPC e sua relação com os controladores clássicos, que utilizam ideias simples de predição na sua formulação. Os assuntos tratados aqui focaram na apresentação do MPC como uma ferramenta poderosa para resolver problemas de controle de sistemas mono e multivariáveis de diversos tipos e com os mais variados tipos de especificações. Nos próximos capítulos, nos debruçaremos na análise de alguns algoritmos particulares de MPC, focando inicialmente nas abordagens mais simples.

## 2.5 EXERCÍCIOS PROPOSTOS

1. Considere o modelo de um processo dado pela função de transferência de tempo discreto $\frac{Y(z)}{U(z)} = \frac{0{,}05}{z-0{,}9}$. Calcule a predição da saída em $k+j$, $\hat{y}(k+j \mid k)$, para um sinal de entrada do tipo degrau unitário aplicado em $k = 0$ e horizonte de 5 amostras, considerando condições iniciais nulas. Agora, considere que o sistema está no instante de tempo discreto $k = 1$ e a saída desejada para o próximo instante de tempo é $y_d(k+1) = 2$. Qual valor de ação de controle, $u(k)$, deve ser aplicado? Utilize o procedimento discutido no Exemplo 2.1.

2. Considere o modelo de um processo com atraso representado por $\frac{Y(z)}{U(z)} = \frac{0{,}08z^{-3}}{z-0{,}82}$. Com auxílio computacional, faça um gráfico da predição da saída $\hat{y}(k+j \mid k)$, para um sinal de entrada constante com o valor de 5 unidades aplicado em $k = 1$ e horizonte de predição de 12 amostras. Considere condições iniciais nulas.

3. Dada a função custo:

$$J = \sum_{j=N_1}^{N_2} \delta \left[\hat{y}(k+j \mid k) - r(k+j)\right]^2 + \sum_{j=0}^{N_u-1} \lambda \left[\Delta u(k+j)\right]^2,$$

considerando o modelo de predição:

$$\hat{y}(k+j \mid k) = ay(k+j-1) + bu(k+j-1),$$

com horizontes $N_1 = 1$, $N_2 = 2$ e $N_u = 2$, deduza a equação $J$ em função apenas das variáveis com valores conhecidos em $k$, como $y(k)$, $u(k-1)$, referências futuras conhecidas $r(k+j)$ e variáveis de decisão $\Delta u(k+j)$.

4. A partir da função custo do exercício anterior, com ponderações constantes e horizontes de controle e predição iguais, calcule os valores de $\lambda$ e $\delta$ para uma ponderação igualitária entre erro e o incremento da ação de controle, uma vez que as variáveis possuem valores mínimos e máximos dados por $y(k) = [0, 30]$ e $\Delta u(k) = [-5, 5]$. Verifique a sua resposta calculando $J$ para um horizonte pequeno.

5. Utilizando a ferramenta de simulação para GPC SISO apresentada no Apêndice A, escolha um processo de primeira ordem com atraso dado por $P(s) = \frac{e^{-2s}}{1+s}$ e ajuste o controle GPC sem restrições de forma intuitiva usando a análise do efeito dos parâmetros de sintonia apresentados neste capítulo. Analise primeiro o caso com modelo igual ao processo e depois inclua erro de modelagem. Observe o efeito dos parâmetros nas respostas.

6. Partindo dos resultados do exercício anterior, inclua restrições no GPC no sinal de controle, no incremento de controle e na saída. Isto se realiza modificando o ajuste do controlador, escolhendo o tipo de restrição a ativar. Inclua as restrições uma a uma e observe os resultados obtidos. Estude dois casos diferentes: no primeiro, considere o caso no qual o processo e o modelo são iguais; no segundo, introduza erros de modelo, o que pode ser feito na ferramenta alterando os polos e zeros da planta e mantendo os do modelo. Analise os resultados, observando o atendimento ou não das restrições, principalmente na variável de saída. Que diferenças observa entre os dois casos estudados? Discuta.

7. Utilizando a ferramenta de simulação para GPC SISO apresentada no Apêndice A, escolha um processo de segunda ordem com zero no semiplano direito dado por $P(s) = \frac{1-s}{(1+s)(1+2s)}$ e ajuste um GPC sem restrições de forma intuitiva usando a análise do efeito dos parâmetros de sintonia apresentados neste capítulo. Analise primeiro o caso com modelo igual ao processo e depois inclua erro de modelagem. Observe o efeito dos parâmetros nas respostas. Numa segunda etapa inclua restrições no problema, no sinal de controle, no incremento de controle e na saída. Depois utilize restrições denominadas na ferramenta como NMP (que tentam evitar a resposta inversa causada pelo zero no semiplano direito do plano s). Analise o resultado e veja como ajustar o controle para diminuir o efeito do zero na resposta.

CAPÍTULO 3

# Controle por Matriz Dinâmica (DMC)

O controle por matriz dinâmica (DMC) foi proposto no fim dos anos 1970 por engenheiros da companhia petrolífera *Shell* (CUTLER; RAMAKER, 1980). O DMC utiliza a resposta ao degrau como modelo de predição e se tornou um método de controle bastante popular no contexto industrial, aplicável a plantas estáveis na sua versão original e permitindo a consideração de modos integradores no caso estendido. A adesão da indústria deu-se, em grande parte, devido à familiaridade na obtenção do modelo por processos conhecidos de identificação da planta e à capacidade de lidar com plantas multivariáveis de maneira simples (CAMACHO; BORDONS, 2004).

Apesar de o DMC ter sido apresentado diretamente para o caso MIMO, este capítulo foca apenas no caso SISO para poder introduzir os conceitos de uma maneira mais simples. O caso MIMO, que é de fato o mais usado na prática industrial, é apresentado no Volume 2 desta obra.

## 3.1 FORMULAÇÃO DO DMC PARA PLANTAS ESTÁVEIS

Nesta seção, apresentaremos o controlador DMC para plantas SISO estáveis, focando nos três elementos principais do algoritmo: o modelo de predição, a função custo e o procedimento de cálculo da ação de controle. Iniciaremos o estudo com o desenvolvimento da estratégia usada para o cálculo das predições.

### 3.1.1 Cálculo das predições

O modelo de processo utilizado pelo DMC para o cálculo da predição da saída de um sistema estável é baseado no conceito de "resposta ao degrau" de um sistema linear e invariante no tempo. Considerando o sistema inicialmente em repouso, o método para modelar o processo consiste em aplicar um degrau unitário na variável manipulada da planta e armazenar a resposta observada na variável controlada. Para armazenar essa resposta em um vetor, basta amostrar os valores da resposta obtida.

Para exemplificar, na Figura 3.1 é apresentada a resposta ao degrau para um sistema genérico estável, linear e invariante no tempo, partindo do repouso. Observe na figura a determinação dos coeficientes da resposta ao degrau, denotados aqui por $g_i$ e marcados na figura com asteriscos.

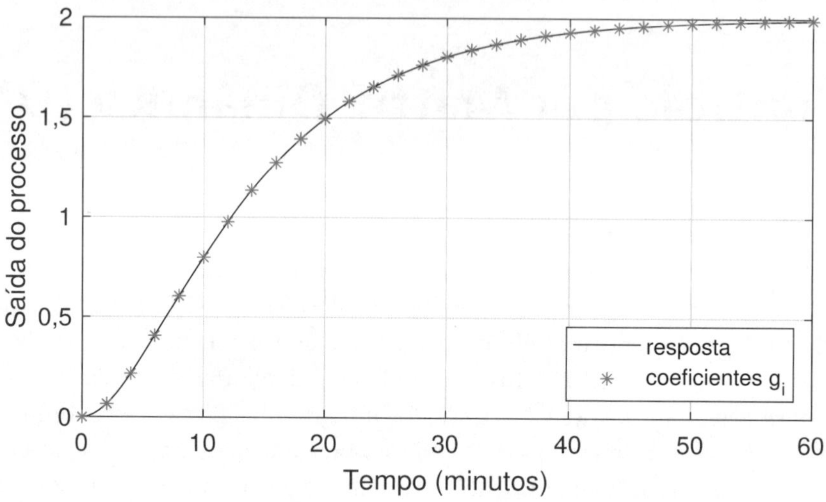


**Figura 3.1** Resposta ao degrau de um sistema SISO estável.

Com um período de amostragem fixo, é possível representar o comportamento entrada-saída do sistema (modelo de malha aberta) a partir dos coeficientes de sua resposta ao degrau da seguinte forma:

$$y(k) = \sum_{i=1}^{\infty} g_i \Delta u(k-i). \tag{3.1}$$

em que $g_i$ são valores dos coeficientes da resposta ao degrau, $u$ é a variável manipulada e $y$ é a saída ou variável controlada do sistema. Observe que assumimos que o sistema considerado não tem resposta instantânea, ou seja, sempre temos no mínimo uma amostra de atraso entre entrada e saída (note que $y(k)$ depende de $u(k-1)$ e controles anteriores). Como discutido na Seção 2.1.2, em uma implementação de MPC isso é sempre verdade, pois a saída é primeiro medida e depois é calculado o sinal de controle aplicado em $k$. Dessa forma, mesmo que o processo eventualmente tenha resposta instantânea, ela só será observada no instante $k+1$.

Para entender esta forma de representar o modelo, devemos lembrar do conceito de resposta ao impulso discreta de um sistema, dada pelo somatório de convolução:

$$y(k) = \sum_{i=1}^{\infty} h(i)u(k-i) = \sum_{i=1}^{\infty} h_i u(k-i), \tag{3.2}$$

com $h(i) = h_i$ representando os valores dos coeficientes da resposta ao impulso. Veja que esta equação é análoga à integral de convolução de um sistema e envolve um somatório com infinitos termos (LATHI, 2006).

Mas, como o impulso discreto $\delta(k)$ pode ser colocado como:

$$\delta(k) = 1(k) - 1(k-1),$$

definindo $1(k)$ como um degrau unitário, a resposta ao impulso pode ser escrita, para todo $k$, como:

$$h(k) = g(k) - g(k-1),$$

o que implica que os coeficientes das respostas verificam:

$$h_i = g_i - g_{i-1} = \Delta g_i,$$

o que permite escrever a resposta do sistema (3.2) como:

$$y(k) = \sum_{i=1}^{\infty} [g_i - g_{i-1}]\, u(k-i) = \sum_{i=1}^{\infty} \Delta g_i u(k-i). \tag{3.3}$$

Usando a propriedade da convolução que estabelece que $\Delta g * u = g * \Delta u$, temos:

$$y(k) = \sum_{i=1}^{\infty} g_i \Delta u(k-i). \tag{3.4}$$

Observe que ao aplicar um sinal do tipo degrau unitário no sistema, que verifica $\Delta u(k) = 1$ para $k = 0$ e $\Delta u(k) = 0$ para $k > 0$, para cada $k$, todos os termos da soma são nulos, salvo o de $i = k$, o que resulta em $y(k) = g_k$. Desta forma, podemos obter todos os coeficientes $g_i$ ($i = 1 \ldots \infty$) diretamente a partir dos valores da resposta do sistema para um degrau de amplitude unitária.

É importante colocar que, na prática, os processos têm comportamentos, em geral, não lineares e os modelos lineares aproximados são obtidos com o processo operando em um determinado ponto de operação. Assim, o modelo linear de resposta ao degrau é um modelo incremental válido para o ponto de operação definido. Quando queremos obter esse modelo experimentalmente, o procedimento prático tipicamente consiste em aplicar um incremento do tipo degrau na variável manipulada no ponto de operação. Desta forma, os dados que interessam para determinar o modelo são os incrementos na variável controlada do processo real, isto é, as variações com relação ao valor de $y(0)$. Desta maneira, o modelo aproximado do processo seria:

$$y(k) = y(0) + \sum_{i=1}^{\infty} g_i \Delta u(k-i), \tag{3.5}$$

sendo $y(0)$ a saída do processo no ponto de operação do processo e considerando os controles de amplitude tal que afastam o processo do ponto de operação em uma faixa que mantenha a validade da aproximação. Para obter os coeficientes $g_i$ a partir dos dados de um experimento de resposta ao degrau unitário, devemos calcular a variação de $y(k)$ com relação a $y(0)$:

$$\delta y(k) = y(k) - y(0) = \sum_{i=1}^{\infty} g_i \Delta u(k-i), \tag{3.6}$$

e assim, usando um degrau de amplitude unitária em $u$, podemos encontrar os $g_i$ usando $\delta y(i) = g_i$ $(i = 1 \ldots \infty)$.

Note que, apesar de a obtenção dos coeficientes de resposta ao degrau ser dada para um degrau de valor unitário na variável manipulada, na prática, dificilmente teremos a possibilidade de aplicar um degrau dessa amplitude, por ser, às vezes, muito grande ou muito pequeno. Por exemplo, um degrau unitário pode não ser suficiente para gerar uma resposta do sistema com relação sinal/ruído adequada, inviabilizando a obtenção do modelo. De toda forma, como o modelo é linear, podemos simplesmente ajustar os valores dos coeficientes da resposta incremental obtida $\delta y(k)$ com o degrau não unitário, dividindo todos eles pelo valor da amplitude do degrau aplicado. Supondo que o degrau aplicado possui amplitude $U_0$ e que os coeficientes obtidos da resposta incremental do sistema são dados por $\tilde{g}_i = \delta y(i)$ $(i = 1 \ldots \infty)$, calculamos os coeficientes desejados para o modelo como $g_i = \tilde{g}_i / U_0$.

Porém, sem perda de generalidade, a maioria dos desenvolvimentos teóricos na sequência são realizados considerando $y(0) = 0$ e $U_0 = 1$, apesar de na prática a amplitude do degrau aplicado raramente ser unitária.

O próximo exemplo ilustra o procedimento para obtenção dos coeficientes para um caso prático.

**Exemplo 3.1**

Um processo de controle de temperatura de um trocador de calor água-vapor usado na indústria do etanol utiliza vapor residual do processo de evaporação do caldo para aquecer a água empregada na limpeza de vários equipamentos. A vazão de vapor que entra no trocador é controlada com uma válvula e a temperatura da água é medida logo na saída do trocador.

O esquema do processo é ilustrado na Figura 3.2, e na Figura 3.3 é mostrado o resultado de um ensaio realizado no processo. No ensaio, com o trocador numa temperatura de operação, aplicou-se um degrau de abertura na válvula de vapor de amplitude 10% (passando de 30% para 40%), observando-se uma resposta transitória de temperatura do ponto inicial em $T(0)$ =70 °C para o valor final de $T$ =90 °C.

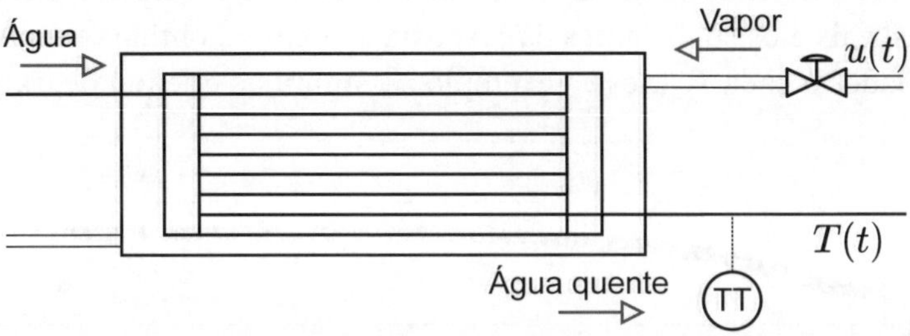


**Figura 3.2** Exemplo 3.1 – esquema de controle de temperatura num trocador de calor.

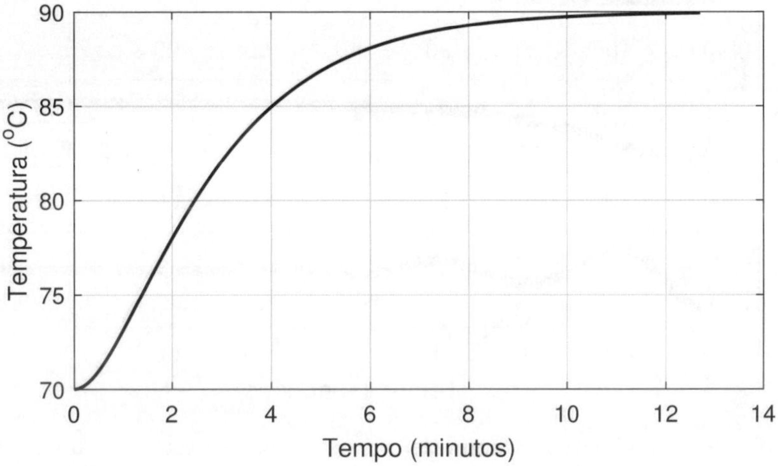


**Figura 3.3** Exemplo 3.1 – resposta ao degrau de um sistema de controle de temperatura num trocador de calor.

Por meio da resposta de temperatura, inferimos um tempo de assentamento de aproximadamente 12 minutos. Definindo um período de amostragem $T_s = 10$ s, estimou-se que aproximadamente 70 coeficientes da resposta ao degrau seriam suficientes para obter um bom modelo. Os valores medidos no experimento foram:

$$\mathbf{y} = [70{,}04\ \ 70{,}15\ \ 70{,}33\ \ \ldots\ \ 89{,}99\ \ 90{,}00\ \ 90{,}00]^T.$$

Subtraindo destes valores o valor inicial da temperatura $T(0) = 70\,^\circ\mathrm{C}$, e dividindo os valores obtidos pelo valor da amplitude 10 do degrau aplicado no sinal de controle (dado que os coeficientes $g_i$ correspondem a uma entrada degrau unitário), obtemos o vetor de coeficientes do modelo:

$$\mathbf{g} = [0{,}004\ \ 0{,}015\ \ 0{,}033\ \ \ldots\ \ 1{,}999\ \ 2{,}000\ \ 2{,}000]^T.$$

Na Figura 3.4, são mostradas as respostas incrementais típicas encontradas em processos industriais e os coeficientes da resposta ao degrau, obtidos simplesmente com a captura dos dados a cada $T_s$ (nestes exemplos assumimos que um degrau unitário foi usado).

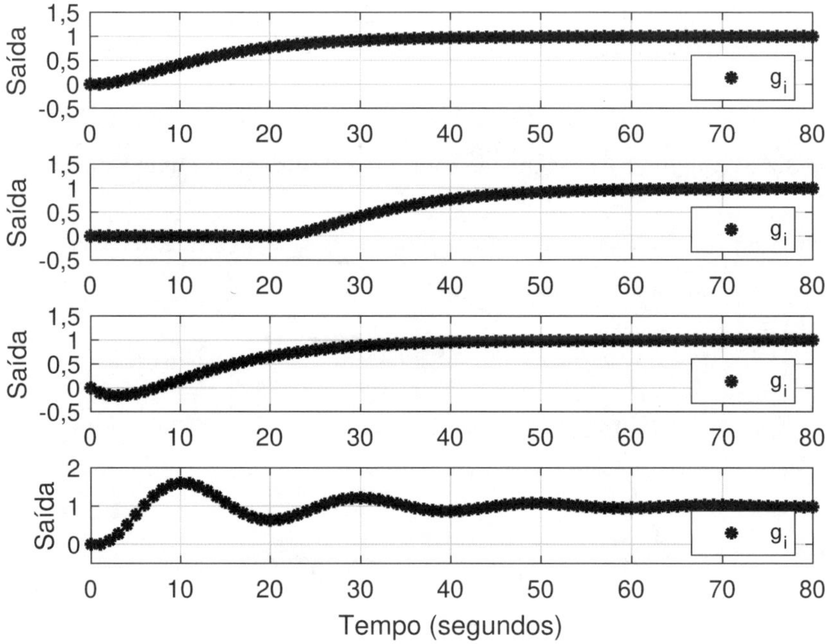


**Figura 3.4** Resposta ao degrau unitário de um sistema SISO estável: vários casos estáveis possíveis.

O primeiro caso da Figura 3.4, mostra a resposta de um sistema de resposta bem amortecida e sem atraso. O segundo caso mostra a resposta de um sistema com atraso, com vários coeficientes nulos no início do transitório. O terceiro caso mostra um sistema que tem resposta inversa no transitório, dinâmica causada por um zero real de valor maior que 1 no plano Z. A última resposta mostra o caso de um sistema com dinâmica oscilatória no transitório.

Observe como a obtenção dos coeficientes pode ser feita da mesma forma, independentemente do tipo de resposta do processo. Note que, para plantas estáveis, o número de coeficientes necessário para capturar toda a informação da resposta é sempre finito, dado que os coeficientes convergem a um valor final, $g_i = g_{i+1}$ para todo $i > N_{ss}$. O valor de $N_{ss}$ pode ser estimado, aproximadamente, como o tempo de assentamento dividido pelo $T_s$. Ainda, veja que este número de coeficientes não está associado à complexidade do modelo e sim ao tempo de assentamento. Por exemplo, dois sistemas com tempos de assentamento similares, um com dinâmica de primeira ordem e outro com dinâmica de quinta ordem, precisam do mesmo número de coeficientes para representar o modelo.

A forma adotada pelo DMC para modelar processos estáveis é bastante utilizada na prática, pois oferece algumas vantagens importantes:

- é bem intuitiva;
- não precisa de conhecimento *a priori* do processo para obter o modelo a partir de dados reais da planta;
- pode ser usado em plantas multivariáveis sem acrescentar complexidade; e
- descreve de maneira simples efeitos mais complexos da dinâmica do processo, como atrasos e comportamentos de fase não mínima.

Por outro lado, este tipo de modelo apresenta alguns inconvenientes:

- não é adequado para ser usado diretamente com plantas instáveis e integradoras, pois seria preciso infinitos coeficientes para representar o comportamento do processo (nesses casos é necessário fazer uma modificação do controlador para o uso do modelo, como será discutido mais adiante neste capítulo);
- necessita de um grande número de parâmetros para descrever o modelo, mesmo se a dinâmica do processo puder ser aproximada por um sistema de baixa ordem. Observe que o número de parâmetros aumenta consideravelmente se o processo tiver um atraso grande, pois precisamos de, aproximadamente, $L/T_s$ parâmetros para representar o atraso $L$ do processo. O número de coeficientes adicionado será $d = \lfloor L/T_s \rfloor$, sendo $\lfloor x \rfloor$ a função chão, que retorna a parte inteira de $x$.

Vamos ilustrar com um exemplo a obtenção dos coeficientes da resposta ao degrau no caso de um sistema estável com atraso.

**Exemplo 3.2**

Vamos retomar o processo de controle de temperatura de um trocador de calor água-vapor usado no exemplo anterior mas, agora, considerando que a medida de temperatura é realizada em outro ponto do processo, onde a água quente vai ser usada. Este local está a uma distância tal que a água leva 60 segundos para chegar até o ponto onde está o sensor. A Figura 3.5 ilustra o esquema do processo e a Figura 3.6 mostra o resultado de um ensaio realizado no processo com o mesmo cenário do exemplo anterior. Assumiremos que a tubulação entre o trocador e o ponto de medida está bem isolada termicamente e o fluido não perde temperatura até o ponto de medição.

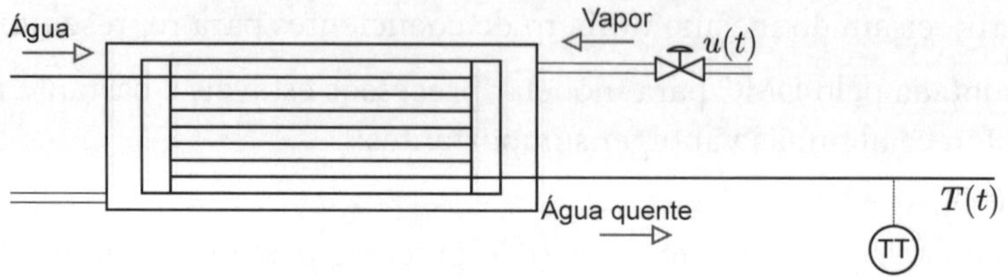


**Figura 3.5** Exemplo 3.2 – esquema de controle de temperatura num trocador de calor com atraso.

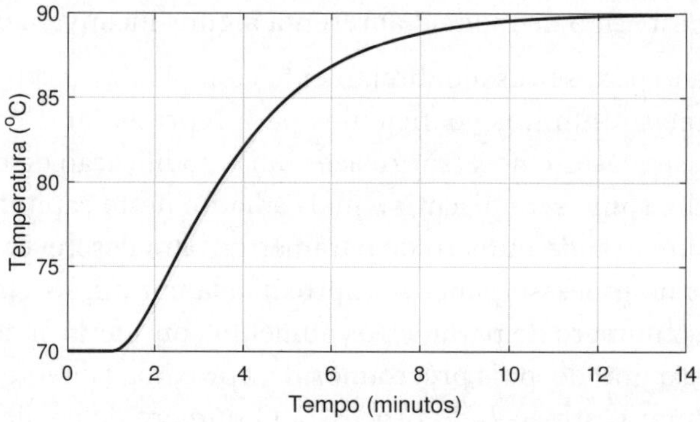


**Figura 3.6** Exemplo 3.2 – resposta ao degrau de um sistema de controle de temperatura num trocador de calor com atraso de 60 segundos.

Vemos que a resposta da temperatura mostra o atraso de 60 segundos e, a partir desse momento, observa-se o mesmo tempo de assentamento de aproximadamente 12 minutos do Exemplo 3.1 (totalizando um tempo de 14 minutos). Mantendo o período de amostragem $T_s = 10$ s, precisaríamos, neste caso, de 6 coeficientes nulos para representar o atraso, e os mesmos 70 coeficientes do exemplo anterior para o resto da resposta. Assim, neste caso, 76 coeficientes seriam suficientes para obter um bom modelo. Realizando as mesmas manipulações que no exemplo anterior para ajustar o ponto de operação e a amplitude do degrau, obtemos o vetor de coeficientes do modelo:

$$\mathbf{g} = [0\ \ 0\ \ 0\ \ 0\ \ 0\ \ 0\ \ 0{,}004\ \ 0{,}015\ \ 0{,}033\ \ \ldots\ \ 1{,}999\ \ 2{,}000\ \ 2{,}000]^T,$$

que, como esperado, tem os mesmos valores que o do exemplo anterior, com a adição de 6 zeros no início.

A partir do modelo de resposta ao degrau (3.1), considerando a condição inicial nula, as predições da saída do processo podem ser calculadas a partir dos coeficientes $g_i$ e das entradas passadas e futuras da seguinte forma:

$$y(k+j) = \sum_{i=1}^{\infty} g_i \Delta u(k+j-i). \tag{3.7}$$

Note que o modelo (3.7) não leva em conta o possível efeito de perturbações e, como comentado na introdução, o modelo das perturbações é também importante para a formulação do controle MPC. Assim, o modelo de predição precisa ser adaptado para incluir um modelo das perturbações. No DMC, propõe-se o uso de um modelo tipo aditivo para as perturbações, de tal forma que o modelo de predição completo é dado por:

$$\hat{y}(k+j \mid k) = \sum_{i=1}^{\infty} g_i \Delta u(k+j-i) + \hat{\eta}(k+j \mid k), \tag{3.8}$$

em que $\hat{y}(k+j \mid k)$ representa a predição de $y(k)$ no tempo $k+j$, calculada com a informação conhecida no tempo $k$, ou seja, uma predição $j$ passos à frente do instante atual, e com $\hat{\eta}(k+j \mid k)$ representando uma predição da perturbação em $k+j$ feita no instante $k$. Nesta equação, observamos que, para os valores de $i \leq j$, a soma considera a contribuição dos sinais de controle futuros na saída predita. Por outro lado, para $i > j$, estamos considerando as contribuições dos controles passados na predição. Note que o incremento do sinal de controle a ser aplicado no instante $k$ é considerado futuro, pois é o primeiro valor de controle a ser calculado pelo DMC.

Devido ao fato de as perturbações futuras serem desconhecidas, é necessário algum tipo de estimação de seu valor futuro. O algoritmo DMC assume que $\hat{\eta}(k+j \mid k) = \hat{\eta}(k \mid k)$, $\forall j > 0$, ou seja, que o valor da perturbação permanece constante, e igual ao valor atual, ao longo do horizonte. Assim, o modelo está considerando as perturbações como se fossem degraus. A amplitude desse degrau é igual ao erro atual entre a saída do processo e a do modelo, dada por:

$$\hat{\eta}(k \mid k) = y(k) - \hat{y}_o(k \mid k), \tag{3.9}$$

sendo $\hat{y}_o$ a estimação sem correção da saída do sistema, obtida a partir de (3.1). Assim, $\hat{\eta}$ pode ser interpretado como o erro de predição, ou seja, a diferença entre o valor medido da saída do processo e seu valor estimado a partir do modelo nominal. Esse modelo é conhecido também como de perturbação aditiva na saída, no qual um sinal $n$ é usado para representar toda a diferença entre o valor real da saída do processo e o valor esperado calculado pelo modelo, ou seja, uma combinação de perturbações e erros de modelagem. O DMC usa esse conceito e o estende a todo o horizonte de predição.

A equação obtida para as predições após esta modificação claramente tem contribuição dos sinais de controle passados e futuros, e da saída atual do processo. Por conveniência, pode-se separar a predição da saída em duas parcelas, sendo uma que depende de informações do passado e outra dependente das ações de controle futuras, que justamente são as que desejamos calcular. Sendo assim, podemos reescrever (3.8) como:

$$\hat{y}(k+j \mid k) = \sum_{i=1}^{j} g_i \Delta u(k+j-i) + \sum_{i=j+1}^{\infty} g_i \Delta u(k+j-i) + \hat{\eta}(k \mid k). \tag{3.10}$$

Considerando a igualdade definida em (3.9), é possível reescrever (3.10) da seguinte forma:

$$\begin{aligned} \hat{y}(k+j \mid k) = \sum_{i=1}^{j} g_i \Delta u(k+j-i) + \sum_{i=j+1}^{\infty} g_i \Delta u(k+j-i) \\ + y(k) - \sum_{i=1}^{\infty} g_i \Delta u(k-i), \end{aligned} \tag{3.11}$$

que, por sua vez, pode ser rearranjada de forma mais compacta como:

$$\hat{y}(k+j \mid k) = \sum_{i=1}^{j} g_i \Delta u(k+j-i) + f(k+j \mid k), \tag{3.12}$$

com

$$f(k+j \mid k) = y(k) + \sum_{i=j+1}^{\infty} g_i \Delta u(k+j-i) - \sum_{i=1}^{\infty} g_i \Delta u(k-i). \tag{3.13}$$

O termo $f(k+j \mid k)$ é definido como a resposta livre do sistema em $k+j$ e leva esse nome pois é a parte da resposta que não depende das ações de controle futuras. Assim, se os incrementos de controle futuros forem todos nulos, a predição da saída futura do processo para o instante $k+j$ será igual a $f(k+j \mid k)$.

Já o primeiro termo de (3.12) é definido como a resposta forçada do sistema, e corresponde aos incrementos que esperamos ter na resposta do sistema com relação a $f(k+j \mid k)$ aplicando uma sequência de controles futuros. Podemos entender desta expressão que o objetivo do DMC é encontrar a melhor sequência futura de ações de controle que consiga os incrementos sobre a resposta livre desejados, de acordo com os objetivos definidos pelo projetista.

As predições da saída na janela de predição, definidas em (3.12) para diferentes valores de $j$, podem ser agrupadas em um vetor:

$$\hat{\mathbf{y}} = \begin{bmatrix} \hat{y}(k+N_1 \mid k) \\ \hat{y}(k+N_1+1 \mid k) \\ \vdots \\ \hat{y}(k+N_2 \mid k) \end{bmatrix},$$

e representadas de forma matricial em função dos incrementos de controle futuros e da resposta livre:

$$\hat{\mathbf{y}} = \mathbf{G}\Delta\mathbf{u} + \mathbf{f}, \tag{3.14}$$

onde $\mathbf{G} \in \mathbb{R}^{N \times N_u}$ é definida como a matriz de coeficientes da resposta ao degrau, também comumente chamada de matriz dinâmica, $\Delta\mathbf{u}$ é o vetor de incrementos de controle futuros definidos numa janela de tamanho $N_u$ e $\mathbf{f} \in \mathbb{R}^N$ é o vetor que contém a resposta livre do sistema para a janela de predição de tamanho $N$[2], dados por:

$$\mathbf{G} = \begin{bmatrix} g_{N_1} & g_{N_1-1} & \cdots & g_{N_1-N_u+1} \\ g_{N_1+1} & g_{N_1} & \cdots & g_{N_1-N_u+2} \\ \vdots & \vdots & \vdots & \vdots \\ g_{N_2} & g_{N_2-1} & \cdots & g_{N_2-N_u+1} \end{bmatrix},$$

$$\Delta\mathbf{u} = \begin{bmatrix} \Delta u(k) \\ \Delta u(k+1) \\ \vdots \\ \Delta u(k+N_u-1) \end{bmatrix}, \quad \mathbf{f} = \begin{bmatrix} f(k+N_1 \mid k) \\ f(k+N_1+1 \mid k) \\ \vdots \\ f(k+N_2 \mid k) \end{bmatrix},$$

considerando os coeficientes $g_i = 0$ para todo $i \leq 0$, pela causalidade do sistema (somente consideramos sistemas causais neste livro). Ainda, cabe ressaltar que a estrutura apresentada de $\mathbf{G}$ tem as seguintes propriedades: (i) se $N_1 = d+1$, $\mathbf{G}$ é uma matriz triangular inferior, visto que os efeitos do sinal de controle $u(k+j)$ só aparecem na saída após o instante em que é aplicado, ou seja, $k+d+j+1$ em diante; (ii) ainda, se $N_1 \leq d+1$ cada coluna da matriz $\mathbf{G}$ pode ser obtida da anterior realizando um deslocamento para baixo e adicionando um zero no primeiro elemento da coluna. Esta propriedade é válida pois o modelo é invariante no tempo e, assim, a relação entre uma predição em $k+j$ e o controle em $k+j-i$ é a mesma que entre a predição em $k+j-1$ e o controle em $k+j-1-i$; (iii) observe que se $N_1 < d+1$ teremos as primeiras $d+1-N_1$ linhas nulas na matriz $\mathbf{G}$. Lembrando, como já comentado, que na prática não faz sentido escolher $N_1 < d+1$, dado que estaríamos considerando predições que não são afetadas pelos controles a serem calculados.

Na sequência, apresentamos um exemplo que ilustra a montagem da matriz $\mathbf{G}$ para os exemplos anteriores do trocador de calor com uso de diferentes valores de $N_1$.

[2] Como já comentado, $N = N_2 - N_1 + 1$ é o tamanho da janela de predição da saída do processo.

**Exemplo 3.3**

Vamos considerar, novamente, o controle de temperatura do trocador de calor dos exemplos anteriores. Analisaremos dois controladores, um para o caso sem atraso e outro para o caso com atraso.

Para o caso sem atraso, considere que vamos projetar um controle DMC com horizontes de predição $N_1 = 1$ e $N_2 = 20$, e horizonte de controle $N_u = 5$. Neste caso, conhecido o vetor de resposta ao degrau do sistema $[g_1 \ g_2 \ g_3 \ \dots \ g_{N_{ss}}]^T$, montamos a matriz $\mathbf{G}$ com dimensão $20 \times 5$ utilizando apenas os 20 primeiros elementos do vetor $\mathbf{g}$, dado neste caso por:

$$[g_1 \ g_2 \ g_3 \ \dots \ g_{20}]^T = [0{,}004 \ 0{,}015 \ 0{,}033 \ \dots \ 0{,}591 \ 0{,}633 \ 0{,}681]^T,$$

o que resulta:

$$\mathbf{G} = \begin{bmatrix} 0{,}004 & 0 & 0 & 0 & 0 \\ 0{,}015 & 0{,}004 & 0 & 0 & 0 \\ 0{,}033 & 0{,}015 & 0{,}004 & 0 & 0 \\ 0{,}056 & 0{,}033 & 0{,}015 & 0{,}004 & 0 \\ 0{,}085 & 0{,}056 & 0{,}033 & 0{,}015 & 0{,}004 \\ \vdots & \vdots & \vdots & \vdots & \vdots \\ 0{,}681 & 0{,}633 & 0{,}591 & 0{,}542 & 0{,}498 \end{bmatrix}.$$

Neste caso, o vetor de predições é:

$$\hat{\mathbf{y}} = \begin{bmatrix} \hat{y}(k+1 \mid k) \\ \hat{y}(k+2 \mid k) \\ \vdots \\ \hat{y}(k+20 \mid k) \end{bmatrix}.$$

Para o caso do trocador com atraso de transporte, não interessa utilizar um horizonte inicial menor que 6, dado que o sistema tem 6 amostras de atraso. Assim, escolhemos $N_1 = 7$ e $N_2 = 26$ para manter a mesma janela no horizonte de predição (mesmo valor de $N$), o que permite ver a mesma parte do transitório que no caso sem atraso. Isto é, o resultado de $N_2 - N_1 + 1$ tem o mesmo valor nos dois casos.

Usando $N_u = 5$, a matriz $\mathbf{G}$ será a mesma do caso anterior, com dimensão $20 \times 5$. Porém, neste caso, o vetor de predições é:

$$\hat{\mathbf{y}} = \begin{bmatrix} \hat{y}(k+7 \mid k) \\ \hat{y}(k+8 \mid k) \\ \vdots \\ \hat{y}(k+26 \mid k) \end{bmatrix},$$

que tem $N = 20$ elementos.

Vamos estudar, na sequência, o cálculo da resposta livre, que é fundamental para o desenvolvimento do algoritmo DMC.

### 3.1.2 Cálculo da resposta livre

Como definido em (3.13), a resposta livre do sistema é dada por:

$$f(k+j \mid k) = y(k) + \sum_{i=j+1}^{\infty} g_i \Delta u(k+j-i) - \sum_{i=1}^{\infty} g_i \Delta u(k-i). \tag{3.15}$$

O segundo termo de (3.15) pode ser reescrito fazendo a mudança de variável $m = i - j$:

$$\sum_{i=j+1}^{\infty} g_i \Delta u(k+j-i) = \sum_{m=1}^{\infty} g_{j+m} \Delta u(k-m),$$

dado que $\lim_{i \to \infty} m = \infty$. Para manter a notação, podemos trocar $m$ por $i$ no índice da soma do lado direito da igualdade anterior e, assim, escrever:

$$\sum_{i=j+1}^{\infty} g_i \Delta u(k+j-i) = \sum_{i=1}^{\infty} g_{j+i} \Delta u(k-i).$$

Usando a igualdade em (3.15), escrevemos:

$$f(k+j \mid k) = y(k) + \sum_{i=1}^{\infty} g_{j+i} \Delta u(k-i) - \sum_{i=1}^{\infty} g_i \Delta u(k-i),$$

e, de forma compacta:

$$f(k+j \mid k) = y(k) + \sum_{i=1}^{\infty} (g_{j+i} - g_i) \Delta u(k-i). \tag{3.16}$$

Vale lembrar que, para sistemas assintoticamente estáveis, a resposta ao degrau tende a se tornar constante após um número suficiente de amostras $N_{ss}$, sendo $N_{ss}$ usualmente chamado de horizonte de modelo, como mostra a parte final das respostas da Figura 3.4. Portanto, $(g_{j+i} - g_i) \approx 0$, $\forall i > N_{ss}$, e o somatório de (3.16) pode ser truncado em $N_{ss}$ e ser reapresentado como:

$$f(k+j \mid k) \approx y(k) + \sum_{i=1}^{N_{ss}} (g_{j+i} - g_i) \Delta u(k-i). \tag{3.17}$$

A expressão em (3.17) permite, em cada instante de amostragem $k$, calcular a resposta livre para uma dada janela de tempo futura apenas com o conhecimento dos coeficientes da resposta ao degrau (empregado como modelo pelo DMC) e os valores passados dos incrementos da variável manipulada. Note que apenas os valores de $f(k+j \mid k)$ entre $j = N_1$ e $j = N_2$ são necessários para o cálculo do controle.

Observe que o erro cometido nessa aproximação é pequeno se $N_{ss}$ é bem escolhido. Geralmente, esse erro de aproximação é desprezível frente aos erros de modelagem devidos à aproximação do comportamento do processo real por um modelo linear. Aspectos relacionados a esses problemas serão analisados neste capítulo, quando apresentamos o controle equivalente do DMC (Seção 3.7). Por ora, consideraremos essa modelagem como adequada para a formulação do controle.

Vamos interpretar essa forma de descrever o comportamento do sistema quando truncamos os coeficientes da resposta ao degrau e associá-la com o modelo usado em controle clássico. Lembrando que a relação que existe entre os coeficientes da resposta ao degrau $g_i$ e da resposta impulsiva do sistema $h_i$ é dada por:

$$h_i = g_i - g_{i-1},$$

observamos que ao considerar $g_i$ constante $\forall i > N_{ss}$, estamos impondo que $h_i = 0$, $\forall i > N_{ss}$, o que implica considerar um modelo de resposta ao impulso com número finito de coeficientes. Na literatura, esses modelos são denominados FIR (do inglês *Finite Impulse Response*). Se aplicarmos a transformada Z à resposta impulsiva do sistema FIR, obtemos a função de transferência discreta do mesmo, que relaciona a transformada Z do sinal de controle $U(z)$ com a transformada Z do sinal de saída $Y(z)$ e tem a forma:

$$G_u(z) = \frac{Y(z)}{U(z)} = \sum_{i=0}^{i=N_{ss}} h_i z^{-i},$$

que pode ser escrita também como:

$$G_u(z) = \frac{\sum_{i=0}^{i=N_{ss}} h_i z^{N_{ss}-i}}{z^{N_{ss}}},$$

que é um modelo com $N_{ss}$ polos em zero. Como este sistema tem $h_0 = 0$, pois não tem resposta instantânea, ainda podemos escrever:

$$G_u(z) = \frac{\sum_{i=1}^{i=N_{ss}} h_i z^{N_{ss}-i}}{z^{N_{ss}}}.$$

Vamos ilustrar esta análise com um exemplo.

**Exemplo 3.4**

Considere um sistema de controle de temperatura de uma sala com modelo fenomenológico dado por:

$$10\frac{dy(t)}{dt} + y(t) = 4u(t) + q(t),$$

com $y$ a temperatura da sala, $q$ a temperatura externa e $u$ a potência do sistema de aquecimento usado na sala. O tempo deste modelo está em minutos. Um modelo em tempo discreto deste sistema no plano $Z$ pode ser calculado usando um sustentador de ordem zero e definindo o período de amostragem $T_s$. Se usarmos $T_s$ =1 min obtemos, aproximadamente, a função de transferência:

$$G_u(z) = \frac{Y(z)}{U(z)} = \frac{0{,}4}{z - 0{,}9}.$$

Com base na teoria clássica de controle, sabemos que a resposta ao degrau unitário em $u$ deste sistema é dada, para todo $k \geq 0$, por:

$$y(k) = 4(1 - 0{,}9^k).$$

Assim, os coeficientes da resposta ao degrau do sistema são ($i > 0$):

$$\mathbf{g} = [0{,}400\ \ 0{,}760\ \ 1{,}084\ \ \ldots\ \ 3{,}998\ \ 3{,}999\ \ \ldots]^T.$$

Esta resposta atinge o valor 4 apenas no tempo infinito ($k \longrightarrow \infty$) mas, se considerarmos que um valor de 3,999 já pode ser tido como valor de regime permanente, podemos truncar a resposta em $k = N_{ss}$ tal que $4(1 - 0{,}9^{N_{ss}}) = 3{,}999$, ou seja $N_{ss} = 66$. Isto permite escrever a função de transferência do sistema FIR como:

$$G_{FIR}(z) = \frac{\sum_{i=1}^{i=66} h_i z^{66-i}}{z^{66}},$$

com os coeficientes $h_i$, de $i = 1$ até $i = 66$ dados por:

$$\mathbf{h} = [0{,}400\ \ 0{,}360\ \ 0{,}324\ \ \ldots\ \ 0{,}001\ \ 0].$$

Finalmente, observe que o mesmo procedimento pode ser realizado para a função de transferência da perturbação $q$ para a saída $y$. Neste exemplo, o resultado é trivial porque como a perturbação está na entrada, esta função de transferência é igual a $G_u(z)/4$, dado que o ganho estático de $q$ para $y$ é 1 e não 4.

Para comparar os dois modelos, $G_u(z)$ e $G_{FIR}(z)$, são mostradas na Figura 3.7 as respostas em frequência dos mesmos. Como pode ser observado, o módulo e a fase são praticamente idênticos em toda a faixa de frequência do sistema discreto (até $\omega = \pi/T_s = 3{,}14\,\text{rad}\,\text{min}^{-1}$).

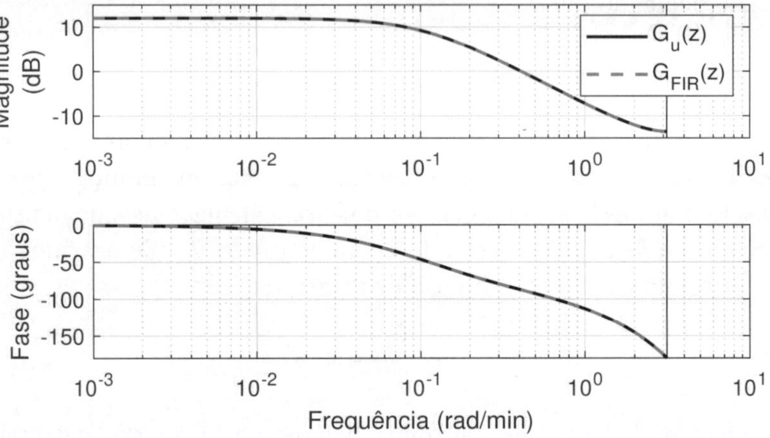


**Figura 3.7** Exemplo 3.4 – resposta em frequência dos dois modelos do processo.

Para finalizar a análise do procedimento de cálculo do modelo de predição, estudaremos agora a montagem do vetor de resposta livre **f**, usando uma forma matricial do tipo:

$$\mathbf{f} = \mathbf{H}\underleftarrow{\Delta\mathbf{u}} + \mathbf{1}_N y(k), \tag{3.18}$$

com $\mathbf{1}_N \in \mathbb{R}^N$ sendo um vetor formado por elementos iguais a 1, e $\mathbf{H} \in \mathbb{R}^{N \times N_{ss}}$ e $\underleftarrow{\Delta\mathbf{u}} \in \mathbb{R}^{N_{ss}}$ dados por

$$\mathbf{H} = \begin{bmatrix} h_{N_1,1} & h_{N_1,2} & \cdots & h_{N_1,N_{ss}-1} & h_{N_1,N_{ss}} \\ h_{N_1+1,1} & h_{N_1+1,2} & \cdots & h_{N_1+1,N_{ss}-1} & h_{N_1+1,N_{ss}} \\ \vdots & \vdots & \ddots & \vdots & \vdots \\ h_{N_2,1} & h_{N_2,2} & \cdots & h_{N_2,N_{ss}-1} & h_{N_2,N_{ss}} \end{bmatrix}, \quad \underleftarrow{\Delta\mathbf{u}} = \begin{bmatrix} \Delta u(k-1) \\ \Delta u(k-2) \\ \vdots \\ \Delta u(k-N_{ss}) \end{bmatrix},$$

com

$$h_{j,i} = g_{j+i} - g_i, \quad j + i \leq N_{ss},$$
$$h_{j,i} = g_{N_{ss}} - g_i, \quad j + i > N_{ss}.$$

Essa formulação para o cálculo da resposta livre, apesar de mais direta de se obter, é computacionalmente ineficiente, pois é necessário armazenar a matriz **H**, que tem uma dimensão considerável, e um grande número de sinais de controle passados. Por exemplo, para o trocador de calor dos exemplos anteriores com $N_{ss} = 70$ e $N = 20$, precisamos de uma matriz com dimensão $70 \times 20$ (1400 elementos) e um vetor de controles passados de dimensão 70.

Uma forma de resolver este problema é utilizar uma formulação recursiva, que não necessita do histórico de controles passados e também não faz uso da matriz **H**, reduzindo substancialmente o número de cálculos a serem executados. Esta abordagem é similar àquela usada nos controladores clássicos que possuem ação integral, em que, a cada passo, em vez de se calcular a integral do erro desde o tempo inicial até o atual, calcula-se apenas o incremento da ação integral em relação a seu valor no instante anterior. Analisaremos esta formulação na próxima seção.

### 3.1.3 Cálculo recursivo das predições do DMC

As predições usadas no DMC podem ser formuladas a partir da utilização de cálculos recursivos de tal forma que o cálculo de $\hat{y}(k+j \mid k)$ se torne mais adequado para a implementação da lei de controle. A versão recursiva do algoritmo foi apresentada em Cutler e Ramaker (1980) e sua principal vantagem é que requer menos espaço de memória para armazenar as variáveis necessárias para o cômputo. Para desenvolver a predição recursiva, voltamos a escrever a expressão da resposta livre, dada por:

$$f(k+j \mid k) = \sum_{i=j+1}^{\infty} g_i \Delta u(k+j-i) + \hat{\eta}(k \mid k). \tag{3.19}$$

Observamos que o primeiro termo do lado direito nada mais é do que o valor da saída em $k+j$ calculado a partir do modelo de malha aberta (3.1) com a informação disponível até o instante $k$, isto é, considerando apenas os sinais de controle definidos até o instante $k-1$ (lembremos que o sinal $u(k)$ é o que deve ser calculado e não se conhece). Assim, podemos definir um sinal auxiliar:

$$\hat{y}_o(k+j \mid k) = \sum_{i=j+1}^{\infty} g_i \Delta u(k+j-i), \tag{3.20}$$

que denominamos resposta futura de malha aberta (sem correção/estimação de perturbações) em $k+j$, calculada com a informação em $k$.

Como queremos achar uma relação recursiva, vamos calcular a resposta futura de malha aberta em $k+j$, dadas as informações no instante anterior, $k-1$. Assim:

$$\hat{y}_o(k+j \mid k-1) = \sum_{i=j+2}^{\infty} g_i \Delta u(k+j-i), \tag{3.21}$$

dado que no instante $k-1$ temos conhecimento apenas dos sinais de controles até $k-2$. Note que podemos escrever o primeiro termo do lado direito de (3.20) como:

$$\sum_{i=j+1}^{\infty} g_i \Delta u(k+j-i) = g_{j+1} \Delta u(k-1) + \sum_{i=j+2}^{\infty} g_i \Delta u(k+j-i),$$

apenas separando o primeiro termo do somatório. Assim, usando as igualdades (3.20) e (3.21), podemos escrever:

$$\hat{y}_o(k+j \mid k) = \hat{y}_o(k+j \mid k-1) + g_{j+1}\Delta u(k-1), \tag{3.22}$$

ou seja, temos uma forma recursiva de se obter o valor de $\hat{y}_o(k+j \mid k)$ que depende de um único valor passado do sinal de controle ($\Delta u(k-1)$), ao invés de um conjunto de valores, como definido anteriormente na forma não recursiva. Uma vez realizado o cálculo recursivo de $\hat{y}_o(k+j \mid k)$, a resposta livre é então calculada como:

$$f(k+j \mid k) = \hat{y}_o(k+j \mid k) + \hat{\eta}(k \mid k), \tag{3.23}$$

usando o mesmo cálculo da perturbação do método não recursivo, ou seja, $\hat{\eta}(k \mid k) = y(k) - \hat{y}_o(k \mid k)$.

A geração do vetor de resposta livre $\mathbf{f}$ é, então, feita da forma descrita a seguir. No começo de cada período de amostragem, há um vetor desatualizado de predições de malha aberta da saída do sistema $\hat{\mathbf{y}}_o(k \mid k-1) \in \mathbb{R}^{N_{ss}}$ com a forma:

$$\hat{\mathbf{y}}_o(k \mid k-1) = \begin{bmatrix} \hat{y}_o(k \mid k-1) \\ \hat{y}_o(k+1 \mid k-1) \\ \vdots \\ \hat{y}_o(k+N_{ss}-1 \mid k-1) \end{bmatrix}.$$

Ao iniciar o controlador DMC no instante $k = 0$, assume-se que o sistema encontra-se em regime permanente. Assim, é possível inicializar os elementos deste vetor da seguinte forma: $\hat{y}_o(k+j \mid k-1) = y(0)$, $\forall j > 0$.

No início de cada período de amostragem, esse vetor precisa ser atualizado, pois agora $\Delta u(k-1)$ é conhecido. Isso é feito usando:

$$\hat{\mathbf{y}}_o(k \mid k) = \begin{bmatrix} \hat{y}_o(k \mid k) \\ \hat{y}_o(k+1 \mid k) \\ \vdots \\ \hat{y}_o(k+N_{ss}-1 \mid k) \end{bmatrix} = \hat{\mathbf{y}}_o(k \mid k-1) + \begin{bmatrix} g_1 \\ g_2 \\ \vdots \\ g_{N_{ss}} \end{bmatrix} \Delta u(k-1). \tag{3.24}$$

Note que o primeiro elemento de $\hat{\mathbf{y}}_o(k \mid k)$ é $\hat{y}_o(k \mid k)$, que é utilizado para o cálculo do erro de predição $\hat{\eta}(k \mid k) = y(k) - \hat{y}_o(k \mid k)$, de acordo com (3.9). Este primeiro elemento então é descartado, uma vez que apenas as predições a partir de $k+1$ serão utilizadas a partir de agora. Devido ao horizonte deslizante, os elementos internos de $\hat{\mathbf{y}}_o(k \mid k)$ são, então, deslocados, dando origem a $\hat{\mathbf{y}}_o(k+1 \mid k)$:

$$\hat{\mathbf{y}}_o(k+1 \mid k) = \begin{bmatrix} \hat{y}_o(k+1 \mid k) \\ \hat{y}_o(k+2 \mid k) \\ \vdots \\ \hat{y}_o(k+N_{ss}-1 \mid k) \\ \hat{y}_o(k+N_{ss} \mid k) \end{bmatrix}. \tag{3.25}$$

Porém, o último elemento do vetor, $\hat{y}_o(k+N_{ss} \mid k)$, é desconhecido, pois não estava presente em $\hat{\mathbf{y}}_o(k \mid k)$. Para solucionar esse problema, lembramos que, para sistemas estáveis, $\hat{y}_o(k+N_{ss}-1 \mid k) \approx \hat{y}_o(k+N_{ss} \mid k)$ para um $N_{ss}$ suficientemente grande, pois a resposta converge para um valor constante (LIMA et al., 2014). Assim, podemos usar a seguinte aproximação:

$$\hat{\mathbf{y}}_o(k+1 \mid k) = \begin{bmatrix} \hat{y}_o(k+1 \mid k) \\ \hat{y}_o(k+2 \mid k) \\ \vdots \\ \hat{y}_o(k+N_{ss}-1 \mid k) \\ \hat{y}_o(k+N_{ss} \mid k) \end{bmatrix} \approx \begin{bmatrix} \hat{y}_o(k+1 \mid k) \\ \hat{y}_o(k+2 \mid k) \\ \vdots \\ \hat{y}_o(k+N_{ss}-1 \mid k) \\ \hat{y}_o(k+N_{ss}-1 \mid k) \end{bmatrix}. \tag{3.26}$$

É possível mostrar que esta aproximação é válida, usando o seguinte procedimento, similar ao usado para calcular a resposta livre truncada do DMC:

$$\hat{y}_o(k+N_{ss}-1 \mid k) = \sum_{i=N_{ss}}^{\infty} g_i \Delta u(k+N_{ss}-1-i), \tag{3.27}$$

$$\begin{aligned} \hat{y}_o(k+N_{ss} \mid k) &= \sum_{i=N_{ss}+1}^{\infty} g_i \Delta u(k+N_{ss}-i) \\ &= \sum_{i=N_{ss}}^{\infty} g_{i+1} \Delta u(k+N_{ss}-1-i). \end{aligned} \tag{3.28}$$

Subtraindo (3.27) de (3.28), tem-se que:

$$\hat{y}_o(k+N_{ss} \mid k) - \hat{y}_o(k+N_{ss}-1 \mid k) = \sum_{i=N_{ss}}^{\infty} (g_{i+1} - g_i) \Delta u(k+N_{ss}-1-i).$$

Como $g_{i+1} - g_i \approx 0$, $\forall i > N_{ss}$, então $\hat{y}_o(k+N_{ss} \mid k) \approx \hat{y}_o(k+N_{ss}-1 \mid k)$.

Assim, finalmente, a resposta livre do sistema pode ser obtida da seguinte maneira:

$$\mathbf{f} = \begin{bmatrix} \hat{y}_o(k+N_1 \mid k) \\ \vdots \\ \hat{y}_o(k+N_2 \mid k) \end{bmatrix} + \mathbf{1}_N \, (y(k) - \hat{y}_o(k \mid k)), \tag{3.29}$$

observando que o primeiro termo do lado direito da equação representa os termos de $N_1$ a $N_2$ do vetor $\hat{\mathbf{y}}_o(k+1 \mid k)$, já que, em geral, $N_2 \leq N_{ss}$. Caso se escolha $N_2 > N_{ss}$, os valores dos coeficientes da resposta devem ser calculados como $g_i = g_{N_{ss}}$, para $i \geq N_{ss}$. Note que, no geral, essa escolha de horizontes não é recomendada, mas em alguns casos, na prática, quando se deseja dar muita importância ao regime permanente na função custo, se escolhe $N_2 > N_{ss}$. Observe que, matematicamente, o ideal, neste caso, seria aumentar ambos os horizontes e fazer $N_2 = N_{ss}$, mas como o $N_{ss}$ depende dos dados coletados na identificação do processo, isso exigiria, teoricamente, realizar um novo experimento. Mas, na prática, se os dados coletados são tais que $g_i \approx g_{i-1}$, para $i \geq N_{ss}$, então refazer o experimento não é necessário e bastaria aumentar o vetor de resposta ao degrau, repetindo o último valor.

Utilizando a versão recursiva para as predições do DMC, os cálculos necessários para obter a resposta livre se tornam computacionalmente menos onerosos, necessitando menos memória de armazenamento e menos operações matemáticas. O Exercício 3 da lista deste capítulo explora esse problema.

Uma vez analisado o cálculo das predições, podemos completar o estudo do DMC básico, mostrando como obter a lei de controle.

## 3.2 OBTENÇÃO DA LEI DE CONTROLE

Para a obtenção da lei de controle do DMC, precisamos considerar a função custo e as restrições que usaremos no problema de otimização.

### 3.2.1 Função custo

A função custo utilizada no controlador DMC básico é a tradicional, como definida no Capítulo 2, que considera apenas os termos quadráticos no erro de predição e nos incrementos da ação de controle:

$$J = \sum_{i=N_1}^{N_2} \delta(i)(r(k+i) - \hat{y}(k+i \mid k))^2 + \sum_{i=0}^{N_u-1} \lambda(i)\Delta u(k+i)^2, \tag{3.30}$$

e, como mencionado, utilizando ponderações constantes ao longo do horizonte, ou seja, $\delta(i) = \delta$, $\lambda(i) = \lambda$, $\forall i$. Apesar de ser possível definir uma ponderação para cada momento futuro, tanto para os erros futuros, quanto para os incrementos futuros de controle, usualmente não se faz isso, pois o aumento na complexidade do ajuste acaba não se justificando perante os possíveis ganhos de desempenho. Isso fica ainda mais explícito nos casos multivariáveis, nos quais o número de parâmetros de sintonia aumenta consideravelmente.

Um ponto a ser destacado é que como os erros estão ao quadrado na função custo, então $J$ não cresce linearmente com o aumento do erro, mas de forma quadrática. O mesmo acontece para a relação entre $J$ e os incrementos de controle.

Como discutido na Seção 2.1.2, para sistemas monovariáveis, é usual escolher uma das ponderações como unitária, por exemplo $\delta = 1$, e usar apenas a outra ($\lambda$, neste caso) como parâmetro de sintonia. Observe que, sempre é possível dividir a função $J$ por $\delta$, obtendo uma nova ponderação $\frac{\lambda}{\delta}$ para o controle, que pode ser definida como $\lambda_1 = \frac{\lambda}{\delta}$ e usada como único parâmetro de ajuste. Observe que a solução do problema de minimizar $J$ coincide com a de minimizar $J/\delta$, ou seja, apesar de o valor de $J$ mudar, encontraremos a mesma sequência de controle como solução ótima.

Com a simplificação mencionada, a função custo que usaremos na sequência deste capítulo para o DMC SISO é dada por:

$$J = \sum_{i=N_1}^{N_2} (r(k+i) - \hat{y}(k+i \mid k))^2 + \lambda \sum_{i=0}^{N_u-1} \Delta u(k+i)^2, \tag{3.31}$$

que tem como parâmetros de ajuste:

1. horizontes de predição inicial $N_1$ e final $N_2$;
2. horizonte de controle $N_u$;
3. ponderação dos incrementos de controle futuros $\lambda$, que é sempre maior ou igual a zero.

Na sequência, vamos encontrar a expressão final da lei de controle que o DMC implementa.

Como primeiro passo, vamos escrever a função custo na forma matricial, utilizando as definições dos vetores de predições $\hat{\mathbf{y}}$ e de referências futuras $\mathbf{r}$, dados por:

$$\hat{\mathbf{y}} = \begin{bmatrix} \hat{y}(k+N_1 \mid k) \\ \hat{y}(k+N_1+1 \mid k) \\ \vdots \\ \hat{y}(k+N_2 \mid k) \end{bmatrix}, \quad \mathbf{r} = \begin{bmatrix} r(k+N_1) \\ r(k+N_1+1) \\ \vdots \\ r(k+N_2) \end{bmatrix},$$

obtendo:

$$J = [\mathbf{r} - \hat{\mathbf{y}}]^T [\mathbf{r} - \hat{\mathbf{y}}] + \Delta\mathbf{u}^T \mathbf{Q}_u \Delta\mathbf{u}, \tag{3.32}$$

com $\mathbf{Q}_u = \lambda \mathbf{I}_{N_u}$ (lembre que para um vetor $\mathbf{v}$ qualquer de dimensão $N_v$ com elementos $v_i$, $\mathbf{v}^T\mathbf{v} = \sum_{i=1}^{N_v} v_i^2$ e $\mathbf{v}^T\mathbf{X}\mathbf{v} = \sum_{i=1}^{N_v} x_i v_i^2$, sendo $\mathbf{X}$ uma matriz diagonal de dimensão $N_v \times N_v$ com elementos $x_i$).

Lembrando que o vetor que agrupa as predições da saída é escrito como $\hat{\mathbf{y}} = \mathbf{G}\Delta\mathbf{u} + \mathbf{f}$, a função custo (3.32) pode ser reescrita como:

$$\begin{aligned} J &= [\mathbf{r} - \mathbf{G}\Delta\mathbf{u} - \mathbf{f}]^T [\mathbf{r} - \mathbf{G}\Delta\mathbf{u} - \mathbf{f}] + \Delta\mathbf{u}^T \mathbf{Q}_u \Delta\mathbf{u}, \\ J &= [\mathbf{r} - \mathbf{f}]^T [\mathbf{r} - \mathbf{f}] - \Delta\mathbf{u}^T \mathbf{G}^T [\mathbf{r} - \mathbf{f}] - [\mathbf{r} - \mathbf{f}]^T \mathbf{G}\Delta\mathbf{u} \\ &\quad + \Delta\mathbf{u}^T \mathbf{G}^T \mathbf{G}\Delta\mathbf{u} + \Delta\mathbf{u}^T \mathbf{Q}_u \Delta\mathbf{u}. \end{aligned} \tag{3.33}$$

Note que, como todos os termos de $J$ são escalares, o transposto de cada termo da soma é igual ao próprio termo. Logo, como $\Delta\mathbf{u}^T \mathbf{G}^T [\mathbf{r} - \mathbf{f}]$ é o transposto de $[\mathbf{r} - \mathbf{f}]^T \mathbf{G}\Delta\mathbf{u}$, ambos os termos resultam no mesmo valor. Então, rearranjando (3.33), podemos escrever a função custo no formato padrão de uma função quadrática vetorial em $\Delta\mathbf{u}$ como:

$$J = \Delta\mathbf{u}^T \left(\mathbf{G}^T\mathbf{G} + \mathbf{Q}_u\right) \Delta\mathbf{u} - 2 [\mathbf{r} - \mathbf{f}]^T \mathbf{G}\Delta\mathbf{u} + [\mathbf{r} - \mathbf{f}]^T [\mathbf{r} - \mathbf{f}]. \tag{3.34}$$

Agora, agruparemos os termos para reescrever a função custo na forma padrão de programação quadrática (QP, do inglês *Quadratic Programming*), que é a metodologia usada para o cálculo da solução de um problema de otimização de uma função quadrática com restrições lineares, resultando em:

$$J = \frac{1}{2}\Delta\mathbf{u}^T \mathbf{H}_{qp} \Delta\mathbf{u} + \mathbf{f}_{qp}^T \Delta\mathbf{u} + c_{qp}, \tag{3.35}$$

com

$$\begin{aligned} \mathbf{H}_{qp} &= 2\left(\mathbf{G}^T\mathbf{G} + \mathbf{Q}_u\right), \\ \mathbf{f}_{qp} &= -2\mathbf{G}^T [\mathbf{r} - \mathbf{f}], \\ c_{qp} &= [\mathbf{r} - \mathbf{f}]^T [\mathbf{r} - \mathbf{f}]. \end{aligned}$$

Observe que $\mathbf{H}_{qp}$, $\mathbf{f}_{qp}$ e $c_{qp}$ são parâmetros de $J$ que dependem do modelo do processo, das informações do passado (representadas em $\mathbf{f}$), das referências futuras e da matriz de ponderação do esforço de controle.

Como comentamos no Capítulo 2, o grande diferencial do MPC é que este permite considerar restrições na formulação do problema de controle. O objetivo do controlador

MPC é encontrar, a cada período de amostragem, um valor de $\Delta\mathbf{u}$ (a rigor, cada um dos elementos do vetor de incrementos de controle futuros) que minimiza a função custo sujeito a um conjunto de restrições colocadas na forma $\overline{\mathbf{R}}\Delta\mathbf{u} \leq \overline{\mathbf{r}}$. Assim, o problema a resolver a cada amostra é dado por:

$$\begin{aligned} \min \quad & \tfrac{1}{2}\Delta\mathbf{u}^T\mathbf{H}_{qp}\Delta\mathbf{u} + \mathbf{f}_{qp}^T\Delta\mathbf{u} + c_{qp} \\ \text{s.a.} \quad & \overline{\mathbf{R}}\Delta\mathbf{u} \leq \overline{\mathbf{r}} \end{aligned} \tag{3.36}$$

Desta forma, para completar a análise, precisamos escrever as restrições do problema de uma forma adequada para encontrar o mínimo da função custo. Neste capítulo, por questões didáticas, consideraremos apenas as restrições mais simples e comumente encontradas em praticamente todas as aplicações de controle: (i) os valores máximos e mínimos da ação de controle, (ii) os valores máximos e mínimos do incremento da ação de controle, e (iii) os valores máximos e mínimos da saída do processo. Outras restrições serão analisadas no Capítulo 5.

### 3.2.2 Restrições

Observe que, tipicamente, os atuadores industriais têm um valor máximo de atuação e uma taxa máxima de variação. Por exemplo, se estamos usando um motor para acionar uma bomba, o mesmo terá velocidade rotacional zero como valor mínimo e uma velocidade rotacional máxima definida pelo seu fabricante. Também, como a máxima aceleração desse motor é limitada a um valor, os incrementos de velocidade rotacional a cada amostra estão limitados, tanto para acelerar como para frear. Por outro lado, na prática, sempre a variável de processo precisa ser mantida em uma faixa, por questões operacionais ou de segurança. Por exemplo, no controle de nível de um tanque, precisamos manter o nível sempre acima de zero, para evitar problemas na bomba que extrai o líquido do tanque, e menor que um dado nível máximo, para evitar transbordamentos.

Um problema de programação quadrática como o de (3.36) pode ter também restrições de igualdade, mas elas serão omitidas nesta análise inicial. Vamos supor, na sequência, os valores máximos e mínimos de $u$, $\Delta u$ e $y$ são conhecidos e serão passados ao controlador. Para que seja possível considerar essas restrições diretamente na formulação do controlador, precisamos encontrar um procedimento para escrever as condições na forma vetorial usada pelos problemas de programação quadrática, como em (3.36). Apresentaremos essa análise na sequência para cada um desses tipos de restrição.

### Restrições no incremento de controle

Considere que, para todo tempo $k$ e todo ponto no horizonte de controle $j$, precisamos cumprir:

$$\Delta u_{\min} \leq \Delta u(k+j) \leq \Delta u_{\max}, \ \forall j \in [0, \ N_u - 1] \tag{3.37}$$

e que $\Delta u_{\min}$ e $\Delta u_{\max}$ definem os incrementos mínimo e máximo da ação de controle. Na prática, é possível definir limites diferentes para cada incremento de controle ao longo do horizonte de controle mas, usualmente, adota-se um valor fixo.

Assim, de forma vetorial, podemos escrever a restrição como:

$$\mathbf{1}_{N_u}\Delta u_{\min} \leq \Delta \mathbf{u} \leq \mathbf{1}_{N_u}\Delta u_{\max}, \tag{3.38}$$

que pode ser reescrita como:

$$\Delta \mathbf{u} \leq \mathbf{1}_{N_u}\Delta u_{\max}, \tag{3.39}$$

$$-\Delta \mathbf{u} \leq -\mathbf{1}_{N_u}\Delta u_{\min}, \tag{3.40}$$

que está no formato de uma desigualdade linear na variável de decisão $\Delta\mathbf{u}$ como empregada na definição do problema de otimização em (3.36). Podemos escrever estas desigualdades de forma alternativa como:

$$\mathbf{I}_{N_u}\Delta \mathbf{u} \leq \mathbf{1}_{N_u}\Delta u_{\max}, \tag{3.41}$$

$$-\mathbf{I}_{N_u}\Delta \mathbf{u} \leq -\mathbf{1}_{N_u}\Delta u_{\min}, \tag{3.42}$$

e então agrupar as duas equações em uma:

$$\begin{bmatrix} \mathbf{I}_{N_u} \\ -\mathbf{I}_{N_u} \end{bmatrix} \Delta \mathbf{u} \leq \begin{bmatrix} \mathbf{1}_{N_u}\Delta u_{\max} \\ -\mathbf{1}_{N_u}\Delta u_{\min} \end{bmatrix},$$

que pode ser escrita como:

$$\overline{\mathbf{R}}\Delta \mathbf{u} \leq \overline{\mathbf{r}}, \tag{3.43}$$

com

$$\overline{\mathbf{R}} = \begin{bmatrix} \mathbf{I}_{N_u} \\ -\mathbf{I}_{N_u} \end{bmatrix}, \quad \overline{\mathbf{r}} = \begin{bmatrix} \mathbf{1}_{N_u}\Delta u_{\max} \\ -\mathbf{1}_{N_u}\Delta u_{\min} \end{bmatrix}.$$

### Restrições do valor do sinal de controle

A restrição no sinal de controle é definida para todo $k$ e todo $j$ no horizonte de controle como:

$$u_{\min} \leq u(k+j) \leq u_{\max}, \ \forall j \geq 0, \tag{3.44}$$

sendo que $u_{\min}$ e $u_{\max}$ representam, respectivamente, o valor mínimo e o valor máximo do sinal de controle. Na definição do problema de otimização (3.36), veja que as restrições são definidas em função das variáveis de decisão, representadas por $\Delta\mathbf{u}$. Assim, é preciso reescrever (3.44) de tal forma que $\Delta\mathbf{u}$ fique evidenciado. Isso pode ser feito escrevendo os sinais de controle $u(k+j)$, com $0 \leq j \leq N_u - 1$, como função do último sinal de controle aplicado à planta, $u(k-1)$, que é conhecido em $k$, e dos incrementos futuros de controle. Para isso, note o seguinte:

$$\begin{aligned}
u(k) &= u(k-1) + \Delta u(k) \\
u(k+1) &= u(k) + \Delta u(k+1) \\
&= u(k-1) + \Delta u(k) + \Delta u(k+1) \\
&\vdots \\
u(k+j) &= u(k-1) + \sum_{i=0}^{j} \Delta u(k+i).
\end{aligned}$$

Assim, o vetor de sinais de controle com elementos que correspondem a cada instante do horizonte de controle pode ser escrito como:

$$\begin{aligned}
\begin{bmatrix} u(k) \\ u(k+1) \\ u(k+2) \\ \vdots \\ u(k+N_u-1) \end{bmatrix} &= \mathbf{1}_{N_u} u(k-1) + \begin{bmatrix} 1 & 0 & 0 & \cdots & 0 \\ 1 & 1 & 0 & \cdots & 0 \\ 1 & 1 & 1 & \ddots & 0 \\ \vdots & \vdots & \vdots & \ddots & 0 \\ 1 & 1 & 1 & 1 & 1 \end{bmatrix} \begin{bmatrix} \Delta u(k) \\ \Delta u(k+1) \\ \Delta u(k+2) \\ \vdots \\ \Delta u(k+N_u-1) \end{bmatrix} \\
&= \mathbf{1}_{N_u} u(k-1) + \mathbf{T}\Delta\mathbf{u},
\end{aligned}$$

sendo $\mathbf{T}$ uma matriz triangular inferior, na qual todos os elementos não nulos são iguais a 1. A restrição em 3.44 pode, então, ser definida matricialmente como:

$$\mathbf{1}_{N_u} u_{\min} \leq \mathbf{1}_{N_u} u(k-1) + \mathbf{T}\Delta\mathbf{u} \leq \mathbf{1}_{N_u} u_{\max}, \tag{3.45}$$

ou ainda:

$$\mathbf{1}_{N_u}(u_{\min} - u(k-1)) \leq \mathbf{T}\Delta\mathbf{u} \leq \mathbf{1}_{N_u}(u_{\max} - u(k-1)). \tag{3.46}$$

Para representar essa restrição na forma padrão $\overline{\mathbf{R}}\Delta\mathbf{u} \leq \overline{\mathbf{r}}$, basta rearranjar (3.46) de forma equivalente àquela adotada para as restrições de incremento de controle, resultando em:

$$\begin{bmatrix} \mathbf{T} \\ -\mathbf{T} \end{bmatrix} \Delta\mathbf{u} \leq \begin{bmatrix} \mathbf{1}_{N_u}(u_{\max} - u(k-1)) \\ \mathbf{1}_{N_u}(-u_{\min} + u(k-1)) \end{bmatrix}. \tag{3.47}$$

Note que, novamente, a restrição encontrada é linear em $\Delta\mathbf{u}$ na forma:

$$\overline{\mathbf{R}}\Delta\mathbf{u} \leq \overline{\mathbf{r}},$$

com

$$\overline{\mathbf{R}} = \begin{bmatrix} \mathbf{T} \\ -\mathbf{T} \end{bmatrix}, \quad \overline{\mathbf{r}} = \begin{bmatrix} \mathbf{1}_{N_u}(u_{\max} - u(k-1)) \\ \mathbf{1}_{N_u}(-u_{\min} + u(k-1)) \end{bmatrix}.$$

**Nota 3.1**

Devemos destacar que uma escolha inadequada dos valores das restrições no controle e incremento de controle pode gerar infactibilidade, se esses limites não forem os limites do atuador, mas forem utilizados para forçar o sistema a ficar numa certa região de operação. Se o sinal de controle inicial estiver fora desta zona, e o incremento máximo não permitir que o sinal de controle entre na zona, o problema será infactível, ou seja, não será possível achar uma solução para o problema de otimização. Imagine que o ajuste do DMC impõe restrições para que o controle seja mantido entre 40% e 70%, e que o incremento não deve ser, em módulo, maior que 5% a cada amostra. Se quando o DMC é ligado (passagem de manual a automático), o processo opera em modo manual com um valor de $u = 80\%$, não será possível levar o controle à faixa exigida, dado que o maior decremento de $u$ está limitado a 5%. Este problema deve ser evitado com uma correta definição das restrições.

### Restrições do valor da saída do processo

A restrição no sinal de saída é definida para todo $k$ e todo $j$ no horizonte de predição como:

$$y_{\min} \leq y(k+j) \leq y_{\max}, \forall j \in [N_1, N_2], \tag{3.48}$$

sendo que $y_{\min}$ e $y_{\max}$ representam, respectivamente, os valores mínimo e máximo do sinal de saída. Como os valores futuros da saída não podem ser calculados antecipadamente, o algoritmo assume que as predições são iguais às saídas do processo e, assim, escrevemos:

$$y_{\min} \leq \hat{y}(k+j \mid k) \leq y_{\max}, \forall j \in [N_1, N_2]. \tag{3.49}$$

Por ora, vamos considerar essa modelagem perfeita válida para nossa análise e, posteriormente, discutiremos os problemas associados à factibilidade do problema de otimização com restrições de saída, associados ao fato de que $\hat{y}(k+j \mid k)$ tipicamente é diferente de $y(k+j)$.

Assim como no caso da ação de controle, é preciso reescrever (3.49), de tal forma que $\Delta\mathbf{u}$ fique evidenciado. Isso pode ser feito escrevendo os sinais de saída preditos

$\hat{y}(k+j \mid k)$, com $N_1 \leq j \leq N_2$ ($N = N_2 - N_1 + 1$), como função dos incrementos futuros de controle. Para isso, basta usar a forma vetorial das predições:

$$\hat{\mathbf{y}} = \mathbf{G}\Delta\mathbf{u} + \mathbf{f}.$$

Assim, escrevendo os limites na forma matricial temos:

$$\mathbf{1}_N y_{\min} \leq \mathbf{G}\Delta\mathbf{u} + \mathbf{f} \leq \mathbf{1}_N y_{\max}, \tag{3.50}$$

que pode ser escrita como:

$$\mathbf{G}\Delta\mathbf{u} \leq \mathbf{1}_N y_{\max} - \mathbf{f}, \tag{3.51}$$

e

$$-\mathbf{G}\Delta\mathbf{u} \leq -\mathbf{1}_N y_{\min} + \mathbf{f}. \tag{3.52}$$

Para representar essa restrição na forma padrão $\overline{\mathbf{R}}\Delta\mathbf{u} \leq \overline{\mathbf{r}}$, basta rearranjar (3.50) de forma equivalente àquela adotada para as restrições de incremento de controle, resultando em:

$$\begin{bmatrix} \mathbf{G} \\ -\mathbf{G} \end{bmatrix} \Delta\mathbf{u} \leq \begin{bmatrix} \mathbf{1}_N y_{\max} - \mathbf{f} \\ -\mathbf{1}_N y_{\min} + \mathbf{f} \end{bmatrix}. \tag{3.53}$$

Note que, novamente, a restrição encontrada é linear em $\Delta\mathbf{u}$ na forma:

$$\overline{\mathbf{R}}\Delta\mathbf{u} \leq \overline{\mathbf{r}},$$

com

$$\overline{\mathbf{R}} = \begin{bmatrix} \mathbf{G} \\ -\mathbf{G} \end{bmatrix}, \quad \overline{\mathbf{r}} = \begin{bmatrix} \mathbf{1}_N y_{\max} - \mathbf{f} \\ -\mathbf{1}_N y_{\min} + \mathbf{f} \end{bmatrix}. \tag{3.54}$$

Como comentado, na prática, devido aos erros de modelagem (o modelo de predição não vai representar exatamente o comportamento do processo) e ao efeito das perturbações não medidas, a saída do processo $y(k)$ será diferente da predição $\hat{y}(k \mid k)$. E como no DMC (e em outros controladores da família MPC) a saída medida do processo é utilizada no modelo do erro e, portanto, afeta o cálculo das predições dentro do horizonte, pode não ser possível encontrar um sinal de controle futuro que mantenha $\hat{y}(k+j \mid k)$ dentro das restrições. Considere, por exemplo, o caso de um sistema controlado por um DMC operando dentro da banda definida pelas restrições. Suponha que no instante $k$ uma perturbação não medida de grande amplitude atue diretamente na saída do processo, de modo que o valor medido $y(k)$ fique fora da faixa estabelecida por $[y_{\min}, y_{\max}]$. Neste caso, como $y(k)$ será usado para o cálculo de todos os valores de $\hat{y}(k+j \mid k)$ dentro do horizonte, a resposta livre terá valores que não atendem à condição requerida pelas restrições. Considere, ainda, que nesta situação não existem valores de controle futuro factíveis capazes de levar a predição para dentro da banda $[y_{\min}, y_{\max}]$. Esta situação causa uma infactibilidade no problema de otimização, isto é, o algoritmo não encontra uma solução. Por isso, normalmente as restrições aplicadas nas variáveis de saída do sistema são definidas utilizando uma variável de folga. Por exemplo, se define a restrição como $[y_{\min}-\epsilon,\ y_{\max}+\epsilon]$, sendo $\epsilon$ a variável de folga. O algoritmo de controle é, então, modificado para permitir que a restrição seja violada durante um tempo transitório, para evitar a infactibilidade do problema de otimização, mas se busca ao mesmo tempo levar $\epsilon$ a zero, para minimizar o tempo que o sistema opera fora da faixa desejada. Não estudaremos os detalhes deste problema nesta seção, já que o tratamento de restrições com uso de variáveis de folga será estudado no Capítulo 5 em conjunto com outros aspectos práticos importantes para o uso do MPC. Assim, na sequência, consideraremos o problema como factível.

### Agrupamento das restrições

A partir dos desenvolvimentos anteriores, podemos escrever de forma compacta todas as restrições analisadas em uma única desigualdade na forma padrão:

$$\overline{\mathbf{R}}\Delta\mathbf{u} \leq \overline{\mathbf{r}}, \tag{3.55}$$

com a matriz $\overline{\mathbf{R}}$ e o vetor $\overline{\mathbf{r}}$ definidos como

$$\overline{\mathbf{R}} = \begin{bmatrix} \mathbf{I}_{N_u} \\ -\mathbf{I}_{N_u} \\ \mathbf{T} \\ -\mathbf{T} \\ \mathbf{G} \\ -\mathbf{G} \end{bmatrix}, \qquad \overline{\mathbf{r}} = \begin{bmatrix} \mathbf{1}_{N_u}\Delta u_{\max} \\ -\mathbf{1}_{N_u}\Delta u_{\min} \\ \mathbf{1}_{N_u}(u_{\max} - u(k-1)) \\ \mathbf{1}_{N_u}(-u_{\min} + u(k-1)) \\ \mathbf{1}_N y_{\max} - \mathbf{f} \\ -\mathbf{1}_N y_{\min} + \mathbf{f} \end{bmatrix}. \tag{3.56}$$

Vamos apresentar dois exemplos considerando os três tipos de restrições estudadas.

**Exemplo 3.5**

Considere que um DMC tem que ser projetado para um sistema empregando os horizontes $N_1 = 1$, $N_2 = 10$ e $N_u = 4$, e com as seguintes restrições dentro dos respectivos horizontes:

$$0 \leq u(k+j) \leq 10,$$

$$-2 \leq \Delta u(k+j) \leq +2,$$

$$-3 \leq y(k+j) \leq +5.$$

Considerando que obtemos as matrizes **G** de dimensão $10 \times 4$ e **T** de dimensão $4 \times 4$, e que calculamos a cada $k$ a resposta livre, podemos escrever as matrizes das restrições como:

$$\overline{\mathbf{R}} = \begin{bmatrix} \mathbf{I}_4 \\ -\mathbf{I}_4 \\ \mathbf{T} \\ -\mathbf{T} \\ \mathbf{G} \\ -\mathbf{G} \end{bmatrix}, \qquad \overline{\mathbf{r}} = \begin{bmatrix} 2 \cdot \mathbf{1}_4 \\ 2 \cdot \mathbf{1}_4 \\ (10 - u(k-1)) \cdot \mathbf{1}_4 \\ u(k-1) \cdot \mathbf{1}_4 \\ 5 \cdot \mathbf{1}_{10} - \mathbf{f} \\ 3 \cdot \mathbf{1}_{10} + \mathbf{f} \end{bmatrix}. \tag{3.57}$$

Note que temos um conjunto de 36 restrições neste problema.

**Exemplo 3.6**

Considere o mesmo controle DMC com os mesmos horizontes, mas com as seguintes restrições:

$$0 \leq u(k+j) \leq 10, \qquad j = 0, 1,$$

$$-2 \leq \Delta u(k+j) \leq 2, \qquad j = 0, 1, 2,$$

$$-3 \leq y(k+j) \leq 5, \qquad j = 9, 10.$$

Observe que, neste caso, apenas estamos exigindo condições em alguns pontos do horizonte.

Para considerar a restrição em $u$, podemos multiplicar ambos lados da relação geral:

$$\mathbf{u}(k) = \mathbf{1}_{N_u} u(k-1) + \mathbf{T}\Delta\mathbf{u}$$

pela matriz $2 \times 4$:

$$\mathbf{L}_2 = \begin{bmatrix} 1 & 0 & 0 & 0 \\ 0 & 1 & 0 & 0 \end{bmatrix},$$

que extrai apenas os primeiros dois elementos do horizonte de controle. Para a restrição em $\Delta u$, usamos a mesma ideia com a matriz $3 \times 4$:

$$\mathbf{L}_3 = \begin{bmatrix} 1 & 0 & 0 & 0 \\ 0 & 1 & 0 & 0 \\ 0 & 0 & 1 & 0 \end{bmatrix},$$

que extrai apenas os primeiros três elementos do horizonte de controle. Finalmente, para a saída, usamos a matriz $2 \times 10$:

$$\mathbf{L}_9 = \begin{bmatrix} 0 & 0 & 0 & \dots & 1 & 0 \\ 0 & 0 & 0 & \dots & 0 & 1 \end{bmatrix},$$

que extrai apenas os últimos dois elementos do horizonte de predição.

Assim, podemos escrever as matrizes das restrições como:

$$\overline{\mathbf{R}} = \begin{bmatrix} \mathbf{L}_2\mathbf{I}_4 \\ -\mathbf{L}_2\mathbf{I}_4 \\ \mathbf{L}_3\mathbf{T} \\ -\mathbf{L}_3\mathbf{T} \\ \mathbf{L}_9\mathbf{G} \\ -\mathbf{L}_9\mathbf{G} \end{bmatrix}, \qquad \overline{\mathbf{r}} = \begin{bmatrix} 2 \cdot \mathbf{L}_2\mathbf{1}_4 \\ 2 \cdot \mathbf{L}_2\mathbf{1}_4 \\ \mathbf{L}_3\mathbf{1}_4(10 - u(k-1)) \\ \mathbf{L}_3\mathbf{1}_4 u(k-1) \\ \mathbf{L}_9(5 \cdot \mathbf{1}_{10} - \mathbf{f}) \\ \mathbf{L}_9(3 \cdot \mathbf{1}_{10} + \mathbf{f}) \end{bmatrix}. \tag{3.58}$$

Observe que, neste caso, apenas temos 14 linhas na matriz de restrições e não 36, como no caso anterior. Na prática, basta selecionar as linhas correspondentes da matriz e do vetor de restrições de desigualdade. Aqui, são usadas as matrizes $\mathbf{L}_2$, $\mathbf{L}_3$ e $\mathbf{L}_9$ para tornar a notação compacta.

Entendido como realizar o tratamento de restrições, vamos agora analisar o problema da minimização de $J$.

### 3.2.3 Minimizando uma função quadrática

Antes de proceder ao cálculo do mínimo de $J$, vamos entender melhor o comportamento desta função quadrática em $\Delta\mathbf{u}$. Considere o caso em que $\Delta\mathbf{u} \in \mathbb{R}$, ou seja, $\Delta\mathbf{u}$ é um escalar, que corresponderia ao caso de escolher o horizonte de controle $N_u = 1$, contendo apenas o termo $\Delta u(k)$. Neste caso, a função custo se reduz a uma parábola em $\Delta u(k)$, e $\mathbf{H}_{qp} = H_{qp}$ e $\mathbf{f}_{qp} = f_{qp}$ também são escalares. A parábola é dada por:

$$J = H_{qp}\Delta u(k)^2 + f_{qp}\Delta u(k) + c_{qp} \tag{3.59}$$

e podemos observar que $H_{qp}$ é positivo, dado que

$$H_{qp} = 2(\mathbf{G}^T\mathbf{G} + \mathbf{Q}_u) = 2\sum_{i=N_1}^{N_2} g_i^2 + 2\lambda > 0,$$

configurando uma parábola convexa como a da Figura 3.8. Esta condição é válida, dado que $\lambda \geq 0$ e estarmos desconsiderando plantas que têm todos seus coeficientes nulos, por ser um caso sem interesse prático, já que não haveria dinâmica a ser controlada.

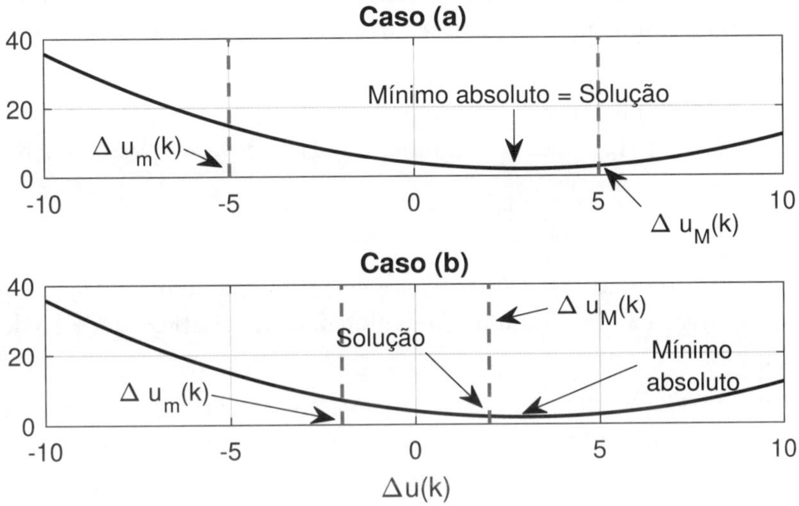


**Figura 3.8** Parábolas - determinação do mínimo num intervalo.

Neste caso, com $N_u = 1$, e considerando apenas as restrições nas amplitudes do sinal de controle e do incremento de controle, obtemos:

$$\Delta u_{\min} \leq \Delta u(k) \leq \Delta u_{\max},$$

$$u_{\min} - u(k-1) \leq \Delta u(k) \leq u_{\max} - u(k-1).$$

Como as duas restrições devem ser satisfeitas simultaneamente, podemos, em cada $k$, escolher o caso mais restritivo: $\Delta u_{\mathrm{m}} \leq \Delta u(k) \leq \Delta u_M$, sendo $\Delta u_m = \max[\Delta u_{\min}, u_{\min} - u(k-1)]$ e $\Delta u_M = \min[\Delta u_{\max}, u_{\max} - u(k-1)]$. Assim, essas restrições definem um intervalo do eixo real onde devemos buscar, em cada amostra, o mínimo de $J$, como ilustrado nos dois casos da Figura 3.8.

Dependendo do valor do intervalo definido pelas restrições, a parábola pode ter um mínimo absoluto dentro ou fora do segmento $[\Delta u_m, \Delta u_M]$, como mostrado na Figura 3.8. No caso da Figura 3.8(a), o ponto de mínimo absoluto coincide com o menor valor de $J$ dentro do intervalo admissível (definido no exemplo como $[-5,\ +5]$) e, assim, a solução do problema pode ser encontrada igualando a derivada de (3.59) a zero. O valor do argumento de $J$ nesse ponto é o valor de $\Delta u(k)$ que minimiza $J$. Veja que esta solução é sempre válida quando não se impõem restrições ao problema. Já no caso da Figura 3.8(b), o ponto de mínimo absoluto está fora do intervalo, dado que agora a região factível para

$\Delta u$ é menor (neste caso foi definida como $[-2, +2]$). Assim, o menor valor de $J$ que dá a solução do problema pode ser encontrado num dos extremos do intervalo. Neste caso, o mínimo de $J$ no intervalo é $J(\Delta u_{\text{M}})$. Assim, a solução do problema de minimizar $J$, considerando as restrições impostas, é muito simples neste caso de $N_u = 1$, dado que saturando a solução obtida para o caso sem restrições, sempre se chega ao ótimo restrito.

No caso geral, definido em (3.35), $\Delta\mathbf{u}$ é um vetor. Assim, as condições para que exista um mínimo para (3.35) se tornam mais complexas. A condição para que exista um mínimo pode ser escrita como $\mathbf{H}_{qp} > 0$, que significa que $\mathbf{H}_{qp}$ deve ser positiva definida, ou seja:

$$\mathbf{x}^T\mathbf{H}_{qp}\mathbf{x} > 0, \qquad \forall\mathbf{x} \neq 0. \tag{3.60}$$

Assim, a função quadrática $J$ associada ao problema de otimização é uma função estritamente convexa e possui um mínimo global, características que não dependem do valor de $\mathbf{f}_{qp}$.

Por definição, $\mathbf{H}_{qp} = 2(\mathbf{G}^T\mathbf{G}+\mathbf{Q}_u)$, então vamos analisar separadamente a condição de positiva definida de $\mathbf{G}^T\mathbf{G}$ e $\mathbf{Q}_u$, pois caso ambas as matrizes sejam positivas definidas ou caso uma seja positiva definida e a outra positiva semidefinida, a soma também será. Pode ser demonstrado que a matriz $\mathbf{G}^T\mathbf{G}$ é positiva definida por construção, sempre que $\mathbf{G}$ não tenha nenhuma coluna nula. A primeira parte da prova parte da definição de uma matriz positiva definida, apresentada em (3.60). Note que, para $\mathbf{G}^T\mathbf{G}$ ser positiva definida, é necessário que:

$$\mathbf{x}^T\mathbf{G}^T\mathbf{G}\mathbf{x} > 0, \qquad \forall\mathbf{x} \neq 0. \tag{3.61}$$

Entretanto, note que $\mathbf{x}^T\mathbf{G}^T\mathbf{G}\mathbf{x} = (\mathbf{G}\mathbf{x})^T\,(\mathbf{G}\mathbf{x}) = \|\mathbf{G}\mathbf{x}\|_2^2$. Como a norma dois de $\mathbf{G}\mathbf{x}$ é sempre maior ou igual a zero, a matriz $\mathbf{G}^T\mathbf{G}$ é pelo menos sempre positiva semidefinida. Uma função $f_G(\mathbf{x}) = \mathbf{G}\mathbf{x}$ é injetora sempre que $\mathbf{G}$ tem posto completo por colunas, ou seja, todas as colunas da matriz $\mathbf{G}$ são linearmente independentes. Isso significa que cada elemento da imagem da função $f_G(\mathbf{x})$ está associado a um único $\mathbf{x}$, ou seja, $f_G(\mathbf{x})$ só é nula para $\mathbf{x} = 0$. Uma condição necessária para que $\mathbf{G}$ tenha posto completo por colunas é que ela não tenha nenhuma coluna com todos os elementos nulos, o que se consegue realizando uma escolha adequada dos horizontes. O primeiro elemento não nulo do vetor de coeficientes da resposta ao degrau aparece em $d+1$, então para garantir que a primeira coluna da matriz $\mathbf{G}$ não seja nula, é necessário ter $N_2 \geq d+1$. Como a cada nova coluna é adicionado um elemento nulo no início e os valores são deslocados para baixo, o primeiro elemento não nulo precisa aparecer até a última coluna para que nenhuma das colunas da matriz $\mathbf{G}$ contenha apenas elementos nulos. Como $\mathbf{G}$ tem $N_u$ colunas, é importante garantir que $N_2$ seja escolhido de tal forma que apareçam elementos suficientes na primeira coluna para que ao serem deslocados para baixo a última coluna não fique toda nula. Isso é obtido com $N_2 \geq d+N_u$, que garante ao menos

$N_u$ elementos não nulos na primeira coluna, $N_u - 1$ elementos não nulos na segunda coluna e assim por diante até sobrar ao menos um elemento não nulo na última coluna. Como consideramos sempre $N_u \geq 1$, a condição $N_2 \geq d + N_u$ também garante que $N_2 \geq d + 1$. Essa mesma condição pode ser colocada como:

$$N_u \leq N_2 - d,$$

sendo $d$ o atraso do sistema em amostras (que corresponde ao número de coeficientes nulos da parte inicial do vetor de resposta ao degrau $\mathbf{g}$). Além da ausência de uma coluna com elementos nulos, é necessário que as colunas de $\mathbf{G}$ não sejam linearmente dependentes, porém essa é uma condição relativamente fácil de ser garantida, pois a estrutura de $\mathbf{G}$ tipicamente tem cada coluna como a anterior deslocada para baixo e com um zero adicionado no início. Se $\mathbf{G}$ tiver essa estrutura triangular de zeros na parte superior direita, suas colunas serão linearmente independentes. Assim, se $\mathbf{G}$ respeitar a condição necessária de não ter nenhuma coluna nula, uma condição suficiente para que $\mathbf{G}^T\mathbf{G}$ seja positiva definida é que o início do horizonte de predição, $N_1$, seja escolhido como $N_1 \geq d+1$. Se $\mathbf{G}^T\mathbf{G}$ for definida positiva, basta que $\mathbf{Q}_u$ seja semi-positiva definida para que $\mathbf{H}_{qp}$ seja positiva definida. Como $\mathbf{Q}_u$ é diagonal e como as ponderações são sempre positivas ou nulas, vale que:

$$\mathbf{x}^T\mathbf{Q}_u\mathbf{x} \geq 0, \qquad \forall \mathbf{x} \neq 0,$$

com a igualdade a zero valendo para o caso de serem usadas ponderações nulas. Dessa forma, fazendo a análise em:

$$\mathbf{x}^T\mathbf{H}_{qp}\mathbf{x} = \mathbf{x}^T\mathbf{G}^T\mathbf{G}\mathbf{x} + \mathbf{x}^T\mathbf{Q}_u\mathbf{x},$$

temos que $\mathbf{H}_{qp} > 0$, pois o primeiro termo é sempre positivo (para qualquer vetor diferente do vetor nulo) e o segundo é maior ou igual a zero. Ainda, $\mathbf{H}_{qp}$ é uma matriz inversível, dado que todos os seus autovalores são positivos.

Assim, a função custo

$$J = \frac{1}{2}\Delta\mathbf{u}^T\mathbf{H}_{qp}\Delta\mathbf{u} + \mathbf{f}_{qp}^T\Delta\mathbf{u} + c_{qp}, \tag{3.62}$$

define uma função vetorial equivalente a uma parábola convexa multidimensional.

Para encontrar o mínimo absoluto da função (3.62), é necessário utilizar as seguintes definições de derivadas matriciais:

$$\frac{d(\mathbf{x}^T\mathbf{A}\mathbf{x})}{d\mathbf{x}} = 2\mathbf{A}\mathbf{x}, \quad \frac{d(\mathbf{x}^T\mathbf{b})}{d\mathbf{x}} = \mathbf{b}, \quad \frac{d(\mathbf{b}^T\mathbf{x})}{d\mathbf{x}} = \mathbf{b}^T.$$

A partir das definições anteriores, a derivada de (3.62) em relação a $\Delta\mathbf{u}$ resulta em:

$$\frac{dJ}{d\Delta\mathbf{u}} = \left(\mathbf{G}^T\mathbf{G} + \mathbf{Q}_u\right)\Delta\mathbf{u} - \mathbf{G}^T\left(\mathbf{r} - \mathbf{f}\right), \tag{3.63}$$

que deve ser igualada a zero para que se possa encontrar o valor que minimiza $J$. Assim,

$$\left(\mathbf{G}^T\mathbf{G} + \mathbf{Q}_u\right)\Delta\mathbf{u} - \mathbf{G}^T\left(\mathbf{r} - \mathbf{f}\right) = 0,$$

$$\left(\mathbf{G}^T\mathbf{G} + \mathbf{Q}_u\right)\Delta\mathbf{u} = \mathbf{G}^T\left(\mathbf{r} - \mathbf{f}\right),$$

$$\Delta\mathbf{u} = \left(\mathbf{G}^T\mathbf{G} + \mathbf{Q}_u\right)^{-1}\mathbf{G}^T\left(\mathbf{r} - \mathbf{f}\right),$$

ou, de forma simplificada:

$$\Delta\mathbf{u} = \mathbf{K}\left(\mathbf{r} - \mathbf{f}\right), \tag{3.64}$$

com

$$\mathbf{K} = \left(\mathbf{G}^T\mathbf{G} + \mathbf{Q}_u\right)^{-1}\mathbf{G}^T. \tag{3.65}$$

Note que, no caso de ser considerada uma ponderação do erro de seguimento de referência $\delta \neq 1$, essas ponderações ao longo do horizonte de predição são agrupadas em uma matriz diagonal $\mathbf{Q}_e$. Neste caso, a matriz $\mathbf{K}$ é definida da seguinte maneira

$$\mathbf{K} = \left(\mathbf{G}^T\mathbf{Q}_e\mathbf{G} + \mathbf{Q}_u\right)^{-1}\mathbf{G}^T\mathbf{Q}_e. \tag{3.66}$$

Da mesma forma que no caso de $N_u = 1$, caso a solução $\Delta\mathbf{u}$ achada respeite as restrições do problema de otimização do DMC, $\overline{\mathbf{R}}\Delta\mathbf{u} \leq \overline{\mathbf{r}}$, o problema já está resolvido. Um caso particular é o caso sem restrições, que tem solução analítica dada por (3.64) para $\delta = 1$. Caso as restrições não sejam verificadas pelo valor do controle irrestrito, um algoritmo de busca da solução do mínimo de $J$ no intervalo deve ser executado, uma vez que, no caso vetorial a solução, geralmente, não pode ser obtida saturando todas as ações de controle obtidas com a solução irrestrita. Algoritmos de programação quadrática são usados para encontrar esta solução e serão apresentados e discutidos com detalhes no Volume 2.

O próximo exemplo ilustra um caso de minimização de uma função $J$ com restrições e $N_u = 2$, o que permite visualizar graficamente a diferença entre a solução irrestrita saturada e a solução ótima do problema restrito (para sistemas com mais de duas variáveis de decisão, a representação passa a ter mais de três dimensões, o que impossibilita a visualização de forma fácil). Esse exemplo é interessante para mostrar a importância de resolver o problema de otimização a cada amostra, para encontrar a ação de controle do DMC e como esta estratégia é melhor que a que resolve o problema sem restrições e posteriormente satura a solução.

## Exemplo 3.7

Considere um sistema de controle DMC de um processo com ajuste do horizonte de controle $N_u = 2$. Para este problema particular, a cada passo, o otimizador tem que resolver um problema de minimização de uma função quadrática $J(\Delta u(k), \Delta u(k+1))$ com as restrições $\Delta u(k) \in [0,\ 1]$ e $\Delta u(k+1) \in [0,\ 1]$. A função $J$ pode ser representada a cada amostra num sistema de coordenadas em três dimensões. A projeção dos valores da função $J$ e as restrições são mostrados na Figura 3.9 para um dado instante de amostragem. Observando a projeção das curvas de nível de $J$ no plano $(\Delta u(k), \Delta u(k+1))$ podemos ver que o mínimo absoluto de $J$ é obtido para valores de ação de controle que estão fora do intervalo factível (ponto $J_1$ da figura). Considerando as restrições, a solução ótima do problema se encontra desenhando a curva de nível tangente à região factível, resultando no ponto $J_2$ da figura (ponto de menor custo dentro da região factível). Finalmente, o ponto $J_3$ mostra o ponto que seria encontrado saturando a solução sem restrições, que consistiria em encontrar a solução sem restrições e limitá-la à região factível. Note que o custo de $J_3$ é maior que o associado a $J_2$. Assim, podemos observar que, diferentemente do caso de $N_u = 1$, no qual basta saturar a resposta ótima irrestrita para obter a resposta ótima factível, no caso de $N_u = 2$ ou maior a solução ótima tipicamente é melhor que a saturada, isto é, o valor obtido de $J$ é menor.

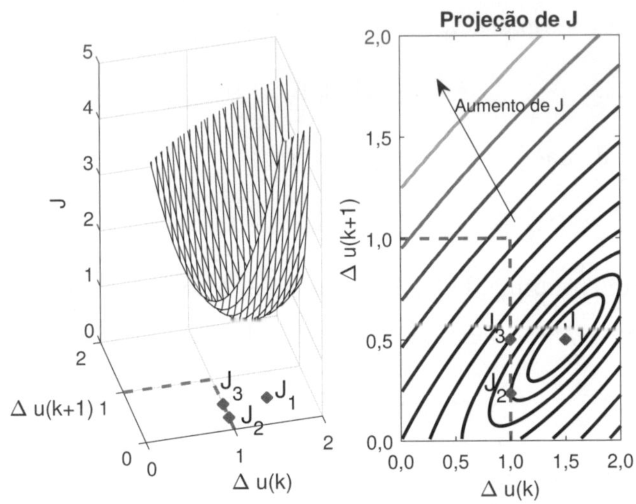


**Figura 3.9** Exemplo 3.7 – função quadrática com duas variáveis de decisão: determinação do mínimo num intervalo.

Na sequência deste capítulo, vamos considerar que o problema de minimizar $J$ com as restrições propostas tem uma solução a cada passo de amostragem. Assim, podemos estudar e analisar o funcionamento do controle DMC.

### 3.2.4 Horizonte deslizante e obtenção da lei de controle

Note que $\Delta\mathbf{u}$ define um vetor de incrementos futuros de controle de tamanho $N_u$. No entanto, como já discutimos, apenas $\Delta u(k)$ é aplicado no instante $k$, pois $\Delta\mathbf{u}$ deve ser recalculado a cada instante de amostragem, seguindo o princípio do horizonte deslizante. Dessa forma, em $k + 1$, todo o procedimento será repetido utilizando as novas informações disponíveis (novas medidas da variável de processo e de eventuais perturbações medíveis, caso existam). Isso ocorre mesmo que o DMC já tenha feito o cálculo da ação de controle para $k+1$ em $k$, o que é verificado sempre que o horizonte de controle for maior que uma amostra. Entretanto, é importante relembrar que os sinais de controle futuros do horizonte de controle são determinados com base nas predições feitas empregando o modelo da planta, mas a saída medida não necessariamente será igual à predita. Assim, como no instante seguinte de amostragem haverá informações mais atualizadas e confiáveis sobre o comportamento real da planta, o cálculo será repetido para todos os instantes do horizonte de controle e, novamente, só o primeiro incremento de controle do horizonte será considerado.

Assim, é necessário obter apenas o valor de $\Delta u(k)$ ótimo, dado por:

$$\Delta u(k) = [1\ 0\ 0 \ldots\ 0]\Delta\mathbf{u}. \tag{3.67}$$

No caso particular de não haver restrições, temos:

$$\Delta u(k) = \mathbf{K}_1\,(\mathbf{r} - \mathbf{f}), \tag{3.68}$$

em que $\mathbf{K}_1$ é a primeira linha de $\mathbf{K}$, definida em (3.65) para $\delta = 1$.

Por fim, o sinal de controle atual a ser aplicado ao processo é dado por:

$$u(k) = u(k-1) + \Delta u(k). \tag{3.69}$$

Para o caso irrestrito, podemos interpretar a lei de controle do DMC usando um diagrama de blocos como o da Figura 3.10. O incremento de controle é calculado como uma ação proporcional dos erros futuros, determinados com base na referência futura e na resposta livre do sistema.

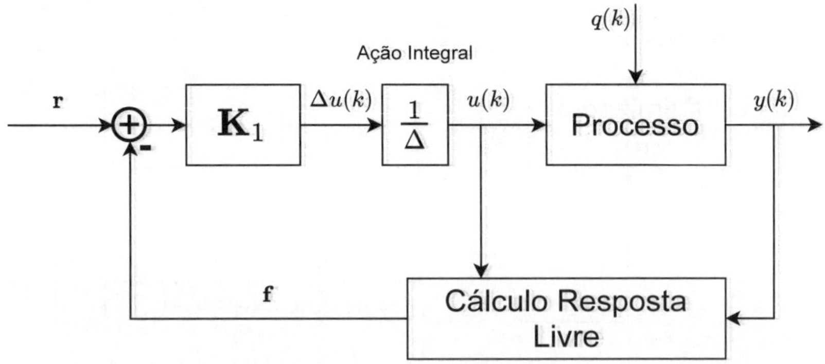


**Figura 3.10** Diagrama de blocos do DMC – caso irrestrito.

Observe que o controlador final tem ação integral, dado que o sinal $u$ é a integral (discreta) de $\Delta u$. Esta caraterística faz que, em regime permanente e quando a operação em malha fechada é estável, o erro entre **r** e **f** seja zero. Ainda, como a forma que o DMC usa para calcular as predições garante que, em regime permanente, a resposta livre converge para a saída do processo, teremos uma convergência para zero do erro entre a referência e a saída do processo, mesmo com perturbações do tipo degrau. Note que, na expressão da resposta livre:

$$f(k+j \mid k) = y(k) + \sum_{i=1}^{\infty}(g_{j+i} - g_i)\Delta u(k-i), \tag{3.70}$$

$f(k+j \mid k) \rightarrow y(k)$ se o controle atinge um valor de equilíbrio (quando os valores do sinal de controle chegam a um valor fixo a partir de um dado instante, os incrementos de controle serão todos nulos, então, $\Delta u(k-i) \rightarrow 0$ com $i = 0, 1, \ldots$). Assim, o fato de termos incluído o modelo de tipo degrau de perturbações e a ação incremental do controle na formulação levam o DMC a ter, em malha fechada, um comportamento de seguimento e rejeição de degraus em regime permanente.

No caso com restrições, o diagrama de blocos é um pouco diferente, dado que um processo de otimização precisa ser realizado a cada instante de amostragem para que se possa obter o sinal de controle. Esse processo de otimização recebe como dados a resposta livre (obtida com uso do modelo de predição interno ao controlador), as referências futuras e as restrições, e retorna a sequência de incrementos de controle futuros, que minimizam a função custo $J$, devidamente sintonizada com a escolha da ponderação $\lambda$ e dos horizontes de predição e controle. O esquema, neste caso, é o apresentado na Figura 3.11.

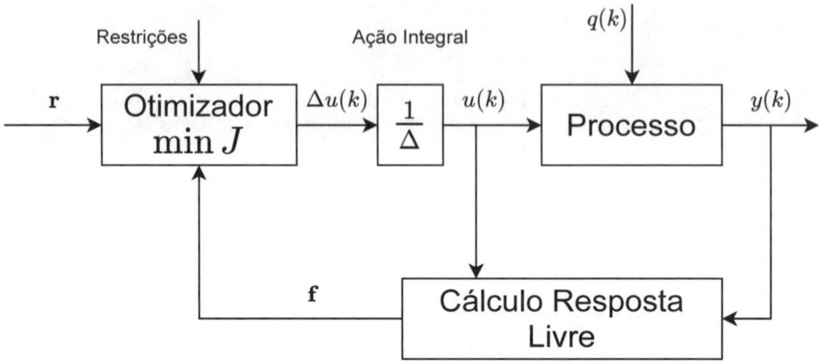


**Figura 3.11** Diagrama de blocos do DMC – caso com restrições.

Para este caso, continua valendo que se o DMC for capaz de manter a estabilidade em malha fechada, ele rejeitará perturbações do tipo degrau em regime permanente e seguirá referências constantes, também em regime permanente. Evidentemente, isso só será possível de ser obtido se o valor do sinal de controle em regime permanente, necessário para atingir o ponto de operação, satisfizer as restrições.

Vamos apresentar um exemplo e realizar manualmente todos os cálculos do controlador DMC até obter a expressão analítica da lei de controle no caso irrestrito.

**Exemplo 3.8**

Considere uma planta que foi modelada a partir da resposta a um degrau de amplitude 0,5 num ponto de operação obtendo o seguinte vetor de coeficientes $[0{,}1 \ \ 0{,}3 \ \ 0{,}7 \ \ 0{,}9 \ \ 1{,}0 \ \ 1{,}0 \ \ 1{,}0 \ \ 1{,}0 \ \ \ldots \ \ 1{,}0]^T$ obtidos com $T_s$ =1 s. Deseja-se controlar esta planta com um DMC com ponderações $\delta = 1$ e $\lambda = 0{,}5$, horizonte de controle $N_u = 2$, horizonte de predição $N = 3$ e considerando as referências futuras desconhecidas. O objetivo do exemplo é deduzir a lei de controle resultante para o problema irrestrito, escrevendo-a na forma:

$$u(k) = \alpha_1 u(k-1) + \alpha_2 u(k-2) + \ldots + \beta y(k) + \gamma r(k),$$

sendo $r(k)$ o sinal de referência.

Inicialmente, vamos obter o vetor de resposta ao degrau, usando o ensaio realizado no processo. Como o degrau aplicado no ensaio foi de amplitude 0,5, vamos multiplicar por 2 os coeficientes obtidos no ensaio, assim:

$$\mathbf{g} = [0{,}2 \ \ 0{,}6 \ \ 1{,}4 \ \ 1{,}8 \ \ 2{,}0 \ \ 2{,}0 \ \ 2{,}0 \ \ 2{,}0 \ldots \ \ 2{,}0]^T.$$

Como os coeficientes são constantes a partir do quinto coeficiente, podemos usar $N_{ss} = 5$ como horizonte de modelo. Então, como o horizonte de controle é $N_u = 2$ e o horizonte de predição é $N = 3$, a matriz **G** é dada por:

$$\mathbf{G} = \begin{bmatrix} 0{,}2 & 0 \\ 0{,}6 & 0{,}2 \\ 1{,}4 & 0{,}6 \end{bmatrix}.$$

Com a matriz **G** calculada e $\lambda = 0{,}5$ podemos encontrar o ganho usando:

$$\mathbf{K} = (\mathbf{G}^T\mathbf{G} + 0{,}5\mathbf{I})^{-1}\mathbf{G}^T.$$

Como precisamos apenas da primeira linha de **K**, calculamos:

$$(\mathbf{G}^T\mathbf{G} + 0{,}5\mathbf{I})^{-1} = \begin{bmatrix} 0{,}5447 & -0{,}5810 \\ -0{,}5810 & 1{,}7308 \end{bmatrix}$$

e usando a primeira linha desta matriz e $\mathbf{G}^T$, calculamos:

$$\mathbf{K}_1 = [0{,}1089 \;\; 0{,}2106 \;\; 0{,}4139].$$

Dado que a referência futura é desconhecida, $r(k+i) = r(k)$ para todo $i$ e a lei de controle pode ser escrita como:

$$\begin{aligned}\Delta u(k) =& 0{,}1089(r(k) - f(k+1)) + 0{,}2106(r(k) - f(k+2)) \\ &+ 0{,}4139(r(k) - f(k+3)).\end{aligned}$$

Agora, precisamos calcular a resposta livre para os três elementos do horizonte de predição, usando a fórmula geral da resposta livre:

$$\begin{aligned}f(k+1) =& (g_2 - g_1)\Delta u(k-1) + (g_3 - g_2)\Delta u(k-2) + (g_4 - g_3)\Delta u(k-3) \\ &+ (g_5 - g_4)\Delta u(k-4) + (g_6 - g_5)\Delta u(k-5) + y(k),\end{aligned}$$

$$\begin{aligned}f(k+2) =& (g_3 - g_1)\Delta u(k-1) + (g_4 - g_2)\Delta u(k-2) + (g_5 - g_3)\Delta u(k-3) \\ &+ (g_6 - g_4)\Delta u(k-4) + (g_7 - g_5)\Delta u(k-5) + y(k),\end{aligned}$$

$$\begin{aligned}f(k+3) =& (g_4 - g_1)\Delta u(k-1) + (g_5 - g_2)\Delta u(k-2) + (g_6 - g_3)\Delta u(k-3) \\ &+ (g_7 - g_4)\Delta u(k-4) + (g_8 - g_5)\Delta u(k-5) + y(k).\end{aligned}$$

Usando os valores de $g_i$ nas equações anteriores, obtemos:

$$\begin{aligned}
f(k+1) =&0{,}4\Delta u(k-1) + 0{,}8\Delta u(k-2) + 0{,}4\Delta u(k-3)\\
&+ 0{,}2\Delta u(k-4) + 0\Delta u(k-5) + y(k),\\
f(k+2) =&1{,}2\Delta u(k-1) + 1{,}2\Delta u(k-2) + 0{,}6\Delta u(k-3)\\
&+ 0{,}2\Delta u(k-4) + 0\Delta u(k-5) + y(k),\\
f(k+3) =&1{,}6\Delta u(k-1) + 1{,}4\Delta u(k-2) + 0{,}6\Delta u(k-3)\\
&+ 0{,}2\Delta u(k-4) + 0\Delta u(k-5) + y(k).
\end{aligned}$$

Para finalizar, precisamos substituir os valores achados na equação do controle, o que permite encontrar:

$$\begin{aligned}
\Delta u(k) =&0{,}1089(r(k) - y(k)) + 0{,}2106(r(k) - y(k)) + 0{,}4139(r(k) - y(k))\\
&- 0{,}1089(0{,}4\Delta u(k-1) + 0{,}8\Delta u(k-2) + 0{,}4\Delta u(k-3) + 0{,}2\Delta u(k-4))\\
&- 0{,}2106(1{,}2\Delta u(k-1) + 1{,}2\Delta u(k-2) + 0{,}6\Delta u(k-3) + 0{,}2\Delta u(k-4))\\
&- 0{,}4139(1{,}6\Delta u(k-1) + 1{,}4\Delta u(k-2) + 0{,}6\Delta u(k-3) + 0{,}2\Delta u(k-4)),
\end{aligned}$$

que pode ser simplificada a:

$$\begin{aligned}
\Delta u(k) =&0{,}7334(r(k) - y(k)) - 0{,}9585\Delta u(k-1)\\
&- 0{,}9193\Delta u(k-2) - 0{,}4183\Delta u(k-3) - 0{,}1467\Delta u(k-4).
\end{aligned}$$

Sabendo que $\Delta u(k) = u(k) - u(k-1)$ e que essa mesma equação vale para os incrementos de controle anteriores, é possível escrever o sinal de controle na variável $u(k)$ como:

$$\begin{aligned}
u(k) =&u(k-1) + 0{,}7334(r(k) - y(k)) - 0{,}9585(u(k-1) - u(k-2))\\
&- 0{,}9193(u(k-2) - u(k-3)) - 0{,}4183(u(k-3) - u(k-4))\\
&- 0{,}1467(u(k-4) - u(k-5)),\\
u(k) =&0{,}7334(r(k) - y(k)) + 0{,}0415u(k-1) + 0{,}0392u(k-2)\\
&+ 0{,}5010u(k-3) + 0{,}2716u(k-4) + 0{,}1467u(k-5).
\end{aligned}$$

Finalmente, vamos encontrar a função de transferência de tempo discreto implementada com este DMC e analisar sob que condições o sistema terá rejeição de perturbações do tipo degrau na entrada do processo e seguimento de referência do tipo degrau. Dado que se trata de uma lei que calcula a ação de controle $u(k)$ como função dos valores anteriores do controle até $k-5$ e do erro $r(k) - y(k)$, podemos, usando transformada Z, escrever:

$$\frac{U(z)}{E(z)} = \frac{0{,}7334}{1 - 0{,}0415z^{-1} - 0{,}0392z^{-2} - 0{,}5010z^{-3} - 0{,}2716z^{-4} - 0{,}1467z^{-5}},$$

$$E(z) = R(z) - Y(z),$$

que é o controle equivalente do DMC e tem ação integral, pois $z = 1$ é raiz do denominador. Os polos deste controlador são: $+1$, $-0{,}0892 \pm 0{,}6752j$, $-0{,}3900 \pm 0{,}4051j$.

O sistema em malha fechada é estável se a planta for considerada igual ao modelo, o que pode ser comprovado calculando os polos de malha fechada e verificando que todos têm módulo menor que 1. Assim, o sistema terá rejeição de perturbações do tipo degrau e seguimento de referência do tipo degrau, dado que o controlador implementado tem ação integral. Para calcular os polos de malha fechada, o modelo deste processo pode ser representado pela seguinte função de transferência:

$$G_m(z) = \frac{0{,}2z^4 + 0{,}4z^3 + 0{,}8z^2 + 0{,}4z + 0{,}2}{z^5},$$

que tem todos os polos em $z = 0$, dado que é um sistema com resposta ao degrau que converge ao equilíbrio em um número finito de amostras.

Na lista de problemas propostos no final do capítulo, é retomado o estudo deste exemplo, variando o ajuste do DMC. Aqui, para poder mostrar os cálculos manualmente foram escolhidos horizontes curtos.

Como vimos na dedução da lei de controle do DMC, a ponderação do esforço de controle $\lambda$ afeta o cálculo de $J$ e, como consequência, o valor do controle a ser aplicado no processo. Analisaremos, na sequência, alguns aspectos relativos à escolha de $\lambda$.

### 3.2.5 Ajuste da ponderação do controle

O efeito do ajuste da ponderação do esforço de controle na resposta do sistema em malha fechada é intuitivamente claro: usando valores maiores de $\lambda$ obtemos incrementos de controle menores, dado que ponderamos mais as variações do controle em $J$. Vamos analisar aqui como $\lambda$ afeta o ganho do controle equivalente $\mathbf{K}$ do DMC irrestrito e qual a sua relação com o ganho estático do processo (ou com o ganho de velocidade de processos integradores). Para isso, vamos considerar que as ponderações são constantes ao longo dos horizontes e que $\delta = 1$.

Como vimos, podemos calcular $\mathbf{K}$ como:

$$\mathbf{K} = (\mathbf{G}^T\mathbf{G} + \lambda\mathbf{I})^{-1}\mathbf{G}^T.$$

Assim, fica claro que maiores valores de $\lambda$ geram menores valores do ganho $\mathbf{K}$. Mas também fica claro que o peso de $\lambda$ na expressão depende do valor relativo de $\lambda\mathbf{I}$ com relação a $\mathbf{G}^T\mathbf{G}$. Como $\mathbf{G}$ depende do ganho estático (ou de velocidade) do processo, é interessante analisar a relação de $\lambda$ com $K_e$ ou $K_v$ para simplificar o seu ajuste.

Note que a matriz $\mathbf{G}$ pode ser normalizada, de forma tal que $\mathbf{G} = K_e\mathbf{G}_1$ sendo $K_e$ o ganho estático do processo no caso estável. Assim, a matriz $\mathbf{G}_1$ é a matriz de resposta ao degrau de um processo com ganho estático unitário. Já para um processo integrador, temos $\mathbf{G} = K_v\mathbf{G}_1$, sendo $K_v$ o ganho de velocidade do processo integrador e $\mathbf{G}_1$ a matriz de resposta ao degrau de um processo com ganho de velocidade unitário.

Considere, inicialmente, o caso estável. Usando que $\mathbf{G} = K_e\mathbf{G}_1$ na expressão de $\mathbf{K}$ para $\delta = 1$ obtemos:

$$\mathbf{K} = (K_e\mathbf{G}_1^T K_e\mathbf{G}_1 + \lambda\mathbf{I})^{-1}K_e\mathbf{G}_1^T = (K_e^2\mathbf{G}_1^T\mathbf{G}_1 + \lambda\mathbf{I})^{-1}K_e\mathbf{G}_1^T,$$

ou, de forma equivalente:

$$\mathbf{K} = K_e^{-2}(\mathbf{G}_1^T\mathbf{G}_1 + \frac{\lambda}{K_e^2}\mathbf{I})^{-1}K_e\mathbf{G}_1^T = \frac{1}{K_e}(\mathbf{G}_1^T\mathbf{G}_1 + \frac{\lambda}{K_e^2}\mathbf{I})^{-1}\mathbf{G}_1^T. \tag{3.71}$$

Então, (3.71) nos mostra que se normalizamos $\lambda$ pelo quadrado de $K_e$, com:

$$\lambda_1 = \frac{\lambda}{K_e^2},$$

temos uma forma mais direta de ver o efeito da ponderação $\lambda$ no ganho do DMC, independentemente do valor do ganho estático do processo, e também de entender o efeito de $K_e$ no cálculo de $\mathbf{K}$:

$$\mathbf{K} = \frac{1}{K_e}(\mathbf{G}_1^T\mathbf{G}_1 + \lambda_1\mathbf{I})^{-1}\mathbf{G}_1^T = \frac{\mathbf{K}^1}{K_e}.$$

Note que: (i) como em todo controlador linear, podemos interpretar o ganho do controle como um ganho normalizado $\mathbf{K}^1$ multiplicado pela inversa do ganho do processo; (ii) para processos com maior ganho estático, devemos escolher maiores valores de $\lambda$, numa relação quadrática com $K_e$, se queremos causar o mesmo efeito que com processos de ganho menor; (iii) como o valor de $\mathbf{G}_1^T\mathbf{G}_1$ depende do tamanho dos horizontes, o efeito de $\lambda_1$ no ganho do controlador será também afetado pela escolha de $N$ e $N_u$, de forma que $\lambda$ também poderia ser normalizado pela relação $N/N_u$ (este assunto será discutido com maiores detalhes no caso multivariável estudado no Volume 2).

Assim, para um dado horizonte de controle e de predição, se queremos ter um efeito similar na ponderação do controle para dois processos com ganhos diferentes, devemos escolher $\lambda$ proporcionalmente ao quadrado do ganho estático.

**Exemplo 3.9**

Considere o caso do processo do Exemplo 3.8, que chamamos de processo A, que tem ganho estático 2. No exemplo, calculamos o ganho **K** para $\lambda = 0{,}5$, obtendo, para este primeiro DMC (que chamamos de DMCa):

$$\mathbf{K}_{1,a} = [0{,}1089 \;\; 0{,}2106 \;\; 0{,}4139].$$

O valor de $\lambda_1$, neste caso, foi $\lambda_{1a} = 0{,}5/4 = 0{,}125$.

Considere que se deseja controlar um segundo processo B que tem a mesma dinâmica que o anterior, mas ganho estático igual a 1. Se quisermos obter um comportamento em malha fechada igual ao obtido com o processo A, usando os mesmos horizontes, deveríamos usar o mesmo valor de ponderação normalizada nesse novo DMCb, $\lambda_{1b} = 0{,}125$, que neste caso gera um valor de $\lambda_b = 0{,}125$. Como esperado, usando esta normalização, obtemos:

$$\mathbf{K}_{1,b} = 2\mathbf{K}_{1,a} = [0{,}2178 \;\; 0{,}4212 \;\; 0{,}8278],$$

que produz o mesmo sistema em malha fechada que no exemplo anterior, dado que o ganho estático do processo foi reduzido à metade e ganho do controlador foi dobrado.

Observe que esta análise pode ser também realizada para o caso de sistemas integradores com relação a $K_v$, obtendo as mesmas conclusões.

Para o caso de sistemas com restrições, não podemos realizar o cálculo analítico anterior, mas podemos observar que a relação entre o valor de $\lambda$ e **G** na matriz $\mathbf{H}_{qp}$ é o mesmo que o analisado na matriz **K**, e, assim, a análise continua válida. O Exercício 9 explora este tópico.

### 3.2.6 Normalização de variáveis

Em toda a análise realizada até aqui, consideramos modelos com a variável controlada e manipulada no mesmo intervalo de operação. Isso nem sempre acontece na prática. Por exemplo, para um sistema de controle de temperatura de um forno, a temperatura pode ter uma faixa de variação com valores entre 20 °C e 120 °C e a abertura de válvula que regula o gás do queimador assume valores entre 0 e 1. Neste caso, o erro de temperatura considerado na função custo $J$ terá valores da ordem de 100 vezes os valores das variações do controle em $J$. Dessa forma, o peso na função custo do erro na temperatura será muito maior que o peso dado às variações do controle, quando, na prática, podem, por exemplo, ter a mesma importância para o processo. Esta situação pode ser corrigida utilizando um modelo de processo com variáveis normalizadas, no qual, por exemplo, cada variável $x$ limitada a um intervalo $[x_{\min}, x_{\max}]$ seja dividida pelo maior valor absoluto que possa assumir, $\bar{x} = \max(|x_{\min}|, |x_{\max}|)$, ficando, então normalizada a um valor entre $-1$ e $+1$. Se as variáveis controlada e manipulada têm o mesmo horizonte, esta modificação resolve o problema. Entretanto, se os horizontes de predição e controle são diferentes, então também precisamos ajustar as ponderações, colocando um fator inversamente proporcional a cada horizonte em cada termo.

De forma geral, se a variável controlada $y$ tem valor absoluto máximo $\bar{y}$ e horizonte de predição $N = N_2 - N_1 + 1$, podemos escolher uma normalização do peso $\delta$ como:

$$\delta = \delta_n \frac{1}{(\bar{y})^2 N},$$

com $\delta_n$ sendo o peso normalizado a ser usado na sintonia.

Da mesma forma, se a variável manipulada $\Delta u$ tem valor absoluto máximo $\Delta\bar{u}$ e horizonte de controle $N_u$, podemos escolher uma normalização do peso $\lambda$ como:

$$\lambda = \lambda_n \frac{1}{(\Delta\bar{u})^2 N_u},$$

com $\lambda_n$ sendo o peso normalizado a ser usado na sintonia. Vejamos um exemplo desse ajuste.

**Nota 3.2**

Como já comentamos, no caso SISO, podemos sempre fixar uma das ponderações com valor unitário. Assim, temos usado $\delta = 1$ e ajustado apenas $\lambda$ na formulação do DMC das seções anteriores. Note que, isto pode ainda ser feito com o sistema normalizado, considerando $\delta_n = 1$ e ajustando apenas $\lambda_n$. Caso usemos $\delta = 1$ diretamente e desejemos manter a normalização, deveríamos usar um novo $\lambda$ dado por:

$$\lambda = \lambda_n \frac{(\bar{y})^2 N}{(\Delta\bar{u})^2 N_u}.$$

**Exemplo 3.10**

Considere um processo no qual $y$ tem horizonte de 20 amostras e valores no intervalo $[-100, +80]$ e $\Delta u$ tem horizonte de 5 amostras e valores no intervalo $[-2, +2]$. Se quisermos que uma variação em qualquer uma das variáveis tenha o mesmo peso na função custo, precisamos trabalhar com pesos normalizados pelo máximo de cada variável ao quadrado e pelo horizonte, como:

$$\delta = \delta_n \frac{1}{100^2} \frac{1}{20} = \delta_n \frac{1}{2 \cdot 10^5},$$

$$\lambda = \lambda_n \frac{1}{2^2} \frac{1}{5} = \lambda_n \frac{1}{20}.$$

Assim, se os pesos normalizados, $\delta_n$ e $\lambda_n$ forem iguais e aplicarmos os pesos resultantes, $\delta$ e $\lambda$, na função custo, as duas variáveis terão contribuições iguais na função custo. Da mesma forma, se o peso normalizado do controle for, por exemplo, o dobro do termo correspondente ao erro, estará contribuindo duas vezes mais que o segundo termo na função custo.

A análise realizada até aqui considerou apenas o problema básico do DMC, obtendo a lei de controle por realimentação, considerando que a referência entra diretamente no algoritmo e que as únicas perturbações consideradas no problema são as modeladas pelas diferenças entre as saídas do modelo e do processo.

Assim como no controle clássico, o algoritmo pode ser melhorado com ações antecipativas, aplicadas no sinal de referência ou nos sinais de perturbações, caso elas possam ser medidas. As próximas seções analisam esses dois pontos, que permitem obter um controle DMC mais versátil.

## 3.3 REFERÊNCIA FUTURA E USO DE FILTROS DE REFERÊNCIA

Como vimos na seção anterior, o algoritmo DMC pode utilizar informação sobre a referência futura, quando esta é conhecida. Essa informação pode ser útil para que o sistema em malha fechada tenha respostas transitórias mais suaves e, se for adequado, se antecipe, tomando ações de controle com base nos valores futuros da referência a ser seguida. Conhecer a referência futura que a variável de processo deve seguir pode ser normal em algumas aplicações de controle de processos em batelada ou em robótica. Por exemplo, quando se realiza a fermentação do mosto na indústria da cana-de-açúcar para produzir etanol, os perfis de nível e temperatura de toda a fermentação (que dura aproximadamente 8 horas) são conhecidos antes do início do processo. Assim, os valores desejados de nível e temperatura podem ser passados ao controlador como um vetor de referências futuras conhecidas. Em uma aplicação de robótica manipuladora de uma indústria, na qual o robô realiza movimentos repetitivos para a montagem de uma peça em uma estrutura, todas as velocidades e posições pelas quais o braço do robô deve passar ao longo da trajetória também podem ser passadas ao sistema de controle na forma de um vetor.

Observe que a utilização do conhecimento da referência futura não é uma exclusividade do DMC (nem do MPC em geral), dado que poderíamos usar esse tipo de informação em qualquer estratégia de controle. Entretanto, o MPC tem a vantagem de considerar esses valores na sua função custo, permitindo que o otimizador decida que ação de controle escolher no instante $k$, sabendo que em uma janela futura a referência vai mudar. Quando trabalhamos com um processo no qual as referências futuras não são conhecidas, assumimos que todos os valores futuros são iguais ao atual: $r(k + j) = r(k)$ para todo $j$ no horizonte de predição, ou seja, de $N_1$ até $N_2$. Assim, temos dois casos:

- referência conhecida:

$$\mathbf{r} = [r(k + N_1)\ r(k + N_1 + 1)\ r(k + N_1 + 2) \ldots\ r(k + N_2)]^T;$$

- referência desconhecida: $\mathbf{r} = \mathbf{1}_{N_2-N_1+1} r(k) = \mathbf{1}_N r(k)$.

Vamos apresentar um exemplo do uso do conhecimento da referência futura e ver o efeito que isso pode causar na resposta em malha fechada do sistema.

**Exemplo 3.11**

Considere um controle de temperatura de um forno de pré-aquecimento da indústria de cerâmica cujo modelo é dado por (unidades em minutos):

$$G(s) = \frac{4}{s + 2} e^{-0,5s}.$$

Nele, as peças devem ser tratadas termicamente com um dado perfil de temperatura como o mostrado na Figura 3.12, atuando na potência do sistema de queima de gás do forno. Neste gráfico, a temperatura considerada está em relação à temperatura ambiente. Observamos que o sistema deve seguir uma sequência de degraus em uma janela de tempo predeterminada, que é definida pelo ceramista para que a peça adquira as caraterísticas mecânicas e de superfície adequadas.

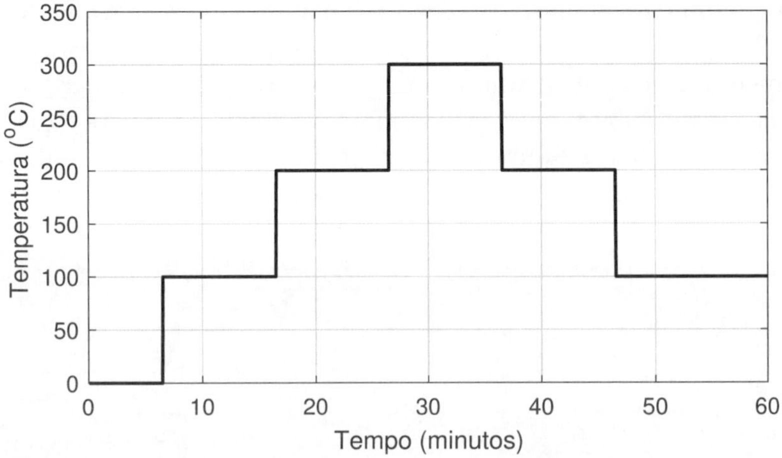


**Figura 3.12** Exemplo 3.11 – perfil de temperatura desejado para a queima das peças no forno. A temperatura é medida com relação à temperatura ambiente.

Para esse forno, projeta-se um DMC com o objetivo de seguir a referência de temperatura. O modelo do forno tem um vetor de resposta ao degrau de 80 elementos ($N_{ss} = 80$) com amostragem de 3 s. O sistema apresenta um atraso de 30 s (10 amostras) e um comportamento próximo de um sistema de primeira ordem.

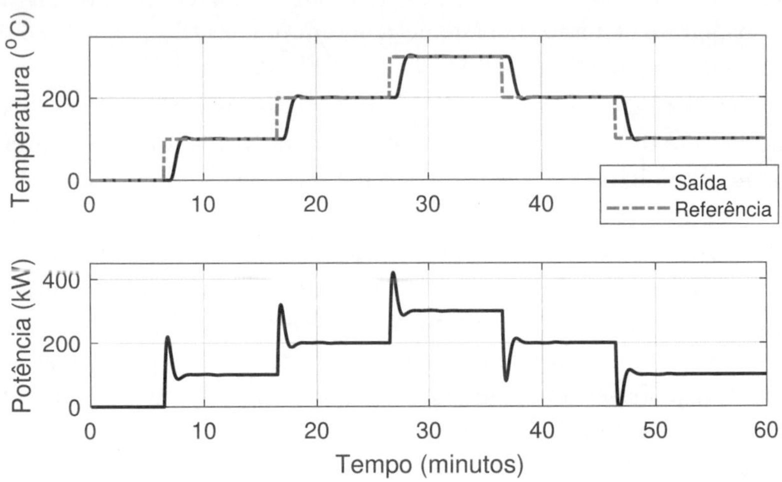


**Figura 3.13** Exemplo 3.11 – respostas do sistema em malha fechada no seguimento do perfil de temperatura do forno com referência futura desconhecida.

Assim, foram escolhidos os seguintes parâmetros de ajuste: $N_1 = 11$, $N_2 = 40$, $N_u = 5$, $\lambda = 1$, e foram realizadas duas simulações, uma para o caso sem conhecimento da referência futura e outra para o caso de se conhecer o vetor de referências de $k + N_1$ até $k + N_2$. Os resultados da simulação para o caso sem conhecimento da referência futura são apresentados na Figura 3.13 e as do caso com ela conhecida estão na Figura 3.14.

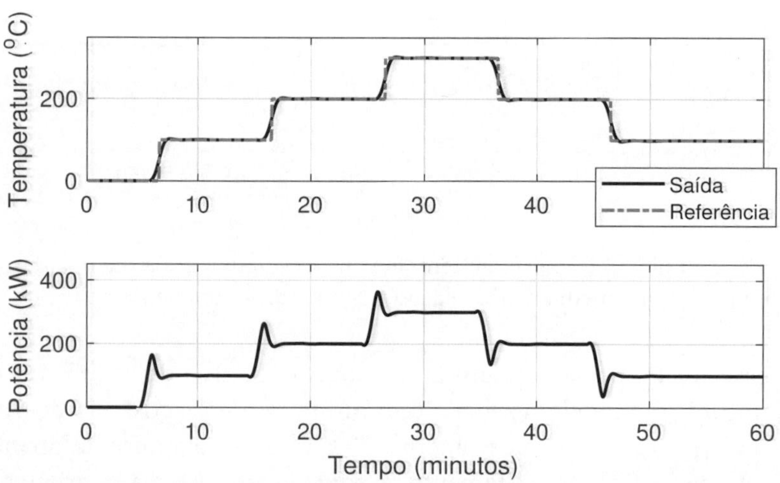


**Figura 3.14** Exemplo 3.11 – respostas do sistema em malha fechada no seguimento do perfil de temperatura do forno com referência futura conhecida.

Como pode ser observado, em ambos os casos o sistema em malha fechada segue a referência em regime permanente e tem respostas transitórias sem oscilações e praticamente sem picos, o que é adequado para o processo, pois não se deseja que a temperatura no transitório ultrapasse o valor da referência. Como também se observa nas figuras, no caso com referência futura conhecida o controlador opta por antecipar a variação da temperatura quando há uma mudança de referência. Isso acontece porque o valor obtido na função custo é menor antecipando a variação, isto é, a soma dos erros ao quadrado é menor fazendo essa transição de forma antecipada. Isso pode ser uma vantagem operacional, dado que a temperatura real estará mais próxima do valor desejado (usando esta métrica) e isso tem potencial para resultar em melhores propriedades para o material processado.

Para completar esta seção, comentaremos sobre o uso de filtros de referência no DMC. Do controle clássico, sabemos que filtros de referência podem ser usados em conjunto com controladores tipo PID, por exemplo, quando desejamos obter respostas rápidas para a rejeição de pertubações e, ao mesmo tempo, evitar ações muito violentas de controle quando mudamos bruscamente a referência. Usando essa estrutura, configuramos um controlador com dois graus de liberdade (2DOF, do inglês, *two-degree of freedom*), definidos pelo bloco do controlador de realimentação, neste caso o PID, e pelo bloco do filtro de referência, que nada mais é do que um controlador antecipativo em malha aberta. Em controle clássico, sintonizamos o PID para obter a resposta desejada às perturbações e o grau de robustez necessário e, caso isso leve a ter respostas não esperadas para um degrau de referência, usamos o filtro para atenuar esses efeitos indesejados. O filtro se antecipa gerando uma referência filtrada que características que compensam as dinâmicas não desejadas do sistema na relação de malha fechada da referência para a saída. Na maioria dos casos, o filtro é usado para suavizar o degrau de referência, transformando o sinal original em uma referência para o PID que tem uma transição exponencial entre os valores inicial e final da referência. Isso evita erros muito grandes nos instantes iniciais do transitório e, consequentemente, gera ações de controle mais suaves. Nesses casos, estamos usando um filtro do tipo passa baixas, que atenua as médias e altas frequências. Apesar de a situação anterior ser a mais habitual na prática, podemos ter situações nas quais é necessário usar filtros que acelerem a resposta transitória do sistema controlado pelo PID quando aplicamos uma mudança de referência do tipo degrau. Neste caso, o filtro tem que amplificar as frequências médias e altas mais do que as baixas frequências, gerando uma referência para o PID que tem valores maiores que o degrau aplicado nos instantes iniciais do transitório, que depois converge exponencialmente ao valor do degrau de referência aplicado.

No DMC (e, como veremos, também em outras abordagens de MPC) ainda podemos usar o recurso de filtrar a referência, de modo que o vetor de referências futuras informado ao otimizador não seja mais $\mathbf{r}$, mas $\mathbf{r}_f$, obtido com o uso de um filtro. Na prática, podemos usar qualquer tipo de filtro de referência, como nos casos discutidos para o PID, mas o mais utilizado é um filtro passa baixas de primeira ordem de ganho estático unitário, que pode ser descrito na forma de uma equação a diferenças como:

$$r_f(k) = a_f r_f(k-1) + (1-a_f)r(k),$$

em que o sinal $r_f$ representa os valores da referência filtrada, $a_f$ está relacionado com a constante de tempo do filtro e os valores de $r_f(k+j)$ com $j = N_1, N_1+1, \ldots N_2$ são usados no vetor $\mathbf{r}_f$. É importante manter o ganho estático do controlador unitário, pois qualquer ganho estático diferente de um faria com que o valor de saída do filtro, em regime permanente, tivesse amplitude diferente da amplitude do sinal de referência original. Assim, o sistema tenderia para um equilíbrio que é diferente da referência informada. O valor de $a_f$ deve ser ajustado de acordo com a dinâmica esperada para o processo em malha fechada. Assim, como o DMC tem toda a sua sintonia no domínio do tempo, tipicamente é empregado um filtro cuja resposta ao degrau atinja o regime permanente em um tempo próximo (mas sempre menor) do desejado para a resposta do sistema em malha fechada. Lembrando que, para um filtro de primeira ordem de tempo contínuo, o tempo de assentamento de 5% é dado aproximadamente por $t_{5\%} = 3\tau_f$, sendo $\tau_f$ a constante de tempo do filtro, e que $a_f = e^{-T_s/\tau_f}$, com $T_s$ sendo o período de amostragem. Assim, conhecido o $t_{5\%}$ desejado, podemos ajustar $a_f = e^{-3T_s/t_{5\%}}$.

Esse procedimento é intuitivamente adequado, pois estamos exigindo que o sistema siga uma referência que muda de maneira suave e com um transitório aproximadamente igual ao esperado. Assim, com essa alteração, o DMC inclui a caraterística de um controle 2DOF, importante em aplicações práticas, nas quais, geralmente, precisamos atender especificações de seguimento de referência e de rejeição de perturbação com transições suaves entre pontos de operação do processo. O próximo exemplo analisa um caso do DMC com ajuste do filtro de referência.

**Exemplo 3.12**

Considere um controle de nível de um tanque que usa a válvula de alimentação como variável manipulada e tem a abertura da válvula de saída como uma perturbação. O controle deve ser projetado para seguir degraus de referência e rejeitar perturbações com dinâmicas de malha fechada mais rápidas que em malha aberta, mas sem que o nível apresente oscilações nem picos nas mudanças de referência. A partir do modelo de resposta ao degrau, observa-se que são necessários aproximadamente 6 min para chegar ao novo ponto de equilíbrio depois de aplicado o degrau na válvula de entrada, e o modelo por função de transferência entre a saída e a entrada manipulada é dado por:

$$G(s) = \frac{4}{(1{,}25s + 1)^2}.$$

Para esse tanque, projeta-se um DMC com o objetivo de atender as especificações, buscando uma resposta para a perturbação com tempo de assentamento da ordem de 4 min e para as mudanças de referência da ordem de 2 min. Foram escolhidos os seguintes parâmetros de ajuste: $T_s$ =0,1 min, $N_1 = 1$, $N_2 = 15$, $N_u = 5$ e $\lambda = 5$.

Os resultados da simulação usando este DMC são apresentados na Figura 3.15, considerando os valores de nível e abertura da válvula em percentual. O sistema parte do ponto de operação com abertura de 30% e nível de 52% e são realizadas duas mudanças de referência, passando para 57% no instante 10 min e para 54% no instante 35 min. Ainda, no instante 20 min, é aplicada uma perturbação do tipo degrau na válvula de saída, de amplitude 1%.

Como pode ser observado na Figura 3.15, os tempos de resposta para o degrau de referência e perturbação são atendidos, mas o sistema apresenta um pico na resposta ao degrau de referência, o que não é desejado. Um novo ajuste de parâmetros poderia resolver o problema do pico, mas isso modificaria a resposta para a rejeição de perturbações, que está dentro da especificação.

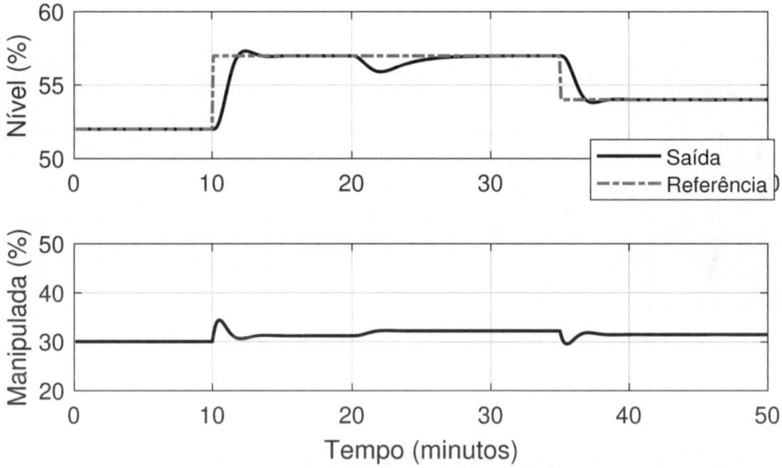


**Figura 3.15** Exemplo 3.12 – respostas do tanque em malha fechada para seguimento de referências e rejeição de perturbações com o DMC.

Para resolver o problema do pico, adiciona-se no DMC um filtro de referência passa baixas, ajustado para uma dinâmica de primeira ordem com tempo de resposta próximo dos 2 min especificados. A ideia do filtro é eliminar o pico, mas sem prejudicar o tempo de resposta em malha fechada, que não deve ser maior que 2 min. Assim, escolhendo um $t_{5\%}$ de 1,8 min para o filtro, obtemos $a_f = e^{-3T_s/t_{5\%}} = e^{-0,2} \approx 0{,}86$.

Os resultados da simulação com o controle DMC com o filtro de referência ajustado podem ser vistos na Figura 3.16. Note que o controlador consegue evitar o pico quando há uma mudança de referência e, como esperado, a rejeição de perturbações é idêntica àquela observada no caso sem filtro e atende às especificações. Observe como a ação de controle, no caso com filtro, é mais suave frente à uma mudança de referência, mas o tempo de resposta para o degrau de referência tem um $t_{5\%} \approx 2\,\text{min}$, como especificado.

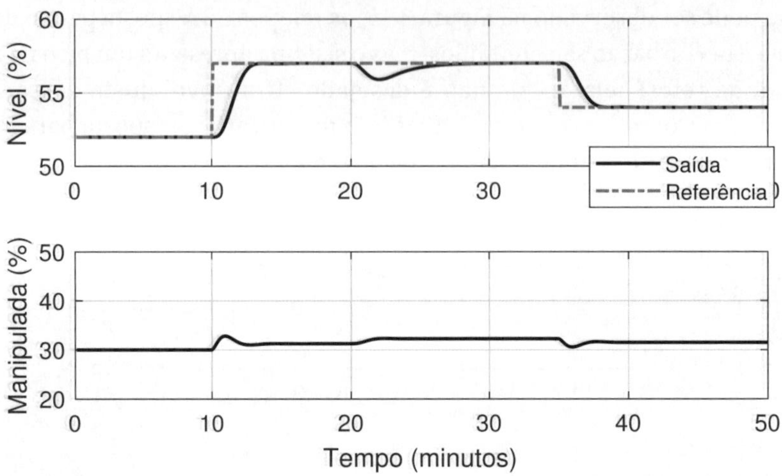


**Figura 3.16** Exemplo 3.12 – respostas do tanque em malha fechada para seguimento de referências e rejeição de perturbações. DMC com filtro de referência com $a_f = 0{,}86$.

## 3.4 AÇÃO ANTECIPATIVA (*FEED-FORWARD*)

Perturbações existem em todo sistema e é responsabilidade do controlador rejeitar seus efeitos na saída do processo, da melhor maneira possível. Se a perturbação não é medida, a rejeição da perturbação fica a cargo do controlador de realimentação, que, se bem ajustado, atenua os efeitos da perturbação no transitório e pode, dependendo do tipo de perturbação, eliminar o efeito da mesma em regime permanente (como é o caso do DMC para perturbações que têm um valor constante em regime permanente). No entanto, se for possível medir a perturbação e existir um modelo representando seu efeito na saída, é interessante avaliar a aplicação de um controlador antecipativo (denominado em inglês como *feed-forward*). O controle antecipativo é um controle em malha aberta que cria uma ação de controle a partir da medida da perturbação, sem usar a medida da saída do processo. No caso ideal, quando consideramos que os modelos que representam o processo nas relações entre a perturbação e a saída e entre a variável manipulada e a saída são perfeitos, podemos usar esses modelos para encontrar uma ação de controle que compense o efeito da perturbação na saída do sistema. Se considerarmos o caso ideal e a lei de controle resultante for realizável, o controle antecipativo pode eliminar totalmente o efeito da perturbação na saída. A realizabilidade desse controle ideal, que tem que inverter a dinâmica da relação entre a variável manipulada e a saída, não é possível na maioria dos casos, devido à própria estrutura do processo. Por exemplo, se o processo tiver atraso na sua dinâmica e o atraso entre a variável manipulada e a saída for maior que o atraso entre a perturbação medida e a saída, o controle antecipativo ideal não pode ser implementado, dado que seria preciso conhecer os valores futuros da perturbação. Ainda, no caso em que o controle antecipativo seja teoricamente realizável, pode ser que sejam exigidas ações (ou incrementos das ações) de controle grandes, que podem ser não realizáveis, dadas as restrições do processo. Assim, na prática, muitas vezes não é possível aplicar uma ação antecipativa ideal, que cancele completamente o efeito da perturbação na saída do sistema.

No caso específico da ação antecipativa no DMC, além das limitações associadas às restrições, a sintonia empregada também tem efeito na resposta às perturbações, dado que na função de custo se busca limitar a variação do controle em cada amostra. Assim, de fato, a ação antecipativa do DMC é, na maioria dos casos, uma aproximação do controlador antecipativo ideal. Finalmente, como este controle vai atuar junto com o controle de realimentação, o efeito na reposta de rejeição da perturbação em malha fechada deve ser avaliado para realizar um ajuste adequado e evitar uma deterioração da resposta. Porém, em geral na indústria, a experiência mostra que o uso de ações de realimentação junto com ações antecipativas de perturbações medíveis bem ajustadas, contribui para melhorar o desempenho do processo.

Como os controladores preditivos utilizam explicitamente o modelo do processo na formulação da lei de controle, adicionar o efeito das perturbações nas predições é simples e não requer o projeto de um controlador separado, como normalmente é feito no controle clássico. Vamos analisar, na sequência, como incluir a ação antecipativa no algoritmo DMC considerando, sem perda de generalidade, apenas uma perturbação (como nosso modelo é linear, podemos aplicar o princípio da superposição para o caso de múltiplas perturbações). Para isso, é preciso adicionar ao modelo de malha aberta o efeito da perturbação medida por meio de seu modelo de resposta ao degrau, resultando no modelo original (3.1) somado a um termo que modela o efeito da perturbação na saída:

$$y(k) = \sum_{i=1}^{\infty} g_i \Delta u(k-i) + \sum_{i=0}^{\infty} g_{q,i} \Delta q(k-i), \tag{3.72}$$

sendo $q$ o sinal que representa a perturbação medida e $g_{q,i}$ os coeficientes da resposta ao degrau que relaciona $q$ a $y$. Observe que, nesse modelo, consideramos que a perturbação pode atuar instantaneamente na saída do processo, isto é, existe a possibilidade de representar perturbações que aparecem diretamente na saída do processo. Caso a perturbação não atue instantaneamente, basta usar $g_{q,0} = 0$.

Aqui, é importante comentar que, em geral, este modelo não pode ser obtido como no caso da variável manipulada, aplicando um degrau na perturbação, dado que mesmo sendo medida, na maioria dos casos, a perturbação não pode ser manipulada. Assim, os coeficientes do modelo devem ser obtidos a partir de dados coletados de $q$ e $y$, com métodos de identificação. Um caso particular no qual temos possibilidade de atuar na perturbação é quando o sinal considerado como perturbação do processo que estamos controlando é a variável manipulada de outra malha de controle que está acoplada com a malha que queremos controlar.

Para encontrar a expressão completa da predição, da mesma forma que discutido na Seção 3.1, é necessário levar em conta o efeito de perturbações não medidas. Assim, as predições são dadas por:

$$\hat{y}(k+j \mid k) = \sum_{i=1}^{\infty} g_i \Delta u(k+j-i) + \sum_{i=0}^{\infty} g_{q,i} \Delta q(k+j-i) + \hat{\eta}(k+j \mid k), \tag{3.73}$$

com a mesma consideração anterior de que

$$\hat{\eta}(k+j \mid k) = \hat{\eta}(k \mid k) = y(k) - \hat{y}_o(k \mid k),$$

sendo que, agora, $\hat{y}_o(k \mid k)$ é dado por (3.72). Separando os termos que dependem de valores futuros e substituindo (3.72) em (3.73), obtemos:

$$\begin{aligned}\hat{y}(k+j \mid k) = & \sum_{i=1}^{j} g_i \Delta u(k+j-i) + \sum_{i=j+1}^{\infty} g_i \Delta u(k+j-i) \\ & + \sum_{i=0}^{j-1} g_{q,i} \Delta q(k+j-i) + \sum_{i=j}^{\infty} g_{q,i} \Delta q(k+j-i) \\ & + y(k) - \sum_{i=1}^{\infty} g_i \Delta u(k-i) - \sum_{i=0}^{\infty} g_{q,i} \Delta q(k-i).\end{aligned} \tag{3.74}$$

Nesta nova equação temos sete termos. Os dois primeiros correspondem à parcela da resposta para a variável manipulada, sendo que o primeiro considera a dependência em relação aos controles futuros desconhecidos no instante $k$, $\Delta u(k+j-i)$, $j-i \geq 0$, e o segundo a dependência em relação a valores passados do controle, $\Delta u(k+j-i)$, $j-i < 0$. O terceiro e o quarto termos são relativos à resposta para a perturbação, sendo que o terceiro considera a dependência em relação às perturbações futuras, $\Delta q(k+j-i)$, $j-i \geq 1$, e o quarto a dependência em relação a valores passados da mesma, $\Delta q(k+j-i)$, $j-i \leq 0$. Finalmente, os últimos três termos representam o fator de correção da resposta livre, calculado como a diferença entre a saída do processo, $y(k)$, e a saída do modelo.

Note que, como a perturbação $q$ é um sinal medido, o sinal $\Delta q(k)$ é conhecido em $k$. Por isso, os termos futuros da perturbação iniciam em $\Delta q(k+1)$ e não em $\Delta q(k)$, como ocorre para o incremento do sinal de controle. Isso pode ser percebido no terceiro termo do lado direito de (3.74).

Fazendo uma mudança de variável $m = i - j$, o quarto termo de (3.74), referente aos valores passados da perturbação, pode ser escrito como:

$$\sum_{i=j}^{\infty} g_{q,i}\Delta q(k+j-i) = \sum_{m=0}^{\infty} g_{q,j+m}\Delta q(k-m),$$

observando que $m = 0$ quando $i = j$ e $\lim_{i\to\infty} m = \infty$.

Para manter a notação, podemos trocar $m$ por $i$ no índice da soma do lado direito da igualdade anterior, o que leva a:

$$\sum_{i=j}^{\infty} g_{q,i}\Delta q(k+j-i) = \sum_{i=0}^{\infty} g_{q,j+i}\Delta q(k-i).$$

Utilizando essa igualdade em (3.74) e lembrando que, como mostrado na Seção 3.1.1,

$$\sum_{i=j+1}^{\infty} g_i\Delta u(k+j-i) = \sum_{i=1}^{\infty} g_{j+i}\Delta u(k-i),$$

tem-se, então:

$$\begin{aligned}\hat{y}(k+j \mid k) = &\sum_{i=1}^{j} g_i\Delta u(k+j-i) + \sum_{i=1}^{\infty} g_{j+i}\Delta u(k-i)\\ &+ \sum_{i=0}^{j-1} g_{q,i}\Delta q(k+j-i) + \sum_{i=0}^{\infty} g_{q,j+i}\Delta q(k-i)\\ &+ y(k) - \sum_{i=1}^{\infty} g_i\Delta u(k-i) - \sum_{i=0}^{\infty} g_{q,i}\Delta q(k-i). \end{aligned} \tag{3.75}$$

Agrupando o segundo termo com o sexto, e o quarto com o sétimo em (3.75), podemos escrever:

$$\begin{aligned}\hat{y}(k+j \mid k) = &\sum_{i=1}^{j} g_i\Delta u(k+j-i) + \sum_{i=0}^{j-1} g_{q,i}\Delta q(k+j-i) + y(k)\\ &+ \sum_{i=1}^{\infty} \left(g_{j+i} - g_i\right)\Delta u(k-i) + \sum_{i=0}^{\infty} \left(g_{q,j+i} - g_{q,i}\right)\Delta q(k-i), \end{aligned} \tag{3.76}$$

que, por sua vez, pode ser reescrita de forma mais compacta como:

$$\hat{y}(k+j \mid k) = \sum_{i=1}^{j} g_i\Delta u(k+j-i) + f(k+j \mid k), \tag{3.77}$$

sendo $f(k+j \mid k)$ a resposta livre do sistema, ou seja, a parte da resposta que não depende das ações de controle futuras. Após o truncamento dos somatórios infinitos, essa parcela é dada por:

$$f(k+j \mid k) = \sum_{i=0}^{j-1} g_{q,i}\Delta q(k+j-i) + y(k) + \sum_{i=1}^{N_{ss}} \left(g_{j+i} - g_i\right) \Delta u(k-i)$$
$$+ \sum_{i=0}^{N_{ssq}} \left(g_{q,j+i} - g_{q,i}\right) \Delta q(k-i), \tag{3.78}$$

com $N_{ss}$ tal que $g_{j+i} - g_i \approx 0, \forall i > N_{ss}$ e $N_{ssq}$ tal que $g_{q,j+i} - g_{qi} \approx 0\, \forall i > N_{ssq}$. $N_{ssq}$ é o horizonte de modelo para a perturbação. Observe que a resposta livre utiliza informação do passado da perturbação medida (no último termo) e do futuro da mesma (no primeiro termo). Quando os valores futuros da perturbação não são conhecidos (na maioria dos casos práticos), usualmente se considera que a perturbação manterá o último valor medido $q(k+j) = q(k), \forall j > 0$, ou seja, $\Delta q(k+j) = 0, \forall j > 0$. Nesse caso, o primeiro termo pode ser descartado. Se em alguma situação o valor da perturbação for conhecido, ou seus valores futuros puderem ser estimados num horizonte $N_q$ (horizonte de estimação da perturbação), esse primeiro termo fará parte da resposta livre do sistema. Um exemplo de aplicação da estimação da perturbação no controlador é o caso do controle de temperatura em coletores solares. Nesses sistemas, manipula-se a vazão de fluido térmico do coletor para controlar a temperatura e a irradiação solar é a principal perturbação do sistema, que pode ser medida de forma praticamente instantânea (com um pireliômetro) e estimada em um horizonte de alguns minutos, considerando dados de imagens do céu com o movimento das nuvens, assim como dados históricos e da trajetória do sol.

Para completar a análise, as predições podem ser colocadas no formato $\hat{\mathbf{y}} = \mathbf{G}\Delta\mathbf{u} + \mathbf{f}$ com as mesmas definições de (3.14), mas considerando que a resposta livre definida aqui utiliza a informação da perturbação medida. Usando o horizonte de $N_1$ a $N_2$, temos:

$$\mathbf{f} = \mathbf{G}_q\Delta\mathbf{q} + \mathbf{1}_N y(k) + \mathbf{H}\underleftarrow{\Delta\mathbf{u}} + \mathbf{H}_q\underleftarrow{\Delta\mathbf{q}}, \tag{3.79}$$

com as mesmas definições de (3.18), e com $\mathbf{G}_q \in \mathbb{R}^{N\times N_q}$, $\mathbf{H}_q \in \mathbb{R}^{N\times N_{ssq}+1}$, $\Delta\mathbf{q} \in \mathbb{R}^{N_q}$ e $\underleftarrow{\Delta\mathbf{q}} \in \mathbb{R}^{N_{ssq}+1}$ dados por:

$$\mathbf{G}_q = \begin{bmatrix} g_{q,N_1-1} & g_{q,N_1-2} & \cdots & g_{q,N_1-N_q} \\ g_{q,N_1} & g_{q,N_1-1} & \cdots & g_{q,N_1-N_q+1} \\ \vdots & \vdots & \vdots & \vdots \\ g_{q,N_2-1} & g_{q,N_2-2} & \cdots & g_{q,N_2-N_q} \end{bmatrix}, \quad \Delta\mathbf{q} = \begin{bmatrix} \Delta q(k+1) \\ \Delta q(k+2) \\ \vdots \\ \Delta q(k+N_q) \end{bmatrix},$$

$$\mathbf{H}_q = \begin{bmatrix} h_{q,N_1,0} & h_{q,N_1,1} & \cdots & h_{q,N_1,N_{ssq}-1} & h_{q,N_1,N_{ssq}} \\ h_{q,N_1+1,0} & h_{q,N_1+1,1} & \cdots & h_{q,N_1+1,N_{ssq}-1} & h_{q,N_1+1,N_{ssq}} \\ \vdots & \vdots & \ddots & \vdots & \vdots \\ h_{q,N_2,0} & h_{q,N_2,1} & \cdots & h_{q,N_2,N_{ssq}-1} & h_{q,N_2,N_{ssq}} \end{bmatrix},$$

com

$$h_{q,j,i} = g_{q,i+j} - g_{q,i}, \; j+i \leq N_{ssq},$$
$$h_{q,j,i} = g_{q,N_{ssq}} - g_{q,i}, \; j+i > N_{ssq}.$$

e

$$\underset{\longleftarrow}{\Delta\mathbf{q}} = \begin{bmatrix} \Delta q(k) \\ \Delta q(k-1) \\ \vdots \\ \Delta q(k-N_{ssq}) \end{bmatrix}.$$

Note que, no caso de não se ter conhecimento da perturbação futura, $\Delta\mathbf{q}$ é um vetor nulo. Ainda, os coeficientes $g_{q,i} = 0$ para todo $i < 0$.

Veja que a adição da ação antecipativa altera apenas a resposta livre. Assim, a minimização da função custo continua sendo feita na mesma maneira, resultando no sinal de controle dado por (3.68). Também, não se altera o problema de otimização do DMC para o caso com restrições – apenas devemos considerar a informação das perturbações medidas nos cálculos. Na Figura 3.17 é mostrado o esquema de controle modificado, com a utilização da informação de $q$ no módulo de resposta livre. Por outro lado, a adição

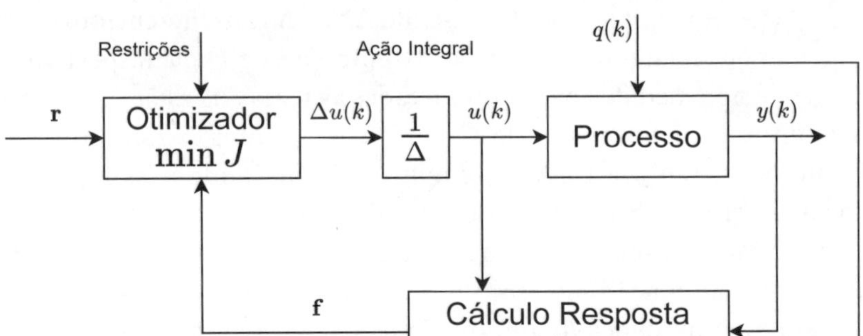


**Figura 3.17** Esquema do controle com restrições e ação antecipativa da perturbação medida.

da perturbação medida no modelo de predição altera a formulação recursiva do DMC apresentada na Seção 3.1.3. Pode ser mostrado que essa adição altera a atualização do vetor de predição de malha aberta $\hat{\mathbf{y}}_o(k \mid k)$, descrita em (3.24) para o caso original.

Caso o modelo considere perturbações mensuráveis, essa etapa do algoritmo recursivo passa a ser dada por:

$$\hat{\mathbf{y}}_o(k \mid k) = \hat{\mathbf{y}}_o(k \mid k-1) + \begin{bmatrix} g_1 \\ g_2 \\ \vdots \\ g_{N_{ss}} \end{bmatrix} \Delta u(k-1) + \begin{bmatrix} g_{q,0} \\ g_{q,1} \\ \vdots \\ g_{q,N_{ss}-1} \end{bmatrix} \Delta q(k). \tag{3.80}$$

Caso os valores futuros da perturbação sejam conhecidos (ou estimados), o cálculo do vetor de resposta livre **f** também precisa ser modificado, como mostrado em (3.79):

$$\mathbf{f} = \begin{bmatrix} \hat{y}_o(k+N_1 \mid k) \\ \vdots \\ \hat{y}_o(k+N_2 \mid k) \end{bmatrix} + \mathbf{1}_N \left(y(k) - \hat{y}_o(k \mid k)\right) + \mathbf{G}_q \Delta \mathbf{q}. \tag{3.81}$$

O restante do algoritmo recursivo permanece exatamente igual. Agora vamos apresentar um exemplo do uso da ação antecipativa no DMC.

**Exemplo 3.13**

Considere um sistema de controle de nível $H$ de um tanque, no qual o objetivo do controle é seguir degraus de referência com erro zero em regime permanente e rejeitar as perturbações de tipo degrau na abertura da válvula de saída de água $a_s$. O modelo incremental para simular esse tanque é dado por $\Delta H(s) = \frac{4}{(2s+1)(s+1)}[\Delta a_e(s) - \Delta a_s(s)]$, sendo $\Delta a_e$ e $\Delta a_s$ os incrementos nas aberturas das válvulas que manipulam as vazões de entrada e de saída, respectivamente. O modelo tem o tempo medido em minutos e todas as variáveis estão em porcentagem.

Inicialmente, projeta-se um DMC com os seguintes parâmetros de ajuste: $T_s$ =0,1 min, $N_1 = 1$, $N_2 = 15$, $N_u = 3$ e $\lambda = 0{,}1$, buscando uma reposta para as mudanças de referência com tempo de assentamento da ordem de 3 min. Assuma, ainda, que o DMC usa um filtro de referência de primeira ordem com $a_f = 0{,}8$. Os resultados da simulação são apresentados na Figura 3.18, nas variáveis incrementais, para uma mudança de referência de 0% para 5% aplicada em $t$ =10 min e duas perturbações na abertura $\Delta a_s$ aplicadas em $t$ =20 min (de valor +1%) e em $t$ =35 min (de valor −2%).

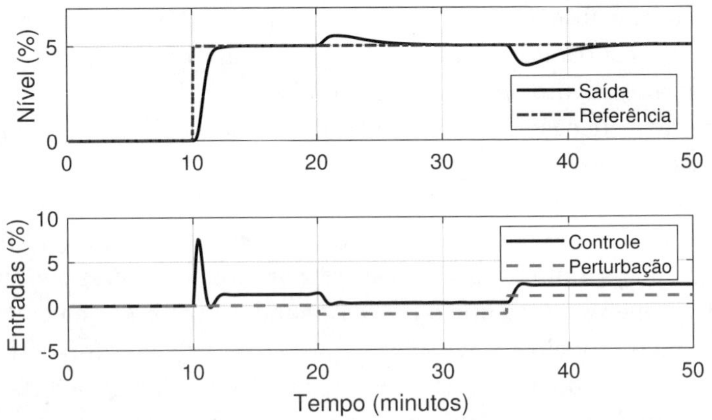


**Figura 3.18** Exemplo 3.13 – respostas do tanque em malha fechada no seguimento de referências e rejeitando perturbações. Caso sem controle antecipativo. Todos os sinais estão em valores percentuais.

Como as respostas para a perturbação não são adequadas para a aplicação, apesar de a perturbação ser rejeitada em regime permanente, decidiu-se utilizar uma ação antecipativa, dado que a abertura da válvula $a_s$ pode ser medida. Assim, o modelo da resposta ao degrau da perturbação foi adicionado nas predições e a resposta livre do DMC foi modificada conforme discutido nesta seção. Os resultados da simulação nesse novo caso são apresentados na Figura 3.19, considerando o mesmo cenário anterior.

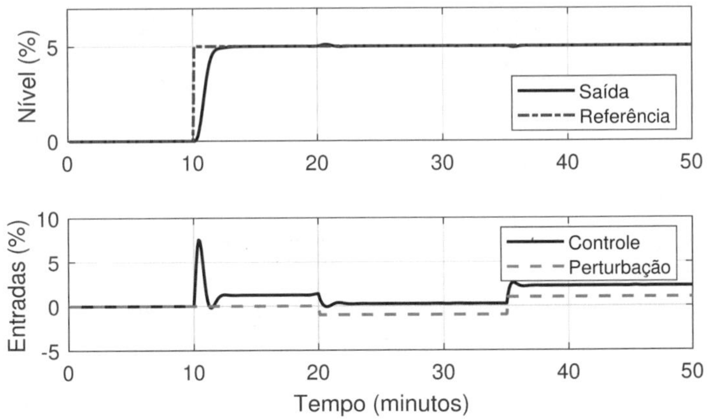


**Figura 3.19** Exemplo 3.13 – respostas do tanque em malha fechada no seguimento de referências e rejeitando perturbações. Caso com controle antecipativo. Todos os sinais estão em valores percentuais.

Como pode ser observado, a resposta para a mudança de referência não se modifica, mas a resposta à perturbação melhora significativamente e o efeito da perturbação praticamente não é sentido no nível.

Logicamente, este caso é bem simples, dado que as dinâmicas da perturbação para a saída são as mesmas que as da variável manipulada para a saída, o que facilita a ação do controle antecipativo. Ainda, estamos simulando um caso ideal, no qual consideramos que os modelos são perfeitos, isto é, representam perfeitamente o processo. Para analisar uma situação mais real, vamos considerar o mesmo controle DMC calculado, mas assumir que o processo mudou e agora o seu comportamento é simulado com o modelo $\Delta H(s) = \frac{4}{(2s+1)(s+1)}[\Delta a_e(s) - 0{,}8\Delta a_s(s)]$, ou seja, há um erro na estimação do ganho de $\Delta a_s(s)$ para $\Delta H(s)$. A Figura 3.20, mostra essa nova situação, ainda considerando o mesmo cenário anterior.

Como pode ser observado na Figura 3.20, nesse caso, a rejeição de perturbações não é tão boa quanto a obtida no caso com modelo perfeito, mas ainda é melhor do que a obtida sem o controle antecipativo, atendendo melhor as especificações do usuário.

Para finalizar o exemplo, vamos analisar outro aspecto do funcionamento desse DMC com ação antecipativa. Sabemos que um controle antecipativo clássico, para conseguir eliminar o efeito da perturbação no transitório da resposta, deve utilizar uma ação de controle rápida, que gere um sinal capaz de compensar o efeito da perturbação.

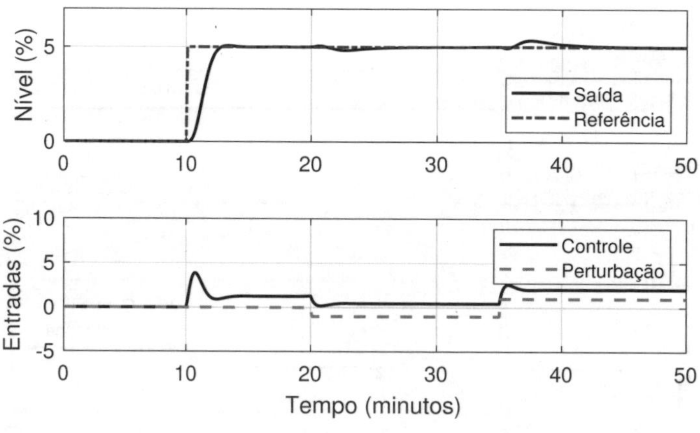


**Figura 3.20** Exemplo 3.13 – respostas do tanque em malha fechada no seguimento de referências e rejeitando perturbações. Caso com controle antecipativo com modelo errado. Todos os sinais estão em valores percentuais.

Assim, o parâmetro $\lambda$, que pondera a ação de controle no DMC, tem um efeito importante na ação antecipativa, pois valores grandes desse parâmetro podem impedir que o controle tenha a velocidade necessária. Para ilustrar este efeito, vamos simular novamente o caso ideal, com modelo perfeito, mas com $\lambda = 2$, mantendo o restante do ajuste inalterado. O resultado deste caso é apresentado na Figura 3.21.

Observe como a resposta não é mais tão boa como no caso de $\lambda = 0{,}1$, dado que agora há uma ponderação maior para variações de controle, o que faz com que o controlador aplique sinais de controle mais suaves. De forma análoga, em um processo sujeito a restrições de incremento ou amplitude da ação de controle, a resposta da ação antecipativa tenderá a ser pior que a observada em um processo equivalente sem essas restrições. Assim, na prática, muitas vezes não é possível rejeitar completamente as perturbações, mesmo que se conheça muito bem o modelo e se empregue uma ponderação de incremento de controle muito baixa, pois fisicamente não será possível gerar o sinal que seria necessário para anular o efeito da perturbação.

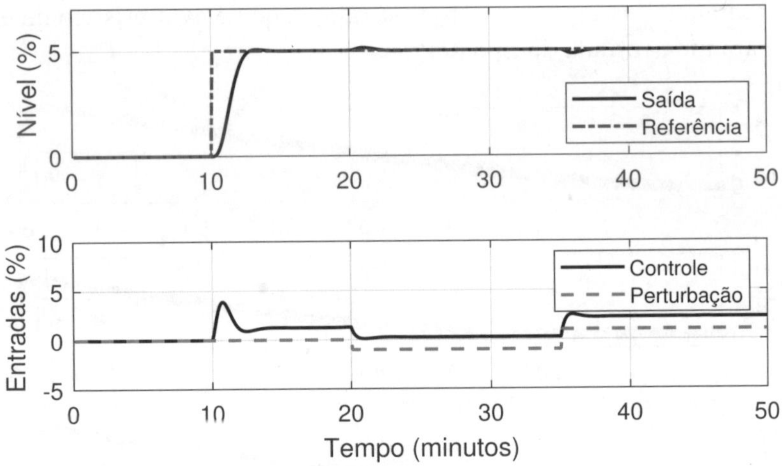


**Figura 3.21** Exemplo 3.13 – respostas do tanque em malha fechada no seguimento de referências e rejeitando perturbações. Caso com controle antecipativo com modelo perfeito e $\lambda = 2$. Todos os sinais estão em valores percentuais.

Vamos discutir com mais detalhes o efeito do controle antecipativo do DMC na Seção 3.7, na qual é apresentado o controle equivalente do DMC para o caso irrestrito, mas considerando uma versão generalizada do DMC (denominada GDMC), que permite também controlar sistemas não estáveis. Assim, o estudo do controle equivalente é apresentado depois da análise do controle de plantas não estáveis.

## 3.5 DMC PARA PLANTAS INTEGRADORAS

Nesta seção, analisamos o uso do DMC para plantas integradoras e, na seguinte, apresentamos uma generalização do DMC para plantas integradoras e instáveis. Ao usar o modelo de resposta ao degrau do DMC para plantas integradoras, teremos, depois de um $i > N_{ss}$, um comportamento tipo rampa do sistema, com $g_{i+1} = g_i + h$, sendo $h = T_s K_v$ e $K_v$ o ganho de velocidade do sistema.

**Nota 3.3**

O ganho de velocidade é a taxa de variação da saída para um degrau unitário na entrada de um sistema integrador, quando o tempo vai a infinito, e pode ser calculado, por exemplo, como $\lim_{z \to 1} \frac{(z-1)}{T_s} F_t(z)$, sendo $F_t(z)$ a função de transferência de tempo discreto do sistema.

Na Figura 3.22 são mostradas as respostas típicas encontradas em processos industriais integradores e os coeficientes da resposta ao degrau, obtidos simplesmente com a captura dos dados a cada $T_s$. Observe como depois do transitório inicial, todos as respostas apresentam um comportamento tipo rampa, que é caraterístico de um sistema integrador para uma entrada do tipo degrau.

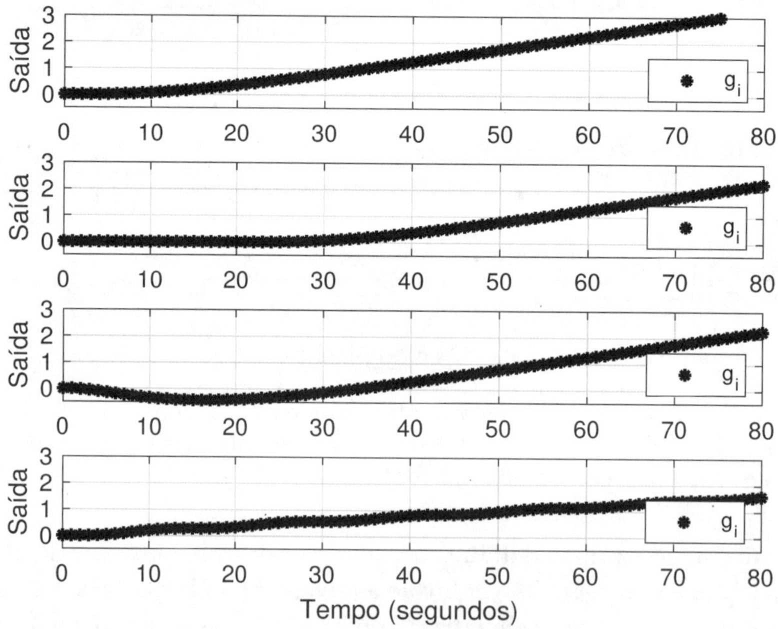


**Figura 3.22** Resposta ao degrau unitário de um sistema SISO integrador: vários casos possíveis.

O primeiro caso da Figura 3.22 mostra a resposta de um sistema integrador com dinâmica de maior ordem, o que se constata pela resposta lenta e suave no início do transitório. O segundo caso mostra a resposta de um sistema integrador com atraso, que tem vários coeficientes nulos no início do transitório. O terceiro caso mostra um sistema integrador que tem resposta inversa no transitório, dinâmica causada por um zero real de valor maior que 1 no plano Z. A última resposta mostra o caso de um sistema integrador com dinâmica oscilatória no transitório.

Devemos ressaltar aqui que as respostas mostradas na Figura 3.22 são teóricas, porque nenhum sistema físico real permite que a variável de processo aumente (ou diminua) infinitamente. Assim, o ensaio sempre é interrompido antes que a variável atinja um valor máximo (ou mínimo) determinado. Dessa forma, na prática, sistemas integradores e sistemas muito lentos apresentam, aparentemente, o mesmo modelo, com uma taxa de variação aproximadamente constante depois de um certo número de amostras. O famoso método de ajuste de controladores PID de Ziegler e Nichols (ZIEGLER; NICHOLS, 1942) utiliza esta ideia, um modelo do processo composto por um atraso, usado para modelar as dinâmicas mais rápidas, e uma taxa de variação associada ao comportamento integrador/lento dominante do processo.

Já no caso de processos instáveis em malha aberta, a resposta será divergente se aplicarmos um degrau na entrada do processo. Assim, esse caso não foi inicialmente considerado, dado que o DMC original não consegue lidar com esse tipo de processo. Na próxima seção, veremos uma forma de modificar o algoritmo para poder usá-lo com plantas de comportamento instável.

Todo o procedimento realizado para o cálculo da resposta livre no caso estável nas seções anteriores se baseia no fato de que $(g_{j+i} - g_i) \approx 0,\ \forall i > N_{ss}$, o que permite o truncamento das respostas ao degrau do modelo. Como essa propriedade não é válida para modelos que não são estáveis, devemos buscar outras formas de análise. Apesar de que modelos integradores são um caso particular do caso instável, eles apresentam uma particularidade na resposta que permite soluções específicas para esse caso.

No caso integrador, sabemos que a resposta ao degrau tende a se tornar uma rampa de inclinação constante após um número suficiente de amostras $N_{ss}$, como nos exemplos da Figura 3.22. Portanto, na forma geral da resposta livre expressa em (3.16), temos que $(g_{j+i} - g_i) \approx K_v T_s,\ \forall i > N_{ss}$, sendo $K_v$ o ganho de velocidade do processo e $T_s$ o período de amostragem. Assim, o somatório de (3.16) pode ser calculado como:

$$f(k+j \mid k) = y(k) + \sum_{i=1}^{N_{ss}} (g_{j+i} - g_i)\Delta u(k-i) + \sum_{i=N_{ss}+1}^{\infty} (K_v T_s)\Delta u(k-i), \tag{3.82}$$

o que, inicialmente, impede que a resposta seja truncada, pois os termos depois de $N_{ss}$ não são nulos.

Existem várias soluções para este caso na literatura, mas nesta seção discutiremos apenas uma alternativa simples. Uma solução mais geral, mostrando como modificar o DMC para ser usado tanto com plantas integradoras como instáveis, é apresentada na próxima seção.

Do ponto de vista prático, mesmo que o processo apresente uma caraterística integradora, a variável de processo nunca vai chegar ao infinito, pois a própria planta terá um limite físico para sua resposta e, de fato, teremos uma resposta limitada em amplitude. Isto significa que, ao aplicar um degrau na variável manipulada, se alongamos o horizonte de modelo, isto é, aumentamos $N_{ss}$, vamos observar no final do ensaio que os coeficientes $g_i$ se tornam constantes.

Por exemplo, na Figura 3.23 é mostrado um caso no qual a variável de processo estava em 50% quando um degrau unitário foi aplicado na variável manipulada no tempo zero. Observe a caraterística integradora do processo e como a variável não ultrapassa o valor máximo admitido de 100%. Note que o processo é de alta ordem, com uma dinâmica estável, que é responsável pela parte transitória inicial da resposta, e uma ação integral, que é responsável pelo comportamento tipo rampa observado posteriormente.

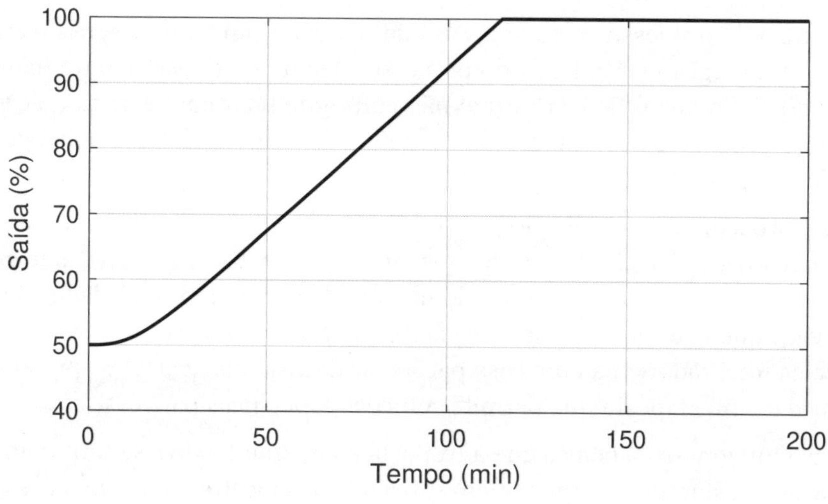


**Figura 3.23** Resposta ao degrau unitário de um sistema que possui dinâmica integradora, limitada ao máximo admissível.

Assim, se o ensaio de resposta ao degrau fosse realizado por um tempo suficientemente longo, os valores de $g_i$ após o tempo aproximado de 120 min seriam todos constantes. Evidentemente, o modelo equivalente desse sistema com essa caraterística não é linear, dada a variação brusca que acontece quando a saída chega no valor limite.

Dois aspectos práticos importantes devem ser analisados com relação a esta aproximação, como explicado na sequência:

- Em um processo real, para variações em uma região limitada de operação, um sistema integrador e um sistema muito lento de ganho estático elevado podem ter respostas praticamente iguais. Observe que a parte inicial do transitório da resposta ao degrau de um sistema com modelo $F_t(s) = \frac{K_e}{\tau s+1}$ é muito similar àquela observada em um sistema com modelo integrador $F_t(s) = \frac{K_e}{\tau s}$ se $\tau$ for grande, porque $\tau s + 1 \approx \tau s$. Lembrando que a derivada em $t = 0$ de um sistema de primeira ordem é $K_e/\tau$, que coincide com o ganho de velocidade do sistema integrador aproximado.
- Na prática industrial, na qual o DMC é mais usado que outras técnicas MPC, caso o processo seja muito lento (mesmo estável) seriam necessários muitos coeficientes para descrever o modelo de resposta ao degrau ($N_{ss}$ muito grande) e isso é, na maioria dos casos, inviável. Assim, é bastante comum que os engenheiros adotem modelos com $N_{ss}$ menores, que captam a resposta do sistema na parte inicial do transitório, sem deixar que sejam capturados os coeficientes constantes esperados da resposta (que de fato mostram o ganho estático do processo). Mesmo com esta modelagem simples, que introduz erro, os controladores são projetados considerando como se a resposta do sistema tivesse um comportamento inicial na forma de uma rampa filtrada (parte inicial capturada até $N_{ss}$) seguida de um sinal constante (assumindo constantes os valores de $g_i$ depois de $N_{ss}$).

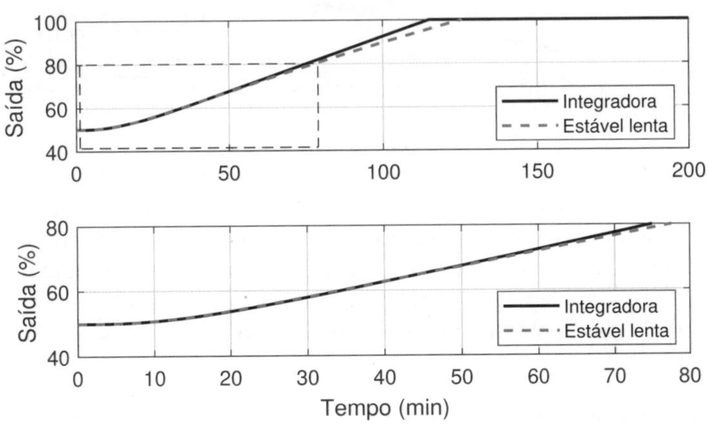


**Figura 3.24** Comparação da resposta ao degrau unitário de um sistema com integração na sua dinâmica e saída limitada, e de um sistema estável que atinge o valor final 100%. A figura inferior mostra com mais detalhe a comparação das respostas dos dois sistemas no transitório que vai de 50% a 80%.

Para ilustrar essa análise, na Figura 3.24 é mostrada a resposta ao degrau de dois sistemas: um processo integrador, similar ao já analisado com sua resposta limitada em 100%, e um processo estável, que tem uma resposta bem similar na parte inicial da resposta transitória e um ganho estático, tal que em regime permanente o sistema atinge o valor máximo de 100%. Observe como na banda de 50% a 70% os modelos têm respostas quase idênticas (veja o detalhe das respostas na figura inferior, que corresponde com a parte destacada no requadro pontilhado da figura superior).

Na Figura 3.25, é apresentado mais um exemplo, com as respostas ao degrau de dois sistemas, um estável e outro com integração na sua dinâmica. Neste caso, o sistema estável tem um ganho estático tal que o valor de regime permanente para o degrau aplicado está fora da faixa de atuação do processo. Como pode ser observado, se o ensaio fosse usado para determinar os coeficientes $g_i$, seria impossível saber se o processo tem dinâmica integradora ou estável, lenta e de alto ganho estático. Observe que as respostas são praticamente idênticas em toda a faixa de operação possível, até 100%.

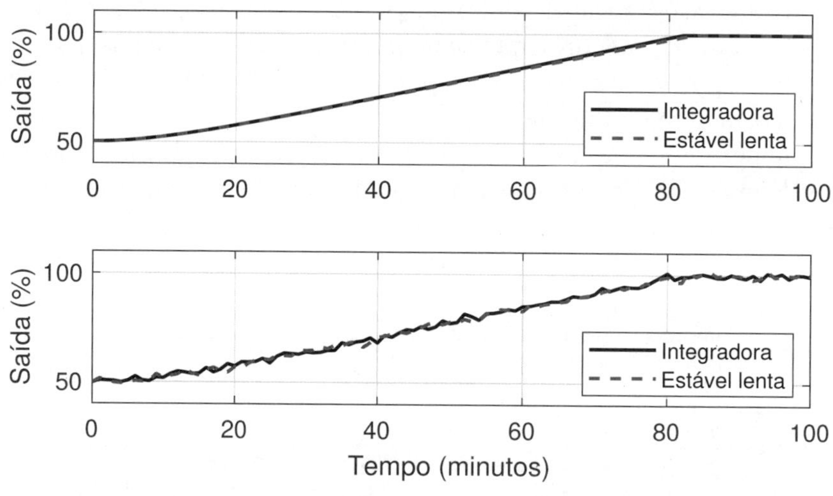


**Figura 3.25** Comparação da resposta ao degrau unitário de um sistema com integração na sua dinâmica e saída limitada, e de um sistema estável que atingiria um valor final maior que 100%, mas que tem sua resposta limitada. Ambos os sistemas possuem comportamento muito similar na banda de 50% a 100%. Na figura inferior, são comparadas as respostas do sistemas simulados com ruído de medição, do tipo gaussiano com média zero e desvio padrão 1%.

Para mostrar uma situação mais próxima da prática, no gráfico inferior da figura simulamos o sistema com ruído de medição. Neste caso, é literalmente impossível distinguir as resposta. Assim, o engenheiro que realiza o ensaio de resposta ao degrau pode usar tanto um modelo integrador como um estável para representar o comportamento do processo.

Um exemplo prático deste tipo de comportamento é encontrado em fornos de pequena dimensão e de muito bom isolamento. Teoricamente, o sistema de aquecimento tem uma dinâmica estável, pois se a temperatura aumenta suficientemente, as perdas para o ambiente externo levariam a um ponto de equilíbrio, isto é, a temperatura não pode aumentar indefinidamente com potência constante aplicada. Mas, como essa temperatura máxima que seria obtida com o sistema estável para o degrau aplicado é fisicamente inalcançável, porque o forno seria destruído nessa temperatura, o modelo estável do forno pode ser bem aproximado por um integrador, dado que na faixa de operação da temperatura as perdas podem ser consideradas insignificantes. Assim, muitas vezes em processos industriais optamos por modelos integradores por simplicidade. Aqui, no caso do DMC, é mais adequado usar os modelos estáveis lentos e de alto ganho para representar processos que podem ter dinâmicas integradoras, para evitar os problemas já mencionados na análise do truncamento da resposta livre. Na prática, para o engenheiro que está desenvolvendo o controlador, não há nenhuma diferença em considerar os coeficientes observados como de um sistema estável, lento e de alto ganho, mesmo que na realidade o processo tenha um comportamento integrador como parte da sua dinâmica. Isso ocorre porque o modelo do processo aparece como uma série de coeficientes da resposta ao degrau, então não há informação explícita sobre a estrutura do modelo.

Adotando um modelo estável lento podemos, assim como no caso estável, em cada instante de amostragem $k$, calcular todas as predições para um dado horizonte $j = N_1, \ldots, N_2$ apenas com o conhecimento dos coeficientes da resposta ao degrau (modelo), os valores passados dos incrementos da variável manipulada e a medida da variável controlada $y(k)$.

Certamente, esta forma de modelar a resposta do sistema integrador introduz erros de modelagem, mas estes podem ser bem contornados com o ajuste do DMC considerando que, na prática, o controle sempre deve ter certo grau de robustez. Observe que sempre teremos erros de modelagem, isto é, diferenças entre o comportamento do processo real e do modelo (mesmo no caso de plantas estáveis), devido ao fato de que estamos usando um modelo linear e invariante no tempo para representar um processo físico, que geralmente será não linear e variante no tempo. Com um ajuste adequado do controle, esperamos garantir que, nas vizinhanças do ponto de operação, no qual se espera que o DMC mantenha o processo, os erros de modelagem não comprometam o desempenho do controlador, o que carateriza um controle denominado robusto. Analisaremos alguns aspectos de robustez do controle DMC mais adiante neste capítulo.

Para finalizar esta seção, apresentamos um exemplo que ilustra o uso de um modelo estável para o controle de uma planta integradora.

**Exemplo 3.14**

Considere uma planta simulada com uma função de transferência $G(s) = 1/s$ e controlada com um DMC que utiliza como modelo os coeficientes da resposta ao degrau de um sistema estável na forma $G(s) = \frac{10}{10s+1}$. Ambos os modelos têm tempos medidos em minutos e consideram um período de amostragem $T_s = 1$ min. O DMC foi ajustado usando 80 coeficientes da resposta ao degrau do processo, horizontes $N_1 = 1, N_2 = 30, N_u = 5$ e uma ponderação $\lambda = 1$. A resposta do sistema para uma mudança de referência de amplitude 10% e uma perturbação degrau de 5% aplicada diretamente na saída do processo é apresentada na Figura 3.26.

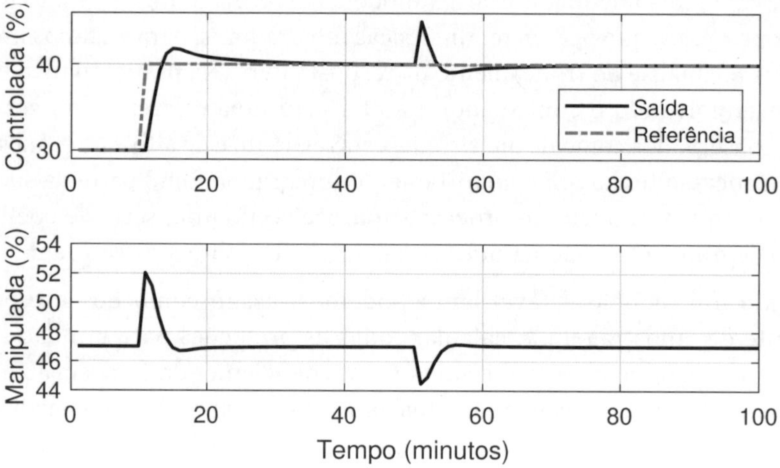


**Figura 3.26** Exemplo 3.14 – resposta em malha fechada com o DMC para um sistema com integração na sua dinâmica usando modelo estável nas predições.

Como pode ser observado, a resposta do sistema em malha fechada tem uma dinâmica suave, sem oscilações e rejeita a perturbação em regime permanente, assim como segue com erro zero a mudança de referência, mesmo usando um modelo estável para o cálculo das predições. Note que o sistema que está sendo controlado tem dinâmica integradora. O sistema com dinâmica estável foi usado apenas para gerar os coeficientes empregados pelo DMC para realizar as predições.

Deve ficar claro que esta solução simples aqui apresentada pode não dar resultados adequados em alguns casos, dado que ela utiliza uma aproximação do modelo integrador. Uma solução mais adequada, que resolve o problema da instabilidade da resposta livre, é apresentada na sequência, na Seção 3.6.

## 3.6 UMA SOLUÇÃO COMPLETA PARA PLANTAS INTEGRADORAS E INSTÁVEIS

Como explicado no Capítulo 2, existem várias formas de definir o modelo das perturbações dentro de uma estratégia MPC. Particularmente no DMC, é possível mudar a forma de calcular o erro de predição adicionando um filtro, de forma tal que o novo erro de predição filtrado seja:

$$\hat{\eta}_f(k \mid k) = F_e(z)\,(y(k) - \hat{y}_o(k \mid k)),$$

sendo $F_e(z)$ o filtro do erro de predição (LIMA et al., 2014). Neste caso, as predições futuras passam a ser dadas por:

$$\hat{y}(k+j \mid k) = \sum_{i=1}^{j} g_i \Delta u(k+j-i) + \sum_{i=j+1}^{\infty} g_i \Delta u(k+j-i) + \hat{\eta}_f(k \mid k), \tag{3.83}$$

que modificam a forma de cálculo do DMC original. Entretanto, note que, para implementar o DMC filtrado na forma recursiva, basta alterar a equação que calcula a resposta livre **f** para considerar, ao invés do erro de predição $\hat{\eta}(k \mid k)$, o erro filtrado $\hat{\eta}_f(k \mid k)$. Ou seja, todo o equacionamento da Seção 3.1.3 permanece o mesmo, com exceção de (3.29), que passa a ser:

$$\mathbf{f} = \begin{bmatrix} \hat{y}_o(k+N_1 \mid k) \\ \vdots \\ \hat{y}_o(k+N_2 \mid k) \end{bmatrix} + \mathbf{1}_N\, F_e(z)\,(y(k) - \hat{y}_o(k \mid k)). \tag{3.84}$$

Ainda, como apenas a resposta livre é modificada, nada muda em todos os procedimentos apresentados para calcular a lei de controle, salvo o cálculo de **f**. Assim, o controle irrestrito ou o problema de otimização QP, discutido na Seção 3.2, podem ser calculados apenas modificando o cálculo de **f**.

No trabalho Lima et al. (2014), foi mostrado que, para plantas estáveis, a modificação discutida nesta seção permite adicionar um grau de liberdade no DMC para poder melhorar a resposta às perturbações não medidas e, também, ajustar a robustez do controlador sem modificar a resposta nominal para mudanças de referência. Logicamente, para conseguir essas melhoras nas respostas, o filtro deve ser adequadamente ajustado. Note que sem perturbações ou erros de modelagem, sempre teremos $y(k) = \hat{y}(k \mid k)$, o que faz com que o uso do filtro não tenha influência nas predições e, consequentemente, nas respostas para as mudanças de referência no caso nominal. Já quando temos erros de modelagem ou perturbações, $y(k) \neq \hat{y}(k \mid k)$ e, portanto, o filtro terá efeito nas respostas. De forma intuitiva podemos inferir que um filtro passa baixas vai atenuar os efeitos das diferenças entre modelo e processo no cálculo do controle, o que favorece a robustez e atenua os efeitos do ruído no sinal de controle. Já um filtro passa altas vai favorecer a aceleração da resposta às perturbações, pois o efeito que elas causam no erro de predição é amplificado durante o transitório. Analisaremos mais detalhes dessa propriedade do filtro na Seção 3.7.

Na sequência, veremos como podemos usar o filtro de predição para obter um DMC que também é capaz de controlar plantas instáveis e integradoras, considerando um ajuste correto de $F_e(z)$. Esse novo controlador, proposto em Santos e Normey-Rico (2023), será denominado DMC generalizado (GDMC, do inglês *Generalized DMC*).

### 3.6.1 DMC Generalizado (GDMC)

A ideia do GDMC é usar o filtro $F_e(z)$ para modificar adequadamente $\hat{\eta}_f(k \mid k)$ usado no cálculo de $\mathbf{f}$, de modo a conseguir estabilizar a resposta livre do DMC para modelos que não sejam estáveis em malha aberta. Isso pode ser conseguido usando um filtro diferente para cada elemento do horizonte (e não apenas um único filtro como no caso estável) como se demonstra na sequência. Vamos considerar para cada erro de predição no horizonte:

$$\hat{\eta}_f(k+j \mid k) = F_{e,j}(z)\hat{\eta}(k \mid k) = F_{e,j}(z)\left[y(k) - \hat{y}_o(k \mid k)\right], \tag{3.85}$$

e a definição de $\hat{y}_o(k \mid k)$ em (3.9). Assim, a resposta livre em $k+j$ é dada por:

$$f(k+j \mid k) = \sum_{i=1}^{\infty} g_{j+i}\Delta u(k-i) + F_{e,j}(z)y(k) - F_{e,j}(z)\sum_{i=1}^{\infty} g_i\Delta u(k-i). \tag{3.86}$$

Observe que o filtro afeta a saída medida e os coeficientes do último termo. Assim, a resposta livre pode ser reescrita como:

$$f(k+j \mid k) = \sum_{i=1}^{\infty} g_{j+i}\Delta u(k-i) + y_{f,j}(k) - \sum_{i=1}^{\infty} \tilde{g}_{j,i}\Delta u(k-i), \tag{3.87}$$

sendo $\tilde{g}_{j,i}$ os coeficientes filtrados, que correspondem à resposta ao degrau do sistema filtrada pelo filtro $F_{e,j}(z)$, e $y_{f,j}(k)$ a saída medida filtrada com o mesmo filtro $F_{e,j}(z)$.

Como explicado, o controlador utiliza um filtro $F_{e,j}(z)$ para cada elemento do horizonte, assim, temos sempre um conjunto de filtros a serem calculados, mas, ao longo do texto, nos referiremos de forma genérica "ao filtro", no singular.

Usando, agora, o mesmo procedimento do DMC, podemos reescrever a resposta livre como:

$$f(k+j \mid k) = \sum_{i=1}^{\infty}(g_{j+i} - \tilde{g}_{j,i})\Delta u(k-i) + y_{f,j}(k) \tag{3.88}$$

e, se o filtro for corretamente ajustado, é possível garantir que $g_{j+i} \approx \tilde{g}_{j,i}$ para $i > N_f$, sendo $N_f$ um horizonte de modelo filtrado, já que o objetivo do filtro é estabilizar a resposta livre. O valor de $N_f$ depende de cada processo e do ajuste do filtro. Veja que o $N_f$ do GDMC tem a mesma interpretação do $N_{ss}$ usado no DMC: é um número mínimo de coeficientes que devem ser usados na resposta livre para que o truncamento da mesma leve a um resultado bem próximo do obtido usando os infinitos coeficientes.

Finalmente, para a implementação do controlador, a resposta livre é calculada de forma truncada:

$$f(k+j \mid k) = \sum_{i=1}^{N_f} (g_{j+i} - \tilde{g}_{j,i})\Delta u(k-i) + y_{f,j}(k), \tag{3.89}$$

e o restante do algoritmo é o mesmo do DMC clássico.

**Nota 3.4**

É importante frisar que nesta abordagem vão ser utilizados, em geral, múltiplos filtros do erro de predição ao longo do horizonte e, nesse caso, não é possível realizar uma implementação recursiva do algoritmo GDMC. A implementação recursiva somente pode ser usada se um único filtro é usado para todos os elementos do horizonte, como discutiremos mais adiante neste capítulo.

A forma geral da resposta livre para o GDMC é:

$$\mathbf{f}(k) = \mathbf{H}\underleftarrow{\Delta \mathbf{u}} + \mathbf{y}_f, \tag{3.90}$$

dado que $\mathbf{y}_f \in \mathbb{R}^N$ é um vetor com as saídas do processo filtradas, dado por:

$$\mathbf{y}_f = \begin{bmatrix} y_{f,N_1}(k) \\ y_{f,N_1+1}(k) \\ \vdots \\ y_{f,N_2}(k) \end{bmatrix},$$

e $\mathbf{H} \in \mathbb{R}^{N \times N_f}$ e $\underleftarrow{\Delta \mathbf{u}} \in \mathbb{R}^{N_f}$ são definidos como:

$$\mathbf{H} = \begin{bmatrix} h_{N_1,1} & h_{N_1,2} & \cdots & h_{N_1,N_f-1} & h_{N_1,N_f} \\ h_{N_1+1,1} & h_{N_1+1,2} & \cdots & h_{N_1+1,N_f-1} & h_{N_1+1,N_f} \\ \vdots & \vdots & \ddots & \vdots & \vdots \\ h_{N_2,1} & h_{N_2,2} & \cdots & h_{N_2,N_f-1} & h_{N_2,N_f} \end{bmatrix}, \quad \underleftarrow{\Delta \mathbf{u}} = \begin{bmatrix} \Delta u(k-1) \\ \Delta u(k-2) \\ \vdots \\ \Delta u(k-N_f) \end{bmatrix},$$

com

$$h_{j,i} = g_{j+i} - \tilde{g}_{j,i}, \quad j+i \leq N_f,$$
$$h_{j,i} = g_{N_f} - \tilde{g}_{j,i}, \quad j+i > N_f.$$

**Nota 3.5**

Observe que se um filtro com tempo de resposta muito diferente precisar ser usado para os diferentes instantes $j$ do horizonte, $N_f$ deve ser escolhido como o valor mínimo que atende à condição de convergência para todo $j$.

Para explicar como ajustar o filtro $F_{e,j}(z)$, vamos usar conceitos de controle clássico e usaremos modelos de função de transferência para o processo. Porém, destacamos que esta transformação é utilizada apenas para a análise e não para a implementação final do GDMC, já que o modelo de resposta ao degrau do processo continuará sendo usado, como no caso do DMC original. Este ponto ficará claro ao final do desenvolvimento.

Lembremos, como apresentado na Seção 3.1.2 para o caso estável, que o modelo de resposta ao degrau:

$$y(k) = \sum_{i=1}^{\infty} g_i \Delta u(k-i)$$

pode ser analisado no domínio transformado, aplicando a transformada Z, como:

$$Y(z) = \sum_{i=1}^{\infty} g_i z^{-i}(1-z^{-1})U(z) = G(z)U(z).$$

Assim, como desejamos usar a expressão compacta $G(z)$ para a relação entre $u$ e $y$, vamos iniciar a análise reescrevendo o primeiro termo de (3.86) de forma que os coeficientes $g_i$ fiquem explícitos no somatório:

$$f(k+j \mid k) = \sum_{i=j+1}^{\infty} g_i \Delta u(k+j-i) + F_{e,j}(z)y(k) - F_{e,j}(z)\sum_{i=1}^{\infty} g_i \Delta u(k-i).$$

Dado que esta última equação representa a resposta livre, que é calculada considerando os incrementos de controles futuros nulos $\Delta u(k+j-i) = 0$ se $j-i \geq 0$, então $u(k+j-i)$ é constante se $j-i \geq 0$. Assim, o seguinte somatório é sempre zero:

$$\sum_{i=1}^{j} g_i \Delta u(k+j-i) = 0$$

e podemos adicioná-los à equação anterior e agregá-los ao seu primeiro termo, resultando em:

$$f(k+j \mid k) = \sum_{i=1}^{\infty} g_i \Delta u(k+j-i) + F_{e,j}(z)y(k) - F_{e,j}(z)\sum_{i=1}^{\infty} g_i \Delta u(k-i).$$

Vemos nessa última expressão que a resposta livre está expressada como função de dois somatórios na forma do modelo de resposta ao degrau do sistema, o que vai permitir usar o modelo compacto $G(z)$ já definido.

Definindo $y_{p,j}(k) = f(k + j \mid k)$, para simplificar, e aplicando a transformada Z, obtemos:

$$\begin{aligned} Y_{p,j}(z) &= G(z)z^j U(z) - F_{e,j}(z)G(z)U(z) + F_{e,j}(z)Y(z), \\ &= G(z)\left(z^j - F_{e,j}(z)\right)U(z) + F_{e,j}(z)Y(z), \\ &= S_{e,j}(z)U(z) + F_{e,j}(z)Y(z), \end{aligned}$$

sendo $Y_{p,j}(z)$, $Y(z)$ e $U(z)$ as transformadas Z de $y_{p,j}(k)$, $y(k)$ e $u(k)$, respectivamente, $S_{e,j}(z) = G(z)\left(z^j - F_{e,j}(z)\right)$ e $G(z) = \sum_{i=1}^{\infty} g_i z^{-i}\Delta$. Nesse novo modelo, $G(z)$ pode ser considerado uma função de transferência de ordem infinita, mas que pode ser aproximada por uma função de transferência de ordem finita com polos com $|z| \geq 1$, dado que o sistema sob análise não é estável. Assim, como $G(z)$ possui polos com módulo maior ou igual a 1, a resposta livre representada por $Y_{p,j}(z)$ não converge em regime permanente. Para conseguir uma resposta livre $Y_{p,j}(z)$ convergente, $F_{e,j}(z)$ precisa ser estável e ajustado para obter um $S_{e,j}(z)$ estável, e ainda garantir que $Y_{p,j} = Y$ em regime permanente. Esta última condição é garantida se $F_{e,j}(z)$ tiver ganho estático unitário, isto é, $F_{e,j}(1) = 1$, pois, assim:

$$\begin{aligned} S_{e,j}(1) &= G(1)\left(1 - F_{e,j}(1)\right), \\ S_{e,j}(1) &= G(1)\left(1 - 1\right), \\ S_{e,j}(1) &= 0, \end{aligned}$$

e $Y_{p,j} = F_{e,j}(1)Y = Y$, ou seja, a resposta livre converge para o valor da saída em regime permanente.

Já a primeira condição, que exige um $S_{e,j}(z) = G(z)\left(z^j - F_{e,j}(z)\right)$ estável, é garantida se:

$$z^j - F_{e,j}(z) = 0 \qquad \forall z = z_l, \tag{3.91}$$

sendo $z_l$ um polo de $G(z)$ com $|z_l| \geq 1$. Caso $G(z)$ tenha polos múltiplos com $|z_l| > 1$, $F_{e,j}(z)$ deve satisfazer múltiplas condições simultaneamente, que podem ser resumidas na seguinte equação:

$$\frac{d^m(z^j - F_{e,j}(z))}{dz^m} = 0 \qquad \forall z = z_l, m = 0,1,2,\ldots,M_l - 1, \tag{3.92}$$

sendo $M_l$ a multiplicidade da raiz $z_l$. Essa condição é obtida a partir das propriedades de polinômios: um polinômio $p(x)$ com raiz múltipla em $x = x_0$ satisfaz $\frac{d^m p(x)}{dx^m} = 0$ para

$x = x_0$ com $m = 0,1,2,\ldots,M_l - 1$. Note que esta condição contém a anterior, apresentada em (3.91), para $M_l = 1$.

O caso de plantas integradoras (com $M_l$ polos em $z = 1$) pode também ser considerado, mudando a condição para:

$$\frac{d^m(z^j - F_{e,j}(z))}{dz^m} = 0 \qquad z = 1, m = 0,1,2,\ldots,M_l, \tag{3.93}$$

de forma a garantir o ganho estático unitário do filtro e a eliminação do efeito dos $M_l$ polos em $z = 1$ da resposta livre. Note que, no caso integrador, o polo que precisa ser eliminado está em $z = 1$, que coincide com a condição de ganho unitário $F_{e,j}(1) = 1$, o que exige que a condição da derivada seja até $M_l$ ou invés de $M_l - 1$. Assim, por exemplo, para um sistema com ação integral simples, usamos $M_1 = 1$, e precisamos apenas que a condição (3.93) seja válida para $m = 0$ e $m = 1$.

Portanto, se o filtro $F_{e,j}(z)$ é ajustado para as condições estabelecidas para cada caso, o GDMC tem uma resposta livre estável mesmo para modelos instáveis. A ordem do filtro depende do número de polos fora do círculo de $G(z)$, dado que precisamos de um número de coeficientes ajustáveis no numerador do filtro igual ao número de polos indesejados do modelo do processo. Uma forma simples de definir o filtro é:

$$F_{e,j}(z) = \frac{\alpha_{j,n_f} z^{n_f} + \alpha_{j,n_f-1} z^{n_f-1} + \ldots + \alpha_{j,0}}{(z - z_f)^{n_f}},$$

em que $n_f$ define a ordem do filtro e $z_f$ define o tempo de resposta do filtro, além da dinâmica de convergência a zero da resposta livre em conjunto com os polos associados a dinâmicas estáveis do modelo do processo ($g_{j+i} \approx \tilde{g}_{j,i}$ para $i > N_f$). Observe que $N_f$ está sempre associado ao tempo de convergência da resposta livre, que depende dos polos do filtro e também dos polos de $G$ que não são cancelados. Assim, dependendo da posição e quantidade desses polos, pode existir a necessidade de aumentar $N_f$ para conseguir que os coeficientes cumpram a condição desejada. Uma forma simples de determinar um valor mínimo para $N_f$ é usando o tempo de assentamento de 1% (em amostras) de um sistema auxiliar $G_{aux}$ que tenha os polos de $F_{e,j}$ e os polos de $G$ que não são cancelados. Assim, usando um $N_f$ maior que esse valor mínimo, esperamos uma boa aproximação no truncamento, o que pode ser verificado na matriz $\mathbf{H}$, que deve ter as últimas colunas com termos próximos de zero. Por outro lado, diminuir o valor de $N_f$ diminui a complexidade computacional. Assim, há um compromisso na escolha de $N_f$ entre complexidade e erro de truncamento da resposta livre, algo equivalente ao que acontece com a escolha de $N_{ss}$ na versão tradicional do DMC.

Observe que a escolha de $z_f$ afeta também a robustez, dado que o sistema tende a ser menos robusto se respostas rápidas são escolhidas. A robustez será analisada com detalhes na Seção 3.7.

Ainda, se desejamos uma atenuação dos ruídos de alta frequência, é conveniente adicionar um polo adicional no filtro para esse objetivo, dado que há um número igual de polos e zeros no filtro e isso pode resultar em respostas com ganho alto em alta frequência. Essa atenuação pode ser conseguida simplesmente adicionando mais um polo em $z_f$:

$$F_{e,j}(z) = \frac{\alpha_{j,n_f} z^{n_f} + \alpha_{j,n_f-1} z^{n_f-1} + \ldots + \alpha_{j,0}}{(z - z_f)^{n_f}} \frac{z}{(z - z_f)},$$

sendo que essa nova parcela do filtro é acompanhada de um zero em $z = 0$ para que o filtro não tenha atrasos em sua resposta.

Note que, na prática, as frequências do ruído tendem a ser sempre muito maiores que as associadas ao tempo de resposta do sistema em malha fechada e estas últimas estão diretamente relacionadas com $z_f$. Assim, a solução anterior pode não ser a mais interessante, pois estaríamos adicionando um filtro mais passa baixas do que o necessário. Uma solução mais interessante é desacoplar a escolha de $z_f$ com a do filtro de ruído, o que pode ser conseguido adicionando $n_{fn}$ polos em $z_{fn}$:

$$F_{e,j}(z) = \frac{\alpha_{j,n_f} z^{n_f} + \alpha_{j,n_f-1} z^{n_f-1} + \ldots + \alpha_{j,0}}{(z - z_f)^{n_f}} \frac{z^{n_{fn}}}{(z - z_{fn})^{n_{fn}}}.$$

Como em técnicas de controle clássicas, o ajuste de $z_{fn}$ é realizado considerando a frequência estimada do ruído e a frequência de corte esperada para o sistema em malha fechada, de tal forma que o ruído seja suficientemente atenuado e a resposta em malha fechada do sistema não seja prejudicada.

Assim, o procedimento de ajuste de $F_{e,j}(z)$ tem três passos: no primeiro, a ordem do filtro é escolhida de acordo com o número de polos instáveis e/ou integradores de $G(z)$; depois, ajustamos o denominador, de acordo com especificações de resposta no tempo para as perturbações, atenuação de ruídos e robustez; finalmente, os coeficientes do numerador são ajustados para que o ganho estático do filtro seja unitário e a resposta livre convergente.

Numericamente, o ajuste dos coeficientes do numerador do filtro $F_{e,j}(z)$ pode ser realizado de duas formas: (i) com base no cálculo dos polos do modelo $G(z)$, como explicado na demonstração anterior, o que exige encontrar o modelo de função de transferência a partir dos dados da resposta ao degrau; ou (ii) ajustando numericamente os coeficientes do numerador do filtro para que a condição $g_{j+i} \approx \tilde{g}_{j,i}$ para $i > N_f$ seja cumprida diretamente com os dados da resposta ao degrau, o que pode ser realizado, por exemplo, utilizando mínimos quadrados (os coeficientes $\tilde{g}_{j,i}$ são escritos como função dos $\alpha_{j,i}$ e formula-se um problema de mínimos quadrados para conseguir a condição $g_{j+i} \approx \tilde{g}_{j,i}$). Neste livro, usaremos apenas o primeiro método. O leitor interessado na abordagem via dados, pode buscar mais detalhes do procedimento em Santos e Normey-Rico (2023).

Como o GDMC é uma generalização do DMC, este pode ser considerado um caso particular daquele no qual se escolhem todos os $F_{e,j}(z) = 1$ para todo $j$.

**Nota 3.6**

Observe que, para sistemas instáveis, os coeficientes da resposta ao degrau não podem ser obtidos da mesma forma que no caso estável, com um ensaio simples de malha aberta, pois a resposta seria divergente. Na prática, podemos identificar os coeficientes da resposta ao impulso do modelo a partir de dados de entrada e saída para ensaios específicos, como com uma onda quadrada de pequena amplitude que excite o sistema perto do ponto de operação.

Finalmente, pela análise realizada, como a única diferença entre o GDMC e DMC é a forma de calcular a resposta livre, a ação de controle para o caso sem restrições será calculada também usando (3.68), que repetimos aqui:

$$\Delta u(k) = \mathbf{K}_1(\mathbf{r} - \mathbf{f}),$$

comprovando que o controlador final tem ação integral. Assim, se o sistema em malha fechada for estável, a resposta livre convergirá para uma referência constante. Ainda, como a resposta livre do GDMC converge para a saída do processo em regime permanente, o GDMC também terá erro de seguimento nulo para referências constantes e rejeitará perturbações constantes, desde que a referência seja atingível.

Na sequência, vamos ilustrar a utilização e o ajuste do filtro do GDMC com alguns exemplos, tratando processos integradores e instáveis em malha aberta.

**Exemplo 3.15**

Considere um sistema de controle de um reator num ponto de equilíbrio instável e que o modelo do processo foi identificado como $Y(z) = \frac{0{,}1}{z-1{,}1} z^{-2}[U(z) + Q(z)]$, sendo $Y$ a variável controlada, $U$ a variável manipulada e $Q$ uma perturbação.

Como o modelo do processo tem um polo em $z = 1{,}1$, necessitamos de apenas dois parâmetros livres no numerador do filtro do GDMC, pois duas condições precisam ser satisfeitas para cada predição no horizonte:

$$\begin{aligned} F_{e,j}(z)\big|_{z=1} &= 1 \rightarrow \text{condição de ganho unitário} \\ z^j - F_{e,j}(z)\big|_{z=1{,}1} &= 0 \rightarrow \text{condição de estabilidade} \end{aligned}$$

Um filtro de primeira ordem seria suficiente para atender essas condições, pois possui dois parâmetros livres em seu numerador. No entanto, neste caso foi escolhido um filtro de segunda ordem, para ter melhor atenuação de ruídos. Assim, a estrutura do filtro é:

$$F_{e,j}(z) = \frac{a(j)z^2 + b(j)z}{(z - z_f)^2},$$

e este deve satisfazer, para $j = N_1 \ldots N_2$:

$$\frac{a(j) + b(j)}{(1 - z_f)^2} = 1 \longrightarrow a(j) + b(j) = (1 - z_f)^2,$$

$$1{,}1^j - \frac{1{,}1^2 a(j) + 1{,}1 b(j)}{(1{,}1 - z_f)^2} = 0 \longrightarrow 1{,}1^2 a(j) + 1{,}1 b(j) = 1{,}1^j (1{,}1 - z_f)^2.$$

Note que estas últimas equações podem ser rearranjadas como um conjunto de equações lineares, algo que é de fácil solução:

$$\begin{bmatrix} 1 & 1 \\ 1{,}1^2 & 1{,}1 \end{bmatrix} \begin{bmatrix} a(j) \\ b(j) \end{bmatrix} = \begin{bmatrix} (1 - z_f)^2 \\ 1{,}1^j (1{,}1 - z_f)^2 \end{bmatrix}.$$

Multiplicando ambos os lados pela inversa da matriz quadrada do lado esquerdo, a solução genérica para a estrutura do filtro escolhida e qualquer $j$ com $n_f = 2$ é:

$$\begin{bmatrix} a(j) \\ b(j) \end{bmatrix} = \begin{bmatrix} (-100/11)(1 - z_f)^2 + 11(1{,}1)^j (1{,}1 - z_f)^2 \\ (100/11)(1 - z_f)^2 - 10(1{,}1)^j (1{,}1 - z_f)^2 \end{bmatrix}.$$

Após ter sido escolhido o valor de $z_f$, para obtermos uma resposta livre estável, é necessário obter os filtros $F_{e,j}(z)$, resolvendo a equação anterior para cada $j$ distinto.

A título de comparação, um DMC e um GDMC são, então, ajustados para controlar o processo com $N_{ss} = 80$, $N_1 = 3$, $N_2 = 25$, $N_u = 5$ e $\lambda = 1$. Para o GDMC, são empregados ainda os ajustes $N_f = 40$ e $z_f = 0{,}8$ (neste caso, o tempo de assentamento da resposta livre para o $z_f = 0{,}8$ é de aproximadamente 32 amostras). Foram simuladas, em malha fechada, variações da referência do tipo degrau, assim como perturbações do tipo degrau em $Q$.

Os resultados podem ser vistos na Figura 3.27, considerando uma mudança de referência em $t = 4$ de valor 1 e uma perturbação de $Q$ de valor 0,5 em $t = 100$. Veja que a resposta com o DMC é instável.

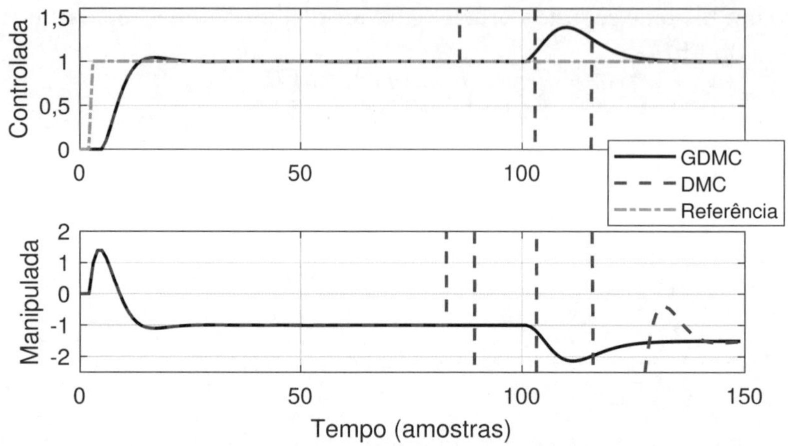


**Figura 3.27** Exemplo 3.15 – comparação das respostas do DMC e do GDMC para uma planta instável.

Para analisar o efeito da escolha da ordem do filtro e dos valores de $z_f$ e $N_f$, apresentamos mais simulações: (i) usamos um filtro de primeira ordem e comparamos sua resposta com a de um filtro de segunda ordem para um caso com ruído; (ii) mantemos o filtro de segunda ordem com $z_f = 0{,}8$ e reajustamos $N_f = 20$, e (iii) mantemos o filtro de segunda ordem com $N_f = 40$ e reajustamos $z_f = 0{,}5$.

O resultado do caso (i) é mostrado na Figura 3.28. Veja que, com o filtro de segunda ordem, a resposta do sistema é menos sensível ao ruído de medição inserido, característica que é percebida ao analisar, principalmente, o sinal de controle. Isto, na prática, é uma característica vantajosa, pois, ao filtrar o efeito do ruído, temos um sinal de controle mais suave, que evita que o atuador seja danificado. Este tipo de cuidado é muito importante na prática para qualquer projeto de controle, pois precisamos que o ganho de altas frequências do controlador seja tal que evite a amplificação dos ruídos de medição, para evitar ações violentas e oscilatórias do atuador. O mesmo conceito se usa nos controladores PID, que precisam de um filtro na ação derivativa.

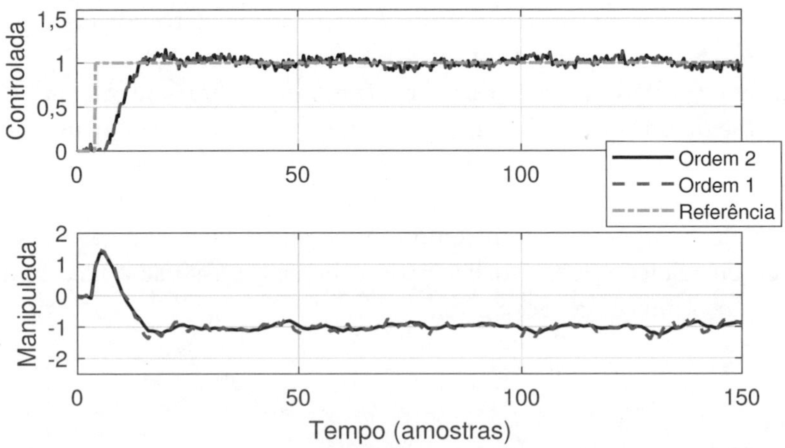


**Figura 3.28** Exemplo 3.15 – caso (i), comparação entre filtro de primeira e segunda ordem.

No caso (ii), veja que a resposta apresentada na Figura 3.29 apresenta um transitório diferente após a mudança de referência, por volta do tempo 30 amostras. Isso é causado pelo erro na predição, pois, como $N_f$ foi escolhido com um valor relativamente baixo, a condição $g_{j+i} - \tilde{g}_i \approx 0$ não é satisfeita para todo $i > N_f$.

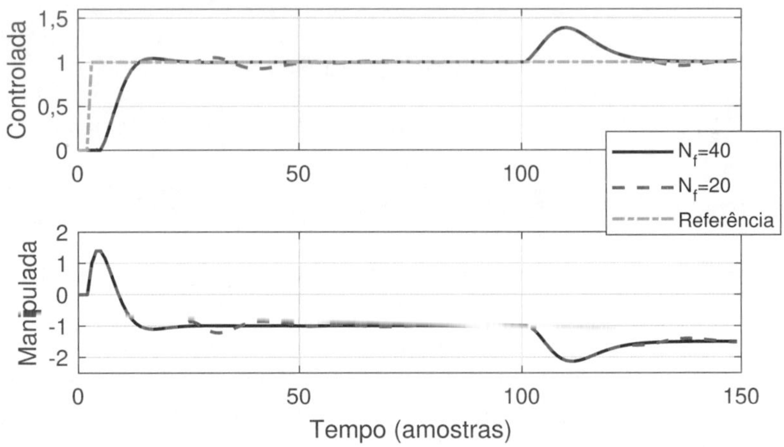


**Figura 3.29** Exemplo 3.15 – caso (ii), variando o horizonte $N_f$.

Como já explicado, para conseguir um resultado com os coeficientes convergindo, é necessário o ajuste de $N_f$ para abarcar o tempo de assentamento da resposta livre, que neste caso depende do polo duplo em $z_f = 0{,}8$ (já que os polos de $G$ são cancelados). Para este valor do polo, são necessárias perto de 32 amostras para a convergência. Assim, o valor de $N_f = 20$ trunca a resposta, deixando um resíduo que afeta o comportamento transitório.

Por fim, o resultado do caso (iii) é mostrado na Figura 3.30, na qual fica claro que a escolha de um $z_f$ menor ajuda a melhorar a rejeição de perturbações, pois o filtro é menos passa baixas. Logicamente, este melhor resultado em termos de desempenho tem como desvantagem uma piora na robustez do sistema em malha fechada. Sempre existe um compromisso no ajuste de um controlador entre velocidade de rejeição de perturbações e robustez, e isso se aplica também ao GDMC, como veremos na Seção 3.7.

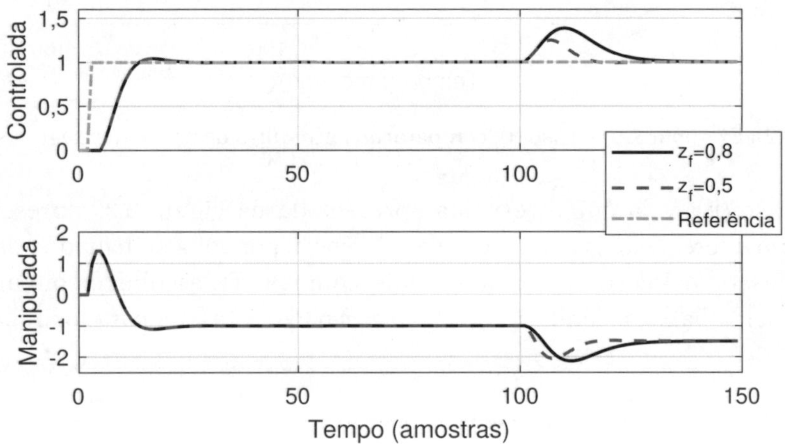


**Figura 3.30** Exemplo 3.15 – caso (iii), variando a constante de tempo do filtro.

## Exemplo 3.16

Vamos retomar o exemplo de uma planta integradora apresentado no Exemplo 3.14 e aplicar o algoritmo GDMC. O processo tem função de transferência dada por $G(z) = \frac{1}{z-1}$, com período de amostragem $T_s = 1$ min. O GDMC foi ajustado para obter uma resposta livre estável para este sistema e uma rejeição de perturbações mais agressiva, buscando uma resposta para as perturbações de aproximadamente 15 minutos (15 amostras).

Para este caso particular, o filtro deve satisfazer duas condições:

$$F_{e,j}(z)\Big|_{z=1} = 1 \rightarrow \text{condição de ganho unitário}$$

$$\left.\frac{d(z^j - F_{e,j}(z))}{dz}\right|_{z=1} = 0 \rightarrow \text{condição de estabilidade}$$

e observe que a condição de estabilidade é a derivada do termo $z^j - F_{e,j}(z)$, pois esta última equação já possui naturalmente uma raiz em 1 se o ganho do filtro for unitário. Assim, é necessário forçar uma segunda raiz em 1, o que requer a utilização das derivadas. Já que duas condições são necessárias, bastaria usar um filtro de primeira ordem, mas usaremos um filtro de segunda ordem para ter atenuação de ruídos em alta frequência. Assim, definimos:

$$F_{e,j} = \frac{a(j)z^2 + b(j)z}{(z - z_f)^2}.$$

Com este filtro, o termo envolvendo a derivada da condição de estabilidade se torna:

$$\begin{aligned}
\frac{d(z^j - F_{e,j}(z))}{dz} &= jz^{j-1} - \frac{(2a(j)z + b(j))(z - z_f)^2 - 2(a(j)z^2 + b(j)z)(z - z_f)}{(z - z_f)^4}, \\
&= jz^{j-1} - \frac{(2a(j)z + b(j))(z - z_f) - 2(a(j)z^2 + b(j)z)}{(z - z_f)^3}, \\
&= jz^{j-1} - \frac{a(j)(-2zz_f) + b(j)(-z - z_f)}{(z - z_f)^3}.
\end{aligned}$$

Agora, podemos calcular os coeficientes $a(j)$ e $b(j)$, de modo que as condições anteriores sejam satisfeitas para $j = N_1 \dots N_2$:

$$\begin{aligned}
\frac{a(j) + b(j)}{(1 - z_f)^2} &= 1 \longrightarrow a(j) + b(j) = (1 - z_f)^2, \\
j - \frac{a(j)(-2z_f) + b(j)(-1 - z_f)}{(1 - z_f)^3} &= 0 \longrightarrow (-2z_f)a(j) + (-1 - z_f)b(j) = j(1 - z_f)^3,
\end{aligned}$$

e note que estas últimas equações podem ser rearranjadas como um conjunto de equações lineares que é de fácil solução:

$$\begin{bmatrix} 1 & 1 \\ -2z_f & -1 - z_f \end{bmatrix} \begin{bmatrix} a(j) \\ b(j) \end{bmatrix} = \begin{bmatrix} (1 - z_f)^2 \\ j(1 - z_f)^3 \end{bmatrix}.$$

Para as simulações, os parâmetros de ajuste do controlador foram escolhidos da seguinte forma: horizontes $N_1 = 1$, $N_2 = 20$ e $N_u = 5$, ponderação $\lambda = 1$ e polo duplo do filtro do erro de predição $z_f = 0{,}6$, com $N_f = 20$. Note que este ajuste de $z_f$ define a resposta para as perturbações de aproximadamente 15 minutos, como especificado (um sistema com dois polos iguais a 0,6 tem um tempo de assentamento de 15 amostras, aproximadamente). A partir desse resultado, o horizonte do filtro foi escolhido como $N_f = 20$, que é maior que o tempo de assentamento de 1% da resposta livre para este sistema, que depende apenas dos polos do filtro, já que o polo de $G$ é cancelado.

A resposta do sistema para uma mudança de referência de amplitude 10% e uma perturbação degrau de 5%, aplicada diretamente na entrada do processo é apresentada na Figura 3.31.

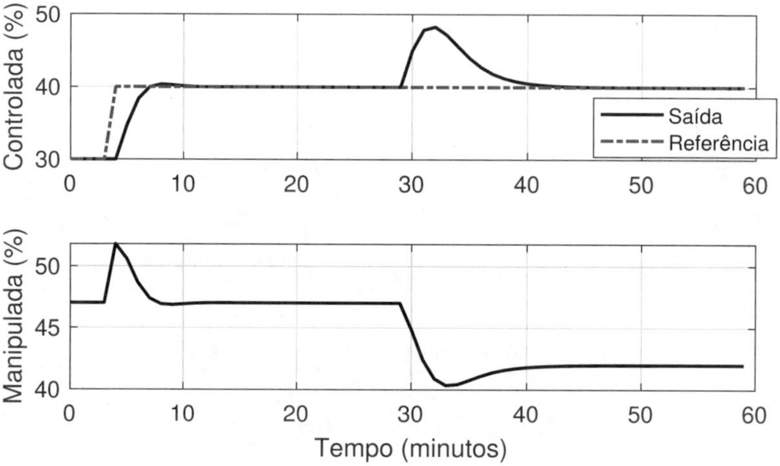


**Figura 3.31** Exemplo 3.14 – resposta em malha fechada com o GDMC para um sistema integrador.

Como pode ser observado, a resposta do sistema em malha fechada tem uma dinâmica suave, sem oscilações e rejeita a perturbação em regime permanente em um tempo aproximado de 15 minutos, como esperado, assim como segue com erro zero a mudança de referência. Note como o desempenho em malha fechada com o GDMC é melhor que o apresentado no Exemplo 3.14, usando o DMC com modelo estável para as predições.

Para finalizar a análise das propriedades do GDMC, vamos considerar sua aplicação em um processo estável em malha aberta, mas muito lento. Como já observamos em vários dos exemplos deste capítulo, a resposta do DMC às perturbações na entrada do processo é geralmente muito lenta, independentemente do ajuste de $\lambda$, o que pode ser explicado pela convergência lenta da resposta livre. Lembre que a ação de controle no caso sem restrições é $u(k) = \mathbf{K}_1(\mathbf{r}-\mathbf{f})$, o ajuste de $\lambda$ afeta apenas $\mathbf{K}_1$ e as perturbações são percebidas pelo controle por meio de $\mathbf{f}$. Assim, se o modelo $G(z)$ do processo tiver polos associados a dinâmicas lentas, esses polos serão dominantes na dinâmica de $S_{e,j}(z)$, que define a velocidade de convergência da resposta livre. Desta forma, se não desejamos que esses polos dominem a dinâmica de $S_{e,j}(z)$, precisamos eliminá-los. Isso pode ser conseguido usando a condição em (3.91) para todos os polos que sejam considerados associados a dinâmicas lentas, o que permite, no caso estável, mudar o transitório da resposta às perturbações. Assim, os filtros $F_{e,j}(z)$ neste caso não têm o objetivo de estabilizar a resposta, mas de torná-la mais rápida. De forma geral, poderíamos aplicar esse tipo de filtro para um processo estável ou instável e a condição (3.91) pode ser aplicada a todos os polos "indesejados", que seriam os associados a dinâmicas instáveis ou lentas. Como veremos na Seção 3.6.3, para o caso particular de processos estáveis em malha aberta, podemos simplificar o procedimento e usar apenas um único filtro em todos os elementos do horizonte.

**Exemplo 3.17**

Considere um sistema de controle de um reator similar ao do Exemplo 3.15 num ponto de equilíbrio instável. Considere, ainda, que o modelo do processo foi identificado como $Y(z) = \frac{0,05}{(z-0,95)}\frac{0,1}{(z-1,1)}z^{-2}[U(z) + Q(z)]$, sendo $Y$ é a variável controlada, $U$ a variável manipulada e $Q$ uma perturbação. Podemos observar que este reator tem a mesma dinâmica instável e o mesmo atraso do reator do Exemplo 3.15, mas possui também uma dinâmica de primeira ordem estável com ganho unitário e polo em $z = 0,95$.

Neste caso, desejamos ajustar um GDMC para estabilizar a resposta livre, mas também para acelerar a resposta às perturbações em malha fechada, que caso a instabilidade seja eliminada, estariam dominadas pelo polo em $z = 0,95$. Assim, necessitamos de três parâmetros livres no numerador do filtro do GDMC, pois três condições precisam ser satisfeitas para cada predição no horizonte:

$$\begin{aligned} F_{e,j}(z)\big|_{z=1} &= 1 \longrightarrow \text{condição de ganho unitário} \\ z^j - F_{e,j}(z)\big|_{z=1,1} &= 0 \longrightarrow \text{condição de estabilidade} \\ z^j - F_{e,j}(z)\big|_{z=0,95} &= 0 \longrightarrow \text{condição para evitar a resposta lenta} \end{aligned}$$

Ainda, como desejamos acelerar a resposta, os polos dos filtros devem ser tais que gerem uma resposta mais rápida que a correspondente ao polo de 0,95. Neste caso, é suficiente escolher um filtro de segunda ordem, e não vamos analisar a atenuação de ruídos. Assim, a estrutura do filtro é:

$$F_{e,j}(z) = \frac{a(j)z^2 + b(j)z + c(j)}{(z - z_f)^2},$$

e este deve satisfazer, para $j = N_1 \ldots N_2$:

$$\frac{a(j)+b(j)+c(j)}{(1-z_f)^2} = 1,$$

$$1{,}1^j - \frac{1{,}1^2 a(j)+1{,}1b(j)+c(j)}{(1{,}1-z_f)^2} = 0,$$

$$0{,}95^j - \frac{0{,}95^2 a(j)+0{,}95b(j)+c(j)}{(0{,}95-z_f)^2} = 0,$$

que equivalem a:

$$a(j)+b(j)+c(j) = (1-z_f)^2,$$

$$1{,}1^2 a(j)+1{,}1b(j)+c(j) = 1{,}1^j(1{,}1-z_f)^2,$$

$$0{,}95^2 a(j)+0{,}95b(j)+c(j) = 0{,}95^j(0{,}95-z_f)^2.$$

Note que estas últimas equações podem ser rearranjadas como um conjunto de equações lineares, algo que é de fácil solução:

$$\begin{bmatrix} 1 & 1 & 1 \\ 1{,}1^2 & 1{,}1 & 1 \\ 0{,}95^2 & 0{,}95 & 1 \end{bmatrix} \begin{bmatrix} a(j) \\ b(j) \\ c(j) \end{bmatrix} = \begin{bmatrix} (1-z_f)^2 \\ 1{,}1^j(1{,}1-z_f)^2 \\ 0{,}95^j(0{,}95-z_f)^2 \end{bmatrix}.$$

que pode ser resolvido como nos exemplos anteriores, para encontrar os valores de $a(j)$, $b(j)$ e $c(j)$. Focaremos agora na escolha de $z_f$. Observe que a convergência da resposta livre, uma vez eliminados os polos em $z = 1{,}1$ e $z = 0{,}95$, passa a ser definida pelo polo duplo em $z_f$ do filtro (dado que o denominador de $S_{e,j}(z)$ contém o denominador de $F_{e,j}(z)$).

Neste exemplo, vamos usar um cálculo derivado das relações bem conhecidas entre constantes de tempo e tempo de assentamento de sistemas de primeira e segunda ordem contínuos. Usando a aproximação para o tempo de assentamento de 5% de um sistema contínuo de segunda ordem com polos duplos como $t_{5\%} = 4{,}8\tau_d$, sendo $\tau_d$ a constante de tempo associada ao polo duplo contínuo, e a aproximação para o tempo de assentamento de 5% de um sistema contínuo de primeira ordem como $t_{5\%} = 3\tau$, sendo $\tau$ a constante de tempo associada ao polo do sistema, chegamos à condição genérica:

$$4{,}8\tau_d < 3\tau \rightarrow \tau_d < 0{,}625\tau$$

para poder obter em malha fechada um sistema de segunda ordem mais rápido que o de sistema em malha aberta de primeira ordem, e, assim, acelerar a resposta.

Passando esta relação para o plano Z e sabendo que $z = e^{-sT_s}$, obtemos $z_f < (0{,}95)^{(1/0{,}625)} \approx 0{,}92$. Assim, escolhendo $z_f = 0{,}9$ atendemos à condição desejada. Com esta escolha de $z_f$, a convergência de 1% da resposta livre, neste caso, depende apenas do $z_f$ duplo em 0,9, e é aproximadamente de 65 amostras. Assim, uma escolha de $N_f = 70$ é adequada para o GDMC.

Uma vez ajustado $z_f$, podemos resolver o sistema de equações para determinar os parâmetros do filtro e usando $N_f$ montar as matrizes para o cálculo do GDMC. Para finalizar o exemplo, vamos comparar o desempenho em malha fechada do GDMC1, sintonizado com o filtro que acabamos de calcular, com o GDMC2, que será ajustado com o mesmo filtro do Exemplo 3.15, que apenas considera a especificação de estabilidade e usa um $z_f = 0{,}8$ mas, alterando o valor de $N_f$ para $N_f = 120$ por conta da dinâmica mais lenta da convergência da resposta livre neste caso, que para um $z_f$ duplo em 0,8 e um polo simples em 0,95 tem um tempo de convergência de 1% próximo de 105 amostras. Observe que, como o projeto realizado no Exemplo 3.15, somente depende da dinâmica associada ao polo em $z = 1{,}1$, não precisamos realizar um novo ajuste. As respostas do sistema para uma mudança de referência de amplitude 1 e uma perturbação degrau de 0,05 aplicada em $Q$ são apresentadas na Figura 3.32.

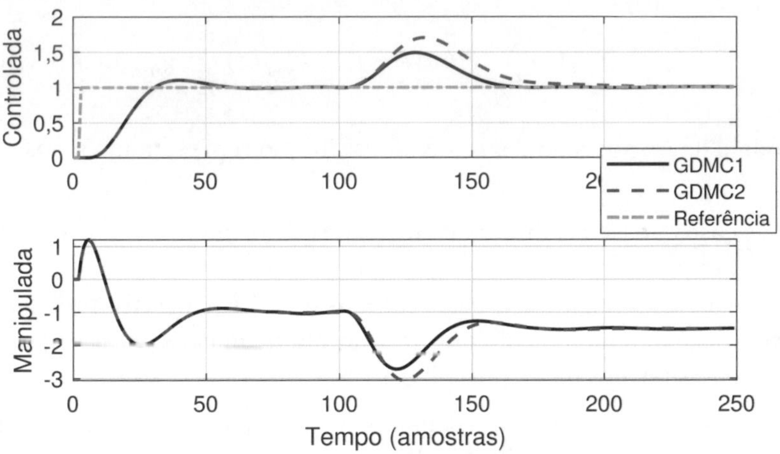


**Figura 3.32** Exemplo 3.17 – resposta em malha fechada com o GDMC para um sistema instável com dinâmica lenta.

Como pode ser observado, tanto o GDMC1 como o GDMC2 estabilizam a resposta do sistema em malha fechada mas, como era esperado, o reator controlado pelo GDMC2 apresenta uma resposta lenta para a perturbação, por conta da dominância do polo em $z = 0{,}95$ do processo. Note que a reposta obtida com o GDMC2 é a mais lenta mesmo com a sintonia de $z_f = 0{,}8$, ou seja, com um polo ainda mais rápido do que o escolhido para o GDMC1. Isto acontece pela dominância do polo em $z = 0{,}95$ não cancelado. Já o GDMC1 consegue acelerar a resposta em malha fechada para o degrau de perturbação. Note, também, que a resposta ao degrau de referência não se altera com o ajuste do filtro. Finalmente, observe que outra vantagem de ter cancelado a dinâmica lenta associada ao polo em $z = 0{,}95$ é que o GDMC1 usa um $N_f$ muito menor que o GDMC2, assim, é menos custoso computacionalmente.

### 3.6.2 GDMC com ação antecipativa

Assim como no algoritmo DMC tradicional, é possível adicionar ação antecipativa ao GDMC caso existam perturbações medidas e a relação dinâmica entre perturbações e a saída do processo seja conhecida. Supondo uma perturbação medida genérica $q$, seguindo o procedimento das seções 3.4 e 3.6.1, a resposta livre muda e passa a ser calculada como:

$$\begin{aligned} f(k+j \mid k) = &\sum_{i=1}^{\infty} g_{j+i}\Delta u(k-i) + \sum_{i=0}^{\infty} g_{q,j+i}\Delta q(k+j-i) + F_{e,j}(z)y(k) \\ &- F_{e,j}(z)\sum_{i=1}^{\infty} g_i\Delta u(k-i) - F_{e,j}(z)\sum_{i=0}^{\infty} g_{q,i}\Delta q(k-i), \end{aligned} \tag{3.94}$$

sendo o modelo de resposta ao degrau da perturbação representado pelos coeficientes $g_{q,i}$.

Há vários casos possíveis de serem analisados. O primeiro caso é aquele no qual o modelo de $q$ para $y$ é igual ao modelo de $u$ para $y$ (que corresponde a uma perturbação de entrada). Assim, $g_i = g_{q,i}$, $\forall i$, e, neste caso, os filtros $F_{e,j}(z)$ não precisam satisfazer nenhuma condição adicional, dado que vão simultaneamente gerar respostas convergentes para os dois termos da resposta livre.

Os outros casos a considerar possuem modelo de $q$ para $y$ diferente do modelo de $u$ para $y$. Se o modelo de $q$ para $y$ é estável, também não é necessário modificar o ajuste dos $F_{e,j}(z)$, pois o termo adicionado na resposta livre é convergente. Se os modelos são diferentes mas as dinâmicas instáveis são as mesmas, projetar os filtros $F_{e,j}(z)$ apenas para o modelo relativo a $u$ já resolve o problema de convergência da resposta livre do modelo relativo a $q$. Finalmente, se o modelo da perturbação for instável com dinâmicas instáveis diferentes das do modelo de $u$ para $y$, o problema de controle é complexo e pode não ter solução.

Vamos analisar este caso mais complexo a partir da função de transferência de malha fechada do sistema, assumindo que o controlador equivalente do DMC pode ser escrito como $C(z) = \frac{N_c(z)}{D_c(z)}$ e que o modelo do processo é dado por $Y(z) = G(z)U(z) + G_q(z)Q(z)$, com $G_q(z) = \frac{N_q(z)}{D_q(z)}$ e $G(z) = \frac{N_g(z)}{D_g(z)}$. Neste caso, a relação entre a perturbação e a saída em malha fechada é dada por:

$$\frac{Y(z)}{Q(z)} = \frac{G_q(z)}{1 + C(z)G(z)} = \frac{N_q(z)}{D_q(z)} \frac{D_c(z)D_g(z)}{D_c(z)D_g(z) + N_c(z)D_g(z)}.$$

Considere que $C(z)$ é ajustado para que a equação caraterística de malha fechada, dada por $D_c(z)D_g(z) + N_c(z)D_g(z) = 0$ tenha todas as raízes dentro do círculo unitário (condição de estabilidade). Veja que, se $G_q(z)$ possuir polos fora do círculo unitário diferentes dos de $G(z)$, a função de transferência em malha fechada também será instável a não ser que esses polos também estejam presentes em $D_c(z)$, forçando um cancelamento da dinâmica instável entre $D_q(z)$ e $D_c(z)$. Entretanto, se eles estiverem presentes em $D_c(z)$, que é o denominador do controlador, isso faria o controlador possuir polos fora do círculo unitário, o que não é desejado, pois torna o ajuste bem complexo e, em algumas situações, pode não existir uma combinação dos parâmetros de $C(z)$ para uma solução tal que $D_c(z)D_g(z) + N_c(z)D_g(z)$ tenha todas as raízes dentro do círculo unitário.

Caso exista uma solução factível, o ajuste do filtro $F_{e,j}(z)$ segue o procedimento já apresentado, considerando um ajuste que permita, simultaneamente, que $g_{j+i} - \tilde{g}_i \approx 0$ e $g_{q,j+i} - \tilde{g}_{q,i} \approx 0$ para todo $i > N_f$. Na prática, isso requer filtros de mais alta ordem para conseguir graus de liberdade suficientes para satisfazer todas as condições. Este caso será analisado com detalhes no Volume 2, dado que problema equivalente aparece no caso MIMO, já que o sistema pode conter várias dinâmicas instáveis diferentes entre pares de entradas e saídas.

Após a sintonia do filtro $F_{e,j}(z)$, a resposta livre pode ser escrita de forma vetorial da seguinte forma.

$$\mathbf{f} = \mathbf{G}_q \Delta\mathbf{q} + \mathbf{H}_q \underset{\longleftarrow}{\Delta\mathbf{q}} + \mathbf{H} \underset{\longleftarrow}{\Delta\mathbf{u}} + \mathbf{y}_f, \tag{3.95}$$

com as mesmas definições de (3.90) e com $\mathbf{G}_q \in \mathbb{R}^{N \times N_q}$, $\Delta\mathbf{q} \in \mathbb{R}^{N_q}$, $\mathbf{H}_q \in \mathbb{R}^{N \times N_f}$ e $\underset{\longleftarrow}{\Delta\mathbf{q}} \in \mathbb{R}^{N_f+1}$ dados por:

$$\mathbf{G}_q = \begin{bmatrix} g_{q,N_1-1} & g_{q,N_1-2} & \cdots & g_{q,N_1-1-N_q} \\ g_{q,N_1} & g_{q,N_1-1} & \cdots & g_{q,N_1-N_q} \\ \vdots & \vdots & \vdots & \vdots \\ g_{q,N_2-1} & g_{q,N_2-2} & \cdots & g_{q,N_2-N_q} \end{bmatrix}, \ \Delta\mathbf{q} = \begin{bmatrix} \Delta q(k+1) \\ \Delta q(k+2) \\ \vdots \\ \Delta q(k+N_q) \end{bmatrix},$$

$$\mathbf{H}_q = \begin{bmatrix} h_{q,N_1,0} & h_{q,N_1,1} & \cdots & h_{q,N_1,N_f-1} & h_{q,N_1,N_f} \\ h_{q,N_1+1,0} & h_{q,N_1+1,1} & \cdots & h_{q,N_1+1,N_f-1} & h_{q,N_1+1,N_f} \\ \vdots & \vdots & \ddots & \vdots & \vdots \\ h_{q,N_2,0} & h_{q,N_2,1} & \cdots & h_{q,N_2,N_f-1} & h_{q,N_2,N_f} \end{bmatrix},$$

com

$$h_{q,j,i} = g_{q,j+i} - \tilde{g}_{q,j,i}, \; j+i \leq N_f,$$
$$h_{q,j,i} = g_{q,N_f} - \tilde{g}_{q,j,i}, \; j+i > N_f,$$
$$\underset{\longleftarrow}{\Delta \mathbf{q}} = \begin{bmatrix} \Delta q(k) \\ \Delta q(k-1) \\ \vdots \\ \Delta q(k-N_f) \end{bmatrix},$$

e lembrando que $g_{q,i} = 0$ para todo $i < 0$.

**Exemplo 3.18**

Para demonstrar o uso do GDMC com ação antecipativa, retomaremos o Exemplo 3.15, que trata de um reator num ponto de equilíbrio instável, mas adicionaremos uma segunda perturbação $Q_2(z)$ no sistema de tal forma que o modelo do processo passe a ser escrito como:

$$Y(z) = \frac{0{,}1}{z-1{,}1} z^{-2} \left[ U(z) + Q(z) \right] + \frac{0{,}15}{z-0{,}95} Q_2(z).$$

Observe que os modelos das perturbações são diferentes.

Como o processo é instável, pois possui polo em $z = 1{,}1$, o filtro $F_{e,j}(z)$ precisa ser projetado para eliminar essa característica do modelo. Como a perturbação $Q(z)$ é de entrada e o modelo que relaciona a saída à perturbação $Q_2(z)$ é estável, então os filtros não precisam satisfazer nenhuma condição adicional.

Dessa forma, as condições que o filtro deve satisfazer são:

$$F_{e,j}(z)\big|_{z=1} = 1 \rightarrow \text{condição de ganho unitário},$$
$$z^j - F_{e,j}(z)\big|_{z=1{,}1} = 0 \rightarrow \text{condição de estabilidade}.$$

Um filtro de primeira ordem seria suficiente para atender essas condições, pois possui dois parâmetros livres em seu numerador. No entanto, neste caso, por simplicidade, foi escolhido o mesmo formato de segunda ordem do Exemplo 3.15 para os filtros. Assim, a estrutura dos filtros é:

$$F_{e,j}(z) = \frac{a(j)z^2 + b(j)z}{(z-z_f)^2},$$

e estes devem satisfazer, para $j = N_1 \ldots N_2$:

$$\frac{a(j) + b(j)}{(1 - z_f)^2} = 1 \longrightarrow a(j) + b(j) = (1 - z_f)^2,$$

$$1{,}1^j - \frac{1{,}1^2 a(j) + 1{,}1 b(j)}{(1{,}1 - z_f)^2} = 0 \longrightarrow 1{,}1^2 a(j) + 1{,}1 b(j) = 1{,}1^j (1{,}1 - z_f)^2.$$

Como as condições acima são as mesmas indicadas no Exemplo 3.15, os sistemas de equações lineares para a obtenção do filtro $F_{e,j}(z)$ são os mesmos.

A título de comparação, dois GDMCs serão considerados. Ambos terão ajustes idênticos, exceto que o primeiro não considerará informações sobre as perturbações e o segundo considerará perturbações medidas com $N_q = 0$ (sem dados futuros das perturbações). Os parâmetros de sintonia são: $N_{ss} = 80$, $N_1 = 3$, $N_2 = 25$, $N_u = 5$, $\lambda = 1$, $N_f = 40$ e $z_f = 0{,}8$. No caso com ação antecipativa, utilizamos $N_f = 80$ para que a condição de convergência $g_{q,j+i} - \tilde{g}_{q,i} \approx 0$ seja satisfeita. Isto é necessário pois a dinâmica do modelo da perturbação é mais lenta que a dinâmica do filtro. Foram simuladas, em malha fechada, variações da referência do tipo degrau, assim como perturbações do tipo degrau em $Q$ e $Q_2$.

Os resultados podem ser vistos na Figura 3.33, considerando uma mudança de referência em $t = 4$ de valor 0,5, uma perturbação de $Q$ de valor 0,2 em $t = 50$ e uma perturbação $Q_2$ de valor 0,1 em $t = 100$. Veja que as respostas do GDMC com e sem ação antecipativa são iguais para o seguimento de referência, mas para a rejeição de perturbações a diferença é significativa. O efeito de $Q$ quase desaparece no caso que considera informações sobre as perturbações e o efeito de $Q_2$ é bastante reduzido nesse mesmo caso, o que mostra a vantagem de se utilizar ação antecipativa, quando possível.

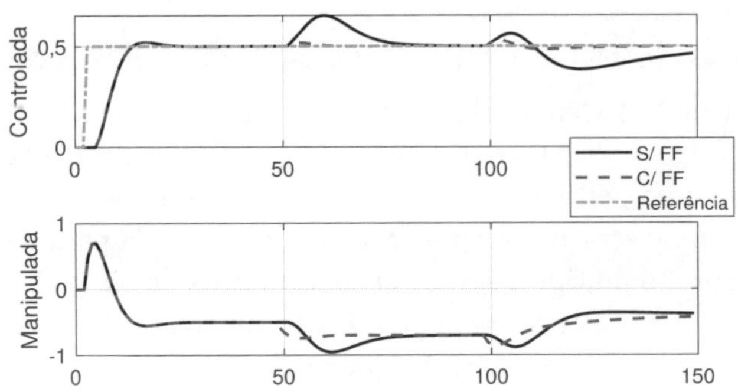


**Figura 3.33** Exemplo 3.18 – comparação das respostas do GDMC com e sem ação antecipativa.

### 3.6.3 Implementação recursiva do GDMC para plantas estáveis

O procedimento de sintonia do GDMC, apresentado nas seções anteriores, pode ser aplicado a qualquer tipo de sistema. Porém, no caso de sistemas estáveis, é possível simplificar o procedimento de maneira que seja factível usar a forma recursiva de implementação do algoritmo, como no caso do DMC simples.

Como discutido na Seção 3.6.1, os filtros dos erros de predição $F_{e,j}(z)$ podem ser usados para cancelar os polos associados à dinâmicas lentas da planta para obter uma rejeição de perturbações mais rápida.

No entanto, um filtro de erro de predição que tem uma sintonia diferente para cada elemento no horizonte de predição é mais complexo de implementar, pois, além da existência de $N$ filtros distintos, a resposta livre, como definida em (3.90), ainda exige o armazenamento da matriz $\mathbf{H}$, que tem dimensão $N \times N_f$, e do vetor $\underleftarrow{\Delta \mathbf{u}}$, que armazena $N_f$ elementos passados dos incrementos de controle.

Utilizando o procedimento da Seção 3.6.1, seria necessário calcular $N$ filtros $F_{e,j}(z)$ para satisfazer a condição:

$$z^j - F_{e,j}(z) = 0 \qquad \forall z = z_l, \tag{3.96}$$

para cada elemento do horizonte de predição e sendo $z_l$ os polos indesejados do processo. Uma alternativa prática mais simples é fazer uma aproximação escolhendo apenas uma das $N$ condições a serem satisfeitas para calcular o filtro. O conhecimento prático nos mostrou que bons resultados ainda são obtidos. É possível escolher qualquer uma das $N$ condições para calcular o filtro. No entanto, sugerimos utilizar a condição de $j = \lfloor N/4 \rfloor$, que se mostrou mais adequada nos diversos casos simulados. No exemplo a seguir, discutimos esse ponto com mais detalhes.

**Exemplo 3.19**

Considere um sistema de controle de temperatura com modelo $T(z) = \frac{0{,}1}{z-0{,}92}[U(z) + Q(z)]$, em que $T$ é a temperatura controlada, $U$ a variável manipulada e $Q$ uma perturbação. Dois GDMCs e um DMC serão utilizados para realizar uma comparação das respostas de malha fechada para variações de referência e perturbação do tipo degrau. Os parâmetros de sintonia em comum são $N_{ss} = 80$, $N_1 = 1$, $N_2 = 25$, $N_u = 5$ e $\lambda = 1$. Os controladores considerados são:

- caso DMC: um controlador DMC normal;
- caso GDMC1: um controlador GDMC utilizando a metodologia original, com um filtro do erro de predição $F_{e,j}(z)$ para cada elemento do horizonte de predição;

- Caso GDMC2: um controlador GDMC com um único filtro do erro de predição.

Tanto para o caso GDMC1 quanto para o caso GDMC2, foram utilizados filtros com a seguinte estrutura:

$$F(z) = \frac{a(j)z + b(j)}{(z - z_f)^2},$$

sendo que o polo indesejado é dado por $z_l = 0{,}9$ e o ajuste do filtro usa $z_f = 0{,}7$, e $N_f = 25$ para o caso GDMC1. O Caso GDMC2 foi implementado com a formulação recursiva, em que não há a necessidade de definição de $N_f$. Para o GDMC1, os filtros foram calculados resolvendo o seguinte sistema de equações lineares para cada $j$ ao longo do horizonte:

$$\begin{bmatrix} 1 & 1 \\ 0{,}92 & 1 \end{bmatrix} \begin{bmatrix} a(j) \\ b(j) \end{bmatrix} = \begin{bmatrix} (1 - z_f)^2 \\ 0{,}92^j(0{,}92 - z_f)^2 \end{bmatrix},$$

que representam as condições $F_{e,j}(1) = 1$ e $z^j - F_{e,j}\big|_{z=z_l} = 0$. Para o GDMC2, seguindo a regra empírica estabelecida, utilizamos apenas um filtro, que foi calculado para atender a condição anterior para $j = \lfloor (N_2 - N_1 + 1)/4 \rfloor = 6$, resultando em:

$$F_e(z) = \frac{0{,}7582z - 0{,}6682}{(z - 0{,}7)^2}.$$

Os resultados podem ser vistos na Figura 3.34, considerando uma mudança de referência em $t = 4$ de valor 1 e uma perturbação de $Q$ de valor 1 em $t = 35$.

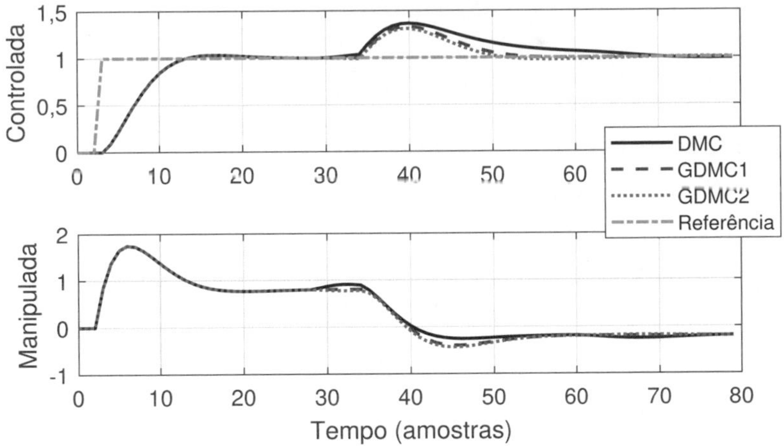


**Figura 3.34** Exemplo 3.19 – comparação das respostas do DMC com e sem filtro do erro de predição.

Veja que a resposta para a referência é idêntica para todas as sintonias, mas a rejeição de perturbação é distinta para cada um dos casos. O DMC tem a rejeição de perturbações mais lenta, enquanto o GDMC1 apresenta a resposta mais rápida e sem sobressinal. Por fim, o GDMC2 apresenta uma resposta similar àquela observada com o GDMC1, mostrando que, se adequadamente ajustado, um único filtro do erro de predição pode resultar num comportamento similar ao do caso geral com $N$ filtros. Adicionalmente, o emprego de um único filtro permite uma implementação recursiva.

## 3.7 GDMC – CONTROLE EQUIVALENTE

No caso sem restrições, é possível obter as funções de transferência do controlador equivalente do GDMC. Esse procedimento permite a utilização das ferramentas clássicas de análise no domínio frequência, como diagrama de Bode, diagrama de Nyquist, análise de polos, entre outras. Iniciaremos com o cálculo do controlador, para depois analisar o efeito do filtro de predição na performance e robustez e, finalmente, estudar as propriedades do controle antecipativo.

### 3.7.1 Obtenção do controle equivalente

Como visto anteriormente, a variação do sinal de controle a ser aplicada na planta no GDMC é dada por:

$$\Delta u(k) = \mathbf{K}_1(\mathbf{r} - \mathbf{f}),$$

com

$$\mathbf{K}_1 = [k_{N_1} \; k_{N_1+1} \; k_{N_1+2} \; \dots \; k_{N_2}]^T.$$

Com a definição de $\mathbf{f}$ considerando as perturbações medíveis:

$$\mathbf{f} = \mathbf{G}_q\Delta\mathbf{q} + \mathbf{y}_f + \mathbf{H}\underleftarrow{\Delta\mathbf{u}} + \mathbf{H}_q\underleftarrow{\Delta\mathbf{q}},$$

com

$$\mathbf{y}_f = \begin{bmatrix} y_{f,N_1}(k) \\ y_{f,N_1+1}(k) \\ \vdots \\ y_{f,N_2}(k) \end{bmatrix} = \begin{bmatrix} F_{e,N_1}(z) \\ F_{e,N_1+1}(z) \\ \vdots \\ F_{e,N_2}(z) \end{bmatrix} y(k) = \mathbf{F}_e(z)y(k),$$

chegamos à lei de controle:

$$\Delta u(k) \;=\; \mathbf{K}_1\left(\mathbf{r} - \mathbf{F}_e(z)y(k) - \mathbf{G}_q\Delta\mathbf{q} - \mathbf{H}\underleftarrow{\Delta\mathbf{u}} - \mathbf{H}_q\underleftarrow{\Delta\mathbf{q}}\right),$$

que vale tanto para o caso estável como instável, sempre que a matriz $\mathbf{H}$ seja adequadamente calculada. Por simplicidade, no desenvolvimento que segue, usamos o horizonte de modelo como $N_f$, mas nos casos estáveis em que não se utiliza o filtro do erro de predição, isto é, $\mathbf{F}_e(z) = \mathbf{I}$, devemos usar $N_{ss}$ no lugar de $N_f$.

Considerando as referências futuras iguais ao valor atual $\mathbf{r} = \mathbf{1}_N r(k)$ e agrupando termos, podemos escrever:

$$\Delta u(k) = \mathbf{K}_1 \mathbf{1}_N r(k) - \mathbf{K}_1 \mathbf{F}_e(z) y(k) - \mathbf{K}_1 \mathbf{G}_q \Delta\mathbf{q} - \mathbf{K}_1 \mathbf{H} \underleftarrow{\Delta\mathbf{u}} - \mathbf{K}_1 \mathbf{H}_q \underleftarrow{\Delta\mathbf{q}}. \tag{3.97}$$

Nesta equação,

$$\mathbf{K}_1 \mathbf{1}_N = \sum_{i=N_1}^{N_2} k_i = f_0,$$

$$\mathbf{K}_1 \mathbf{F}_e(z) = \sum_{i=N_1}^{N_2} k_i F_{e,i}(z) = F_{ke}(z),$$

$$\mathbf{K}_1 \mathbf{H} = \begin{bmatrix} \bar{b}_1 & \bar{b}_2 & \bar{b}_3 & \ldots & \bar{b}_{N_f} \end{bmatrix},$$

com

$$\bar{b}_j = \sum_{i=N_1}^{N_2} k_i (g_{i+j} - \tilde{g}_{i,j}),$$

$$\mathbf{K}_1 \mathbf{H}_q = \begin{bmatrix} \bar{b}_{q,0} & \bar{b}_{q,1} & \bar{b}_{q,2} & \bar{b}_{q,3} & \ldots & \bar{b}_{q,N_f} \end{bmatrix},$$

com

$$\bar{b}_{q,j} = \sum_{i=N_1}^{N_2} k_i (g_{q,i+j} - \tilde{g}_{q,i,j}),$$

e

$$\mathbf{K}_1 \mathbf{G}_q = \begin{bmatrix} f_{q,1} & f_{q,2} & f_{q,3} & \ldots f_{q,N_q} \end{bmatrix},$$

com

$$f_{q,j} = \sum_{i=N_1}^{N_2} k_i g_{q,i-j}, \quad g_{q,m} = 0 \text{ se } m < 0.$$

Ainda, o vetor de incrementos de controles passados $\underleftarrow{\Delta\mathbf{u}}$ pode ser colocado em função do incremento atual, usando o operador deslocamento para atrás $z^{-1}$ como:

$$\underleftarrow{\Delta\mathbf{u}} = [z^{-1}\ z^{-2}\ z^{-3}\ \ldots\ z^{-N_f}]^T \Delta u(k),$$

e, da mesma forma, para as perturbações passadas $\underleftarrow{\Delta\mathbf{q}}$ podemos escrever:

$$\underleftarrow{\Delta\mathbf{q}} = [1\ z^{-1}\ z^{-2}\ z^{-3}\ \ldots\ z^{-N_f}]^T \Delta q(k).$$

Para as perturbações futuras, podemos empregar o operador de avanço no tempo para escrever $\Delta\mathbf{q}$ como:

$$\Delta\mathbf{q} = [z^1 \; z^2 \; z^3 \; \ldots \; z^{N_q}]^T \Delta q(k).$$

Usando as expressões anteriores na equação do controle, obtemos:

$$\begin{aligned}\Delta u(k) =& f_0 r(k) - F_{ke}(z) y(k) - \sum_{j=1}^{N_f} \bar{b}_j z^{-j} \Delta u(k) \\ & - \sum_{j=0}^{N_f} \bar{b}_{q,j} z^{-j} \Delta q(k) - \sum_{j=1}^{N_q} f_{q,j} z^j \Delta q(k).\end{aligned} \tag{3.98}$$

Rearranjando (3.98) de modo a agrupar os termos que dependem de $u(k)$ e de $q(k)$, podemos escrever:

$$\begin{aligned}\left(\Delta\left[1 + \sum_{j=1}^{N_f} \bar{b}_j z^{-j}\right]\right) u(k) =& f_0 r(k) - F_{ke}(z) y(k) \\ & - \left(\sum_{j=0}^{N_f} \bar{b}_{q,j} z^{-j} + \sum_{j=1}^{N_q} f_{q,j} z^j\right) \Delta q(k).\end{aligned} \tag{3.99}$$

Aplicando a transformada Z em (3.99), encontramos uma equação no domínio transformado, dada por:

$$U(z) = C_r(z)\,[F(z)R(z) - Y(z)] + C_a(z)Q(z),$$

sendo $U(z)$, $R(z)$, $Y(z)$ e $Q(z)$ as transformadas de, respectivamente, $u(k)$, $r(k)$, $y(k)$ e $q(k)$. O esquema de controle é apresentado na Figura 3.35.

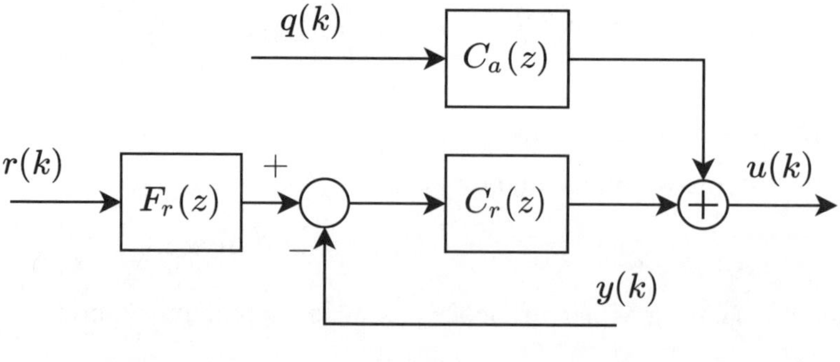


**Figura 3.35** Esquema de controle com dois graus de liberdade e ação antecipativa.

A função de transferência do controlador de realimentação equivalente $C_r(z)$ é, então, dada por:

$$C_r(z) = \frac{F_{ke}(z)}{\Delta\left[1 + \sum_{j=1}^{N_f} \bar{b}_j z^{-j}\right]}, \tag{3.100}$$

o filtro de referência equivalente é:

$$F_r(z) = f_0 F_{ke}^{-1}(z) \tag{3.101}$$

e a função de transferência do controle antecipativo é:

$$C_a(z) = -\frac{\sum_{j=0}^{N_f} \bar{b}_{q,j} z^{-j} + \sum_{j=1}^{N_q} f_{q,j} z^j}{\left[1 + \sum_{j=1}^{N_f} \bar{b}_j z^{-j}\right]}. \tag{3.102}$$

Note que o controlador de realimentação equivalente possui ação integral, garantindo, em regime permanente, o seguimento de referências do tipo degrau e a rejeição de perturbações constantes. É importante destacar que essa condição somente é válida se o ajuste do DMC garantir a estabilidade em malha fechada do sistema e se o filtro $F_r(z)$ tiver ganho estático unitário. A estabilidade em malha fechada depende da escolha dos parâmetros de sintonia do GDMC. Já para mostrar que $F_r(1) = 1$, calculamos o ganho estático de $F_{ke}(z)$:

$$F_{ke}(1) = \mathbf{K}_1 \mathbf{F}_e(1) = \sum_{i=N_1}^{N_2} k_i F_{e,i}(1) = \sum_{i=N_1}^{N_2} k_i = f_0,$$

dado que $F_{e,i}(1) = 1$ para todo $i$. Assim:

$$F_r(1) = f_0 F_{ke}^{-1}(1) = f_0 f_0^{-1} = 1.$$

Note, ainda, que no controlador $C_r(z)$, o numerador $F_{k,e}$ depende do modelo, dos horizontes, das ponderações e também do ajuste do filtro de predição e de $N_f$, que também afetam os coeficientes de $\mathbf{H}$ e, assim, os valores de $\bar{b}_j$. Porém, para plantas estáveis e se não forem utilizados filtros dos erros de predição, então:

$$F_{ke}(z) = \sum_{i=N_1}^{N_2} k_i = f_0,$$

fazendo com que o controlador de realimentação e o filtro de referência equivalentes sejam dados por:

$$C_r(z) = \frac{f_0}{\Delta\left[1 + \sum_{j=1}^{N_{ss}} \bar{b}_j z^{-j}\right]}, \qquad F_r(z) = f_0 f_0^{-1} = 1.$$

Com esta representação do DMC como um controle clássico, podemos fazer a análise da estabilidade em malha fechada, considerando o controle realimentado $C_r(z)$, o filtro de referência $F_r(z)$ e o modelo nominal $G_n(z)$ para o processo (que seria a representação em função de transferência do modelo de resposta ao degrau do processo). Assim, temos que a função de transferência de malha fechada entre a referência $R(z)$ e a saída $Y(z)$ é dada por:

$$\frac{Y(z)}{R(z)} = \frac{C_r(z)G_n(z)}{1 + C_r(z)G_n(z)} F_r(z), \tag{3.103}$$

o que permite analisar o ajuste do DMC em termos de polos e zeros da função de transferência de malha fechada. Dado que a relação entre os parâmetros de ajuste do DMC e o controlador equivalente $C_r(z)$ não é simples, este tipo de análise não é muito usado na prática, mas serve para entender as propriedades do controlador à luz da teoria clássica de controle. Vamos ilustrar o cálculo do controle equivalente do DMC com um exemplo.

**Exemplo 3.20**

Considere a planta estudada no Exemplo 3.8 e o DMC calculado nesse mesmo exemplo. Considere, agora, que a planta tem uma perturbação na entrada do processo que pode ser medida, mas que não se conhece o valor futuro da mesma. Assim, vamos calcular neste caso o controle equivalente, composto por um controlador de realimentação e um controlador antecipativo.

A resposta livre $\mathbf{f}$ considerando as perturbações medíveis, mas com perturbação futura não conhecida $\Delta\mathbf{q} = 0$, horizonte $N = 3$ e considerando que o modelo de resposta ao degrau da pertubação é o mesmo que do controle (a perturbação entra no processo somando com a entrada de controle) é dada por:

$$\mathbf{f} = \mathbf{1}_3 y(k) + \mathbf{H}\underset{\longleftarrow}{\Delta\mathbf{u}} + \mathbf{H}_q\underset{\longleftarrow}{\Delta\mathbf{q}},$$

que para o caso do exemplo, pode ser escrita como (usamos as equações obtidas no Exemplo 3.8):

$$\begin{aligned} f(k+1) =& (g_2 - g_1)\Delta u(k-1) + (g_3 - g_2)\Delta u(k-2) + (g_4 - g_3)\Delta u(k-3) \\ &+ (g_5 - g_4)\Delta u(k-4) + (g_6 - g_5)\Delta u(k-5) \\ &+ (g_1 - g_0)\Delta q(k) + (g_2 - g_1)\Delta q(k-1) + (g_3 - g_2)\Delta q(k-2) \\ &+ (g_4 - g_3)\Delta q(k-3) + (g_5 - g_4)\Delta q(k-4) + (g_6 - g_5)\Delta q(k-5) \\ &+ y(k), \end{aligned}$$

$$
\begin{aligned}
f(k+2) =&(g_2 - g_1)\Delta u(k-1) + (g_3 - g_2)\Delta u(k-2) + (g_4 - g_3)\Delta u(k-3) \\
&+ (g_5 - g_4)\Delta u(k-4) + (g_6 - g_5)\Delta u(k-5) \\
&+ (g_2 - g_0)\Delta q(k) + (g_3 - g_1)\Delta q(k-1) + (g_4 - g_2)\Delta q(k-2) \\
&+ (g_5 - g_3)\Delta q(k-3) + (g_6 - g_4)\Delta q(k-4) + (g_7 - g_5)\Delta q(k-5) \\
&+ y(k),
\end{aligned}
$$

$$
\begin{aligned}
f(k+3) =&(g_3 - g_1)\Delta u(k-1) + (g_4 - g_2)\Delta u(k-2) + (g_5 - g_3)\Delta u(k-3) \\
&+ (g_6 - g_4)\Delta u(k-4) + (g_7 - g_5)\Delta u(k-5) \\
&+ (g_3 - g_0)\Delta q(k) + (g_4 - g_1)\Delta q(k-1) + (g_5 - g_2)\Delta q(k-2) \\
&+ (g_6 - g_3)\Delta q(k-3) + (g_7 - g_4)\Delta q(k-4) + (g_8 - g_5)\Delta q(k-5) \\
&+ y(k).
\end{aligned}
$$

Utilizando os cálculos do Exemplo 3.8, obtemos:

$$
\begin{aligned}
\Delta u(k) =&0{,}7334(r(k) - y(k)) - 0{,}9585\Delta u(k-1) \\
&- 0{,}9193\Delta u(k-2) - 0{,}4183\Delta u(k-3) \\
&- 0{,}1467\Delta u(k-4) - 0{,}7277\Delta q(k) \\
&- 0{,}9585\Delta q(k-1) - 0{,}9193\Delta q(k-2) \\
&- 0{,}4183\Delta q(k-3) - 0{,}1467\Delta q(k-4),
\end{aligned}
\tag{3.104}
$$

e colocando na variável $u(k)$ e $q(k)$, obtemos a lei de controle:

$$
\begin{aligned}
u(k) =&0{,}7334(r(k) - y(k)) + 0{,}0415u(k-1) + 0{,}0392u(k-2) \\
&+ 0{,}5010u(k-3) + 0{,}2716u(k-4) + 0{,}1467u(k-5) \\
&- 0{,}7277q(k) - 0{,}2309q(k-1) + 0{,}0392q(k-2) + 0{,}5011q(k-3) \\
&+ 0{,}2716q(k-4) + 0{,}1467q(k-5).
\end{aligned}
$$

Aplicando a transformada Z, obtemos:

$$
\begin{aligned}
U(z) =&0{,}7334(R(z) - Y(z)) + 0{,}0415z^{-1}U(z) + 0{,}0392z^{-2}U(z) \\
&+ 0{,}5010z^{-3}U(z) + 0{,}2716z^{-4}U(z) + 0{,}1467z^{-5}U(z) \\
&- 0{,}7277Q(z) - 0{,}2309z^{-1}Q(z) + 0{,}0392z^{-2}Q(z) + 0{,}5011z^{-3}Q(z) \\
&+ 0{,}2716z^{-4}Q(z) + 0{,}1467z^{-5}Q(z).
\end{aligned}
$$

ou

$$[1 - 0{,}0415z^{-1} - 0{,}0392z^{-2} - 0{,}5010z^{-3} - 0{,}2716z^{-4} - 0{,}1467z^{-5}]U(z) =$$
$$0{,}7334(R(z) - Y(z)) - 0{,}7277Q(z) - 0{,}2309z^{-1}Q(z) + 0{,}0392z^{-2}Q(z)$$
$$+0{,}5011z^{-3}Q(z) + 0{,}2716z^{-4}Q(z) + 0{,}1467z^{-5}Q(z).$$

Em termos de função de transferência, o controle realimentado é o mesmo do Exemplo 3.8:

$$C_r(z) = \frac{0{,}7334}{1 - 0{,}0415z^{-1} - 0{,}0392z^{-2} - 0{,}5010z^{-3} - 0{,}2716z^{-4} - 0{,}1467z^{-5}},$$

e o controle antecipativo é:

$$C_a(z) = \frac{-0{,}7277 - 0{,}2309z^{-1} + 0{,}0392z^{-2} + 0{,}5011z^{-3} + 0{,}2716z^{-4} + 0{,}1467z^{-5}}{1 - 0{,}0415z^{-1} - 0{,}0392z^{-2} - 0{,}5010z^{-3} - 0{,}2716z^{-4} - 0{,}1467z^{-5}}.$$

que pode ser simplificado eliminando a raiz em $z = 1$, que é comum ao numerador e denominador:

$$C_a(z) = \frac{-0{,}7277 - 0{,}9585z^{-1} - 0{,}9193z^{-2} - 0{,}4183z^{-3} - 0{,}1467z^{-4}}{1 + 0{,}9585z^{-1} + 0{,}9193z^{-2} + 0{,}4183z^{-3} + 0{,}1467z^{-4}}.$$

Observe que o cálculo dos controles poderia ter sido feito de forma mais simples, a partir de (3.104), dividindo tudo por $\Delta$:

$$\begin{aligned} u(k) =& \frac{0{,}7334}{\Delta}(r(k) - y(k)) - 0{,}9585u(k-1) \\ &- 0{,}9193u(k-2) - 0{,}4183u(k-3) - 0{,}1467u(k-4) \\ &- 0{,}7277q(k) - 0{,}9585q(k-1) - 0{,}9193q(k-2) \\ &- 0{,}4183q(k-3) - 0{,}1467q(k-4), \end{aligned}$$

e aplicando a transformada Z para obter diretamente o $C_a(z)$ achado e o $C_r(z)$ com a ação integradora em evidência:

$$C_r(z) = \frac{0{,}7334}{(1 - z^{-1})(1 + 0{,}9585z^{-1} + 0{,}9193z^{-2} + 0{,}4183z^{-3} + 0{,}1467z^{-4})}.$$

Finalmente, o controle completo pode ser escrito como:

$$U(z) = C_r(z)(R(z) - Y(z)) + C_a(z)Q(z).$$

É interessante observar que o controle antecipativo encontrado não é igual ao controle ideal que obteríamos com o uso de um projeto clássico. Neste caso, como a perturbação e o sinal de controle entram no mesmo ponto, um controle $C_a = -1$ seria suficiente para eliminar totalmente o efeito da perturbação. Neste caso, $C_a \neq -1$, pois estamos usando $\lambda$ não nulo. Neste exemplo, no qual usamos horizonte de modelo e de predição pequenos, a resposta do sistema em malha fechada é bastante oscilatória, usando valores pequenos de ponderação. Aumentando $\lambda$, obtemos respostas sem oscilações, mas lentas e que não conseguem usufruir do efeito do controle antecipativo. Estudaremos esse assunto, de forma mais geral, na Seção 3.7.4.

### 3.7.2 Análise do filtro no desempenho

Um aspecto interessante a ser ressaltado é o fato de que o filtro do erro de predição não tem efeito na resposta para a referência, como apresentado nas simulações dos exemplos anteriores. Mas, analisando a equação do controlador, fica claro que esse filtro afeta o controlador $C_r(z)$, dado por (3.100), e também o filtro de referência $F_r(z)$, dado por (3.101). Consequentemente, não é simples verificar o seu efeito na função de transferência de malha fechada para a referência. Para entender melhor este aspecto, precisamos obter o controlador equivalente $C_r(z)$ de uma maneira alternativa, de tal forma que o efeito do filtro do erro de predição fique explícito.

Primeiramente, lembre-se que a resposta livre com o filtro do erro de predição foi inicialmente definida em (3.86) da seguinte forma:

$$f(k+j \mid k) = \sum_{i=1}^{\infty} g_{j+i}\Delta u(k-i) + F_{e,j}(z)y(k) - F_{e,j}(z)\sum_{i=1}^{\infty} g_i \Delta u(k-i),$$

e note que aqui não consideraremos o efeito de perturbações medidas (por simplicidade e pelo fato de que essa característica não altera o controlador $C_r(z)$ resultante). Utilizando $z$ como um operador de atraso, podemos reescrever a resposta livre como:

$$f(k+j \mid k) = \sum_{i=j+1}^{\infty} g_i z^{j-i}\Delta u(k) + F_{e,j}(z)y(k) - F_{e,j}(z)\sum_{i=1}^{\infty} g_i z^{-i}\Delta u(k).$$

Agora, note que o primeiro termo do lado direito depende dos coeficientes $g_i$ do modelo a partir de $j+1$. Vamos adicionar novos termos à esta equação, de tal forma que o somatório do primeiro termo inicie em $i = 1$:

$$f(k+j \mid k) = \sum_{i=j+1}^{\infty} g_i z^{j-i} \Delta u(k) + F_{e,j}(z) y(k) - F_{e,j}(z) \sum_{i=1}^{\infty} g_i z^{-i} \Delta u(k) + \sum_{i=1}^{j} g_i z^{j-i} \Delta u(k) - \sum_{i=1}^{j} g_i z^{j-i} \Delta u(k),$$

$$f(k+j \mid k) = \sum_{i=1}^{\infty} g_i z^{j-i} \Delta u(k) + F_{e,j}(z) y(k) - F_{e,j}(z) \sum_{i=1}^{\infty} g_i z^{-i} \Delta u(k) - \sum_{i=1}^{j} g_i z^{j-i} \Delta u(k),$$

e, lembrando que, o modelo nominal pode ser definido como:

$$G_n(z) = \sum_{i=1}^{\infty} g_i z^{-i} \Delta,$$

então,

$$f(k+j \mid k) = G_n(z) z^j u(k) + F_{e,j}(z) y(k) - F_{e,j}(z) G_n(z) u(k) - \sum_{i=1}^{j} g_i z^{j-i} \Delta u(k),$$

$$f(k+j \mid k) = G_n(z)(z^j - F_{e,j}(z)) u(k) + F_{e,j}(z) y(k) - \sum_{i=1}^{j} g_i z^{j-i} \Delta u(k).$$

Assim, a resposta livre de $N_1$ a $N_2$ pode ser escrita em forma vetorial como:

$$\mathbf{f} = \begin{bmatrix} G_n(z)\left(z^{N_1} - F_{e,N_1}(z)\right) u(k) + F_{e,N_1}(z) y(k) - \sum_{i=1}^{N_1} g_i z^{N_1-i} \Delta u(k) \\ G_n(z)\left(z^{N_1+1} - F_{e,N_1+1}(z)\right) u(k) + F_{e,N_1+1}(z) y(k) - \sum_{i=1}^{N_1+1} g_i z^{N_1+1-i} \Delta u(k) \\ \vdots \\ G_n(z)\left(z^{N_2} - F_{e,N_2}(z)\right) u(k) + F_{e,N_2}(z) y(k) - \sum_{i=1}^{N_2} g_i z^{N_2-i} \Delta u(k) \end{bmatrix}.$$

Substituindo a forma vetorial na lei de controle $\Delta u(k) = \mathbf{K}_1(\mathbf{R} - \mathbf{f})$, obtemos:

$$\Delta u(k) = f_0 r(k) - G_n(z) \sum_{i=N_1}^{N_2} k_i \left(z^i - F_{e,i}(z)\right) u(k) - \sum_{i=N_1}^{N_2} k_i F_{e,i}(z) y(k) + \sum_{j=N_1}^{N_2} k_j \left( \sum_{i=1}^{j} g_i z^{j-i} \right) \Delta u(k),$$

e, utilizando:

$$F_{ke}(z) = \sum_{i=N_1}^{N_2} k_i F_{e,i}(z), \qquad \mathfrak{b}_j = k_j \left( \sum_{i=1}^{j} g_i z^{j-i} \right),$$

reescrevemos a lei de controle como:

$$\left( \Delta \left( 1 - \sum_{j=N_1}^{N_2} \mathfrak{b}_j \right) + G_n(z) \left( \sum_{i=N_1}^{N_2} k_i z^i - F_{ke}(z) \right) \right) u(k) = f_0 r(k) - F_{ke}(z) y(k).$$

Finalmente, aplicando a transformada Z, obtemos o novo controlador e filtros de referência equivalentes:

$$U(z) = C_r(z) \left( F_r(z) R(z) - Y(z) \right), \tag{3.105}$$

com $F_r(z) = f_0 F_{ke}^{-1}(z)$ e:

$$C_r(z) = \frac{F_{ke}(z)}{\Delta \left( 1 - \sum_{j=N_1}^{N_2} \mathfrak{b}_j \right) + G_n(z) \left( \sum_{i=N_1}^{N_2} k_i z^i - F_{ke}(z) \right)}. \tag{3.106}$$

Agora, podemos fazer a substituição dessas definições na função de transferência de malha fechada para a referência apresentada em (3.103), para obter:

$$\begin{aligned} \frac{Y(z)}{R(z)} &= \frac{F_{ke}(z) G_n(z) f_0 F_{ke}^{-1}(z)}{\Delta \left( 1 - \sum_{j=N_1}^{N_2} \mathfrak{b}_j \right) + G_n(z) \left( \sum_{i=N_1}^{N_2} k_i z^i - F_{ke}(z) \right) + F_{ke}(z) G_n(z)} \\ &= \frac{f_0 G_n(z)}{\Delta \left( 1 - \sum_{j=N_1}^{N_2} \mathfrak{b}_j \right) + G_n(z) \left( \sum_{i=N_1}^{N_2} k_i z^i \right)}. \end{aligned}$$

Veja que, após uma reorganização, o efeito do filtro do erro de predição sumiu completamente, ou seja, esse filtro não afeta a resposta nominal para a referência, como observado nos exemplos. Veja, ainda, que mesmo com esta nova representação da função de transferência de malha fechada o ganho unitário ainda permanece (dado que $\Delta = 1 - z^{-1}$):

$$\begin{aligned} \frac{Y}{R}(1) &= \frac{f_0 G_n(1)}{(1-1) \left( 1 - \sum_{j=N_1}^{N_2} \mathfrak{b}_j \right) + G_n(1) \left( \sum_{i=N_1}^{N_2} k_i \right)} \\ &= \frac{f_0 G_n(1)}{G_n(1) \left( \sum_{i=N_1}^{N_2} k_i \right)} = \frac{f_0 G_n(1)}{G_n(1) f_0} = 1. \end{aligned}$$

### 3.7.3 Análise do filtro na robustez

Também, é interessante analisar os efeitos na resposta de malha fechada, causados pelos erros de modelagem, isto é, as diferenças entre o processo e o modelo usado no controlador. Na teoria clássica de controle robusto, utilizando modelos lineares, considera-se que a representação do processo, que denotamos como $G(z)$, pode ser relacionada com a do modelo nominal por $G(z) = G_n(z)(1 + \delta G(z))$, isto é, $\delta G(z)$ representa o erro de modelagem multiplicativo, e é necessário assumir que $G$ e $G_n$ têm o mesmo número de polos com $|z| \geq 1$. Na prática, esse tipo de modelo tenta aproximar os erros cometidos ao usar modelos lineares para representar os processos que, geralmente, têm dinâmicas não lineares. Assim, uma forma simples de gerar uma família de modelos que representem o processo de forma mais adequada do que uma única $G_n$ é usando um conjunto de $m_m$ modelos $G_i$ com $i = 1 \ldots m_m$, cada um obtido de uma linearização do processo em uma condição de operação diferente. Assim, considerando toda a família de modelos, pode-se representar melhor o processo na faixa de operação esperada. O modelo nominal $G_n$, que será usado para o ajuste do controle, é escolhido como um elemento da família ou uma média dos mesmos. O erro de modelagem $\delta G_i(z)$ para cada modelo da família é relacionado com o modelo nominal por $G_i(z) = G_n(z)(1+\delta G_i(z))$. Para simplificar a análise de robustez, usa-se então o máximo desse erro para todo $i$ para um dado valor de frequência e o erro passa a ser representado por meio do termo $\delta G(z)$. Para uma análise mais completa deste assunto, sugerimos a referência Skogestad e Postlethwaite (1996).

Com essa definição, a estabilidade robusta de um sistema em malha fechada com realimentação unitária e controle realimentado $C_r(z)$ pode ser analisada utilizando o teorema do pequeno ganho (SKOGESTAD; POSTLETHWAITE, 1996), obtendo a seguinte condição:

$$I_r(\omega) = \left| \frac{1 + C_r(z)G_n(z)}{C_r(z)G_n(z)} \right| > |\delta G(z)|, \quad \forall z = e^{\pm \omega T_s j}, \ \omega \in [0, \pi/T_s), \tag{3.107}$$

sendo $I_r(\omega)$ o índice de robustez do controlador. Logo, se esta condição é satisfeita para toda frequência e para todos os valores esperados do erro de modelagem, o sistema em malha fechada será sempre estável.

Esta é uma condição suficiente mas não necessária, mas a experiência prática mostra que, para obter uma condição de operação com respostas não muito oscilatórias para todos os casos possíveis de erro, devemos considerar um ajuste de $C_r(z)$ que cumpra a condição com uma certa folga em todas as frequências. Como, na prática, o valor do erro de modelagem é tipicamente maior em médias e altas frequências do que em baixas frequências, a limitação no ajuste de $C_r(z)$ se dá nas frequências médias e altas. Isso ocorre porque, tipicamente, é mais fácil representar componentes de baixas frequências com maior fidelidade, mesmo com modelos de baixa ordem. Além disso, geralmente, é mais fácil estimar as componentes de mais baixa frequência, como o ganho estático, por exemplo, do que componentes de frequência mais alta.

Desta análise, observamos que sempre existe um compromisso entre o tempo de assentamento de um dado sistema em malha fechada e a robustez, dado que um índice de robustez maior em uma dada faixa de frequências implica um módulo menor da função de transferência em malha fechada na mesma faixa de frequências.

Como já analisado na Seção 3.7.1, o controle equivalente $C_r(z)$ depende do ajuste dos horizontes, das ponderações e do filtro de predição. Assim, tanto a robustez como o desempenho em malha fechada podem ser ajustados com esses parâmetros. Se substituirmos a definição de $C_r(z)$ de (3.106), $I_r(\omega)$ pode ser reescrito como:

$$I_r(\omega) = \left| \frac{\Delta\left(1 - \sum_{j=N_1}^{N_2} \mathfrak{b}_j\right) + G_n(z)\left(\sum_{i=N_1}^{N_2} k_i z^i - F_{ke}(z)\right)}{F_{ke}(z)G_n(z)} \right| .$$

Veja que, neste formato, o efeito do filtro do erro de predição fica evidenciado. Se $F_{ke}(z)$ tiver uma característica mais passa baixas (dinâmica mais lenta), o sistema em malha fechada tende a ser mais robusto e vice-versa. Porém, $F_{ke}(z)$ depende tanto do filtro do erro de predição projetado quanto do ganho $K_1$, o que torna seu ajuste mais complexo. De qualquer maneira, sintonizar $F_{e,j}(z)$ com características mais passa baixas torna $F_{ke}(z)$ também mais passa baixas, dado que, como visto na Seção 3.7.1, $F_{ke}(z)$ é definido como:

$$F_{ke}(z) = \sum_{i=N_1}^{N_2} k_i F_{e,i}(z),$$

e é um filtro de realimentação equivalente da lei de controle de (3.97).

**Exemplo 3.21**

Para demonstrar o uso do GDMC com erros de modelagem, retomaremos o Exemplo 3.15, que trata de um reator num ponto de equilíbrio instável, cujo modelo é dado por:

$$Y(z) = \frac{0{,}1}{z - 1{,}1} z^{-2} \left[U(z) + Q(z)\right].$$

A sintonia do DMC será a mesma utilizada no Exemplo 3.15, mas os filtros $F_{e,j}(z)$ serão diferentes. Dois casos serão considerados, um com $z_f = 0{,}7$ e

$N_f = 40$ (GDMC1) e um segundo com $z_f = 0{,}92$ e $N_f = 80$ (GDMC2), sendo que ambos são filtros de ordem 2 com a seguinte estrutura:

$$F_{e,j}(z) = \frac{a(j)z^2 + b(j)z}{(z - z_f)^2}.$$

Primeiro, analisaremos a resposta nominal para mudanças de referência e perturbação. O cenário em questão considera uma mudança de referência em $t = 4$ de valor 0,5, e uma perturbação de $Q$ de valor 0,2 em $t = 50$. Os resultados podem ser vistos na Figura 3.36. Apesar de as respostas para mudança de referência serem iguais, as respostas para a perturbação são distintas, sendo que o GDMC2 tem uma resposta mais lenta que o GDMC1. Esse comportamento era esperado, já que o polo do filtro (dado por $z_f$) do GDMC2 é mais lento do que o do GDMC1.

Agora, considere que há um erro de modelagem no atraso do processo de duas amostras, de tal forma que a planta "real" é dada por:

$$G(z) = \frac{0{,}1}{z - 1{,}1} z^{-4}.$$

Considerando um cenário de simulação apenas com uma mudança de referência em $t = 4$ de valor 0,5, os resultados podem ser vistos na Figura 3.37. Veja que com o controlador GDMC1, que possui um filtro mais agressivo, o sistema em malha fechada é instável, enquanto com o controlador GDMC2, apesar das oscilações, a estabilidade se mantém. Isso claramente se deve à sintonia do filtro do erro de predição, dado que os demais parâmetros de ajuste dos dois controladores são iguais.

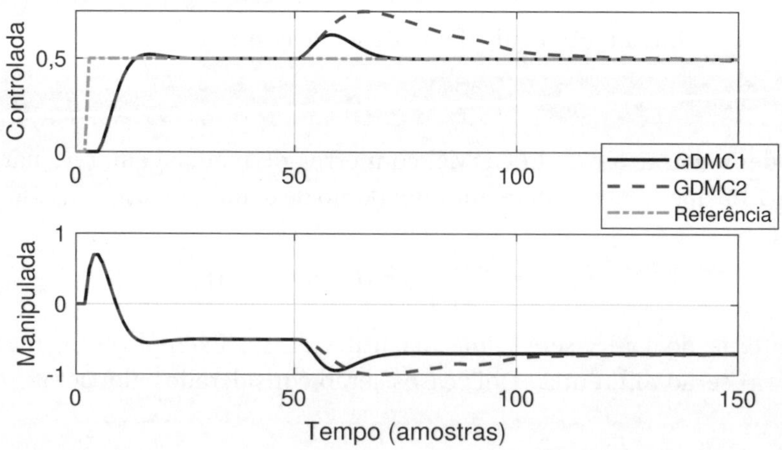


**Figura 3.36** Exemplo 3.21 – respostas para o caso nominal com diferentes filtros $F_{e,j}(z)$.

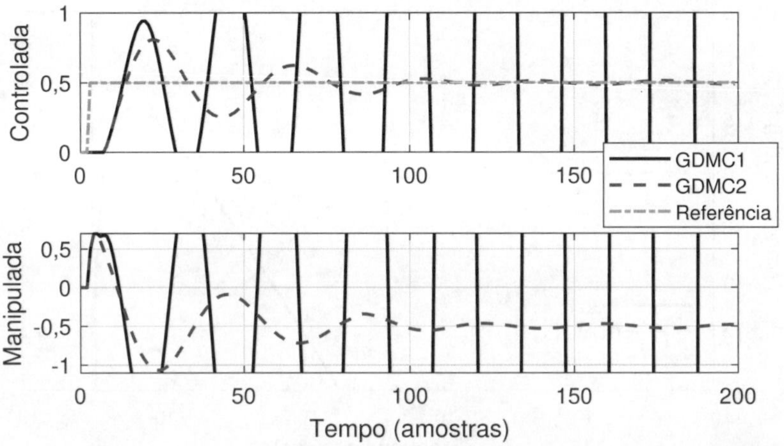


**Figura 3.37** Exemplo 3.21 – respostas para o caso com erro de modelagem com diferentes filtros $F_{e,j}(z)$.

Como discutido, é possível analisar a robustez do sistema de malha fechada por meio do índice de robustez e de (3.107). Para isso, é necessário obter o controlador equivalente implementado pelo GDMC, seguindo o procedimento explicado anteriormente, e também o erro de modelagem que, neste caso, é dado por:

$$\delta G(z) = \frac{G(z)}{G_n(z)} - 1 = \frac{0,1}{z - 1,1} z^{-4} \frac{z - 1,1}{0,1z^{-2}} - 1 = \frac{-z^2 + 1}{z^2}.$$

Com isso, podemos avaliar a condição de robustez, analisando a resposta em frequência de $\delta G(z)$ e dos índices de robustez dos controladores GDMC1 e GDMC2, que são apresentados na Figura 3.38. Veja que, para o GDMC1, a condição de robustez não é satisfeita, pois seu índice de robustez cruza a curva de $\delta G(z)$. Já para o caso do GDMC2, isso não ocorre, confirmando a robustez deste controlador para o erro de modelagem considerado. Note que, apenas com base na análise da condição de robustez não seria possível afirmar que a resposta em malha fechada com o controlador GDMC1 seria instável, pois a condição é suficiente (e não necessária). Por outro lado, como a condição é satisfeita para o caso do GDMC2, pode-se afirmar que a resposta em malha fechada será estável, mesmo com o erro de modelagem considerado.

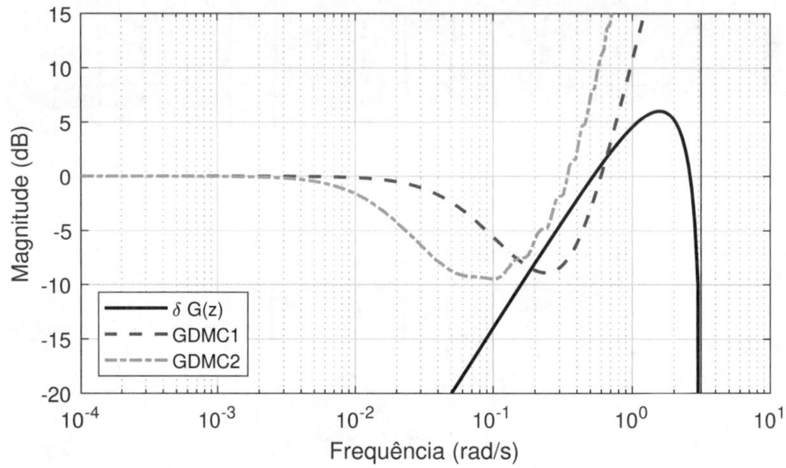


**Figura 3.38** Exemplo 3.21 – características frequenciais do erro de modelagem e dos índices de robustez.

### 3.7.4 Análise do controle antecipativo e filtro de referência

Voltando à análise do controle equivalente do GDMC, estudaremos agora as características do controle antecipativo equivalente. Podemos observar que $C_a(z)$ tem um numerador com termos $z^j$ com $j > 0$, o que implica no conhecimento da perturbação futura. Estes termos devem ser desconsiderados caso essa informação não esteja disponível. Nos casos em que é possível realizar uma estimação dos valores futuros de $q$, que denominamos aqui $\hat{q}$, a equação da ação de controle antecipativa $u_a(k)$ seria calculada como a transformada Z inversa de:

$$U_a(z) = -\frac{\sum_{j=0}^{N_f} \bar{b}_{q,j} z^{-j} Q(z) + \sum_{j=1}^{N_q} f_{q,j} z^j \hat{Q}(z)}{\left[1 + \sum_{j=1}^{N_f} \bar{b}_j z^{-j}\right]}, \tag{3.108}$$

sendo $\hat{Q}(z)$ a transformada Z de $\hat{q}$ e $U_a(z)$ a transformada Z de $u_a(k)$.

Ainda, podemos observar que, nos casos mais comuns, quando não usamos o conhecimento da perturbação futura, o controle antecipativo pode ser escrito como:

$$C_a(z) = -\frac{\left[\bar{b}_{q,0} + \sum_{j=1}^{N_f} \bar{b}_{q,j} z^{-j}\right]}{\left[1 + \sum_{j=1}^{N_f} \bar{b}_j z^{-j}\right]}, \tag{3.109}$$

o que permite uma interpretação interessante desse controlador com o caso clássico. Considere um sistema com uma perturbação na entrada do processo, o que faz com que os coeficientes da reposta ao degrau de $u$ e $q$ sejam iguais e implica que $\bar{b}_{q,j} = \bar{b}_j$ para todo $j > 0$ e que, no caso sem filtro do erro de predição, podemos escolher $N_{ss} = N_{ssq}$. Assim, se $\bar{b}_{q,0} = 1$ o controlador antecipativo é perfeito ($C_a = -1$) e calcula uma ação de controle instantânea, adicionando $-q(k)$ na entrada do processo. Essa condição para o coeficiente $\bar{b}_{q,0}$ somente é verificada se $\lambda = 0$, pois, neste caso, não se impõe nenhuma limitação ao movimento da ação de controle. Vamos analisar este ponto de forma mais geral.

Considere, novamente, a equação do controle definida em (3.97), mas apenas com sua parte antecipativa, isto é, os termos que dependem da perturbação medida. Usando o vetor completo do controle futuro $\mathbf{u}_a$ devido à pertubação, ou seja usando a matriz $\mathbf{K}$ completa, temos:

$$\mathbf{u}_a = -\mathbf{K}(\mathbf{G}_q \Delta \mathbf{q} + \mathbf{H}_q \underleftarrow{\Delta \mathbf{q}}).$$

Usando a expressão de $\mathbf{K}$ para $\lambda = 0$, de forma a permitir uma ação livre do controle, isto é, $\mathbf{K} = (\mathbf{G}^T\mathbf{G})^{-1}\mathbf{G}^T$, temos:

$$\mathbf{u}_a = -(\mathbf{G}^T\mathbf{G})^{-1}\mathbf{G}^T(\mathbf{G}_q \Delta \mathbf{q} + \mathbf{H}_q \underleftarrow{\Delta \mathbf{q}}).$$

Multiplicando ambos os lados da equação por $\mathbf{G}^T\mathbf{G}$, resulta:

$$\mathbf{G}^T\mathbf{G}\mathbf{u}_a = -\mathbf{G}^T(\mathbf{G}_q \Delta \mathbf{q} + \mathbf{H}_q \underleftarrow{\Delta \mathbf{q}}),$$

e, simplificando,

$$\mathbf{G}\mathbf{u}_a = -\mathbf{G}_q \Delta \mathbf{q} - \mathbf{H}_q \underleftarrow{\Delta \mathbf{q}},$$

que é justamente a lei de controle antecipativa ideal, na qual o efeito causado pelo controlador antecipativo na saída predita $\mathbf{G}\mathbf{u}_a$ é igual e contrário ao efeito que causa a perturbação na mesma saída $\mathbf{G}_q \Delta \mathbf{q} + \mathbf{H}_q \underleftarrow{\Delta \mathbf{q}}$. Observe que esta lei ideal não é sempre possível de ser implementada, dependendo dos modelos do sistema. Por exemplo, se a reposta ao degrau do controle tiver mais atraso que a resposta ao degrau da perturbação, não existe um sinal de controle capaz de compensar totalmente a perturbação na saída do processo. Esta não é uma limitação do GDMC, nem do controle MPC em geral, mas uma limitação imposta pela própria estrutura do processo.

Para completar a análise do controle equivalente, podemos considerar também o caso de referências futuras conhecidas e incluir a possibilidade de um filtro de referência no DMC. Com referências futuras conhecidas, temos:

$$\mathbf{r} = \begin{bmatrix} z^{N_1} & z^{N_1+1} & z^{N_1+2} & \dots & z^{N_2} \end{bmatrix}^T r(k),$$

e o termo $\mathbf{K}_1(\mathbf{r} - \mathbf{1}_N y(k))$ do controle pode ser escrito como:

$$\mathbf{K}_1(\mathbf{r} - \mathbf{1}_N y(k)) = \sum_{j=N_1}^{N_2} k_j z^j r(k) - f_0 y(k).$$

O controle final, então, é dado por:

$$\begin{aligned}\left(\Delta\left[1 + \sum_{j=1}^{N_{ss}} \bar{b}_j z^{-j}\right]\right) u(k) &= \sum_{j=N_1}^{N_2} k_j z^j r(k) - f_0 y(k) \\ &- \left(\sum_{j=0}^{N_{ssq}} \bar{b}_{q,j} z^{-j} - \sum_{j=1}^{N_q} f_{q,j} z^j\right) \Delta q(k).\end{aligned} \tag{3.110}$$

No plano transformado, a última equação leva:

$$U(z) = C_r(z)F_r(z)R(z) - C_r(z)Y(z) + C_a(z)Q(z),$$

com

$$C_r(z)F_r(z) = \frac{\sum_{j=N_1}^{N_2} k_j z^j}{\Delta\left[1 + \sum_{j=1}^{N_{ss}} \bar{b}_j z^{-j}\right]}, \tag{3.111}$$

e

$$C_r(z) = \frac{f_0}{\Delta\left[1 + \sum_{j=1}^{N_{ss}} \bar{b}_j z^{-j}\right]}. \tag{3.112}$$

Adicionando um filtro de referência genérico $F(z)$ no controle, temos uma referência filtrada $R_f(z)$ que verifica $R_f(z) = F(z)R(z)$ e, assim, a equação final do controle é:

$$U(z) = C_r(z)F_r(z)F(z)R(z) - C_r(z)Y(z) + C_a(z)Q(z).$$

Por exemplo, no caso simples de um filtro $F(z)$ de primeira ordem, temos: $F(z) = \frac{(1-a_f)z}{z-a_f}$, sendo $a_f$ o polo do filtro. Note que nesta implementação, o numerador do filtro é automaticamente determinado com a definição do polo para que $F(z)$ tenha ganho estático unitário.

Observe que o controle também pode ser escrito de uma forma mais compacta, agrupando o filtro de referência com o cálculo das referências futuras:

$$U(z) = C(z)(F_r(z)F(z)R(z) - Y(z)) + C_a(z)Q(z),$$

então:

$$F_r(z)F(z) = \frac{\sum_{j=N_1}^{N_2} k_j z^j}{f_0} \frac{(1 - a_f)z}{z - a_f}. \tag{3.113}$$

Note que: (i) o filtro $F_r(z)$ tem fatores $z^j$ com $j > 0$, o que implica o conhecimento da referência futura; (ii) como a soma $\sum_{j=N_1}^{N_2} k_j = f_0$, o segundo fator do filtro tem ganho estático unitário, não alterando o ganho imposto por $F(z)$, que normalmente também é unitário.

Como comentado, este desenvolvimento permite que o sistema de malha fechada possa ser analisado utilizando as funções de transferência de malha fechada como as de uma estratégia clássica de controle, que inclua filtro de referência e ação antecipativa. Observe que um filtro do tipo do $F_r(z)$, com ação antecipativa, pode ser usado em estratégias de controle clássicas, sempre que as referências futuras forem conhecidas.

A análise feita nesta seção permite concluir que, no caso irrestrito, sempre é possível encontrar um controle composto por um filtro de referência, um controlador de realimentação e um controlador antecipativo que seja equivalente ao DMC (ou GDMC). Apesar da equivalência, os parâmetros dos elementos dessa estrutura de controle não são tipicamente definidos com técnicas clássicas, mas com base em critérios temporais, empregando conceitos de predição e otimização. Ainda assim, o entendimento da representação da estrutura de controle equivalente em termos de funções de transferência pode ser útil para análise, em especial para análise de robustez do controlador.

Para finalizar esta seção, vamos apresentar um exemplo em que um controlador DMC irrestrito é comparado com um controlador clássico projetado por técnicas não preditivas.

**Exemplo 3.22**

Neste exemplo, usaremos o modelo e os resultados obtidos no Exemplo 3.8 e vamos incluir no DMC uma ação antecipativa. No domínio Z, o modelo do processo é dado por $Y(z) = G_m(z)(U(z) + Q(z))$, sendo $Q(z)$ uma perturbação de entrada e

$$G_m(z) = \frac{0{,}2z^4 + 0{,}4z^3 + 0{,}8z^2 + 0{,}4z + 0{,}2}{z^5},$$

um modelo FIR (*Finite Impulse Response*) do processo. A sintonia é a mesma utilizada no Exemplo 3.8: $N_{ss} = 5$, $N_u = 2$, $N_1 = 1$, $N_2 = 3$, $\lambda = 0{,}5$ e, agora, $N_q = 0$, pela adição da ação antecipativa que considera apenas as perturbações medidas, e não as predições das perturbações futuras.

Dos resultados do Exemplo 3.20, as funções de transferência do controlador de realimentação e antecipativo equivalentes no formato

$$U(z) = C_r(z)E(z) + C_a(z)Q(z)$$

são:

$$C_r(z) = \frac{0{,}7334}{1 - 0{,}0415z^{-1} - 0{,}0392z^{-2} - 0{,}5010z^{-3} - 0{,}2716z^{-4} - 0{,}1467z^{-5}},$$

$$C_a(z) = -\frac{0{,}7277 + 0{,}9586z^{-1} + 0{,}9194z^{-2} + 0{,}4183z^{-3} + 0{,}1467z^{-4}}{1 + 0{,}9586z^{-1} + 0{,}9194z^{-2} + 0{,}4183z^{-3} + 0{,}1467z^{-4}}.$$

Assim, se implementamos de forma direta um controlador com ação realimentada e antecipativa com as funções de transferência encontradas, teremos um sistema em malha fechada com o mesmo desempenho que o DMC, caso não sejam consideradas restrições.

Note que a ordem dos dois controladores depende do horizonte de modelo $N_{ss}$. Na prática, como $N_{ss}$ tende a ser grande, os controladores implementados pelo DMC também terão ordem elevada.

Neste exemplo, ainda vamos comparar o resultado do DMC com um controle PID com filtro de referência e ação antecipativa. Na prática, em alguns casos, pode ser interessante comparar a solução mais complexa do DMC com uma estrutura de controle mais simples, como é neste caso o PID, que é um controle de segunda ordem, junto com o controlador de ação antecipativa da perturbação e o filtro de referência.

Uma maneira interessante de se obter um controlador PID que se aproxima do DMC é utilizar a resposta em frequência dos controladores equivalentes como base para uma aproximação. Após um processo de identificação, no qual ajustamos o controle clássico para que seja o mais próximo possível do controle equivalente do DMC, principalmente em baixas frequências, obtemos os seguintes controladores e filtro de referência:

$$C_{PID}(z) = \frac{0{,}7457(1 - 1{,}17z^{-1} + 0{,}409z^{-2})}{(1 - z^{-1})(1 - 0{,}1624z^{-1})},$$

$$C_{aPID}(z) = -\frac{0{,}7251 + 0{,}5322z^{-1} + 0{,}4166z^{-2}}{1 + 0{,}3706z^{-1} + 0{,}4397z^{-2}},$$

$$F_{PID}(z) = \frac{0{,}65479(1 - 0{,}9z^{-1} + 0{,}265z^{-2})}{1 - 1{,}17z^{-1} + 0{,}409z^{-2}}.$$

As respostas em frequência desses controladores e dos controles equivalentes do DMC são apresentadas nas Figuras 3.39 e 3.40. Note que o controlador antecipativo aproximado é muito similar ao $C_a$ equivalente do DMC, enquanto o de realimentação é praticamente idêntico ao $C_r$, equivalente do DMC em baixas e médias frequências.

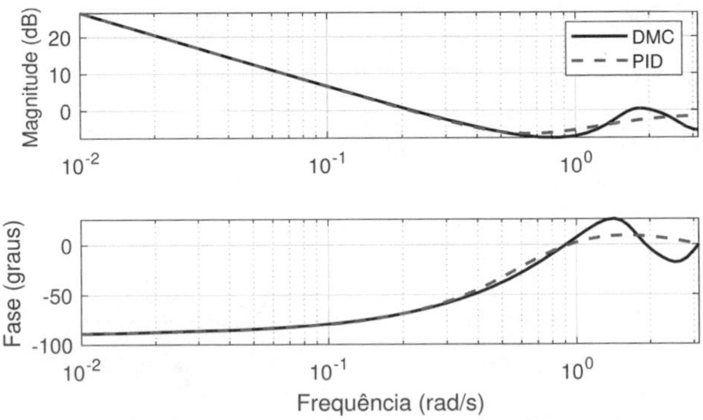


**Figura 3.39** Exemplo 3.22 – resposta em frequência do controlador realimentado equivalente do DMC e do PID.

Por fim, a resposta temporal para uma referência e uma perturbação do tipo degrau é apresentada na Figura 3.41 para os dois casos. Em $t = 4\,\mathrm{s}$, um degrau unitário é aplicado na referência e em $t = 25\,\mathrm{s}$ uma perturbação de amplitude 2 é aplicada. Veja que as respostas são muito similares. No caso da rejeição de perturbação, as respostas são quase idênticas, pois a aproximação calculada para o controlador antecipativo foi quase idêntica à representação equivalente do DMC. Para o seguimento de referências, observamos um comportamento transitório mais lento, o que era esperado, pois o controlador aproximado não acompanha as caraterísticas do controle DMC em altas frequências.

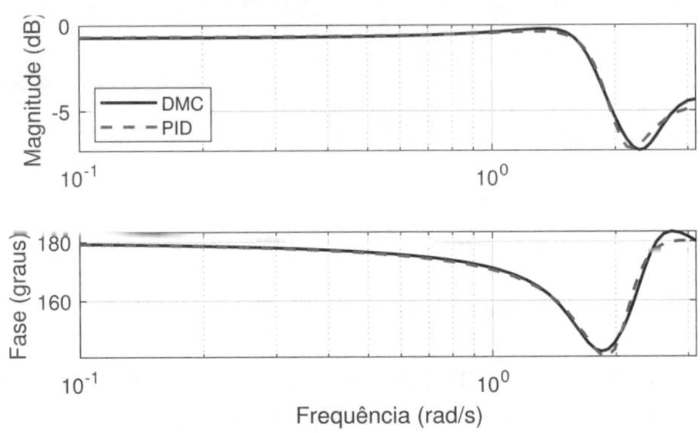


**Figura 3.40** Exemplo 3.22 – resposta em frequência do controlador antecipativo equivalente do DMC e de sua aproximação.

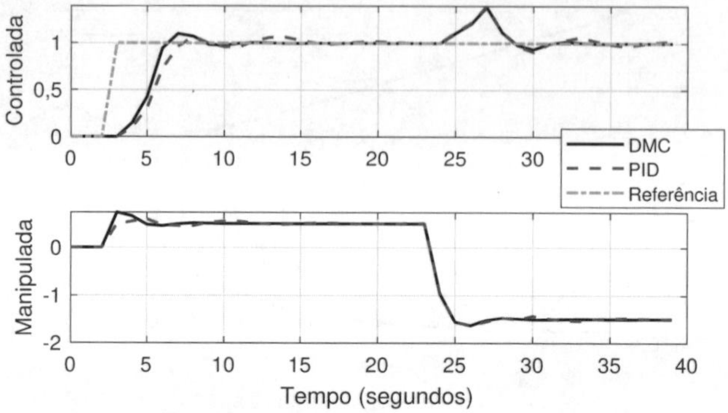


**Figura 3.41** Exemplo 3.22 – respostas para mudança de referência e perturbação.

Por meio deste exemplo, ilustramos a forma de calcular o controle clássico equivalente do DMC sem restrições, que pode ser calculado analiticamente como um controlador clássico. Ainda neste exemplo simples, mostramos que, neste caso, podemos aproximar o sistema de controle do DMC por um PID, filtro de referência e controlador antecipativo, obtendo respostas muito próximas daquelas apresentadas pelo DMC.

Uma forma alternativa de fazer este estudo comparativo é aproximar a resposta ao degrau do sistema por uma função de transferência de segunda ordem e, posteriormente, realizar um ajuste de um PID por alguma técnica clássica (por exemplo, Lugar das Raízes). Logicamente, quanto mais complexa for a dinâmica do sistema controlado, maiores as vantagens do uso do DMC. O Exercício 19 da lista ao fim deste capítulo explora esse caso.

Para finalizar o capítulo, apresentamos na sequência dois estudos de caso.

## 3.8 ESTUDOS DE CASO

### 3.8.1 Estudo de caso 1: processo estável

A Figura 3.42 ilustra um esquema de uma planta heliotérmica, que produz energia elétrica a partir de energia solar. A primeira parte do processo consiste em um campo solar, por onde circula sal fundido, que é aquecido a alta temperatura pela irradiação solar incidente nos coletores. O sal é armazenado num tanque (denominado tanque quente) e utilizado na sequência num gerador de vapor que usa a energia térmica do sal para evaporar água e movimentar uma turbina acoplada a um gerador síncrono. O sal que perde temperatura no trocador é depositado num segundo tanque (denominado tanque frio). Uma bomba é usada para circular o sal fundido dentro do campo, passando do tanque frio para o tanque quente. Ainda, o sistema possui um aquecedor a gás, que pode ser usado para suplementar a energia solar em determinadas situações. Neste problema, apenas estudaremos o sistema de controle do campo solar, supondo que o controle do trocador e da turbina estão adequadamente projetados e ajustados, e que o aquecedor a gás está desligado.

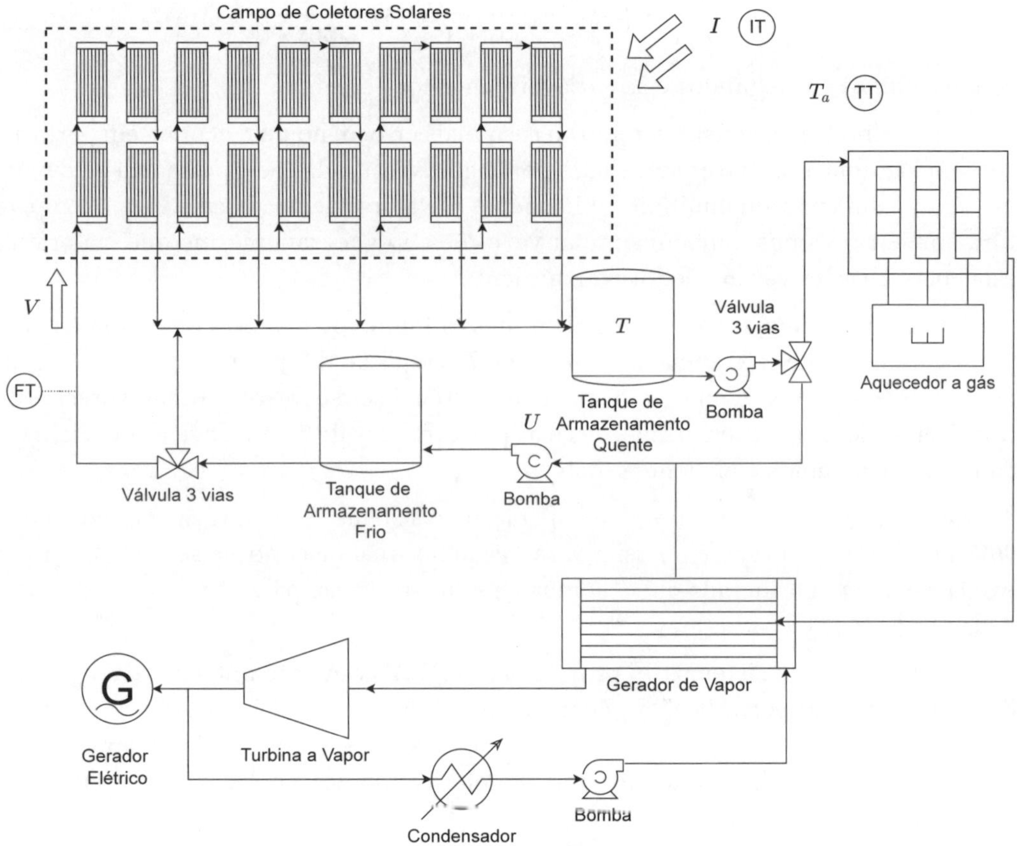


**Figura 3.42** Planta heliotérmica para geração de energia elétrica.

O incremento da temperatura do sal conseguido dentro do campo solar, denominado $T$, é função da irradiação incidente $I$, da vazão de sal dentro dos coletores $V$ e da temperatura ambiente $T_a$. Como a irradiação, a qual é a fonte de energia, não pode ser controlada, regula-se a vazão $V$ para controlar a temperatura $T$, mudando o tempo de residência do sal dentro das tubulações do campo. A vazão $V$ é controlada com uma bomba acionada com um conversor de frequência, que tem como sinal de entrada $U$. O objetivo do sistema de controle do campo é manter a temperatura do tanque quente em valores especificados pelo otimizador, que busca extrair a maior quantidade de energia do sistema. Como se observa na Figura 3.42, o sistema possui transdutores de temperatura para $T$ e $T_a$ e um transdutor da irradiação $I$.

O modelo incremental do processo linearizando nas vizinhanças do ponto de operação é dado por:

$$\Delta T(s) = \frac{-5e^{-10s}}{50s+1}\Delta U(s) + \frac{10}{50s+1}\Delta I(s) + \frac{1}{50s+1}\Delta T_a(s),$$

com os tempos em segundos e as variáveis em valor percentual.

Para a simulação, consideraremos o caso mais crítico, no qual acontecem perturbações rápidas (que podem ser modeladas por degraus) causadas pela passagem de nuvens, que fazem aumentar ou diminuir rapidamente os valores de irradiação. Para a temperatura ambiente, vamos também simular variações tipo degrau, mesmo que, na prática, estas perturbações variem de forma mais lenta.

Os objetivos de controle são os seguintes: o tempo de resposta de malha fechada para seguimento de referência de degraus de $T$ e rejeição das perturbações tipo degrau deve ser menor que o tempo de resposta do sistema sem controle. Todas as respostas transitórias devem ser sem oscilações e as perturbações de $T_a$ e $I$ devem ser rejeitadas da forma mais rápida e eficiente possível.

Vamos considerar que o ponto de operação do sistema é numa vazão de trabalho de 90% do máximo do processo. Assim, a restrição no sinal de controle será $[-90; +10]\%$. Ainda, deve ser considerado que a bomba tem uma restrição para as variações de vazão dada por $[-1; +1]\%$.

Assim, para este sistema, foi projetado um DMC com ação antecipativa de $T_a$ e $I$, dado que ambas as perturbações podem ser medidas. O DMC foi ajustado com período de amostragem $T_s = 2\,\text{s}$, horizonte de predição $N_1 = 6$ (dado que há 5 amostras de atraso) e $N_2 = 26$. O horizonte de controle foi escolhido como $N_u = 5$ e a ponderação foi ajustada como $\lambda = 1$.

São simulados três casos: no primeiro se considera que as perturbações são conhecidas no futuro, usando um estimador de irradiação solar e temperatura que informa os valores até 10 s à frente; no segundo caso, considera-se que os valores futuros são desconhecidos; no terceiro, não utilizamos a ação antecipativa do DMC. O cenário de simulação mostra uma mudança de referência de 10% em $t = 20\,\text{s}$, uma perturbação de irradiação de 5% em $t = 100\,\text{s}$ e uma perturbação de temperatura de $-4\%$ em $t = 200\,\text{s}$.

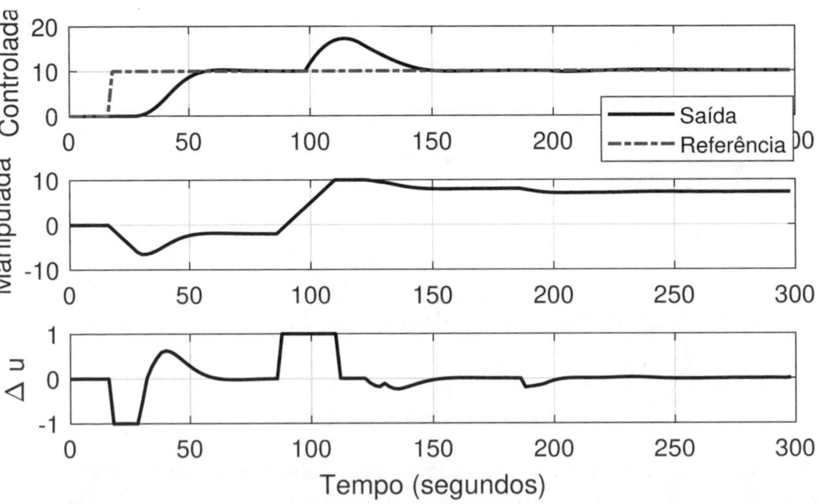


**Figura 3.43** Respostas do sistema solar em malha fechada no seguimento de referências e rejeição de perturbações. Caso com controle antecipativo e valor futuro conhecido. Todos os sinais estão em valores percentuais.

Os resultados do primeiro caso são mostrados na Figura 3.43. Como pode ser observado, as especificações são atendidas, o sistema segue a referência de forma suave, mas com tempo de assentamento menor que o de malha aberta, e rejeita as pertubações, também com uma resposta suave. Note, ainda, que o incremento de controle satura, pois a perturbação rápida exige um aumento rápido da vazão para baixar a temperatura do campo. Note que a ação de controle se movimenta em forma de rampa, pois o incremento é limitado a 0,5% por segundo. É importante observar que, mesmo com a ação antecipativa, o controlador não consegue eliminar totalmente a perturbação durante os transitórios, dado que o sinal de controle tem um atraso que não aparece para os sinais de perturbação, o que é uma caraterística desse processo. Assim, mesmo com o conhecimento das perturbações e atuando instantaneamente, o efeito do sinal de controle na temperatura de saída sempre tem um atraso de 10 segundos (atraso do modelo). Ainda, como já comentado, as restrições de incremento de controle não permitem variações rápidas, o que limita ainda mais o bom desempenho do controlador neste caso. Observe, também, que o efeito da perturbação de irradiação na resposta é maior que a da temperatura ambiente, devido às diferenças nos ganhos dos modelos.

Os resultados do segundo caso são apresentados na Figura 3.44.

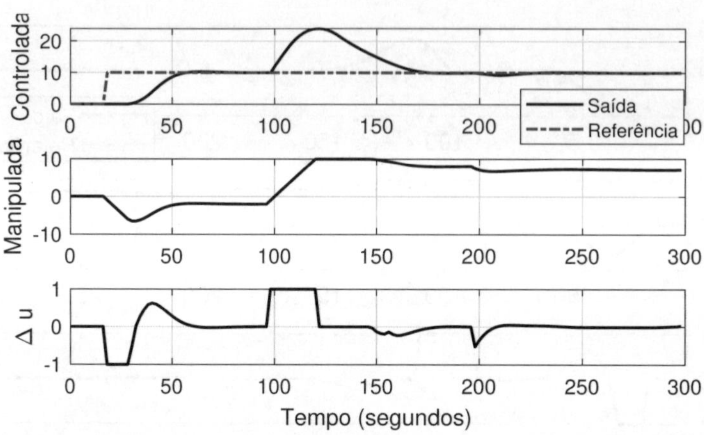


**Figura 3.44** Respostas do sistema solar em malha fechada no seguimento de referências e rejeição de perturbações. Caso com controle antecipativo, mas sem valor futuro conhecido. Todos os sinais estão em valores percentuais.

Neste caso, obtemos, como esperado, o mesmo resultado do caso anterior para o seguimento da referência, mas as pertubações são rejeitadas de forma mais lenta, apesar de que a ação de controle satura no transitório da perturbação de irradiação. Note, ainda, que o incremento de controle tem uma resposta menos suave que no caso anterior. Este resultado mostra a importância da ação antecipativa com conhecimento futuro, que permite uma antecipação mais eficiente da ação de controle.

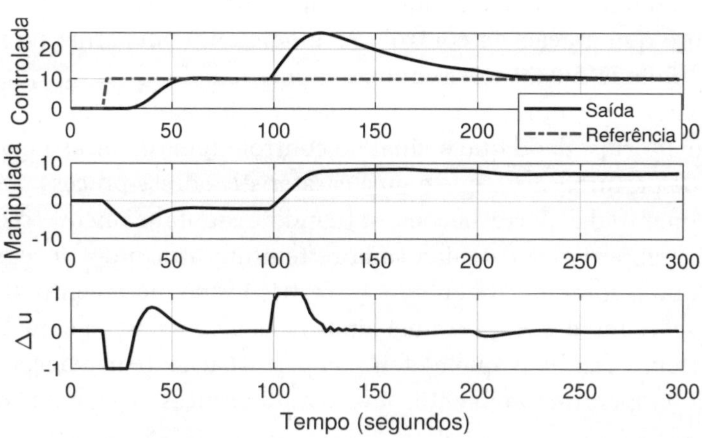


**Figura 3.45** Respostas do sistema solar em malha fechada no seguimento de referências e rejeição de perturbações. Caso sem controle antecipativo. Todos os sinais estão em valores percentuais.

Finalmente, os resultados do terceiro caso são apresentados na Figura 3.45. Aqui, a reposta às perturbações é bem lenta, como esperado, dado que temos dois fatores que pesam fortemente: o atraso de transporte presente apenas na relação entre a ação de controle e a temperatura do campo e o problema já apontado de que o DMC sem ação antecipativa não consegue respostas em malha fechada mais rápidas que em malha aberta.

### 3.8.2 Estudo de caso 2: processo instável

Vamos considerar neste estudo de caso a aplicação do DMC e GDMC em um reator de tanque continuamente agitado que realiza uma reação enzimática. A equação diferencial que relaciona a concentração de entrada $C_f(t)$ e a concentração da saída $C_o(t)$, considerando uma mistura perfeita é dada por:

$$\frac{dC_o(t)}{dt} = \frac{Q_f(t)}{V_c(t)}(C_f(t) - C_o(t)) - \frac{k_1 C_o(t)}{(k_2 C_o(t) + 1)^2}, \tag{3.114}$$

em que $C_f(t)$ é a variável manipulada e $C_o(t)$ é a variável controlada, ambas em mol por litro. Os parâmetros do processo são dados por: $k_1 = 10\,\mathrm{L\,s^{-1}}$, $k_2 = 10\,\mathrm{mol\,L^{-1}}$, $V_c^* = 1\,\mathrm{L}$ e $Q_f^* = 0{,}033\,33\,\mathrm{L\,s^{-1}}$ e o ponto de operação nominal é dado por $C_f^* = 3{,}288\,\mathrm{mol\,L^{-1}}$ e $C_o^* = 1{,}316\,\mathrm{mol\,L^{-1}}$. O modelo linearizado do processo no ponto de operação nominal é:

$$P_n(s) = \frac{3{,}433}{103{,}1s - 1}, \tag{3.115}$$

o que configura um ponto de equilíbrio instável. O processo está sujeito às seguintes restrições de operação:

$$1{,}266 \leq y(kT_s) \leq 1{,}436,$$

$$3{,}238 \leq u(kT_s) \leq 3{,}338, \qquad -0{,}025 \leq \Delta u(kT_s) \leq +0{,}025.$$

O período de amostragem considerado é $T_s = 5\,\mathrm{s}$.

Neste estudo de caso, a função de transferência do modelo linearizado será usada para o cálculo da resposta ao degrau, mas, na prática, os coeficientes da resposta ao degrau podem ser obtidos de forma experimental, aplicando métodos de identificação de malha aberta com sinais do tipo onda quadrada.

Veja que o modelo deste estudo de caso é similar ao do Exemplo 3.21 e podemos usar um projeto de filtro com dois parâmetros de ajuste. Neste caso, optamos por escolher um filtro $F_{e,j}(z)$ de segunda ordem composto por um filtro de primeira ordem com dois parâmetros de ajuste e por um filtro passa baixas para melhorar a atenuação de ruídos em alta frequência:

$$F_{e,j}(z) = \frac{a_1(j)z + a_2(j)}{z - z_f} \frac{z}{z - z_{fn}}.$$

Para simplificar o ajuste, emprega-se $z_f = z_{fn}$, o que gera um $S_{e,j}(z)$ de segunda ordem com dois polos iguais. O ajuste de $z_f$ foi escolhido para ter uma resposta transitória em malha fechada para as perturbações convergindo em aproximadamente 100 s, o que dependerá diretamente da escolha de $z_f$. Para isso, aproximamos o tempo de assentamento de 1% ($t_{1\%}$) de um sistema de segunda ordem com dois polos iguais $s = -1/\tau$ como $t_{1\%} = 6{,}6\tau$ e usamos que $z_f < e^{-T_s/\tau} = e^{-6{,}6T_s/t_{1\%}} = 0{,}72$. Assim, usando $z_f = 0{,}7$, temos:

$$F_{e,j}(z) = \frac{a_1(j)z^2 + a_2(j)z}{(z - 0{,}7)^2},$$

e $a_1(j)$ e $a_2(j)$ são calculados para as condições de convergência e ganho unitário, da mesma forma que no Exemplo 3.21.

O DMC e o GDMC foram ajustados com $N_1 = 1$, $N_2 = 15$, $N_u = 5$ e ponderação $\delta = \lambda = 1$. Ainda, o horizonte de modelo do DMC é 40 e o horizonte do filtro do GDMC é $N_f = 25$, condizente com o tempo de convergência da resposta livre para o $z_f = 0{,}7$, que é de aproximadamente 20 amostras. Todas as simulações foram feitas utilizando o modelo não linear do processo, apesar de os controladores DMC e GDMC utilizarem modelos linearizados.

No primeiro cenário, foram aplicadas uma mudança de referência de amplitude $0{,}1\,\mathrm{mol\,L^{-1}}$ em $t = 50\,\mathrm{s}$ e uma perturbação de entrada de amplitude $-0{,}03\,\mathrm{mol\,L^{-1}}$ em $t = 200\,\mathrm{s}$. As respostas em malha fechada são apresentadas na Figura 3.46. Note que o DMC não consegue estabilizar o sistema em malha fechada e se observa uma resposta divergente depois de aplicar a perturbação. As restrições de saída foram removidas (ou relaxadas) quando o DMC atingia uma condição de infactibilidade, o que permitiu finalizar a simulação e poder realizar uma comparação. Como esperado, o DMC não foi capaz de estabilizar o reator e o GDMC não somente estabiliza o processo, mas consegue uma resposta transitória bem comportada que atende ao tempo se assentamento especificado.

A estabilidade interna é um requisito mínimo para aplicação prática de controle, pois uma incerteza infinitesimal pode ser a fonte de uma resposta instável. Para enfatizar a relevância da propriedade de estabilidade interna do preditor do GDMC, uma segunda simulação com rastreamento de referência sem perturbação externa é apresentada na Figura 3.47. O sistema de malha fechada do DMC é instável porque a condição de estabilidade interna não é respeitada. Por outro lado, o GDMC é capaz de estabilizar o CSTR não linear em múltiplos pontos de operação, como esperado, o que ilustra a utilidade desse controlador para processos não estáveis em malha aberta.

Um ingrediente chave do GDMC é o filtro estabilizador. A fim de ilustrar o efeito do polo na rejeição de perturbação, simulações com vários projetos de filtro são mostrados na Figura 3.48. Observe que um efeito passa baixas mais forte retarda a resposta de rejeição de perturbação. A interpretação é direta, pois a informação do erro de predição torna-se mais suave à medida que $z_f$ é definido para estar mais próximo da unidade (dinâmica mais lenta). Portanto, $z_f$ deve ser usado para lidar com o compromisso entre o desempenho de rejeição de perturbações e a robustez inerente.

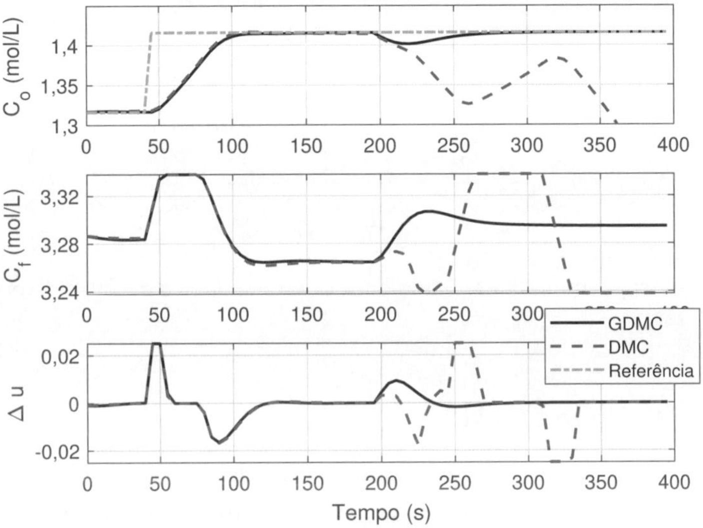


**Figura 3.46** Comparação das respostas em malha fechada do GDMC e do DMC com rejeição de perturbações.

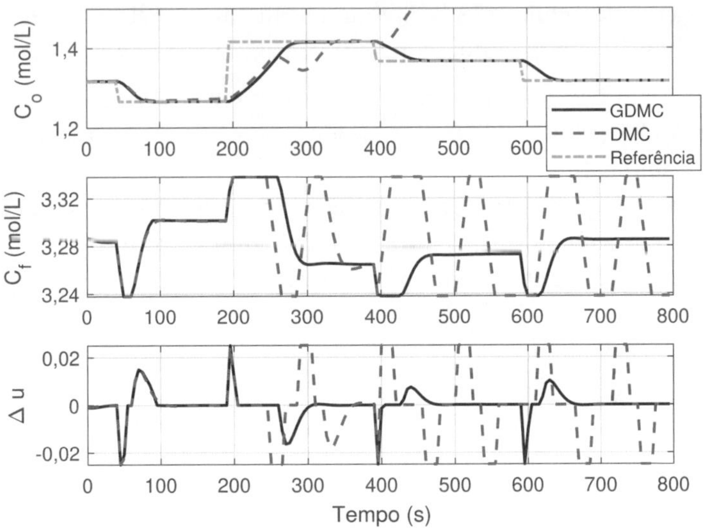


**Figura 3.47** Comparação de respostas de malha fechada do GDMC e do DMC com rastreamento de referência em vários pontos de operação.

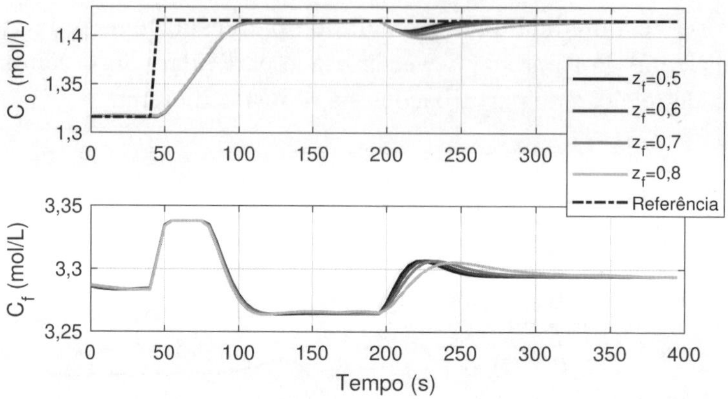


**Figura 3.48** Respostas em malha fechada para diferentes polos do filtro do erro de predição.

## 3.9 COMENTÁRIOS FINAIS

Neste capítulo, apresentamos um estudo detalhado do controlador DMC, analisando a forma de calcular as predições e a ação de controle para o caso SISO de plantas estáveis e com ação integradora. Nesse estudo, foram incluídos vários aspectos importantes, como o uso de ação antecipativa de perturbações medíveis, o uso de filtros de referência e o tratamento de restrições na ação de controle e na saída predita. Também foi apresentada uma modificação do DMC para poder controlar plantas não estáveis, o GDMC, que inclui filtros no erro de predição. Ainda, foi realizada uma análise do caso irrestrito para mostrar que o DMC é equivalente a um controle clássico de dois graus de liberdade.

Muitos dos assuntos aqui estudados em detalhes serão utilizados com outros controladores apresentados no livro, de tal forma que não será necessário repetir muitos dos procedimentos aqui estudados. Por outro lado, em termos conceituais, neste capítulo abordamos as bases para o entendimento dos conhecimentos apresentados no restante da obra, como o controlador GPC, tratado no próximo capítulo, e a aplicação a casos multivariáveis e não lineares, estudados no Volume 2.

## 3.10 EXERCÍCIOS PROPOSTOS

1. Considere que um processo tem comportamento dinâmico representado pela função de transferência $G(s) = \frac{5}{2s+1}$ numa determinada região de operação. Encontre, usando simulação, os coeficientes do modelo de resposta ao degrau do processo. Defina adequadamente um período de amostragem $T_s$ e um número de coeficientes $N_{ss}$ conveniente para ter uma boa representação.

2. Para o processo do exercício anterior, encontre um modelo de tempo discreto da forma $G(z) = \frac{b}{z-a}$, usando um sustentador de ordem zero e, posteriormente, proponha um procedimento recursivo para calcular os coeficientes $g_i$ da resposta ao degrau a partir de $a$ e $b$.

3. Compare a versão normal e a versão recursiva de cálculo das predições do DMC, em termos de memória de armazenamento e de número de operações matemáticas. Para isso, calcule o número de lugares de memória e as adições/multiplicações e outras operações usadas em cada algoritmo.

4. Considere um DMC aplicado a um sistema modelado por uma resposta ao degrau com 40 coeficientes e que se utilizam horizontes $N_1 = 1$, $N_2 = 10$ e $N_u = 3$. As restrições a serem consideradas no DMC são:

$$-5 \leq u(k+j) \leq +5, \qquad \forall j;$$

$$-1 \leq \Delta u(k+j) \leq +1, \qquad j = 0, 1, 2;$$

$$0 \leq y(k+j) \leq 10, \qquad j = 1, 2.$$

Escreva o conjunto de restrições de forma compacta $\overline{\mathbf{R}}\Delta\mathbf{u} \leq \overline{\mathbf{r}}$ e encontre o número de restrições do problema de otimização a ser resolvido. Ainda, encontre as dimensões das matrizes $\mathbf{H}_{qp}$ e $\mathbf{f}_{qp}$ do problema de otimização.

5. Considere o problema de controle de um DMC para um horizonte $N_u = 1$. Em um dado instante de amostragem, a função custo é dada por:

$$J(\Delta u) = 5(\Delta u)^2 - 20\Delta u + 22,$$

com $\Delta u$ o sinal de controle a ser aplicado ao processo nesse instante. Se as restrições são:

$$-1 \leq \Delta u \leq +1,$$

qual será o valor de incremento de controle aplicado ao processo? Caso as restrições mudem para:

$$-3 \leq \Delta u \leq +3,$$

qual será o novo valor de incremento de controle aplicado ao processo?

6. Para o processo analisado no Exemplo 3.8, verifique a estabilidade do sistema em malha fechada e realize ajustes no controle DMC (mudando horizontes e ponderações) para tornar a reposta menos oscilatória.

7. Considere uma planta que foi modelada a partir da resposta a um degrau de amplitude 2 num ponto de operação, obtendo o seguinte vetor de coeficientes $[0{,}2\ \ 0{,}6\ \ 1{,}4\ \ 1{,}6\ \ 1{,}9\ 2{,}0\ \ 2{,}0\ \ 2{,}0\ \ \ldots\ \ 2{,}0]^T$ obtidos com $T_s = 2\,\text{s}$. Deseja-se controlar esta planta com um DMC com ponderações $\delta = 1$, $\lambda = 1$, horizonte de controle $N_u = 3$, horizonte de predição $N = 5$ e considerando as referências futuras desconhecidas. Faça o que se pede a seguir:

   - Encontre a lei de controle resultante para o problema irrestrito.
   - Desenhe um diagrama de blocos do sistema com o controle e confirme que a lei de controle do DMC possui ação integral.
   - Simule o sistema em malha fechada e verifique se o ajuste usado consegue estabilidade em malha fechada.
   - Modifique a lei de controle considerando agora que a referência futura é conhecida. Analise o novo diagrama de blocos.

8. Para o problema do Exemplo 3.9, analise por simulação o comportamento do sistema em malha fechada e verifique que o ajuste de $\lambda$ ponderado pelo quadrado de $K_e$ gera o resultado esperado. Repita o estudo para um processo com ganho $K_e = 10$ e reajuste a ponderação para obter o mesmo resultado.

9. Considere dois processos a serem controlados por um DMC, ambos de primeira ordem com a mesma constante de tempo de 10 s. O sistema 1 tem ganho estático $K_e = 2$ e o sistema 2 tem ganho estático $K_e = 10$. Ajuste um DMC para cada processo, utilizando os mesmos horizontes $N_u = 5$, $N_1 = 1$ e $N_2 = 20$, com $T_s = 1\,\text{s}$. Considere que $\lambda$ é ajustado seguindo a relação $\lambda_1 = \frac{\lambda}{K_e^2}$.

- Considere primeiro um DMC sem restrições. Mostre que se $\lambda_1$ é o mesmo para os dois casos, a respostas serão idênticas.
- Simule o sistema em malha fechada e comprove os resultados.
- Considere, agora, restrições no incremento de controle. Escolha as restrições a partir dos resultados de simulação do item anterior, de maneira que no transitório o controle restrito ative as restrições. Compare as soluções obtidas para os dois processos e conclua sobre o efeito de $\lambda$ ajustado seguindo a relação $\lambda_1 = \frac{\lambda}{K_e^2}$.

10. Considere o processo e o DMC do Exemplo 3.12, inicialmente sem filtro de referência ($a_f = 0$).

    - Modifique o ajuste do DMC (horizonte e ponderações) para conseguir uma resposta sem pico para os degraus de referência. Compare o resultado com o DMC do exemplo com $a_f = 0$ no quesito rejeição de perturbações e com o DMC com $a_f = 0{,}82$ no quesito seguimento de referências. Discuta.
    - Considere, agora, que pode mudar o valor de $a_f$ do DMC com filtro de referência. Estude o efeito do ajuste de $a_f$ na resposta, utilizando valores diferentes de $a_f = 0{,}82$.

11. Calcule a expressão da resposta livre para o caso de $q$ futura conhecida na formulação DMC não recursiva. Utilize o mesmo procedimento usado para obter a expressão em (3.79).

12. Deduza a expressão (3.80) da resposta livre para o caso do DMC recursivo com medida da perturbação. Modifique o resultado para o caso quando $q$ futura é conhecida.

13. Considere um processo modelado por:

$$Y(s) = \frac{5e^{-3s}}{(1+s)(1+5s)}U(s) + \frac{5e^{-1,5s}}{(1+2s)(1+7s)}Q(s),$$

    sendo $U$ a entrada de controle, $Y$ a saída a ser controlada e $Q$ uma perturbação medida (tempos em segundos).

    - Projete um DMC para este processo, considerando a ação antecipativa. Para isso, defina um período de amostragem e escolha os horizontes e ponderações. Compare os resultados obtidos com os de um controle DMC que não usa a informação da medida de $Q$ e opine sobre as vantagens do uso da ação antecipativa. Varie as ponderações do DMC para estudar o efeito na resposta do sistema.

- Repita o procedimento para o mesmo sistema, mas considerando que o atraso da pertubação para a saída muda de 1,5 s para 4 s. Neste novo caso, o controle com ação antecipativa apresenta maiores vantagens? Por quê? Analise, novamente, o efeito de ajuste das ponderações.

14. Para o processo analisado no Exemplo 3.20, analise a resposta do sistema em malha fechada com e sem o controle antecipativo. Faça isso para o ajuste inicial proposto no exemplo e, posteriormente, realize ajustes no DMC para tornar a reposta menos oscilatória. Em ambos os casos, compare as respostas com as de uma estrutura de controle que usa o mesmo controlador de realimentação que o DMC, mas um controle antecipativo simples $C_a = -1$.

15. Considere o processo modelado por $Y(z) = \frac{0{,}01(z+0{,}9)}{(z-0{,}95)(z-0{,}65)}[U(z)+Q(z)]$. Para este processo, compare o desempenho de um DMC e de um GDMC na rejeição de perturbações de tipo degrau em $Q(z)$ considerando que o GDMC é ajustado para eliminar os efeitos causados pelo polo do modelo em $z = 0{,}95$. Mostre, usando simulações, que é possível conseguir respostas mais rápidas com o GDMC. Repita o procedimento ajustando o GDMC para eliminar os efeitos causados pelo polo do modelo em $z = 0{,}65$. Compare os resultados dos dois casos e discuta.

16. Para o mesmo processo do exercício anterior, deseja-se analisar o compromisso entre robustez e rejeição de perturbações do GDMC e também a atenuação do efeito do ruído de medição no sinal de controle. Ajuste diferentes filtros de predição, buscando dar prioridade a uma ou outra especificação e analise os resultados. Para as simulações e análise de robustez, considere que o processo é representado por $Y(z) = \frac{k(z+0{,}9)}{(z-a)(z-b)}[U(z)+Q(z)]$ e que $a \in [0{,}92;\ 0{,}98]$, $b \in [0{,}75;\ 0{,}90]$ e $k \in [0{,}005;\ 0{,}015]$.

17. Considere o processo integrador modelado por $Y(z) = \frac{0{,}02(z+0{,}95)}{(z-1)(z-0{,}7)}[U(z)+Q(z)]$. Para este processo, projete um GDMC que seja estável em malha fechada e rejeite perturbações do tipo degrau em $Q(z)$. Analise o efeito dos parâmetros do filtro de predição do GDMC nas respostas.

18. Repita o exercício anterior para o processo instável modelado por $Y(z) = \frac{0,01(z+0,92)}{(z-1,1)(z-0,75)}[U(z) + Q(z)]$.

19. Para o processo do Exemplo 3.22, encontre um modelo aproximado de segunda ordem para representar a resposta ao degrau do processo e projete um controle PID com filtro de referência e com ação antecipativa (pode usar quaisquer método clássico de ajuste). Compare o resultado com o do DMC mostrado no exemplo. Considere, agora, que o processo tem a mesma resposta ao degrau do exemplo, mas com um atraso adicional de 4 amostras. Usando um modelo de segunda ordem com atraso para representar o processo, ajuste novamente o controle PID, com filtro de referência e com ação antecipativa. Compare, novamente, com o DMC reajustado para esta nova resposta. Neste caso, o PID consegue aproximar bem a solução dada pelo DMC? Discuta.

CAPÍTULO 4

# Controle Preditivo Generalizado (GPC)

O método chamado Controle Preditivo Generalizado (GPC, do inglês *Generalized Predictive Control*) foi proposto em 1987 (CLARKE; MOHTADI; TUFFS, 1987) e se tornou um dos métodos mais populares, tanto na indústria quanto na academia (CAMACHO; BORDONS, 2004). A principal diferença entre DMC e GPC está no modelo usado para o cálculo das predições da saída do processo e das perturbações. O GPC usa um modelo baseado em funções de transferência para representar o processo, que traz algumas vantagens em relação ao modelo adotado pelo DMC: (i) é um modelo paramétrico, com um reduzido número de coeficientes; (ii) pode representar qualquer dinâmica linear possível de ser representada por funções de transferência, inclusive plantas instáveis, sem necessidade de modificações. Ainda, o modelo das perturbações é mais geral que o usado no DMC e pode considerar vários tipos de perturbação, além daquelas do tipo degrau. Nos outros aspectos, como função custo, representação de restrições e obtenção da lei de controle, o procedimento usado no GPC é igual ao do DMC. Por isso, neste capítulo focaremos principalmente na análise do cálculo das predições, que é o aspecto que diferencia os dois controladores. Usaremos, na sequência, a mesma função custo que no caso do DMC e com os mesmos parâmetros de sintonia (horizontes e ponderações).

## 4.1 MODELO USADO NO GPC

Funções de transferência de tempo discreto são modelos lineares amplamente utilizados para representar as dinâmicas associadas a processos. Aqui, vamos considerar a função de transferência $G_u(z)$ para representar a relação entre a variável manipulada $U(z)$ e a saída do processo $Y(z)$, no plano transformado:

$$G_u(z) = \frac{Y(z)}{U(z)}, \tag{4.1}$$

com $z$ sendo a variável complexa. Esta função de transferência também pode ser escrita em função de $z^{-1}$, $G_u(z^{-1})$, o que facilita a transformação para equações a diferenças, no domínio de tempo discreto. Assim, essa notação será usada na sequência:

$$G_u(z^{-1}) = \frac{B_u(z^{-1})}{A_u(z^{-1})}, \tag{4.2}$$

com $B_u(z^{-1})$ e $A_u(z^{-1})$ sendo polinômios em $z^{-1}$. A estrutura desses polinômios será discutida em breve.

Da mesma forma, é possível considerar um modelo do tipo função de transferência $G_m(z)$ para a relação entre as perturbações não mensuráveis $N(z)$ e a saída $Y(z)$, e outro modelo $G_q(z)$ para a relação entre as perturbações mensuráveis $Q(z)$ e a saída do processo, com a forma:

$$G_m(z^{-1}) = \frac{B_m(z^{-1})}{A_m(z^{-1})}, \tag{4.3}$$

$$G_q(z^{-1}) = \frac{\tilde{B}_q(z^{-1})}{A_q(z^{-1})}, \tag{4.4}$$

com $B_m(z^{-1})$, $A_m(z^{-1})$ e $\tilde{B}_q(z^{-1})$, $A_q(z^{-1})$ sendo polinômios em $z^{-1}$. Novamente, as estruturas desses polinômios serão discutidas na sequência. Por ora, o fundamental é entender que cada relação dinâmica do processo real é modelada por uma função de transferência de tempo discreto.

Desta forma, o modelo completo do sistema é dado por:

$$Y(z) = \frac{B_u(z^{-1})}{A_u(z^{-1})}U(z) + \frac{B_m(z^{-1})}{A_m(z^{-1})}N(z) + \frac{\tilde{B}_q(z^{-1})}{A_q(z^{-1})}Q(z). \tag{4.5}$$

O modelo em (4.5) pode ser reescrito considerando a seguinte forma compacta:

$$Y(z) = \frac{z^{-1}B(z^{-1})}{A(z^{-1})}z^{-d}U(z) + \frac{C(z^{-1})}{A(z^{-1})}N(z) + \frac{B_q(z^{-1})}{A(z^{-1})}z^{-d_q}Q(z), \tag{4.6}$$

que possui o mesmo polinômio como denominador de todas as funções de transferência. Além de simplificar a notação, isso possibilita operar mais facilmente no domínio do tempo. Trataremos isso com detalhes ao longo deste capítulo. Na notação de (4.6), note que foram feitas as seguintes considerações:

- $A(z^{-1})$ é o mínimo múltiplo comum dos polinômios $A_u(z^{-1})$, $A_m(z^{-1})$ e $A_q(z^{-1})$;
- para poder manter a mesma relação dinâmica, os numeradores também são alterados em relação a (4.5);
- os processos estudados não têm transferência direta entre o sinal de controle e a saída, isto é, existe, no mínimo, um atraso de uma amostra entre $u$ e $y$, representado pelo fator $z^{-1}$ explicitamente colocado no numerador do modelo[3];

[3] Note que a ausência de transferência direta no modelo de predição é algo inerente a um controlador preditivo, dado que sempre se mede primeiro a saída para então calcular o sinal de controle que será aplicado no mesmo instante de tempo. Detalhes sobre isso são apresentados na parte de escolha dos horizontes da Seção 2.1.2.

- o atraso de transporte (ou tempo morto) $d$ adicional entre o sinal de controle e a saída é também explicitamente colocado no numerador do modelo com o termo $z^{-d}$;
- o atraso de transporte $d_q$ entre o sinal de perturbação medida e a saída é também explicitamente colocado no numerador do modelo (com o termo $z^{-d_q}$)[4];
- para as perturbações não medidas, o modelo também pode considerar resposta instantânea entre as perturbação $n$ e a saída mas, neste caso, o modelo não mostra o atraso $z^{-1}$ explicitamente na formulação. Caso exista um atraso nesta função de transferência, ele será observado nos coeficientes nulos do polinômio $C(z^{-1})$.

No modelo (4.6), os polinômios $A(z^{-1})$, $B(z^{-1})$, $C(z^{-1})$ e $B_q(z^{-1})$ são dados por:

$$\begin{aligned} A(z^{-1}) &= 1 + a_1 z^{-1} + a_2 z^{-2} + \ldots + a_{n_a} z^{-n_a}, \\ B(z^{-1}) &= b_0 + b_1 z^{-1} + b_2 z^{-2} + \ldots + b_{n_b} z^{-n_b}, \\ C(z^{-1}) &= c_0 + c_1 z^{-1} + c_2 z^{-2} + \ldots + c_{n_c} z^{-n_c}, \\ B_q(z^{-1}) &= b_{q,0} + b_{q,1} z^{-1} + b_{q,2} z^{-2} + \ldots + b_{q,n_{bq}} z^{-n_{bq}}. \end{aligned} \tag{4.7}$$

Note que o polinômio $A(z^{-1})$ é mônico, isto é, o coeficiente do termo de maior grau é 1.

Os polinômios $A_u(z^{-1})$, $B_u(z^{-1})$, $A_m(z^{-1})$, $B_m(z^{-1})$, $A_q(z^{-1})$ e $\tilde{B}_q(z^{-1})$ originalmente usados em (4.5) possuem estruturas equivalentes àquelas apresentadas acima para os polinômios $A(z^{-1})$, $B(z^{-1})$, $C(z^{-1})$ e $B_q(z^{-1})$, cada um podendo ter um número diferente de termos e sendo os polinômios do denominador todos mônicos. Caso algum polinômio do denominador não seja mônico, note que é possível dividir tanto o numerador quanto o denominador desse polinômio pelo coeficiente do termo de maior grau do denominador e chegar a uma representação equivalente com denominador mônico.

Caso $A_u(z^{-1})$, $A_m(z^{-1})$ e $A_q(z^{-1})$ sejam diferentes, $A(z^{-1})$ é definido como o mínimo múltiplo comum desses polinômios e é necessário adicionar alguns termos em $B_u(z^{-1})$, $B_m(z^{-1})$ e $\tilde{B}_q(z^{-1})$ para compensar os termos adicionados ao substituir cada um dos denominadores originais pelo mínimo múltiplo comum. Na sequência, apresentamos um exemplo de cálculo do modelo que ajuda a entender como obter a representação geral de (4.6) a partir de uma representação como a de (4.5).

---

[4] Note que se $d_q = 0$ o modelo pode considerar resposta instantânea entre a perturbação medida e a saída, dado que essa situação pode acontecer na prática quando a perturbação está na saída do processo (como já discutido no caso do DMC). Este caso é diferente da relação entre variável manipulada e saída, pois tanto a perturbação mensurável quanto a saída são medidas juntas a cada instante de tempo.

**Exemplo 4.1**

Considere o seguinte modelo de um processo que, por simplicidade, apenas possui uma perturbação mensurável:

$$Y(z) = \frac{b_u z^{-1}}{(1 - a_1 z^{-1})^2} z^{-d} U(z) + \frac{b_q}{(1 - a_1 z^{-1})(1 - a_2 z^{-1})} Q(z).$$

Claramente, os denominadores de $G_u(z^{-1})$ e $G_q(z^{-1})$ não são iguais, apesar de terem um polo em $a_1$ em comum. A partir dessa equação, construímos o polinômio $A(z^{-1})$ como o mínimo múltiplo comum de $(1 - a_1 z^{-1})^2$ e $(1 - a_1 z^{-1})(1 - a_2 z^{-1})$, isto é, um polinômio que contenha como raízes todos os diferentes polos de $G_u(z^{-1})$ e $G_q(z^{-1})$, respeitando a maior multiplicidade de um dado polo. Neste caso,

$$A(z^{-1}) = \left(1 - a_1 z^{-1}\right)^2 (1 - a_2 z^{-1}).$$

A seguir, encontramos os novos polinômios numeradores $B(z^{-1})$ e $C(z^{-1})$ de tal forma a obtermos $G_u(z)$ e $G_q(z)$ considerando o novo denominador comum $A(z^{-1})$. Neste exemplo, note que $A(z^{-1})$ tem um termo adicional $(1 - a_2 z^{-1})$ em relação ao denominador original de $G_u(z^{-1})$, então ele deve ser adicionado ao numerador para que as representações sejam equivalentes. O mesmo vale para o termo $(1 - a_2 z^{-1})$ em relação a $G_q(z^{-1})$.

Dessa forma, podem ser obtidas representações equivalentes de $G_u(z^{-1})$ e $G_q(z^{-1})$ com o mesmo denominador dadas por:

$$G_u(z^{-1}) = \frac{b_u z^{-1}(1 - a_2 z^{-1})}{(1 - a_1 z^{-1})^2 (1 - a_2 z^{-1})} z^{-d},$$

$$G_q(z^{-1}) = \frac{b_q(1 - a_1 z^{-1})}{(1 - a_1 z^{-1})^2 (1 - a_2 z^{-1})}.$$

Observe que as funções de transferência originais, $G_u(z^{-1})$ e $G_q(z^{-1})$, podem ser obtidas efetuando os cancelamentos das raízes iguais nos numeradores e denominadores.

Por fim, note que na representação de (4.6) o atraso associado à amostragem é explicitamente removido de $B(z^{-1})$, então os polinômios $B(z^{-1})$ e $B_q(z^{-1})$ são dados por:

$$B(z^{-1}) = b_u(1 - a_2 z^{-1}) \quad \text{e} \quad B_q(z^{-1}) = b_q(1 - a_1 z^{-1}).$$

Um detalhe importante é que esse processo de obtenção das funções de transferência no formato com denominador comum acaba por aumentar as ordens das funções de transferência originais. Veja que cada uma das funções de transferência originais tinha dois polos e não tinha zeros. As funções de transferência com denominador comum passaram a ter três polos e um zero cada, apesar de sempre poder haver cancelamentos entre polos e zeros nessas funções de transferência.

Uma maneira alternativa mais simples para a obtenção do modelo é definir $A(z^{-1})$ diretamente multiplicando os denominadores. Entretanto, caso eles possuam alguma raiz em comum, $A(z^{-1})$ terá um grau maior que o estritamente necessário. Neste exemplo, teríamos:

$$A(z^{-1}) = \left(1 - a_1 z^{-1}\right)^2 (1 - a_1 z^{-1})(1 - a_2 z^{-1}),$$

que possui grau maior do que o $A(z)$ calculado anteriormente. Os novos numeradores também seriam diferentes e de maior grau que no caso anterior.

Na sequência, vamos inicialmente analisar o modelo do sistema, considerando apenas perturbações não mensuráveis. O caso completo, incluindo as perturbações mensuráveis, será discutido mais adiante neste capítulo. Assim, o modelo considerado na análise inicial é dado por:

$$Y(z) = \frac{z^{-1}B(z^{-1})}{A(z^{-1})} z^{-d} U(z) + \frac{C(z^{-1})}{A(z^{-1})} N(z). \tag{4.8}$$

Esse modelo pode também ser representado na forma de uma equação a diferenças. Para isso, basta multiplicar ambos os lados por $A(z^{-1})$ e interpretar a equação resultante no domínio do tempo, com $z^{-1}$ sendo o operador deslocamento unitário para trás[5], chegando à representação:

$$A(z^{-1})y(k) = B(z^{-1})z^{-d}u(k-1) + C(z^{-1})n(k). \tag{4.9}$$

Ao fazer isso e isolar $y(k)$, que representa a saída do modelo no instante de tempo discreto $k$, obtemos:

$$\begin{aligned} y(k) = &-a_1 y(k-1) - a_2 y(k-2) - \ldots - a_{n_a} y(k-n_a) \\ &+ b_0 u(k-d-1) + b_1 u(k-d-2) + \ldots + b_{n_b} u(k-d-n_b-1) \\ &+ c_0 n(k) + c_1 n(k-1) + \ldots + c_{n_c} n(k-n_c), \end{aligned}$$

[5] Neste livro, $z$ é usado para representar a variável complexa nas equações que utilizem funções de transferência de tempo discreto e para representar o operador deslocamento no tempo em equações a diferenças.

com $u(k)$, $n(k)$ e $y(k)$ os sinais correspondentes às ações de controle, perturbação e saídas da planta, respectivamente, e $k$ representando as amostras em tempo discreto. A relação entre o tempo discreto e o tempo contínuo é dada por $t = kT_s$, com $T_s$ sendo o período de amostragem. Observe que a saída $y(k)$ depende dos valores de controle até o tempo discreto $k - d - 1$, o que é coerente com a análise feita no início deste capítulo.

Na formulação do GPC, a perturbação $n(k)$ é definida a partir da integração de um ruído branco de média zero, denotado $e(k)$, de modo que perturbações do tipo degrau e variações aleatórias sejam incluídas:

$$n(k) = \frac{e(k)}{\Delta},$$

com

$$\Delta = 1 - z^{-1}.$$

Assim, chegamos ao modelo usado no GPC, chamado modelo autorregressivo com média móvel, integrador e entrada controlada (CARIMA, do inglês *Controlled Autoregressive Integrated Moving Average*), dado por:

$$A(z^{-1})y(k) = B(z^{-1})z^{-d}u(k-1) + C(z^{-1})\frac{e(k)}{\Delta}. \tag{4.10}$$

Como vimos, o polinômio $C(z^{-1})$ tem como objetivo modelar o comportamento das perturbações não medidas do processo, mas como muitas vezes é difícil de ser obtido na prática por meio de dados da planta, tipicamente se utiliza $C(z^{-1}) = 1$ para uma análise simplificada do GPC. Assim como usamos o filtro $F_{e,j}(z)$ no DMC, o polinômio $C(z^{-1})$ pode ser utilizado como um parâmetro de sintonia do controlador GPC, pois afeta diretamente a rejeição de perturbações e a robustez de malha fechada, pelos mesmos motivos explicados no caso do DMC (CLARKE; MOTHADI; TUFFS, 1987).

Antes de apresentar o procedimento de cálculo das predições de forma geral, vamos ilustrar com um exemplo simples a modelagem usada no GPC para o processo e as perturbações não medidas.

**Exemplo 4.2**

Considere que um processo de controle de temperatura de um ambiente foi modelado em tempo discreto com amostras a cada minuto, considerando como variável de controle a potência do sistema de aquecimento e como variável de processo a temperatura do ambiente. O modelo obtido foi de primeira ordem, com um atraso de 8 amostras, com $A(z^{-1}) = 1 - 0{,}9z^{-1}$ e $B(z^{-1}) = 0{,}3$. Considere ainda que as perturbações não medidas desse processo podem ser modeladas com $C(z^{-1}) = 1 - 0{,}4z^{-1}$.

Assim, o modelo do sistema é dado por:

$$(1 - 0{,}9z^{-1})y(k) = 0{,}3z^{-8}u(k-1) + \frac{(1 - 0{,}4z^{-1})}{\Delta}e(k),$$

que, multiplicando ambos os lados por $\Delta$, pode ser escrito como:

$$(1 - 0{,}9z^{-1})\Delta y(k) = 0{,}3z^{-8}\Delta u(k-1) + (1 - 0{,}4z^{-1})e(k).$$

Usando que $(1 - 0{,}9z^{-1})\Delta = 1 - 1{,}9z^{-1} + 0{,}9z^{-2}$ e que $z^{-8}\Delta = z^{-8} - z^{-9}$, podemos escrever a equação a diferenças completa do sistema como:

$$y(k) = 1{,}9y(k-1) - 0{,}9y(k-2) + 0{,}3u(k-9) - 0{,}3u(k-10) + e(k) - 0{,}4e(k-1),$$

que pode ser usada recursivamente para o cálculo da saída do modelo a partir do conhecimento de valores atuais e anteriores dos sinais $u$ e $e$.

Ainda, o modelo pode ser escrito em função dos incrementos de controle $\Delta u(k)$ e não dos controles, simplificando a representação:

$$y(k) = 1{,}9y(k-1) - 0{,}9y(k-2) + 0{,}3\Delta u(k-9) + e(k) - 0{,}4e(k-1).$$

Estudaremos na sequência como usar o modelo CARIMA na formulação do GPC, iniciando com o cálculo das predições para o caso mais simples, com $C(z^{-1}) = 1$.

## 4.2 CÁLCULO DAS PREDIÇÕES (CASO $C(z^{-1}) = 1$)

Assim como no DMC, para o cálculo da lei de controle, como primeiro passo é preciso, a partir do modelo, obter as predições futuras da saída do sistema em função dos dados conhecidos até o instante $k$. Da mesma forma que ocorre no DMC, o GPC utiliza o modelo de predição considerando os incrementos de controle $\Delta u(k)$.

Para compreender como fazer isso e poder entender as diferenças de modelagem em relação ao que foi visto para o DMC, vamos apresentar dois exemplos simples e realizar o cálculo das predições com base no modelo CARIMA, apresentado em (4.10).

### 4.2.1 Exemplos introdutórios

Esta seção apresenta dois exemplos introdutórios que ilustram como o GPC emprega o modelo CARIMA para realizar as predições. Apesar de serem exemplos, sugere-se o acompanhamento atento de todos os passos, pois os exemplos contêm discussões teóricas que não são tratadas em outros pontos deste livro. Optamos por apresentar o conteúdo dessa forma por entender que a discussão com base em um exemplo concreto facilita o entendimento.

O primeiro exemplo, Exemplo 4.3, considera o modelo de um sistema de primeira ordem genérico sem atraso. O segundo exemplo, Exemplo 4.4, considera o mesmo tipo de sistema, porém com valores numéricos nas variáveis e um atraso de uma amostra.

**Exemplo 4.3**

Considere um processo com modelo CARIMA dado por:

$$A(z^{-1}) = 1 - az^{-1}, \; B(z^{-1}) = b, \; C(z^{-1}) = 1$$

e $d = 0$. Desejamos calcular as predições da saída para um horizonte com $N_1 = 1$, $N_2 = 2$ e considerando um horizonte de controle $N_u = 2$.

Partimos do modelo CARIMA e multiplicamos (4.10) por $\Delta$, resultando em:

$$\begin{aligned} A(z^{-1})\Delta y(k) &= B(z^{-1})z^{-d}\Delta u(k-1) + e(k), \\ (1 - az^{-1})(1 - z^{-1})y(k) &= b\Delta u(k-1) + e(k), \\ (1 - (1+a)z^{-1} + az^{-2})y(k) &= b\Delta u(k-1) + e(k), \end{aligned}$$

que após aplicar os deslocamentos no tempo e isolar $y(k)$ leva a:

$$y(k) = (1+a)y(k-1) - ay(k-2) + b\Delta u(k-1) + e(k).$$

A partir da equação anterior, podemos calcular a saída no instante $k+1$, deslocando o modelo um instante de tempo para frente:

$$y(k+1) = (1+a)y(k) - ay(k-1) + b\Delta u(k) + e(k+1).$$

Veja que $y(k+1)$ depende de valores passados da saída (que são conhecidos) e do controle $\Delta u(k)$ que vamos determinar, mas também depende do valor futuro do ruído branco $e(k+1)$, que é desconhecido. Devemos, então, calcular uma predição para $y(k+1)$ considerando alguma hipótese para o ruído. Como o ruido é branco e tem média nula, a melhor estimativa que se pode ter para valores futuros do ruído é assumi-los nulos, já que a esperança matemática é nula. Assim, para realizar a predição, assume-se que os valores futuros de $e$ são iguais a zero. Com base na discussão anterior, a melhor predição de $y(k+1)$ dadas as informações no instante $k$ é calculada usando o valor esperado $E[\cdot]$ de todas as variáveis, como:

$$E[y(k+1)] = E[(1+a)y(k) - ay(k-1) + b\Delta u(k)] + E[e(k+1)].$$

Usando $E[e(k+1)] = 0$ e definindo $E[y(k+1)] = \hat{y}(k+1 \mid k)$, obtemos:

$$\hat{y}(k+1 \mid k) = (1+a)y(k) - ay(k-1) + b\Delta u(k),$$

dado que $E[y(k)] = y(k)$ e $E[y(k-1)] = y(k-1)$, pois $y(k)$ e $y(k-1)$ são conhecidos no instante $k$, logo seus valores esperados coincidem com os valores medidos ou conhecidos. Além disso, $E[\Delta u(k)] = \Delta u(k)$, dado que $\Delta u(k)$ é o valor futuro do controle que vamos calcular na lei de controle, então ele será conhecido para poder determinar a predição para o instante $k+1$.

Para calcular a predição em $k+2$, basta calcular o valor de $y(k+2)$ com o modelo deslocado dois instantes de tempo para frente:

$$y(k+2) = (1+a)y(k+1) - ay(k) + b\Delta u(k+1) + e(k+2),$$

e aplicar o mesmo procedimento considerando o valor esperado para $e(k+2) = 0$, assumindo a predição feita na etapa anterior como o valor esperado de $y(k+1)$, ou seja, $E[y(k+1)] = \hat{y}(k+1 \mid k)$, e considerando o valor de controle futuro $\Delta u(k+1)$ como um valor a determinar:

$$\hat{y}(k+2 \mid k) = (1+a)\hat{y}(k+1 \mid k) - ay(k) + b\Delta u(k+1).$$

Substituindo a expressão previamente calculada para $\hat{y}(k+1 \mid k)$ na equação anterior, obtemos:

$$\begin{aligned}\hat{y}(k+2 \mid k) &= (1+a)\,[(1+a)y(k) - ay(k-1) + b\Delta u(k)] - ay(k) + b\Delta u(k+1)\\ &= (1+a)^2 y(k) - (1+a)ay(k-1) + (1+a)b\Delta u(k) - ay(k) + b\Delta u(k+1)\\ &= \left[(1+a)^2 - a\right] y(k) - (1+a)ay(k-1) + (1+a)b\Delta u(k) + b\Delta u(k+1).\end{aligned}$$

A partir do desenvolvimento apresentado anteriormente, deve ter ficado claro que é possível obter, de forma recursiva, as predições futuras em função das saídas e incrementos de controle passados e futuros, assim como ocorre no DMC. Para este exemplo, apenas precisamos de duas predições, pois $N_1 = 1$ e $N_2 = 2$, mas poderíamos continuar o cálculo para um horizonte maior.

É possível organizar as predições para todos os instantes do horizonte de predição em um vetor de predições, $\hat{\mathbf{y}}$, na forma:

$$\begin{bmatrix}\hat{y}(k+1 \mid k)\\ \hat{y}(k+2 \mid k)\end{bmatrix} = \begin{bmatrix} b & 0\\ (1+a)b & b\end{bmatrix}\begin{bmatrix}\Delta u(k)\\ \Delta u(k+1)\end{bmatrix} + \begin{bmatrix} 1+a & -a\\ (1+a)^2 - a & (1+a)a\end{bmatrix}\begin{bmatrix} y(k)\\ y(k-1)\end{bmatrix}.$$

Vamos considerar agora um exemplo numérico, supondo que o sistema anterior tem um atraso de transporte $d = 1$.

**Exemplo 4.4**

Considere o mesmo problema, com os mesmos tamanhos de horizonte, do Exemplo 4.3, mas agora com modelo definido em termos numéricos por $A(z^{-1}) = 1 - 0{,}9z^{-1}$, $B(z^{-1}) = 0{,}3$, $C(z^{-1}) = 1$ e $d = 1$. Neste caso, queremos calcular as predições em $k + 2$ e $k + 3$, dado que agora o sistema tem um atraso de uma amostra.

No Exemplo 4.3, deduzimos a predição para um sistema de primeira ordem genérico sem atraso como:

$$\hat{y}(k+1 \mid k) = (1+a)y(k) - ay(k-1) + b\Delta u(k).$$

Considerando uma amostra de atraso e substituindo os valores numéricos, com $a = 0{,}9$ e $b = 0{,}3$, temos:

$$\hat{y}(k+1 \mid k) = 1{,}9y(k) - 0{,}9y(k-1) + 0{,}3\Delta u(k-1).$$

Note que a única diferença em relação ao caso do exemplo anterior é que agora $\hat{y}(k+1 \mid k)$ depende de $\Delta u(k-1)$ e não mais de $\Delta u(k)$. O mesmo procedimento pode ser feito a partir da predição já calculada no Exemplo 4.3 para o instante $k + 2$ ou simplesmente deslocando a equação da predição um instante de tempo para frente e substituindo a expressão encontrada para $\hat{y}(k+1 \mid k)$. Vamos detalhar o segundo procedimento. Ao deslocar a predição um instante para frente, obtemos:

$$\hat{y}(k+2 \mid k) = 1{,}9\hat{y}(k+1 \mid k) - 0{,}9y(k) + 0{,}3\Delta u(k).$$

Substituindo $\hat{y}(k+1 \mid k)$ na equação anterior, obtemos:

$$\hat{y}(k+2 \mid k) = 1{,}9\,[1{,}9y(k) - 0{,}9y(k-1) + 0{,}3\Delta u(k-1)]$$

$$-0{,}9y(k) + 0{,}3\Delta u(k),$$

que depois de realizados os agrupamentos dos termos comuns resulta em:

$$\hat{y}(k+2 \mid k) = 2{,}71y(k) - 1{,}71y(k-1) + 0{,}57\Delta u(k-1) + 0{,}3\Delta u(k).$$

Para o passo seguinte:

$$\hat{y}(k+3 \mid k) = 1{,}9\hat{y}(k+2 \mid k) - 0{,}9\hat{y}(k+1 \mid k) + 0{,}3\Delta u(k+1).$$

Substituindo $\hat{y}(k+1 \mid k)$ e $\hat{y}(k+2 \mid k)$ chegamos a:

$$\hat{y}(k+3 \mid k) = 1{,}9\,[2{,}71y(k) - 1{,}71y(k-1) + 0{,}57\Delta u(k-1) + 0{,}3\Delta u(k)]$$

$$-0{,}9\,[1{,}9y(k) - 0{,}9y(k-1) + 0{,}3\Delta u(k-1)] + 0{,}3\Delta u(k+1),$$

que após as devidas simplificações resulta em:

$$\begin{aligned}\hat{y}(k+3 \mid k) =& 3{,}439y(k) - 2{,}439y(k-1)\\ &+ 0{,}813\Delta u(k-1) + 0{,}57\Delta u(k) + 0{,}3\Delta u(k+1).\end{aligned}$$

Note que com o procedimento de cálculo adotado foi necessário primeiro obter a predição para $k+1$, mesmo que as predições de interesse sejam para os instantes $k+2$ e $k+3$ (dado que $N_1 = 2$, por conta do atraso, e que o tamanho do horizonte de predição é $N = 2$, resultando em $N_2 = 3$). Essa necessidade ocorre porque o procedimento adotado é recursivo e as expressões para $\hat{y}(k+2 \mid k)$ e $\hat{y}(k+3 \mid k)$ dependem de $\hat{y}(k+1 \mid k)$.

Assim como foi feito no Exemplo 4.3, as predições de interesse podem ser agrupadas de forma vetorial, resultando em:

$$\begin{bmatrix}\hat{y}(k+2 \mid k)\\ \hat{y}(k+3 \mid k)\end{bmatrix} = \begin{bmatrix}0{,}57\\ 0{,}813\end{bmatrix}\Delta u(k-1) + \begin{bmatrix}2{,}71 & -1{,}71\\ 3{,}429 & -2{,}439\end{bmatrix}\begin{bmatrix}y(k)\\ y(k-1)\end{bmatrix} + \begin{bmatrix}0{,}3 & 0\\ 0{,}57 & 0{,}3\end{bmatrix}\begin{bmatrix}\Delta u(k)\\ \Delta u(k+1)\end{bmatrix}.$$

### 4.2.2 Cálculo das predições com equações diofantinas

O procedimento anterior, usado para o cálculo das predições, pode ser usado de forma geral e é bastante prático para algoritmos de controle. Porém, do ponto de vista formal, é possível generalizar o procedimento de cálculo das predições utilizando equações diofantinas polinomiais e obter analiticamente as expressões dos polinômios. O procedimento de cálculo com equações diofantinas evita a dependência explícita das predições anteriores. Isso, por exemplo, faria com que não fosse necessário calcular a predição $\hat{y}(k+1 \mid k)$ no Exemplo 4.4, já que só estávamos interessados nas predições para instantes a partir de $k+2$ por conta do atraso.

A ideia básica do método consiste em deslocar no tempo o modelo CARIMA, dado por (4.10), para obter predições para instantes futuros, dados por $k+j$, e fatorar o polinômio que multiplica $y(k+j)$ para que resultem apenas o termo em $k+j$ e os termos passados (anteriores a $k$). Isso é feito a partir da seguinte identidade polinomial:

$$1 = E_j(z^{-1})\Delta A(z^{-1}) + z^{-j}F_j(z^{-1}), \tag{4.11}$$

com $E_j(z^{-1})$ e $F_j(z^{-1})$ polinômios de grau $j-1$ e $n_a$ em $z^{-1}$, respectivamente:

$$\begin{aligned} E_j(z^{-1}) &= 1 + e_1 z^{-1} + e_2 z^{-2} + \ldots + e_{j-1} z^{-(j-1)}, \\ F_j(z^{-1}) &= f_{j,0} + f_{j,1} z^{-1} + f_{j,2} z^{-2} + \ldots + f_{j,n_a} z^{-n_a}. \end{aligned} \tag{4.12}$$

Essa equação pode ser interpretada como uma divisão polinomial do polinômio 1 pelo polinômio $\Delta A(z^{-1})$, obtendo como quociente o polinômio $E_j(z^{-1})$ e como resto o polinômio $z^{-j}F_j(z^{-1})$, conforme o esquema abaixo.

$$\begin{array}{c|l} \overbrace{1}^{\text{dividendo}} & \overbrace{\Delta A\left(z^{-1}\right)}^{\text{divisor}} \\ \hline \underbrace{z^{-j}F_j\left(z^{-1}\right)}_{\text{resto da divisão}} & \underbrace{E_j\left(z^{-1}\right)}_{\text{quociente}} \end{array}$$

Na sequência, para simplificar a notação, definimos o polinômio $\tilde{A}(z^{-1}) = \Delta A(z^{-1})$ que é um polinômio em $z^{-1}$ com o primeiro coeficiente igual a 1 e de grau $n_a + 1$. Assim a equação diofantina pode ser escrita como:

$$1 = E_j(z^{-1})\tilde{A}(z^{-1}) + z^{-j}F_j(z^{-1}). \tag{4.13}$$

Para essa interpretação ficar mais clara, considere o exemplo abaixo, no qual certas propriedades da divisão polinomial em termos de $z^{-1}$ são evidenciadas.

**Exemplo 4.5**

Considere que $A(z^{-1}) = 1 - 0{,}8z^{-1}$, o que implica $\tilde{A}(z^{-1}) = 1 - 1{,}8z^{-1} + 0{,}8z^{-2}$, e deseja-se fazer a divisão polinomial de 1 por $\tilde{A}(z^{-1})$. O primeiro passo é realizado a seguir:

$$
\begin{array}{l|l}
1 & 1 - 1{,}8z^{-1} + 0{,}8z^{-2} \\ \cline{2-2}
-\left(1 - 1{,}8z^{-1} + 0{,}8z^{-2}\right) & \underbrace{1}_{E_1(z^{-1})} \\ \cline{1-1}
0 + 1{,}8z^{-1} - 0{,}8z^{-2} = \underbrace{z^{-1}\left(1{,}8 - 0{,}8z^{-1}\right)}_{z^{-1}F_1(z^{-1})} &
\end{array}
$$

O primeiro elemento do quociente é escolhido de tal forma a eliminar o termo de maior grau do dividendo. Note que o termo de maior grau é o da esquerda, visto que as potências de $z^{-1}$ ficam mais negativas para a direita. No entanto, como o divisor possui termos de menor grau, estes aparecerão no resto da divisão. No primeiro passo, obtemos o quociente $E_1(z^{-1}) = 1$ e um resto de grau $n_a + 1$, que para este exemplo é igual a 2. Como esse resto tem um coeficiente nulo no termo $z^0$, podemos extrair $z^{-1}$ como fator comum e obter o polinômio $F_1(z^{-1})$, que tem grau $n_a$ ($n_a = 1$ neste exemplo). É possível continuar a divisão escolhendo adequadamente um novo termo para o quociente:

$$
\begin{array}{l|l}
1 & 1 - 1{,}8z^{-1} + 0{,}8z^{-2} \\ \cline{2-2}
-\left(1 - 1{,}8z^{-1} + 0{,}8z^{-2}\right) & \underbrace{1 + 1{,}8z^{-1}}_{E_2(z^{-1})} \\ \cline{1-1}
0 + 1{,}8z^{-1} - 0{,}8z^{-2} & \\
-\left(0 + 1{,}8z^{-1} - 3{,}24z^{-2} + 1{,}44z^{-3}\right) & \\ \cline{1-1}
0 + \quad 0z^{-1} + 2{,}44z^{-2} + 1{,}44z^{-3} = \underbrace{z^{-2}\left(2{,}44 + 1{,}44z^{-1}\right)}_{z^{-2}F_2(z^{-1})} &
\end{array}
$$

No passo seguinte, obtemos o quociente $E_2(z^{-1}) = 1 + 1{,}8z^{-1}$, que observamos que tem o primeiro coeficiente igual a $E_1(z^{-1}) = 1$. De fato, pela construção da divisão, cada $E_j$ é obtido a partir do anterior, adicionando um termo. Neste passo, o resto da divisão é um polinômio de grau $n_a + 2 = 3$ que tem coeficientes nulos nos termos $z^0$ e $z^{-1}$. Logo, podemos extrair $z^{-2}$ como fator comum e obter $F_2(z^{-1})$, que também é de grau $n_a$, assim como $F_1(z^{-1})$. O procedimento pode ser repetido até uma ordem $j$ qualquer devido à definição dos polinômios $\Delta$ e $A$ em termos de expoentes negativos de $z$.

No caso geral, como se trata de uma divisão de polinômios em $z^{-1}$, o quociente e o resto da divisão têm seus graus aumentados a cada passo da divisão $j$. O resto tem os primeiros $j$ coeficientes nulos, então é possível fatorá-lo como $z^{-j}F_j(z^{-1})$. Assim, o polinômio $F_j(z^{-1})$ possui grau fixo $n_a$. Por outro lado, o polinômio $E_j(z^{-1})$ tem a propriedade que $E_j(z^{-1}) = E_{j-1}(z^{-1}) + e_{j-1}z^{-(j-1)}$, de modo que os coeficientes não mudam ao mudar $j$, apenas se adiciona um termo ao polinômio anterior.

Vamos, agora, usar a identidade achada no modelo CARIMA para encontrar uma relação entre as predições da saída e os valores passados da saída, os valores passados do incremento de controle e os valores futuros do incremento de controle. Lembre-se que ao tratar de valores passados da saída, a saída medida em $k$ está incluída, pois $y(k)$ é um termo conhecido ao calcular o sinal de controle $u(k)$. Por outro lado, o valor de $\Delta u(k)$ é tido como um valor futuro de incremento de controle, pois ele não é conhecido no momento do cálculo do sinal de controle em $k$ (é justamente esse valor que o controlador busca determinar a cada instante $k$).

O modelo CARIMA (4.10) pode ser reescrito para mostrar o valor da saída num instante futuro $k + j$ simplesmente deslocando a equação $j$ instantes de tempo para frente, o que resulta em:

$$A(z^{-1})y(k+j) = B(z^{-1})z^{-d}u(k+j-1) + \frac{e(k+j)}{\Delta}. \tag{4.14}$$

Realizaremos, agora, duas manipulações. A primeira é multiplicar (4.14) por $E_j(z^{-1})\Delta$, o que resulta em:

$$\begin{aligned} &E_j(z^{-1})\Delta A(z^{-1})y(k+j) = \\ &\quad E_j(z^{-1})\tilde{A}(z^{-1})y(k+j) = E_j(z^{-1})B(z^{-1})z^{-d}\Delta u(k+j-1) \\ &\qquad\qquad\qquad\qquad\qquad\quad + E_j(z^{-1})e(k+j). \end{aligned} \tag{4.15}$$

Em seguida, vamos rearranjar a equação diofantina (4.13) da seguinte forma:

$$1 - z^{-j}F_j(z^{-1}) = E_j(z^{-1})\tilde{A}(z^{-1}). \tag{4.16}$$

Substituindo (4.16) no lado esquerdo de (4.15), temos:

$$\left(1 - z^{-j}F_j(z^{-1})\right) y(k+j) = E_j(z^{-1})B(z^{-1})\Delta u(k+j-d-1) + E_j(z^{-1})e(k+j),$$

que pode ser reescrita como:

$$y(k+j) - z^{-j}F_j(z^{-1})y(k+j) = E_j(z^{-1})B(z^{-1})\Delta u(k+j-d-1) + E_j(z^{-1})e(k+j).$$

Usando que $z^{-j}y(k+j) = y(k)$, é possível calcular $y(k+j)$ como:

$$y(k+j) = E_j(z^{-1})B(z^{-1})\Delta u(k+j-d-1) + F_j(z^{-1})y(k) + E_j(z^{-1})e(k+j). \tag{4.17}$$

Analisando os termos de (4.17), veja que:

$$F_j(z^{-1})y(k) = (f_{j,0} + f_{j,1}z^{-1} + ... + f_{j,n_a}z^{-n_a})y(k)$$

utiliza apenas termos passados e já conhecidos da saída $y$, e

$$E_j(z^{-1})e(k+j) = (1 + e_1z^{-1} + ... + e_{j-1}z^{-(j-1)})e(k+j)$$

utiliza apenas termos futuros de $e$ (note que $E_j(z^{-1})$ tem grau $j-1$). Como o valor esperado dos termos do ruído futuro $e$ são nulos (pelas mesmas razões apresentadas anteriormente), a predição pode ser definida de forma genérica como:

$$\hat{y}(k+j \mid k) = E_j(z^{-1})B(z^{-1})\Delta u(k+j-d-1) + F_j(z^{-1})y(k). \tag{4.18}$$

Observe que (4.18) permite calcular uma predição da saída em um instante futuro qualquer $k+j$ apenas conhecendo $B(z^{-1})$, que é característica do modelo do processo, e os polinômios $E_j(z^{-1})$ e $F_j(z^{-1})$, que podem ser obtidos *a priori*. Para usar as predições na função custo (assim como foi feito no caso do DMC), precisamos das predições da saída $y$ de $j = N_1$ até $j = N_2$. Vamos mostrar um exemplo utilizando a equação diofantina para obter as predições.

**Exemplo 4.6**

Considere o problema do Exemplo 4.4, com:

$$A(z^{-1}) = 1 - 0{,}9z^{-1}, \quad B(z^{-1}) = 0{,}3, \quad C(z^{-1}) = 1$$

e $d = 1$. Para calcular as predições em $k+2$ e $k+3$, precisamos obter os polinômios $E_2(z^{-1})$, $E_3(z^{-1})$, $F_2(z^{-1})$ e $F_3(z^{-1})$. Dividindo 1 por $\tilde{A}(z^{-1}) = 1-1{,}9z^{-1}+0{,}9z^{-2}$ uma vez, obtemos os seguintes polinômios:

$$E_1(z^{-1}) = 1 \qquad F_1(z^{-1}) = 1{,}9 - 0{,}9z^{-1}.$$

Para o passo 2, obtemos:

$$E_2(z^{-1}) = 1 + 1{,}9z^{-1} \qquad F_2(z^{-1}) = 2{,}71 - 1{,}71z^{-1}.$$

Por fim, em um terceiro passo de divisão polinomial, obtemos:

$$E_3(z^{-1}) = 1 + 1{,}9z^{-1} + 2{,}71z^{-2} \qquad F_3(z^{-1}) = 3{,}439 - 2{,}439z^{-1}.$$

Note que podemos empregar diretamente (4.18) para obter as predições para $k+2$ e $k+3$, que são os termos de interesse. Neste caso, não é necessário obter a predição $\hat{y}(k+1 \mid k)$, visto que o cálculo da diofantina acabou com a necessidade de obtenção recursiva explícita das predições. As predições são, então:

$$\hat{y}(k+2 \mid k) = 0{,}3\left(1+1{,}9z^{-1}\right)\Delta u(k+1) + \left(2{,}71-1{,}71z^{-1}\right)y(k),$$

$$\hat{y}(k+3 \mid k) = 0{,}3\left(1+1{,}9z^{-1}+2{,}71z^{-2}\right)\Delta u(k+2) + \left(3{,}439-2{,}439z^{-1}\right)y(k),$$

que depois de simplificadas podem ser escritas como:

$$\hat{y}(k+2 \mid k) = 0{,}3\Delta u(k+1) + 0{,}57\Delta u(k) + 2{,}71y(k) - 1{,}71y(k-1),$$

$$\hat{y}(k+3 \mid k) = 0{,}3\Delta u(k+2) + 0{,}57\Delta u(k+1) + 0{,}813\Delta u(k) + \\ 3{,}439y(k) - 2{,}439y(k-1).$$

### 4.2.3 Implementação recursiva da equação diofantina

Apesar de o cálculo da diofantina por divisão polinomial não ser complicado, os polinômios $E_j(z^{-1})$ e $F_j(z^{-1})$ podem ser calculados de forma recursiva, o que facilita a implementação do algoritmo e o torna computacionalmente mais eficiente. Partindo da equação diofantina (4.13), é possível escrever a mesma equação para a predição do instante $j+1$ como:

$$1 = E_{j+1}(z^{-1})\tilde{A}(z^{-1}) + z^{-(j+1)}F_{j+1}(z^{-1}). \tag{4.19}$$

Subtraindo (4.13) de (4.19), é obtida a igualdade:

$$0 = [E_{j+1}(z^{-1}) - E_j(z^{-1})]\tilde{A}(z^{-1}) + z^{-j}[z^{-1}F_{j+1}(z^{-1}) - F_j(z^{-1})]. \tag{4.20}$$

O primeiro termo do lado direito do sinal de igualdade em (4.20) pode ser simplificado. Como a estrutura de $E_{j+1}(z^{-1})$ é a mesma de $E_j(z^{-1})$, porém com um termo adicional no fim, $E_{j+1}(z^{-1}) - E_j(z^{-1})$ só tem um elemento, que é justamente o associado a $z^{-j}$. Assim, $E_{j+1}(z^{-1}) - E_j(z^{-1}) = e_j z^{-j}$, e (4.20) pode ser escrita de forma mais simples como:

$$\begin{aligned} 0 &= e_j z^{-j}\tilde{A}(z^{-1}) + z^{-j}[z^{-1}F_{j+1}(z^{-1}) - F_j(z^{-1})], \\ 0 &= z^{-j}[e_j\tilde{A}(z^{-1}) + z^{-1}F_{j+1}(z^{-1}) - F_j(z^{-1})], \\ 0 &= e_j\tilde{A}(z^{-1}) + z^{-1}F_{j+1}(z^{-1}) - F_j(z^{-1}). \end{aligned} \tag{4.21}$$

Adicionalmente, como o primeiro elemento de $\tilde{A}(z^{-1})$ é sempre 1, dado que tanto $\Delta$ quanto $A(z^{-1})$ são mônicos, o termo independente de $e_j\tilde{A}(z^{-1})$ em (4.21) é $e_j$. Além disso, $z^{-1}F_{j+1}(z^{-1})$ não tem termo independente, visto que todos os termos são multiplicados por $z^{-1}$. Assim, para a igualdade a zero em (4.21) ser satisfeita, é necessário que $e_j = f_{j,0}$, sendo $f_{j,0}$ o coeficiente do termo independente de $F_j(z^{-1})$.

Ainda, manipulando (4.21) o polinômio $F_{j+1}(z^{-1})$ pode ser escrito em função dos demais polinômios que aparecem na equação, resultando em:

$$F_{j+1}(z^{-1}) = z[F_j(z^{-1}) - e_j\tilde{A}(z^{-1})]. \tag{4.22}$$

Expressando os termos de $F_{j+1}(z^{-1})$ como:

$$F_{j+1}(z^{-1}) = f_{j+1,0} + f_{j+1,1}z^{-1} + f_{j+1,2}z^{-2} + ... + f_{j+1,n_a}z^{-n_a}$$

e escrevendo $\tilde{A}(z^{-1})$ como:

$$\tilde{A}(z^{-1}) = 1 + \tilde{a}_1z^{-1} + \tilde{a}_2z^{-2} + \ldots + \tilde{a}_{n_a+1}z^{-(n_a+1)},$$

é possível empregar (4.22) para encontrar cada termo de $F_{j+1}(z^{-1})$ em função de valores previamente calculados. Isso é feito igualando os coeficiente das potências iguais em ambos os lados da equação, o que resulta em:

$$f_{j+1,i} = f_{j,i+1} - \tilde{a}_{i+1}e_j, \forall i \in [0,1,\ldots,n_a], \tag{4.23}$$

assumindo $f_{j,i+1} = 0$ se este não for definido.

A expressão de (4.23) pode ser deduzida observando que (4.22) tem um $z$ que multiplica o termo do lado direito, então o $i$–ésimo coeficiente de $F_{j+1}(z^{-1})$ será dado pelo $(i+1)$–ésimo coeficiente de $F_j(z^{-1}) - e_j\tilde{A}(z^{-1})$. Por exemplo, o coeficiente do termo independente de $z^{-1}$ de $F_{j+1}(z^{-1})$, representado por $f_{j+1,0}$, será dado pelo coeficiente de potência $z^{-1}$ de $F_j(z^{-1}) - e_j\tilde{A}(z^{-1})$, visto que ao ser multiplicado por $z$ resultará em um termo independente. Assim, $f_{j+1,0} = f_{j,1} - \tilde{a}_1e_j$.

Como os primeiros elementos são conhecidos, ou seja,

$$E_1(z^{-1}) = 1, \qquad F_1(z^{-1}) = z[1 - \tilde{A}(z^{-1})],$$

que resulta diretamente da definição da diofantina, em (4.13), fica fácil calcular os termos seguintes de forma recursiva com:

$$E_{j+1}(z^{-1}) = E_j(z^{-1}) + z^{-j}f_{j,0}, \tag{4.24}$$

e (4.22) ou (4.23). Um código para o cálculo dos polinômios $E_j$ e $F_j$ pode ser baixado da página web do livro[6]. Na sequência, apresentamos um exemplo de cálculo recursivo dos polinômios $E_j(z^{-1})$ e $F_j(z^{-1})$ para o mesmo caso numérico tratado nos exemplos anteriores.

[6] <https://danielml.paginas.ufsc.br/livro-mpc/>.

### Exemplo 4.7

Vamos considerar o mesmo caso do Exemplo 4.4, que tem um modelo de predição caracterizado por:

$$A(z^{-1}) = 1 - 0{,}9z^{-1}, \ B(z^{-1}) = 0{,}3, \ C(z^{-1}) = 1,$$

e $d = 1$. Como discutido anteriormente, o polinômio $E_1(z^{-1})$ é sempre igual a 1. Além disso, mostramos que $F_1(z^{-1})$ pode sempre ser obtido como $F_1(z^{-1}) = z[1 - \tilde{A}(z^{-1})]$. Logo, nosso ponto de partida para os cálculos recursivos é dado por:

$$\begin{aligned} E_1(z^{-1}) &= 1, \\ F_1(z^{-1}) &= z[1 - (1 - z^{-1})(1 - 0{,}9z^{-1})] = 1{,}9 - 0{,}9z^{-1}. \end{aligned}$$

Para calcular $E_2(z^{-1})$, basta determinar o novo termo em relação a $E_1(z^{-1})$, que já vimos que é o primeiro elemento de $F_1(z^{-1})$ multiplicado por $z^{-1}$. Então,

$$E_2(z^{-1}) = E_1(z^{-1}) + f_{1,0}z^{-1} = 1 + 1{,}9z^{-1}.$$

O polinômio $F_2(z^{-1})$ pode ser obtido com uso de (4.22) ou (4.23). No primeiro caso, sabemos que $F_2(z^{-1}) = z[F_1(z^{-1}) - e_1\tilde{A}(z^{-1})]$, o que resulta em:

$$F_2(z^{-1}) = z[(1{,}9 - 0{,}9z^{-1}) - 1{,}9(1 - z^{-1})(1 - 0{,}9z^{-1})] = 2{,}71 - 1{,}71z^{-1}.$$

No segundo caso, sabemos que $F_2(z^{-1})$ tem o mesmo número de termos de $F_1(z^{-1})$, dessa forma é necessário calcular os termos $f_{2,0}$ e $f_{2,1}$. O primeiro é dado por:

$$f_{2,0} = f_{1,1} - \tilde{a}_1 e_1 = (-0{,}9) - (-1{,}9)(1{,}9) = 2{,}71$$

e o segundo é dado por:

$$f_{2,1} = f_{1,2} - \tilde{a}_2 e_1 = 0 - (0{,}9)(1{,}9) = -1{,}71.$$

Desse modo, podemos combinar ambos os termos para formar $F_2(z^{-1})$ como $F_2(z^{-1}) = f_{2,0} + f_{2,1}z^{-1}$, que resulta no mesmo polinômio obtido para o primeiro método de cálculo, ou seja, $F_2(z^{-1}) = 2{,}71 - 1{,}71z^{-1}$.

Para calcular $E_3(z^{-1})$, partimos de $E_2(z^{-1})$ e adicionamos o novo termo, que é dado por $e_2 = f_{2,0}$, ou seja,

$$E_3(z^{-1}) = E_2(z^{-1}) + f_{2,0}z^{-2} = 1 + 1{,}9z^{-1} + 2{,}71z^{-2}.$$

Por uma questão de simplicidade, os termos de $F_3(z^{-1})$ serão calculados apenas com emprego de (4.23). Neste caso, temos o primeiro termo dado por:

$$f_{3,0} = f_{2,1} - \tilde{a}_1 e_2 = (-1{,}71) - (-1{,}9)(2{,}71) = 3{,}439$$

e o segundo termo dado por:

$$f_{3,1} = f_{2,2} - \tilde{a}_2 e_2 = 0 - (0{,}9)(2{,}71) = -2{,}439.$$

Assim,

$$F_3(z^{-1}) = 3{,}439 - 2{,}439z^{-1}.$$

Observe que, como esperado, obtivemos os mesmos polinômios que quando usamos o método direto.

### 4.2.4 Análise do caso de processos com atraso

Nesta seção, analisamos algumas particularidades das predições empregando o modelo CARIMA para sistemas com atraso. Na prática, não faz sentido considerar as predições antes do atraso, pois elas só dependem de sinais de controle que já foram aplicados no sistema, e o efeito do sinal de controle a ser aplicado no instante atual só aparece após o atraso. Assim, considerando a primeira predição em $d + 1$, isto é, $N_1 = d + 1$, podemos escrever:

$$\hat{y}(k + d + j \mid k) = E_{d+j}(z^{-1})B(z^{-1})\Delta u(k + j - 1) + F_{d+j}(z^{-1})y(k), \tag{4.25}$$

com $j = 1 \ldots N$ e $N = N_2 - N_1 + 1$ sendo a janela de predição da saída.

Em (4.25), o termo $M_j(z^{-1}) = E_{d+j}(z^{-1})B(z^{-1})$ depende tanto de valores futuros quanto de passados de $\Delta u$. Os termos do polinômio $M_j(z^{-1})$ com grau em $z^{-1}$ maior que $j - 1$ estão associados a controles passados e os demais estão associados a controles futuros[7]. Para entender essa relação, escrevemos o polinômio $M_j(z^{-1})$ de forma geral, observando que ele tem grau $n_b + d + j - 1$:

$$\begin{aligned} M_j(z^{-1}) = & m_{j,0} + m_{j,1}z^{-1} + m_{j,2}z^{-2} + \ldots + m_{j,j-1}z^{-(j-1)} + m_{j,j}z^{-j} + \\ & m_{j,j+1}z^{-(j+1)} + \ldots + m_{j,j+d+n_b-1}z^{-(j+d+n_b-1)}. \end{aligned}$$

[7] Lembre que na estratégia de controle preditivo a ação de controle $u(k)$ é considerada como estando no futuro, pois precisa ser calculada no instante $k$.

Assim, temos:

$$\begin{aligned}M_j(z^{-1})\Delta u(k+j-1) =& m_{j,0}\Delta u(k+j-1) + m_{j,1}\Delta u(k+j-2)+\\ & m_{j,2}\Delta u(k+j-3) + \ldots + m_{j,j-1}\Delta u(k)+\\ & m_{j,j}\Delta u(k-1) + m_{j,j+1}\Delta u(k-2) + \ldots +\\ & m_{j,j+d+n_b-1}\Delta u(k-d-n_b),\end{aligned}$$

o que permite notar que, independentemente do valor de $j$, há um número fixo de termos que dependem da ação de controle passada ($n_b + d$ termos). Note que esse valor apenas depende das características do modelo de equação a diferenças do processo (número de zeros mais atraso do modelo). Por outro lado, somente teremos ações de controle futuras quando $j > 0$, já que o termo $M_j(z^{-1})$ está associado a $E_{d+j}(z^{-1})$ e a ação de controle em $k$ (primeira ação futura) só terá efeito em $k + d + 1$, que é justamente o tempo discreto associado a $j = 1$.

Assim como no caso do DMC, é interessante fazer a separação das ações de controle passadas e futuras no cálculo da predição, de tal forma que as respostas livre e forçada da mesma sejam evidenciadas. Uma forma de fazer isso é separando o polinômio $M_j(z^{-1})$ em dois polinômios: $G_j(z^{-1})$ para a parte dos controles futuros e $H_j(z^{-1})$ para a parte dos controles passados. Isso pode ser feito como:

$$G_j(z^{-1}) = g_1 + g_2 z^{-1} + g_3 z^{-2} + \ldots + g_j z^{-(j-1)}, \tag{4.26}$$

com $g_i = m_{j,i-1}$, independentemente do valor de $j$, visto que o valor de $m_{j,i}$ não é alterado para diferentes valores de $j$ por conta da estrutura de $E_j(z-1)$, e:

$$H_j(z^{-1}) = h_{j,1} + h_{j,2} z^{-1} + \ldots + h_{j,d+n_b} z^{-d-n_b+1}, \tag{4.27}$$

com $h_{j,i} = m_{j,j+i-1}$, $i = 1 \ldots d + n_b$. Note que os coeficientes de $G_j(z^{-1})$ e de $H_j(z^{-1})$ não são numerados a partir de zero, como tipicamente vinha sendo adotado, mas de um. Isso faz com que o índice dos coeficientes não coincida com as potências de $z^{-1}$, mas essa escolha tem uma razão que ficará clara ao longo da análise feita nesta seção.

Com emprego de $G_j(z^{-1})$ e de $H_j(z^{-1})$, as predições pode ser escritas como:

$$\hat{y}(k+d+j \mid k) = G_j(z^{-1})\Delta u(k+j-1) + H_j(z^{-1})\Delta u(k-1) + F_{d+j}(z^{-1})y(k).$$

Veja que os termos de $G_j(z^{-1})$ possuem graus de 0 a $j - 1$, fazendo com que os termos de $G_j(z^{-1})\Delta u(k + j - 1)$ dependam de valores futuros de $\Delta u$. Já os termos de $H_j(z^{-1})$ possuem graus de 0 a $d + n_b - 1$, de tal forma que os termos de $H_j(z^{-1})\Delta u(k - 1)$ dependam apenas de valores passados de $\Delta u$.

Se consideramos a resposta devida apenas aos sinais de controle futuros, considerando $\Delta u(k-i-1) = 0$ e $y(k-i) = 0$ para todo $i \geq 1$, observamos que a resposta, denominada resposta forçada, é dada por:

$$\hat{y}_f(k+d+1 \mid k) = g_1 \Delta u(k),$$

$$\hat{y}_f(k+d+2 \mid k) = g_1 \Delta u(k+1) + g_2 \Delta u(k),$$

$$\vdots$$

$$\hat{y}_f(k+d+N \mid k) = g_1 \Delta u(k+N-1) + g_2 \Delta u(k+N-2) + \ldots + g_N \Delta u(k).$$

Assim, se aplicamos um degrau unitário na entrada de controle, temos $\Delta u(k) = 1$ e $\Delta u(k+i) = 0$ para todo $i > 0$, ou seja:

$$\begin{bmatrix} \hat{y}_f(k+d+1 \mid k) \\ \hat{y}_f(k+d+2 \mid k) \\ \ldots \\ \hat{y}_f(k+d+N \mid k) \end{bmatrix} = \begin{bmatrix} g_1 \\ g_2 \\ \ldots \\ g_N \end{bmatrix},$$

que é a resposta ao degrau do sistema. Em outras palavras, note que os coeficientes do polinômio $G_j(z^{-1})$ são os coeficientes da resposta ao degrau do sistema. Isso explica a escolha dos índices dos coeficientes de $G_j(z^{-1})$ iniciando em 1, de modo a coincidir $g_1$, que representa o primeiro coeficiente do polinômio, com a mesma notação usada anteriormente para representar o primeiro coeficiente da resposta ao degrau do sistema. Esse resultado, como esperado, é o mesmo obtido no DMC para modelos estáveis, dado que para um certo processo não há diferenças na resposta futura esperada em uma janela finita quando representamos seu comportamento por uma função de transferência de tempo discreto ou pelos coeficientes da resposta ao degrau.

Já a parte que não depende de controles futuros, conhecida como resposta livre, é calculada considerando todos os controles futuros nulos, ou seja, $\Delta u(k+i) = 0$ para $i \geq 0$. A resposta livre pode ser escrita como:

$$f(k+d+j \mid k) = H_j(z^{-1}) \Delta u(k-1) + F_{d+j}(z^{-1}) y(k). \tag{4.28}$$

Como os polinômios $H_j(z^{-1})$ e $F_{d+j}(z^{-1})$ têm graus constantes e, respectivamente, iguais a $n_b+d-1$[8] e $n_a+1$, teremos uma dependência de $f$ com os incrementos de controle passados de $\Delta u(k-1)$ até $\Delta u(k-d-n_b)$ e com as saídas passadas de $y(k)$ até $y(k-n_a)$. Note que a forma de cálculo da resposta livre é bastante diferente da usada no DMC.

Vamos ilustrar esses cálculos com um exemplo antes de ver a forma geral da predição.

[8] Caso tenhamos $n_b + d - 1 \leq 0$ o polinômio $H_j(z^{-1}) = 0$.

**Exemplo 4.8**

Considere o sistema de primeira ordem sem atraso com:

$$B(z^{-1}) = b, \quad \text{e } A(z^{-1}) = 1 - az^{-1}.$$

Usando $N_1 = 1$ e $N_2 = 2$, precisamos das predições nos instantes $k+1$ e $k+2$. Assim, temos $d = 0$, $n_b = 0$ e $n_a = 1$, logo $n_b + d = 0$, o que indica que não haverá termos passados de $\Delta u$ na resposta livre.

Precisamos calcular as predições em todos os instantes usando os polinômios $E_j(z^{-1})$ e $F_j(z^{-1})$ para $j = 1$ e $j = 2$. Dividindo 1 por $\tilde{A}(z^{-1}) = 1 - (1+a)z^{-1} + az^{-2}$, temos no primeiro passo o quociente 1 e o resto $(1+a)z^{-1} - az^{-2}$; assim, $E_1(z^{-1}) = 1$ e $F_1(z^{-1}) = (1+a) - az^{-1}$. No segundo passo, obtemos o segundo termo do quociente, dado por $(1+a)z^{-1}$, e um novo resto $((1+a)^2 - a)z^{-2} - a(1+a)z^{-3}$; assim: $E_2(z^{-1}) = 1 + (1+a)z^{-1}$ e $F_2(z^{-1}) = ((1+a)^2 - a) - a(1+a)z^{-1}$.

Assim, para $k+1$ ($j = 1$), temos:

$$\begin{aligned} E_1(z^{-1})B(z^{-1}) =& 1 \cdot b, \\ G_1(z^{-1}) =& b, \\ H_1(z^{-1}) =& 0. \end{aligned}$$

Como $F_1(z^{-1}) = (1+a) - az^{-1}$, a predição resultante é:

$$\hat{y}(k+1 \mid k) = b\Delta u(k) + ((1+a) - az^{-1})y(k)$$

ou

$$\hat{y}(k+1 \mid k) = b\Delta u(k) + (1+a)y(k) - ay(k-1).$$

Já para $k+2$ ($j = 2$), temos:

$$\begin{aligned} E_2(z^{-1})B(z^{-1}) =& (1 + (1+a)z^{-1})b, \\ G_2(z^{-1}) =& b + b(1+a)z^{-1}, \\ H_2(z^{-1}) =& 0. \end{aligned}$$

Neste caso, a predição depende dos incrementos de controle em $k$ e $k+1$. A partir do conhecimento de $F_2(z^{-1}) = ((1+a)^2 - a) - a(1+a)z^{-1}$, é possível escrever a predição para $k+2$ como:

$$\hat{y}(k+2 \mid k) = b\Delta u(k+1) + b(1+a)\Delta u(k) + ((1+a)^2 - a)y(k) - a(1+a)z^{-1}y(k),$$

ou

$$\hat{y}(k+2 \mid k) = b\Delta u(k+1) + b(1+a)\Delta u(k) + ((1+a)^2 - a)y(k) - a(1+a)y(k-1).$$

Vetorialmente, as predições de interesse podem ser escritas como:

$$\begin{bmatrix} \hat{y}(k+1 \mid k) \\ \hat{y}(k+2 \mid k) \end{bmatrix} = \begin{bmatrix} b & 0 \\ b(1+a) & b \end{bmatrix} \begin{bmatrix} \Delta u(k) \\ \Delta u(k+1) \end{bmatrix} + \begin{bmatrix} (1+a) & -a \\ (1+a)^2 - a & -a(1+a) \end{bmatrix} \begin{bmatrix} y(k) \\ y(k-1) \end{bmatrix}. \quad (4.29)$$

Observamos que o primeiro termo é a resposta forçada, que depende de ações de controle futuras, e o segundo termo corresponde à resposta livre, que se obtém assumindo incrementos de controle futuros nulos. O resultado é, como esperado, o mesmo que obtivemos no Exemplo 4.3.

Note que a separação de $E_j(z^{-1})B(z^{-1})$ nos polinômios $G_j(z^{-1})$ e $H_j(z^{-1})$ é apenas uma forma de sistematizar a análise, mas é possível chegar ao mesmo resultado fazendo essa separação manualmente por inspeção da expressão obtida para a predição.

Vamos adicionar agora uma amostra de atraso no sistema e realizar novamente o cálculo, mantendo os horizontes $N_1 = 1$ e $N_2 = 2$. Isso é discutido na sequência na forma de um exemplo.

**Exemplo 4.9**

Considere o mesmo problema do Exemplo 4.8, inclusive com os horizontes $N_1 = 1$ e $N_2 = 2$, porém agora adicione uma amostra de atraso no modelo do processo. Podemos usar os polinômios $E_j(z^{-1})$ e $F_j(z^{-1})$ já calculados, mas devemos reorganizar $G_j(z^{-1})$ e $H_j(z^{-1})$. Para $k + 1$ ($j = 1$), temos:

$$\begin{aligned} E_1(z^{-1})B(z^{-1}) &= 1 \cdot b, \\ G_1(z^{-1}) &= 0, \\ H_1(z^{-1}) &= b. \end{aligned}$$

Dado que $j = 1$ e $d = 1$, não temos ações de controle futuras na predição um instante de tempo à frente, o que é esperado, pois o sistema tem uma amostra de atraso. A predição resultante é dada por:

$$\hat{y}(k+1 \mid k) = b\Delta u(k-1) + ((1+a) - az^{-1})y(k)$$

ou

$$\hat{y}(k+1 \mid k) = b\Delta u(k-1) + (1+a)y(k) - ay(k-1).$$

Já para $k+2$ ($j=2$), temos:

$$\begin{aligned} E_2(z^{-1})B(z^{-1}) =&(1+(1+a)z^{-1})b, \\ G_2(z^{-1}) =&b, \\ H_2(z^{-1}) =&b(1+a). \end{aligned}$$

Neste caso, a predição depende dos incrementos de controle em $k$ e $k-1$ e é dada por:

$$\hat{y}(k+2 \mid k) = b\Delta u(k) + b(1+a)\Delta u(k-1) + ((1+a)^2 - a)y(k) - a(1+a)z^{-1}y(k)$$

ou

$$\hat{y}(k+2 \mid k) = b\Delta u(k) + b(1+a)\Delta u(k-1) + ((1+a)^2 - a)y(k) - a(1+a)y(k-1).$$

Matricialmente, podemos colocar as predições como:

$$\begin{bmatrix} \hat{y}(k+1 \mid k) \\ \hat{y}(k+2 \mid k) \end{bmatrix} = \begin{bmatrix} 0 \\ b \end{bmatrix} \begin{bmatrix} \Delta u(k) \end{bmatrix} + \begin{bmatrix} b \\ b(1+a) \end{bmatrix} \begin{bmatrix} \Delta u(k-1) \end{bmatrix} + \begin{bmatrix} (1+a) & -a \\ (1+a)^2 - a & -a(1+a) \end{bmatrix} \begin{bmatrix} y(k) \\ y(k-1) \end{bmatrix}.$$

Observamos que a resposta forçada, que é representada pelo primeiro termo, depende apenas do incremento de controle no instante atual e que influencia somente a predição para o instante $k+2$, visto que o primeiro elemento do vetor que multiplica $\Delta u(k)$ é nulo. Além disso, agora os dois últimos termos correspondem à resposta livre, já que aparece um termo que é função dos incrementos de controle passados.

Como neste caso a saída em $k+1$ não depende do sinal de controle calculado em $k$, mas apenas de termos já conhecidos, o natural seria iniciar o horizonte de predição apenas depois de passado o atraso. Se considerarmos essa escolha, teremos $N_1 = 2$ e $N_2 = 2$, obtendo:

$$\begin{bmatrix} \hat{y}(k+2 \mid k) \end{bmatrix} = \begin{bmatrix} b \end{bmatrix} \begin{bmatrix} \Delta u(k) \end{bmatrix} + \begin{bmatrix} b(1+a) \end{bmatrix} \begin{bmatrix} \Delta u(k-1) \end{bmatrix} + \begin{bmatrix} (1+a)^2 - a & -a(1+a) \end{bmatrix} \begin{bmatrix} y(k) \\ y(k-1) \end{bmatrix}.$$

Note que agora a saída predita está colocada como dependente do controle futuro a ser calculado, $\Delta u(k)$, sem uma linha de zeros na matriz $\mathbf{G}$. Esta equação da predição é simplesmente alcançada com a eliminação da primeira linha da equação obtida com o $N_1 = 1$.

Voltemos agora para a análise geral do cálculo das predições.

### 4.2.5 Forma matricial das predições

Assim como no DMC, é possível escrever as predições em formato matricial como:

$$\hat{\mathbf{y}} = \mathbf{G}\Delta\mathbf{u} + \mathbf{f}, \tag{4.30}$$

com $\mathbf{G}$ sendo a matriz de resposta ao degrau do processo e $\mathbf{f}$ sendo o vetor de resposta livre. Por sua vez, o vetor de resposta livre pode ser escrito como

$$\mathbf{f} = \mathbf{F}\underset{\leftarrow}{\mathbf{y}} + \mathbf{H}\underset{\leftarrow}{\Delta\mathbf{u}}.$$

Assumindo $N_1 = d+1$ e uma janela de predição de tamanho $N = N_2 - N_1 + 1$, os termos são definidos como:

$$\hat{\mathbf{y}} = \begin{bmatrix} \hat{y}(k+d+1 \mid k) \\ \hat{y}(k+d+2 \mid k) \\ \vdots \\ \hat{y}(k+d+N \mid k) \end{bmatrix}, \quad \underset{\leftarrow}{\Delta\mathbf{u}} = \begin{bmatrix} \Delta u(k-1) \\ \Delta u(k-2) \\ \vdots \\ \Delta u(k-n_b-d) \end{bmatrix},$$

$$\mathbf{H} = \begin{bmatrix} h_{1,1} & h_{1,2} & \cdots & h_{1,n_b+d} \\ h_{2,1} & h_{2,2} & \cdots & h_{2,n_b+d} \\ \vdots & \vdots & \ddots & \vdots \\ h_{N,1} & h_{N,2} & \cdots & h_{N,n_b+d} \end{bmatrix}, \quad \mathbf{F} = \begin{bmatrix} f_{d+1,0} & f_{d+1,1} & \cdots & f_{d+1,n_a} \\ f_{d+2,0} & f_{d+2,1} & \cdots & f_{d+2,n_a} \\ \vdots & \vdots & \ddots & \vdots \\ f_{d+N,0} & f_{d+N,1} & \cdots & f_{d+N,n_a} \end{bmatrix},$$

$$\underset{\leftarrow}{\mathbf{y}} = \begin{bmatrix} y(k) \\ y(k-1) \\ \vdots \\ y(k-n_a) \end{bmatrix}, \quad \mathbf{G} = \begin{bmatrix} g_1 & 0 & \cdots & 0 \\ g_2 & g_1 & \cdots & 0 \\ \vdots & \vdots & \vdots & \vdots \\ g_N & g_{N-1} & \cdots & g_{N-N_u+1} \end{bmatrix},$$

no qual $\mathbf{H} \in \mathbb{R}^{N \times n_b+d}$ e $\mathbf{F} \in \mathbb{R}^{N \times n_a+1}$ são matrizes com os coeficientes dos polinômios $H_j(z^{-1})$ e $F_{d+j}(z^{-1})$, respectivamente, e $\mathbf{G}$ é exatamente igual à definida no DMC. Esta última propriedade é simples de verificar, dado que ao aplicar um degrau na entrada (sinal de controle) do modelo de predição, temos $\Delta u(k) = 1$ e $\Delta u(k+j) = 0$ para todo $j > 0$, o que faz com que o produto $\mathbf{G}\Delta\mathbf{u}$ seja igual à primeira coluna de $\mathbf{G}$, como já discutido. Ainda, considerando o sistema em repouso, todos os demais termos são nulos e $\mathbf{f} = 0$, o que faz com que a predição coincida com a resposta ao degrau do sistema. Como já analisado com o DMC, para um modelo invariante no tempo e causal, a resposta a um degrau no tempo futuro $k + j$ será igual àquela obtida como o degrau em $k$, mas deslocada de $j$ amostras. Assim, as demais colunas de $\mathbf{G}$ são obtidas apenas deslocando a coluna anterior para baixo e adicionando um zero no primeiro elemento da nova coluna. Por isso, **G** tem a forma triangular inferior com elementos repetidos.

A partir deste resultado, concluímos que a diferença entre as predições calculadas no GPC e no DMC está apenas na forma como se calcula a resposta livre em cada um dos algoritmos.

Na prática, o cálculo das predições vai ser usado a partir de $N_1$, que pode ser maior que $d+1$. Se isso for considerado, as expressões anteriores devem ser modificadas para obter as equações em função de $N_1$ e $N_2 = N_1 + N - 1$:

$$\hat{\mathbf{y}} = \begin{bmatrix} \hat{y}(k+N_1 \mid k) \\ \hat{y}(k+N_1+1 \mid k) \\ \vdots \\ \hat{y}(k+N_2 \mid k) \end{bmatrix}, \quad \underleftarrow{\Delta \mathbf{u}} = \begin{bmatrix} \Delta u(k-1) \\ \Delta u(k-2) \\ \vdots \\ \Delta u(k-n_b-d) \end{bmatrix},$$

$$\mathbf{H} = \begin{bmatrix} h_{N_1,1} & h_{N_1,2} & \cdots & h_{N_1,n_b+d} \\ h_{N_1+1,1} & h_{N_1+1,2} & \cdots & h_{N_1+1,n_b+d} \\ \vdots & \vdots & \ddots & \vdots \\ h_{N_2,1} & h_{N_2,2} & \cdots & h_{N_2,n_b+d} \end{bmatrix}, \quad \underleftarrow{\mathbf{y}} = \begin{bmatrix} y(k) \\ y(k-1) \\ \vdots \\ y(k-n_a) \end{bmatrix},$$

$$\mathbf{F} = \begin{bmatrix} f_{N_1,0} & f_{N_1,1} & \cdots & f_{N_1,n_a} \\ f_{N_1+1,0} & f_{N_1+1,1} & \cdots & f_{N_1+1,n_a} \\ \vdots & \vdots & \ddots & \vdots \\ f_{N_2,0} & f_{N_2,1} & \cdots & f_{N_2,n_a} \end{bmatrix}, \quad \mathbf{G} = \begin{bmatrix} g_{N_1} & g_{N_1-1} & \cdots & 0 \\ g_{N_1+1} & g_{N_1} & \cdots & 0 \\ \vdots & \vdots & \vdots & \vdots \\ g_{N_2} & g_{N_2-1} & \cdots & g_{N_2-N_u+1} \end{bmatrix}.$$

**Nota 4.1**

Observe que:

- estas expressões são válidas para $N_1 > d$;
- este modelo é igual ao anterior, porém foram eliminadas as linhas de $d+1$ até $N_1 - 1$;
- se $N_1 = d+1$, a saída predita no instante $k + N_1 = k + d + 1$ terá relação com o primeiro incremento de controle e, assim, a matriz **G** será uma matriz triangular inferior.

Um outro aspecto que deve ser ressaltado é que, para o GPC, não é preciso fazer distinção entre processos estáveis ou instáveis para o cálculo das predições, dado que o modelo usado é válido em ambos os casos.

Vamos apresentar um exemplo do cálculo das predições para um sistema de segunda ordem com atraso.

**Exemplo 4.10**

Considere um sistema genérico dado por:

$$A(z^{-1}) = 1 + a_1 z^{-1} + a_2 z^{-2}, \; B(z^{-1}) = b_0 + b_1 z^{-1}$$

e $d = 1$, o que resulta em $n_a = 2$, $n_b = 1$ e um polinômio $\tilde{A}(z^{-1})$ de terceira ordem:

$$\tilde{A}(z^{-1}) = 1 + \tilde{a}_1 z^{-1} + \tilde{a}_2 z^{-2} + \tilde{a}_3 z^{-3}.$$

Para $N_1 = 1$ e $N_2 = 3$, precisamos calcular os valores de $E_j(z^{-1})$ e de $F_j(z^{-1})$ para $j$ de 1 a 3:

$$E_1\left(z^{-1}\right) = 1,$$
$$E_2\left(z^{-1}\right) = 1 - \tilde{a}_1 z^{-1},$$
$$E_3\left(z^{-1}\right) = 1 - \tilde{a}_1 z^{-1} + \left(\tilde{a}_1^2 - \tilde{a}_2\right) z^{-2},$$

$$F_1\left(z^{-1}\right) = - \tilde{a}_1 - \tilde{a}_2 z^{-1} - \tilde{a}_3 z^{-2},$$
$$F_2\left(z^{-1}\right) = \left(\tilde{a}_1^2 - \tilde{a}_2\right) + \left(\tilde{a}_1\tilde{a}_2 - \tilde{a}_3\right) z^{-1} + \tilde{a}_1\tilde{a}_3 z^{-2},$$
$$F_3\left(z^{-1}\right) = \left(-\tilde{a}_1^3 + 2\tilde{a}_1\tilde{a}_2 - \tilde{a}_3\right) + \left(-\tilde{a}_1^2\tilde{a}_2 + \tilde{a}_2^2 + \tilde{a}_1\tilde{a}_3\right) z^{-1} - \tilde{a}_3\left(\tilde{a}_1^2 - \tilde{a}_2\right) z^{-2}.$$

Para $k + 1$ ($j = 1$), a predição é dada por:

$$\hat{y}(k+1 \mid k) = E_1\left(z^{-1}\right) B\left(z^{-1}\right) \Delta u(k-d) + F_1\left(z^{-1}\right) y(k).$$

Substituindo o polinômio $F_1\left(z^{-1}\right)$ já calculado e usando que o termo $E_1\left(z^{-1}\right) B\left(z^{-1}\right)$ é dado por

$$E_1\left(z^{-1}\right) B\left(z^{-1}\right) = 1\left(b_0 + b_1 z^{-1}\right),$$

podemos calcular:

$$\begin{aligned}\hat{y}(k+1 \mid k) =& b_0\Delta u(k-1) + b_1\Delta u(k-2) \\ & - \tilde{a}_1 y(k) - \tilde{a}_2 y(k-1) - \tilde{a}_3 y(k-2).\end{aligned}$$

De forma similar, para o instante $k+2$ ($j=2$), usamos $F_2\left(z^{-1}\right)$ e calculamos:

$$E_2\left(z^{-1}\right)B\left(z^{-1}\right)=\left(1-\tilde{a}_1z^{-1}\right)\left(b_0+b_1z^{-1}\right)$$
$$=b_0+\left(b_1-\tilde{a}_1b_0\right)z^{-1}-\tilde{a}_1b_1z^{-2},$$

o que resulta em:

$$\begin{aligned}\hat{y}(k+2\mid k)=&b_0\Delta u(k)+\left(b_1-\tilde{a}_1b_0\right)\Delta u(k-1)-\tilde{a}_1b_1\Delta u(k-2)\\&+\left(\tilde{a}_1^2-\tilde{a}_2\right)y(k)+\left(\tilde{a}_1\tilde{a}_2-\tilde{a}_3\right)y(k-1)+\tilde{a}_1\tilde{a}_3y(k-2).\end{aligned}$$

E, finalmente, para o instante $k+3$ ($j=3$), usamos $F_3\left(z^{-1}\right)$ e calculamos:

$$\begin{aligned}E_3\left(z^{-1}\right)B\left(z^{-1}\right)=&\left(1-\tilde{a}_1z^{-1}+\left(\tilde{a}_1^2-\tilde{a}_2\right)z^{-2}\right)\left(b_0+b_1z^{-1}\right)\\=&b_0+\left(b_1-\tilde{a}_1b_0\right)z^{-1}+\left(b_0\left(\tilde{a}_1^2-\tilde{a}_2\right)-\tilde{a}_1b_1\right)z^{-2}\\&+b_1\left(\tilde{a}_1^2-\tilde{a}_2\right)z^{-3},\end{aligned}$$

então,

$$\begin{aligned}\hat{y}(k+3\mid k)=&b_0\Delta u(k+1)+\left(b_1-\tilde{a}_1b_0\right)\Delta u(k)\\&+\left(b_0\left(\tilde{a}_1^2-\tilde{a}_2\right)-\tilde{a}_1b_1\right)\Delta u(k-1)\\&+b_1\left(\tilde{a}_1^2-\tilde{a}_2\right)\Delta u(k-2)+\left(-\tilde{a}_1^3+2\tilde{a}_1\tilde{a}_2-\tilde{a}_3\right)y(k)\\&+\left(-\tilde{a}_1^2\tilde{a}_2+\tilde{a}_2^2+\tilde{a}_1\tilde{a}_3\right)y(k-1)-\tilde{a}_3\left(\tilde{a}_1^2-\tilde{a}_2\right)y(k-2).\end{aligned}$$

As predições ainda podem ser rearranjadas em forma matricial como:

$$\begin{bmatrix}\hat{y}(k+1\mid k)\\\hat{y}(k+2\mid k)\\\hat{y}(k+3\mid k)\end{bmatrix}=\begin{bmatrix}0&0\\b_0&0\\\left(b_1-\tilde{a}_1b_0\right)&b_0\end{bmatrix}\begin{bmatrix}\Delta u(k)\\\Delta u(k+1)\end{bmatrix}$$
$$+\begin{bmatrix}-\tilde{a}_1&-\tilde{a}_2&-\tilde{a}_3\\\left(\tilde{a}_1^2-\tilde{a}_2\right)&\left(\tilde{a}_1\tilde{a}_2-\tilde{a}_3\right)&\tilde{a}_1\tilde{a}_3\\\left(-\tilde{a}_1^3+2\tilde{a}_1\tilde{a}_2-\tilde{a}_3\right)&\left(-\tilde{a}_1^2\tilde{a}_2+\tilde{a}_2^2+\tilde{a}_1\tilde{a}_3\right)&-\tilde{a}_3\left(\tilde{a}_1^2-\tilde{a}_2\right)\end{bmatrix}\begin{bmatrix}y(k)\\y(k-1)\\y(k-2)\end{bmatrix}$$
$$+\begin{bmatrix}b_0&b_1\\\left(b_1-\tilde{a}_1b_0\right)&-\tilde{a}_1b_1\\\left(b_0\left(\tilde{a}_1^2-\tilde{a}_2\right)-\tilde{a}_1b_1\right)&b_1\left(\tilde{a}_1^2-\tilde{a}_2\right)\end{bmatrix}\begin{bmatrix}\Delta u(k-1)\\\Delta u(k-2)\end{bmatrix}.$$

Observe que, assim como no exemplo anterior, o primeiro termo se refere à resposta forçada, pois depende dos incrementos futuros de controle, que deverão ser calculados de forma a minimizar a função custo. E os dois últimos termos se referem à resposta livre do sistema, pois dependem apenas de informações passadas do sistema. Note, também, que a predição em $\hat{y}(k+1 \mid k)$, dada pela primeira linha das matrizes da equação anterior, não depende das ações futuras de controle. Assim, o horizonte inicial pode ser modificado para $N_1 = d + 1 = 2$ sem afetar o problema de otimização resultante.

Note que o procedimento para o cálculo das predições poderia ter sido realizado também usando as matrizes $G_j$ e $H_j$ para o cálculo dos termos que dependem do controle futuro e passado, respectivamente, que, neste caso, são dadas por:

$$G_1\left(z^{-1}\right) = 0,$$
$$H_1\left(z^{-1}\right) = b_0 + b_1 z^{-1},$$

$$G_2\left(z^{-1}\right) = b_0,$$
$$H_2\left(z^{-1}\right) = \left(b_1 - \tilde{a}_1 b_0\right) z^{-1} - \tilde{a}_1 b_1 z^{-2},$$

$$G_3\left(z^{-1}\right) = b_0 + \left(b_1 - \tilde{a}_1 b_0\right) z^{-1},$$
$$H_3\left(z^{-1}\right) = \left(b_0\left(\tilde{a}_1^2 - \tilde{a}_2\right) - \tilde{a}_1 b_1\right) z^{-2} + b_1\left(\tilde{a}_1^2 - \tilde{a}_2\right) z^{-3},$$

para chegar nas mesmas expressões das predições de $j = 1$ a $j = 3$.

## 4.3 CÁLCULO DAS PREDIÇÕES (CASO $C(z^{-1}) \neq 1$)

Todo o procedimento realizado na Seção 4.2 pode ser generalizado para o caso no qual o modelo da perturbação é mais geral e o polinômio $C(z^{-1}) \neq 1$. Na literatura de GPC, opta-se por utilizar um polinômio $C(z^{-1})$ mônico, com o seu primeiro coeficiente unitário, $c_0 = 1$. Veja que isto não causa problemas na análise, dado que o efeito da perturbação na saída do processo pode ser atribuído a uma perturbação de amplitude diferente, de forma a obter o mesmo resultado que considerando $c_0 \neq 1$. Para isso, bastaria multiplicar e dividir $C(z^{-1})e(k)$ por $c_0$, obtendo $\frac{C(z^{-1})}{c_0} c_0 e(k)$, de forma tal que o novo polinômio $\frac{C(z^{-1})}{c_0}$ tem o seu primeiro coeficiente unitário e a nova perturbação

$c_0 e(k)$ tem sua amplitude ajustada com $c_0$. Assim, no que segue, o polinômio $C(z^{-1})$ é considerado mônico.

Para este caso, a predição pode ser obtida a partir do modelo CARIMA em $k + j$ com o polinômio $\Delta$ já multiplicado dos dois lados:

$$\tilde{A}(z^{-1})y(k+j) = B(z^{-1})z^{-d}\Delta u(k+j-1) + C(z^{-1})e(k+j).$$

Neste caso, é interessante dividir os dois lados da igualdade por $C(z^{-1})$, de modo a não ter termos passados do ruído branco na predição, o que ocorreria caso $C(z^{-1})$ tivesse termos em $z^{-1}$. Fazendo essa divisão, chegamos a:

$$\frac{\tilde{A}(z^{-1})}{C(z^{-1})}y(k+j) = \frac{B(z^{-1})z^{-d}}{C(z^{-1})}\Delta u(k+j-1) + e(k+j). \tag{4.31}$$

Note que, agora, o termo que multiplica $y(k+j)$ é $\frac{\tilde{A}(z^{-1})}{C(z^{-1})}$ e não mais apenas $\tilde{A}(z^{-1})$. Assim, o procedimento para o cálculo das predições pode ser, neste caso, baseado na solução de uma nova equação diofantina, que é dada pela divisão de 1 por $\frac{\tilde{A}(z^{-1})}{C(z^{-1})}$, ou, simplesmente, de $C(z^{-1})$ por $\tilde{A}(z^{-1})$. Essa nova diofantina pode ser escrita como:

$$C(z^{-1}) = \tilde{A}(z^{-1})E_j(z^{-1}) + z^{-j}F_j(z^{-1}), \tag{4.32}$$

e pode ser considerada como a divisão de $C(z^{-1})$ por $\tilde{A}(z^{-1})$, com quociente $E_j(z^{-1})$ e resto $z^{-j}F_j(z^{-1})$ (note que estes polinômios não são os mesmos encontrados para o caso com $C(z^{-1}) = 1$). Neste caso, o polinômio $E_j(z^{-1})$ continua tendo grau $j - 1$ e o grau de $F_j(z^{-1})$ depende do grau de $C(z^{-1})$ e pode até ser variável. Se $n_c \leq n_a + 1$, a ordem de $F_j(z^{-1})$ continua tendo grau $n_a$, como no caso de $C(z^{-1}) = 1$. Se $n_c > n_a + 1$, para $j \leq n_c - n_a$, o grau de $F_j(z^{-1})$ é $n_c - j$, e se $j > n_c - n_a$ o grau é sempre $n_a$ (veja o Exercício 7 na Seção 4.10).

Podemos reescrever (4.32) como:

$$\tilde{A}(z^{-1})E_j(z^{-1}) = C(z^{-1}) - z^{-j}F_j(z^{-1}), \tag{4.33}$$

que pode ser dividida por $C(z^{-1})$ para chegar a:

$$\frac{\tilde{A}(z^{-1})E_j(z^{-1})}{C(z^{-1})} = 1 - \frac{z^{-j}F_j(z^{-1})}{C(z^{-1})}. \tag{4.34}$$

Antes de continuar, é interessante incorporar o atraso diretamente no polinômio $B(z^{-1})$, ou seja, definir:

$$\tilde{B}(z^{-1}) = z^{-d}B(z^{-1}),$$

para facilitar a notação. Isto também poderia ter sido usado no caso de $C(z^{-1}) = 1$, mas nesta seção é especialmente interessante, pois os cálculos aqui são um pouco mais elaborados e o uso de $\tilde{B}(z^{-1})$ facilita a discussão.

A partir do modelo CARIMA em $k + j$ apresentado em (4.31), que já incorpora as manipulações discutidas no início da seção, é possível multiplicar ambos os lados da igualdade por $E_j(z^{-1})$ e substituir o resultado de (4.34), obtendo:

$$y(k+j) - \frac{F_j(z^{-1})z^{-j}}{C(z^{-1})}y(k+j) = \frac{E_j(z^{-1})\tilde{B}(z^{-1})}{C(z^{-1})}\Delta u(k+j-1) + E_j(z^{-1})e(k+j),$$

e como $F_j(z^{-1})z^{-j}y(k+j) = F_j(z^{-1})y(k)$, podemos isolar $y(k+j)$ e chegar a:

$$y(k+j) = \frac{F_j(z^{-1})}{C(z^{-1})}y(k) + \frac{E_j(z^{-1})\tilde{B}(z^{-1})}{C(z^{-1})}\Delta u(k+j-1) + E_j(z^{-1})e(k+j).$$

Note que esta equação é similar à encontrada no caso de $C(z^{-1}) = 1$. A única diferença é que $y(k)$ e $\Delta u(k+j-1)$ aparecem multiplicados por quocientes de polinômios que dependem de $C(z^{-1})$ e não mais por polinômios que dependem apenas do modelo do processo.

Finalmente, assim como no caso de $C(z^{-1}) = 1$, o termo dependente da perturbação:

$$E_j(z^{-1})e(k+j)$$

corresponde a valores de $e$ no futuro, dado que $E_j(z^{-1})$ tem grau $j - 1$. Como o valor esperado das perturbações futuras é zero, podemos obter a predição de $y(k+j)$ como:

$$\hat{y}(k+j \mid k) = \frac{F_j(z^{-1})}{C(z^{-1})}y(k) + \frac{E_j(z^{-1})\tilde{B}(z^{-1})}{C(z^{-1})}\Delta u(k+j-1). \tag{4.35}$$

Observe que as divisões de polinômios em $z^{-1}$ de $\frac{F_j(z^{-1})}{C(z^{-1})}$ e $\frac{E_j(z^{-1})\tilde{B}(z^{-1})}{C(z^{-1})}$ podem ser consideradas como polinômios em $z^{-1}$ de grau infinito. Assim, o termo $\frac{F_j(z^{-1})}{C(z^{-1})}y(k)$ corresponde a uma combinação linear de valores passados de $y(k)$. Já o termo $\frac{E_j(z^{-1})\tilde{B}(z^{-1})}{C(z^{-1})}\Delta u(k+j-1)$ pode ser separado em duas partes, uma correspondente aos valores passados da ação de controle (para os elementos do polinômio com expoente em $z^{-1}$ maior que $j - 1$), e outra correspondente aos valores futuros da ação de controle (para os elementos do polinômio com expoente em $z^{-1}$ menor ou igual a $j - 1$). Assim como acontece no caso de $C(z^{-1}) = 1$, podemos compor a expressão que calcula as predições com uma componente de resposta livre e outra de forçada.

Apesar da simplicidade da análise anterior, para poder chegar à formulação final do controle, é interessante o uso de sinais auxiliares, como veremos na continuação. Como o primeiro termo do lado direito de (4.35) só depende de termos passados de $y$, podemos utilizar:

$$y_c(k) = \frac{1}{C(z^{-1})} y(k), \tag{4.36}$$

ou seja, utilizamos uma variável auxiliar $y_c$ que nada mais é do que a saída $y$ filtrada por $1/C(z^{-1})$, e com isso, simplificamos este termo da equação. O mesmo não pode ser feito diretamente com o termo dependente de $\Delta u$, pois há termos que dependem de valores futuros de $\Delta u$. Assim, considere uma segunda equação diofantina:

$$E_j(z^{-1})\tilde{B}(z^{-1}) = G_j(z^{-1})C(z^{-1}) + z^{-j}H_j(z^{-1}), \tag{4.37}$$

que pode ser considerada associada à divisão do polinômio $E_j(z^{-1})\tilde{B}(z^{-1})$ pelo polinômio $C(z^{-1})$. Note que, assim como em (4.32), o grau de $G_j(z^{-1})$ é $j-1$ e $H_j(z^{-1})$ pode ter grau variável, dependendo do grau do polinômio $C(z^{-1})$. Substituindo (4.37) em (4.35), temos que

$$\hat{y}(k+j \mid k) = F_j(z^{-1})y_c(k) + \frac{G_j(z^{-1})C(z^{-1}) + z^{-j}H_j(z^{-1})}{C(z^{-1})} \Delta u(k+j-1), \tag{4.38}$$

que, após separar os termos, pode ser reescrita como:

$$\hat{y}(k+j \mid k) = F_j(z^{-1})y_c(k) + G_j(z^{-1})\Delta u(k+j-1) + \frac{H_j(z^{-1})}{C(z^{-1})} \Delta u(k-1). \tag{4.39}$$

Veja que o último termo da equação anterior ainda é filtrado por $C(z^{-1})$, mas este termo só depende de valores passados de $\Delta u$, dado que $\frac{H_j(z^{-1})}{C(z^{-1})}$ pode ser visto como um polinômio de grau infinito em $z^{-1}$. Assim, é possível fazer a substituição:

$$\Delta u_c(k) = \frac{1}{C(z^{-1})} \Delta u(k),$$

e considerar $\Delta u_c(k)$ como um sinal de controle filtrado, obtendo:

$$\hat{y}(k+j \mid k) = F_j(z^{-1})y_c(k) + G_j(z^{-1})\Delta u(k+j-1) + H_j(z^{-1})\Delta u_c(k-1). \tag{4.40}$$

Note nesta última equação que o termo $G_j(z^{-1})\Delta u(k+j-1)$ só possui termos dependentes de valores futuros de $\Delta u$, pois a ordem de $G_j(z^{-1})$ é igual a $j-1$, e que este termo não depende do polinômio $C(z^{-1})$.

Se reordenamos os termos de (4.40) para chegar a:

$$\hat{y}(k+j \mid k) = G_j(z^{-1})\Delta u(k+j-1) + F_j(z^{-1})y_c(k) + H_j(z^{-1})\Delta u_c(k-1), \tag{4.41}$$

observamos que temos um primeiro termo representando o efeito dos controles futuros na predição e dois termos correspondentes ao efeito do passado, que correspondem à resposta livre $f(k+j \mid k)$. Assim, é possível escrever a predição como:

$$\hat{y}(k+j \mid k) = G_j(z^{-1})\Delta u(k+j-1) + f(k+j \mid k), \tag{4.42}$$

com $f(k+j \mid k) = F_j(z^{-1})y_c(k)+H_j(z^{-1})\Delta u_c(k-1)$. Essa equação tem a mesma forma que no caso de $C(z^{-1}) = 1$, fazendo com que o restante do algoritmo GPC não precise ser alterado. Em termos práticos, podemos calcular os polinômios $F_j(z^{-1})$ e $H_j(z^{-1})$, filtrar os sinais de controle e saídas passadas com um filtro $1/C(z^{-1})$ e, em seguida, calcular a resposta livre do sistema. A resposta forçada não muda com a inclusão do polinômio $C(z^{-1}) \neq 1$, dado que ela representa apenas o efeito do controle futuro na predição, sem levar em conta as perturbações.

Então, concluindo, o uso do polinômio $C(z^{-1})$ não unitário adiciona complexidade na obtenção das predições, porém, caso se conheça o modelo das perturbações, o modelo de predição será melhor que considerando $C(z^{-1}) = 1$.

Na prática, de modo geral, é difícil obter bons modelos das perturbações não medidas. Assim, o GPC é formulado diretamente com $C(z^{-1}) = 1$ ou se considera esse polinômio como mais um parâmetro de projeto. Como estudaremos posteriormente, na Seção 4.7.4, usar $C(z^{-1})$ como mais um parâmetro de projeto dá um grau de liberdade adicional que pode ser utilizado para, por exemplo, aumentar a robustez do sistema em malha fechada ou mudar as respostas às perturbações. Por ora, podemos apenas realizar uma análise mais intuitiva: observe que se o sistema está sujeito a perturbações, ruído ou erro de modelagem, ao filtrarmos os sinais passados da saída e do controle para calcular a resposta livre, estamos modificando a informação enviada ao algoritmo de otimização, podendo, por exemplo, evitar que sejam calculadas ações de controle violentas por causa de variações bruscas da saída e do controle causadas pelas perturbações. Na Seção 4.7.4, também mostraremos que, no caso nominal, isto é, sem erros de modelagem nem perturbações, a inclusão de um $C(z^{-1}) \neq 1$ não tem efeito no sistema em malha fechada.

Na sequência, vamos mostrar com um exemplo como obter as predições com o polinômio $C(z^{-1}) \neq 1$.

**Exemplo 4.11**

Considere o mesmo processo de controle de temperatura de um ambiente do Exemplo 4.4, com modelo dado por:

$$A(z^{-1}) = 1 - 0{,}9z^{-1}, \; B(z^{-1}) = 0{,}3, \;\; C(z^{-1}) = 1 - 0{,}4z^{-1},$$

e um atraso $d = 1$. Vamos calcular as predições para $k+2$ e $k+3$. Primeiro, calculamos os polinômios $E_j(z^{-1})$ e $F_j(z^{-1})$ para $j = 1, 2, 3$ fazendo três passos da divisão do polinômio $C(z^{-1}) = 1 - 0{,}4z^{-1}$ pelo polinômio $\tilde{A}(z^{-1}) = 1 - 1{,}9z^{-1} + 0{,}9z^{-2}$:

$$\begin{aligned} E_1(z^{-1}) &= 1, & F_1(z^{-1}) &= 1{,}5 - 0{,}9z^{-1}, \\ E_2(z^{-1}) &= 1 + 1{,}5z^{-1}, & F_2(z^{-1}) &= 1{,}95 - 1{,}35z^{-1}, \\ E_3(z^{-1}) &= 1 + 1{,}5z^{-1} + 1{,}95z^{-2}, & F_3(z^{-1}) &= 2{,}355 - 1{,}755z^{-1}. \end{aligned}$$

Agora, vamos incorporar o atraso ao polinômio $B(z^{-1})$, obtendo:

$$\tilde{B}(z^{-1}) = 0{,}3z^{-1}.$$

No próximo passo, podem ser calculados os polinômios $G_j(z^{-1})$ e $H_j(z^{-1})$ para obtermos as predições futuras. Veja que também poderíamos, alternativamente, calcular o produto dos polinômios $E$ e $B$ e separar as ações de controle futuras e passadas. Como apenas precisamos dos elementos de $j = 2$ a $j = 3$, usamos as seguintes equações diofantinas, obtidas a partir de (4.37):

$$\begin{aligned} E_2(z^{-1})0{,}3z^{-1} &= G_2(z^{-1})(1 - 0{,}4z^{-1}) + z^{-2}H_2(z^{-1}), \\ (1 + 1{,}5z^{-1})0{,}3z^{-1} &= G_2(z^{-1})(1 - 0{,}4z^{-1}) + z^{-2}H_2(z^{-1}), \end{aligned}$$

$$\begin{aligned} E_3(z^{-1})0{,}3z^{-1} &= G_3(z^{-1})(1 - 0{,}4z^{-1}) + z^{-3}H_3(z^{-1}), \\ (1 + 1{,}5z^{-1} + 1{,}95z^{-2})0{,}3z^{-1} &= G_3(z^{-1})(1 - 0{,}4z^{-1}) + z^{-3}H_3(z^{-1}), \end{aligned}$$

que, quando solucionadas, geram:

$$\begin{aligned} G_2(z^{-1}) &= 0{,}3z^{-1}, & H_2(z^{-1}) &= 0{,}57, \\ G_3(z^{-1}) &= 0{,}3z^{-1} + 0{,}57z^{-2} & H_3(z^{-1}) &= 0{,}8130. \end{aligned}$$

Assim, substituindo no modelo da predição em $k + 2$, temos:

$$\hat{y}(k + 2 \mid k) = 1{,}95y_c(k) - 1{,}35y_c(k - 1) + 0{,}3\Delta u(k) + 0{,}57\Delta u_c(k - 1).$$

E, por fim, para $k + 3$ temos:

$$\begin{aligned} \hat{y}(k + 3 \mid k) = {} & 2{,}355y_c(k) - 1{,}755y_c(k - 1) + 0{,}3\Delta u(k + 1) \\ & + 0{,}57\Delta u(k) + 0{,}8130\Delta u_c(k - 1). \end{aligned}$$

Esse resultado pode ser colocado na forma matricial padrão, supondo $N_1 = 2$, $N_2 = N_u = 3$, como:

$$\begin{aligned} \begin{bmatrix} \hat{y}(k + 2 \mid k) \\ \hat{y}(k + 3 \mid k) \end{bmatrix} = {} & \begin{bmatrix} 0{,}3 & 0 & 0 \\ 0{,}57 & 0{,}3 & 0 \end{bmatrix} \begin{bmatrix} \Delta u(k) \\ \Delta u(k + 1) \\ \Delta u(k + 2) \end{bmatrix} \\ & + \begin{bmatrix} 1{,}95 & -1{,}35 \\ 2{,}355 & -1{,}755 \end{bmatrix} \begin{bmatrix} y_c(k) \\ y_c(k - 1) \end{bmatrix} + \begin{bmatrix} 0{,}57 \\ 0{,}8130 \end{bmatrix} \Delta u_c(k - 1). \end{aligned}$$

Como podemos observar, a matriz de resposta ao degrau deste modelo é a mesma do caso com $C(z^{-1}) = 1$ do Exemplo 4.4 e apenas a resposta livre tem uma expressão diferente. Para finalizar o exemplo, podemos colocar as equações para obtenção dos sinais filtrados $y_c$ e $\Delta u_c$ passados, que são calculados a partir da filtragem de $y$ e $\Delta u$, respectivamente, passados pelo filtro $1/C(z^{-1})$. Como $C(z^{-1}) = 1 - 0{,}4z^{-1}$, temos:

$$y_c(k-j) = 0{,}4y_c(k-j-1) + y(k-j), \qquad j \geq 0,$$

$$\Delta u_c(k-j) = 0{,}4\Delta u_c(k-j-1) + \Delta u(k-j), \qquad j \geq 1.$$

Com este estudo, finalizamos a análise do cálculo das predições do GPC para o caso sem perturbações medíveis. Na próxima seção, estudaremos como modificar as predições do GPC quando existe a possibilidade de medir alguma das perturbações que afetam o processo.

## 4.4 AÇÃO ANTECIPATIVA (*FEED-FORWARD*)

Se for concebível medir alguma perturbação presente no sistema e se o seu modelo em relação à saída for conhecido, é possível adaptar o algoritmo GPC para incorporar o efeito da perturbação medida nas predições do sistema, gerando um efeito de controle antecipativo, ou *feed-forward*, de forma similar ao caso do DMC apresentado na Seção 3.4.

Como mostramos na Seção 4.1, quando o sistema tem uma perturbação $q(k)$ conhecida, devemos usar o modelo completo do sistema dado por (4.6). Neste caso, o modelo CARIMA pode ser escrito da seguinte maneira:

$$A(z^{-1})y(k) = B(z^{-1})z^{-d}u(k-1) + B_q(z^{-1})z^{-d_q}q(k) + C(z^{-1})\frac{e(k)}{\Delta}, \tag{4.43}$$

com todos os polinômios iguais aos definidos na Seção 4.1. Lembre que, assim como no DMC, a perturbação pode afetar a saída instantaneamente, quando $b_{q,0} \neq 0$ e $d_q = 0$.

Obtido o modelo CARIMA em (4.43), considerando a perturbação $q(k)$, os procedimentos para a obtenção das predições do sistema permanecem os mesmos explicados na Seção 4.1, já que o cálculo dos polinômios $E_j(z^{-1})$ e $F_j(z^{-1})$ ao longo do horizonte de predição não depende de $B_q(z^{-1})$. Nesta seção, consideramos, por simplicidade, $C(z^{-1}) = 1$ para calcular os polinômios $E_j(z^{-1})$ e $F_j(z^{-1})$. Assim, se multiplicarmos (4.43) por $E_j(z^{-1})\Delta$ e usarmos a mesma equação diofantina considerada para o caso sem a informação da perturbação, apresentada em (4.16), obtemos:

$$\begin{aligned} y(k+j) =& E_j(z^{-1})B(z^{-1})\Delta u(k+j-d-1) \\ &+ E_j(z^{-1})B_q(z^{-1})\Delta q(k+j-d_q) \\ &+ F_j(z^{-1})y(k) + E_j(z^{-1})e(k+j). \end{aligned} \tag{4.44}$$

Sabendo que $E_j(z^{-1})e(k+j)$ só possui termos futuros da perturbação $e$, que tem valor esperado nulo, como explicado anteriormente, as predições futuras são dadas por:

$$\begin{aligned} \hat{y}(k+j \mid k) =& E_j(z^{-1})B(z^{-1})\Delta u(k+j-d-1) \\ &+ E_j(z^{-1})B_q(z^{-1})\Delta q(k+j-d_q) + F_j(z^{-1})y(k). \end{aligned} \tag{4.45}$$

Empregando o mesmo procedimento adotado na Seção 4.1, os termos $E_j(z^{-1})B(z^{-1})\Delta u(k+j-d-1)$ e $E_j(z^{-1})B_q(z^{-1})\Delta q(k+j-d_q)$ podem ser separados em termos que dependem de valores futuros e passados de, respectivamente, $\Delta u$ e $\Delta q$. No caso particular do termo da perturbação, o termo $E_j(z^{-1})B_q(z^{-1})$ possui ordem $j+n_{bq}-1$. Assim:

$$\begin{aligned} E_j(z^{-1})B_q(z^{-1})\Delta q(k+j-d_q) =& m_{q,j,0}\Delta q(k+j-d_q) \\ &+ m_{q,j,1}\Delta q(k+j-d_q-1) + \\ &+ m_{q,j,2}\Delta q(k+j-d_q-2) + \ldots \\ &+ m_{q,j,j+n_{bq}}\Delta q(k-d_q-n_{bq}+1), \end{aligned}$$

e note que, se $j > d_q$, há termos que dependem de valores futuros e passados da perturbação. Note, também, que o termo mais atrasado de $\Delta q$ que aparece na equação, independente do valor de $j$, é $\Delta q(k-n_{bq}-d_q+1)$.

Dessa forma, as predições podem ser reescritas como:

$$\begin{aligned} \hat{y}(k+j \mid k) =& G_j(z^{-1})\Delta u(k+j-1) + H_j(z^{-1})\Delta u(k-1) \\ &+ G_{q,j}(z^{-1})\Delta q(k+j) + H_{q,j}(z^{-1})\Delta q(k) \\ &+ F_j(z^{-1})y(k), \end{aligned} \tag{4.46}$$

sendo que $G_j(z^{-1})$ e $H_j(z^{-1})$ são obtidos a partir do polinômio $E_j(z^{-1})B(z^{-1})$, e $G_{q,j}(z^{-1})$ e $H_{q,j}(z^{-1})$ a partir do polinômio $E_j(z^{-1})B_q(z^{-1})$. As considerações sobre $G_j(z^{-1})$ e $H_j(z^{-1})$ são as mesmas apresentadas na Seção 4.1 e as de $G_{q,j}(z^{-1})$ e $H_{q,j}(z^{-1})$ são similares, com exceção do fato de que o termo $H_{q,j}(z^{-1})\Delta q(k)$ contém $\Delta q(k)$, pois esse valor é conhecido no instante $k$. O termo $G_{q,j}(z^{-1})\Delta q(k+j)$, de valores futuros da perturbação, usualmente não é considerado, pois são raros os casos em que se tem uma predição confiável de valores futuros das perturbações mensuráveis. Assim, normalmente, assume-se que a perturbação manterá o último valor medido, ou seja, $\Delta q(k+j) = 0$, $\forall j > 0$. No entanto, se em alguma situação os valores futuros da perturbação medida forem conhecidos (ou estimados) até um certo valor no horizonte, que definimos aqui como $N_q$ (horizonte da perturbação medida), é possível considerar o termo $G_{q,j}(z^{-1})\Delta q(k+j)$, com:

$$G_{q,j}(z^{-1}) = g_{q,0} + g_{q,1}z^{-1} + g_{q,2}z^{-2} + \ldots + g_{q,j-1}z^{-(j-1)}. \tag{4.47}$$

Caso $j \leq d_q$, $G_{q,j}(z^{-1}) = 0$, por conta do atraso do sistema. Caso $j > d_q$, $G_{q,j}(z^{-1})$ representará os coeficientes da resposta ao degrau da função de transferência entre a perturbação e a saída, dada por $B_q(z^{-1})z^{-d_q}/A(z^{-1})$. Além disso, se $j > N_q$, é necessário eliminar os termos de ordem 0 a $j - N_q - 1$ de $G_{q,j}(z^{-1})$, já que $\Delta q(k+j) = 0$, $\forall j > N_q$. Já o polinômio $H_{q,j}(z^{-1})$ tem ordem fixa $n_{bq} + d_q - 1$, com estrutura:

$$H_{q,j}(z^{-1}) = h_{q,j,0} + h_{q,j,1}z^{-1} + \ldots + h_{q,j,(d_q+n_{bq}-1)}z^{-(d_q+n_{bq}-1)}. \tag{4.48}$$

Assim, as predições de $N_1$ até $N_2$, escritas de forma matricial para o caso de pertubações medidas, são dadas por:

$$\hat{\mathbf{y}} = \mathbf{G}\Delta\mathbf{u} + \mathbf{f}, \tag{4.49}$$

com

$$\mathbf{f} = \mathbf{G}_q\Delta\mathbf{q} + \mathbf{F}\underset{\longleftarrow}{\mathbf{y}} + \mathbf{H}\underset{\longleftarrow}{\Delta\mathbf{u}} + \mathbf{H}_q\underset{\longleftarrow}{\Delta\mathbf{q}}, \tag{4.50}$$

as mesmas definições de (4.30) e

$$\Delta\mathbf{q} = \begin{bmatrix} \Delta q(k+1) \\ \Delta q(k+2) \\ \vdots \\ \Delta q(k+N_q) \end{bmatrix}, \quad \underset{\longleftarrow}{\Delta\mathbf{q}} = \begin{bmatrix} \Delta q(k) \\ \Delta q(k-1) \\ \vdots \\ \Delta q(k-n_{bq}-d_q+1) \end{bmatrix},$$

$$\mathbf{H}_q = \begin{bmatrix} h_{q,N_1,0} & h_{q,N_1,1} & \cdots & h_{q,N_1,n_{bq}+d_q-1} \\ h_{q,N_1+1,0} & h_{q,N_1+1,1} & \cdots & h_{q,N_1+1,n_{bq}+d_q-1} \\ \vdots & \vdots & \ddots & \vdots \\ h_{q,N_2,0} & h_{q,N_2,1} & \cdots & h_{q,N_2,n_{bq}+d_q-1} \end{bmatrix},$$

em que $\mathbf{H}_q \in \mathbb{R}^{N\times n_{bq}+d_q}$ é uma matriz com os coeficientes do polinômio $H_{q,j}(z^{-1})$. Note que apesar de o termo $\mathbf{G}_q\Delta\mathbf{q}$ representar o efeito dos valores futuros das perturbações medidas, ele aparece na resposta livre, dado que esses valores são conhecidos (ou ao menos estimados) no instante $k$ e não possuem relação com a variável manipulada, que é a única que o controlador consegue alterar. A matriz $\mathbf{G}_q$ é uma matriz de resposta ao degrau relacionando $q$ e $y$, e sua construção é similar à da matriz $\mathbf{G}$ relativa ao controle, com a diferença que a primeira coluna corresponde à resposta para um degrau em $\Delta q(k+1)$ e que ela tem $N_q$ colunas (horizonte da perturbação medida):

$$\mathbf{G}_q = \begin{bmatrix} g_{q,N_1-1} & g_{q,N_1-2} & \cdots & g_{q,N_1-N_q} \\ g_{q,N_1} & g_{q,N_1-1} & \cdots & g_{q,N_1-1-N_q} \\ \vdots & \vdots & \ddots & \vdots \\ g_{q,N_2-1} & g_{q,N_2-2} & \cdots & g_{q,N_2-N_q} \end{bmatrix},$$

e, assim como no caso do DMC, os coeficientes $g_{q,j} = 0$ caso $j < 0$. Recordemos que definimos a resposta ao degrau do sistema com relação ao sinal de controle com coeficientes $g_i, \forall i \geq 1$ e a resposta ao degrau do sistema com relação ao sinal de perturbação com $g_{q,i}, \forall i \geq 0$, dado que consideramos que a perturbação em $k$ pode afetar instantaneamente a saída em $k$. Assim, por exemplo, se usamos $N_1 = 1$, a matriz $\mathbf{G}$ tem $g_1$ no elemento (1,1) e a matriz $\mathbf{G}_q$ tem $g_{q,0}$ no elemento (1,1). Também, lembre que $N_q$ é definido de acordo com os número de instantes à frente de $k$ que se conhece ou estima o valor da perturbação.

Vamos apresentar dois exemplos do cálculo das predições quando há perturbações medidas no sistema.

**Exemplo 4.12**

Num satélite usado em sistemas de telecomunicações, é necessário controlar a posição para o correto funcionamento das antenas nele instaladas. Um modelo do tipo duplo integrador pode ser usado de forma simplificada para representar a relação entre a ação de controle do sistema e a posição angular. Esse modelo é dado neste exemplo por:

$$A(z^{-1}) = (1 - z^{-1})^2,\ B(z^{-1}) = 0{,}2,\ B_q(z^{-1}) = 0{,}1 + 0{,}2z^{-1},\ C(z^{-1}) = 1,$$

e $d = 0$, sendo que as perturbações $q$ representam os efeitos do ambiente externo sobre o satélite. Queremos calcular as predições para um horizonte de predição dado por $N_1 = 1$ e $N_2 = 3$ e horizonte de controle $N_u = 2$, considerando duas possibilidades, com perturbação $q$ futura desconhecida e, posteriormente, com a perturbação $q$ futura conhecida com $N_q = 1$.

Inicialmente, calculamos o polinômio $\tilde{A}(z^{-1})$ como:

$$\tilde{A}(z^{-1}) = (1 - z^{-1})(1 - z^{-1})^2 = 1 - 3z^{-1} + 3z^{-2} - z^{-3}.$$

Precisamos, agora, calcular os polinômios $E_j(z^{-1})$ e $F_j(z^{-1})$ para $j = 1{,}2{,}3$. Usando a divisão de 1 por $\tilde{A}(z^{-1})$, obtemos:

$$\begin{aligned} E_1(z^{-1}) &= 1, & F_1(z^{-1}) &= 3 - 3z^{-1} + z^{-2}, \\ E_2(z^{-1}) &= 1 + 3z^{-1}, & F_2(z^{-1}) &= 6 - 8z^{-1} + 3z^{-2}, \\ E_3(z^{-1}) &= 1 + 3z^{-1} + 6z^{-2}, & F_3(z^{-1}) &= 10 - 15z^{-1} + 6z^{-2}. \end{aligned}$$

Considerando $d = d_q = 0$ e os polinômios $B$ e $B_q$ do modelo, as predições são dadas pela equação:

$$\begin{aligned} \hat{y}(k+j \mid k) =& E_j(z^{-1})0{,}2\Delta u(k+j-1) \\ &+ E_j(z^{-1})(0{,}1 + 0{,}2z^{-1})\Delta q(k+j) + F_j(z^{-1})y(k). \end{aligned} \quad (4.51)$$

Vamos considerar primeiro o caso com perturbação futura desconhecida, ou seja, $\Delta q(k+i) = 0$ se $i > 0$. Assim, para $j = 1$, temos:

$$\hat{y}(k+1 \mid k) = 0{,}2\Delta u(k) + (0{,}1 + 0{,}2z^{-1})\Delta q(k+1) + (3 - 3z^{-1} + z^{-2})y(k),$$

ou

$$\hat{y}(k+1 \mid k) = 0{,}2\Delta u(k) + 0{,}2\Delta q(k) + 3y(k) - 3y(k-1) + y(k-2).$$

Para $j = 2$, temos:

$$\begin{aligned} \hat{y}(k+2 \mid k) =& (1 + 3z^{-1})0{,}2\Delta u(k+1) + (1 + 3z^{-1})(0{,}1 + 0{,}2z^{-1})\Delta q(k+2) \\ &+ (6 - 8z^{-1} + 3z^{-2})y(k), \end{aligned}$$

ou

$$\hat{y}(k+2 \mid k) = 0{,}2\Delta u(k+1) + 0{,}6\Delta u(k) + 0{,}6\Delta q(k) + 6y(k) - 8y(k-1) + 3y(k-2),$$

Para $j = 3$, temos:

$$\begin{aligned} \hat{y}(k+3 \mid k) =& (1 + 3z^{-1} + 6z^{-2})0{,}2\Delta u(k+2) \\ &+ (1 + 3z^{-1} + 6z^{-2})(0{,}1 + 0{,}2z^{-1})\Delta q(k+3) \\ &+ (10 - 15z^{-1} + 6z^{-2})y(k), \end{aligned}$$

ou

$$\begin{aligned} \hat{y}(k+3 \mid k) =& 0{,}2\Delta u(k+2) + 0{,}6\Delta u(k+1) + 1{,}2\Delta u(k) \\ &+ 1{,}2\Delta q(k) + 10y(k) - 15y(k-1) + 6y(k-2), \end{aligned}$$

mas, como $N_u = 2$, temos $\Delta u(k+2) = 0$ e a equação pode ser simplificada para:

$$\begin{aligned}\hat{y}(k+3 \mid k) =& 0{,}6\Delta u(k+1) + 1{,}2\Delta u(k) + 1{,}2\Delta q(k)\\ &+ 10y(k) - 15y(k-1) + 6y(k-2).\end{aligned}$$

Vamos, agora, escrever as predições na forma matricial, o que resulta em:

$$\begin{aligned}\begin{bmatrix}\hat{y}(k+1 \mid k)\\ \hat{y}(k+2 \mid k)\\ \hat{y}(k+3 \mid k)\end{bmatrix} =& \begin{bmatrix}0{,}2 & 0\\ 0{,}6 & 0{,}2\\ 1{,}2 & 0{,}6\end{bmatrix}\begin{bmatrix}\Delta u(k)\\ \Delta u(k+1)\end{bmatrix} + \begin{bmatrix}3 & -3 & 1\\ 6 & -8 & 3\\ 10 & -15 & 6\end{bmatrix}\begin{bmatrix}y(k)\\ y(k-1)\\ y(k-2)\end{bmatrix}\\ &+ \begin{bmatrix}0{,}2\\ 0{,}6\\ 1{,}2\end{bmatrix}\left[\Delta q(k)\right].\end{aligned}$$

Vamos considerar agora o caso com perturbação futura conhecida e $N_q = 1$. Assim, $\Delta q(k+i) = 0$ se $i > 1$ e o resultado das predições muda, pois existem termos que dependem de valores futuros da perturbação medida. Para $j = 1$, temos:

$$\hat{y}(k+1 \mid k) = 0{,}2\Delta u(k) + 0{,}1\Delta q(k+1) + 0{,}2\Delta q(k) + 3y(k) - 3y(k-1) + y(k-2).$$

Para $j = 2$, temos:

$$\begin{aligned}\hat{y}(k+2 \mid k) =& 0{,}2\Delta u(k+1) + 0{,}6\Delta u(k) + 0{,}5\Delta q(k+1) + 0{,}6\Delta q(k)\\ &+ 6y(k) - 8y(k-1) + 3y(k-2),\end{aligned}$$

Para $j = 3$, temos:

$$\begin{aligned}\hat{y}(k+3 \mid k) =& 0{,}6\Delta u(k+1) + 1{,}2\Delta u(k) + 1{,}2\Delta q(k) + 1{,}2\Delta q(k+1)\\ &+ 10y(k) - 15y(k-1) + 6y(k-2).\end{aligned}$$

A nova representação matricial das predições, considerando informação sobre as perturbações futuras é dada por:

$$\begin{aligned}\begin{bmatrix}\hat{y}(k+1 \mid k)\\ \hat{y}(k+2 \mid k)\\ \hat{y}(k+3 \mid k)\end{bmatrix} =& \begin{bmatrix}0{,}2 & 0\\ 0{,}6 & 0{,}2\\ 1{,}2 & 0{,}6\end{bmatrix}\begin{bmatrix}\Delta u(k)\\ \Delta u(k+1)\end{bmatrix} + \begin{bmatrix}3 & -3 & 1\\ 6 & -8 & 3\\ 10 & -15 & 6\end{bmatrix}\begin{bmatrix}y(k)\\ y(k-1)\\ y(k-2)\end{bmatrix}\\ &+ \begin{bmatrix}0{,}2\\ 0{,}6\\ 1{,}2\end{bmatrix}\left[\Delta q(k)\right] + \begin{bmatrix}0{,}1\\ 0{,}5\\ 1{,}2\end{bmatrix}\left[\Delta q(k+1)\right].\end{aligned}$$

Note que aparece um novo termo dependente de $\Delta q(k+1)$, dado que o horizonte de conhecimento da perturbação é assumido como $N_q = 1$. Além disso, note que apesar de esse termo considerar efeitos futuros na resposta do sistema, ele aparece na resposta livre, pois a informação sobre o incremento futuro da perturbação é conhecido no instante $k$.

**Exemplo 4.13**

Considere agora que, para o mesmo caso do Exemplo 4.12, decidimos mudar o horizonte de controle para $N_u = 1$, o horizonte da perturbação para $N_q = 2$ e os termos que definem o horizonte de predição para $N_1 = 2$ e $N_2 = 3$. Vamos calcular a nova forma matricial de cálculo das predições para esses novos valores.

A redução do $N_u$ é simples de resolver, pois considerando $\Delta u(k+1) = 0$, basta eliminar a segunda coluna da matriz **G**. Para a mudança de $N_1$, basta desconsiderar no sistema a primeira linha de todas as matrizes, pois $\hat{y}(k+1 \mid k)$ não será usada.

Finalmente, para o aumento do horizonte $N_q$, precisamos revisar a equação da predição em $j = 2$ e $j = 3$:

$$\begin{aligned}\hat{y}(k+2 \mid k) =& (1+3z^{-1})0{,}2\Delta u(k+1) + (1+3z^{-1})(0{,}1+0{,}2z^{-1})\Delta q(k+2)\\ &+ (6-8z^{-1}+3z^{-2})y(k),\\ \hat{y}(k+3 \mid k) =& (1+3z^{-1}+6z^{-2})0{,}2\Delta u(k+2)\\ &+ (1+3z^{-1}+6z^{-2})(0{,}1+0{,}2z^{-1})\Delta q(k+3)\\ &+ (10-15z^{-1}+6z^{-2})y(k).\end{aligned}$$

Essas expressões acabam sendo simplificadas ao considerar $N_q = 2$ e $N_u = 1$, dado que incrementos fora desses horizontes são considerados nulos e somem da representação, que passa a ser:

$$\begin{aligned}\hat{y}(k+2 \mid k) = & 0{,}6\Delta u(k) + 0{,}6\Delta q(k) + 0{,}5\Delta q(k+1) + 0{,}1\Delta q(k+2)\\ &+6y(k) - 8y(k-1) + 3y(k-2),\end{aligned}$$

$$\begin{aligned}\hat{y}(k+3 \mid k) = & 1{,}2\Delta u(k) + 1{,}2\Delta q(k) + 1{,}2\Delta q(k+1) + 0{,}5\Delta q(k+2)\\ &+10y(k) - 15y(k-1) + 6y(k-2),\end{aligned}$$

Organizando os termos na forma matricial, temos:

$$\begin{aligned}\begin{bmatrix}\hat{y}(k+2 \mid k)\\ \hat{y}(k+3 \mid k)\end{bmatrix} =& \begin{bmatrix}0{,}6\\ 1{,}2\end{bmatrix}\begin{bmatrix}\Delta u(k)\end{bmatrix} + \begin{bmatrix}6 & -8 & 3\\ 10 & -15 & 6\end{bmatrix}\begin{bmatrix}y(k)\\ y(k-1)\\ y(k-2)\end{bmatrix}\\ &+ \begin{bmatrix}0{,}6\\ 1{,}2\end{bmatrix}\begin{bmatrix}\Delta q(k)\end{bmatrix} + \begin{bmatrix}0{,}5 & 0{,}1\\ 1{,}2 & 0{,}5\end{bmatrix}\begin{bmatrix}\Delta q(k+1)\\ \Delta q(k+2)\end{bmatrix}.\end{aligned}$$

Agora que temos a forma final do cálculo das predições para todas as situações possíveis, podemos analisar o cálculo do controle que minimiza a função objetivo.

## 4.5 OBTENÇÃO DA LEI DE CONTROLE

A função custo, usualmente empregada pelo GPC, é a mesma do DMC:

$$J = \sum_{i=N_1}^{N_2} \delta(i)(r(k+i) - \hat{y}(k+i|k))^2 + \sum_{i=0}^{N_u-1} \lambda(i)\Delta u(k+i)^2. \tag{4.52}$$

Como o vetor de predições futuras é escrito da mesma maneira, $\hat{\mathbf{y}} = \mathbf{G}\Delta\mathbf{u}+\mathbf{f}$, o resultado da minimização é idêntico ao apresentado na Seção 3.2, ou seja, a função pode ser escrita na forma padrão:

$$J = \frac{1}{2}\Delta\mathbf{u}^T\mathbf{H}_{qp}\Delta\mathbf{u} + \mathbf{f}_{qp}^T\Delta\mathbf{u}^T + c_{qp}, \tag{4.53}$$

com

$$\begin{aligned}
\mathbf{H}_{qp} &= 2\left(\mathbf{G}^T\mathbf{Q}_e\mathbf{G} + \mathbf{Q}_u\right), \\
\mathbf{f}_{qp} &= -2\mathbf{G}^T\mathbf{Q}_e\left[\mathbf{r} - \mathbf{f}\right], \\
c_{qp} &= \left[\mathbf{r} - \mathbf{f}\right]^T\mathbf{Q}_e\left[\mathbf{r} - \mathbf{f}\right].
\end{aligned}$$

Assim, a lei de controle é obtida por meio da minimização da função custo sujeita a um conjunto de restrições, no formato:

$$\begin{array}{ll}
\min & \frac{1}{2}\Delta\mathbf{u}^T\mathbf{H}_{qp}\Delta\mathbf{u} + \mathbf{f}_{qp}^T\Delta\mathbf{u}^T + c_{qp} \\
\text{s.a.} & \overline{\mathbf{R}}\Delta\mathbf{u} \leq \overline{\mathbf{r}}
\end{array} \tag{4.54}$$

que é a mesma usada no DMC. Em (4.54), também poderiam ter sido consideradas restrições de igualdade, como discutido para o DMC.

No caso sem restrições, o vetor de incrementos de controle é dado por:

$$\Delta\mathbf{u} = \mathbf{K}\left[\mathbf{r} - \mathbf{f}\right], \tag{4.55}$$

com $\mathbf{K} = \left(\mathbf{G}^T\mathbf{Q}_e\mathbf{G} + \mathbf{Q}_u\right)^{-1}\mathbf{G}^T\mathbf{Q}_e$. Assim como ocorre no DMC, $\Delta\mathbf{u}$ define um vetor de incrementos futuros de controle, que é recalculado a cada instante de amostragem com base nas novas informações obtidas, como a nova medição da variável de processo e um conhecimento atualizado sobre as referências atual e futuras. Da mesma forma que ocorre no DMC, apenas $\Delta u(k)$ é aplicado no instante $k$, o que pode ser feito no caso sem restrições por meio de:

$$\Delta u(k) = \mathbf{K}_1\left[\mathbf{r} - \mathbf{f}\right], \tag{4.56}$$

sendo $\mathbf{K}_1$ a primeira linha de $\mathbf{K}$. Com base no incremento de controle ótimo definido pelo controlador, o sinal de controle atual a ser aplicado ao processo pode ser definido como:

$$u(k) = u(k-1) + \Delta u(k). \tag{4.57}$$

Desse modo, o tratamento de restrições e a análise da solução do problema de programação quadrática são iguais ao que já foi feito para o DMC. Ainda, podemos observar que se usamos os mesmos horizontes e ponderações, a solução encontrada para o GPC apenas diferirá da obtida com o DMC pelo cálculo da resposta livre. Mudando apenas esta parte do algoritmo de controle, podemos transformar um DMC em um GPC e vice-versa. Por outro lado, o GPC tem a vantagem de poder tratar processos estáveis, integradores e instáveis, usando a mesma formulação para as predições, algo que não pode ser feito com a formulação tradicional do DMC.

Assim como no caso do DMC, temos um controle com ação integral com um esquema igual ao apresentado na Figura 3.10, a única mudança sendo a forma de calcular a resposta livre. A presença da ação integral faz com que, em regimente permanente, e assumindo um sistema de malha fechada estável, o erro entre **r** e **f** seja zero se a referência e as perturbações forem constantes, e o ponto de equilíbrio para o valor da referência e perturbação definidos for atingível. Então, para que de fato ocorra erro zero entre a referência e a saída, a resposta livre precisa convergir para o valor da saída real do processo. Podemos mostrar, de forma simples, que isso ocorre usando a equação geral de cálculo da resposta livre[9]:

$$f(k+j) = H_j(z^{-1})\Delta u(k-1) + F_j(z^{-1})y(k). \tag{4.58}$$

Quando o sistema chega a um equilíbrio, os valores de $y$ tendem a um valor constante $y_{ss}$ e o sinal de controle também é constante e tende para $u_{ss}$. Como o sinal de controle é constante, depois de passado bastante tempo todos os incrementos de controle passados considerados no cálculo da resposta livre são nulos. Logo, a resposta livre pode ser escrita como:

$$f(k+j) = F_j(z^{-1})y(k). \tag{4.59}$$

Como $\lim_{k\to\infty} y(k) = y_{ss}$, se $F_j(z^{-1})|_{z=1} = 1$, então $\lim_{k\to\infty} f(k+j) = y_{ss}$. Note que para $z = 1$ temos $z^{-1} = 1$. Assim, verifica-se que $F_j(z^{-1})|_{z=1} = F_j(1)$ e isso é válido também para os outros polinômios. É simples mostrar que $F_j(1) = 1$ para todo $j$, dado que, pela equação diofantina:

$$1 = E_j(z^{-1})A(z^{-1})(1-z^{-1}) + F_j(z^{-1})z^{-j}, \tag{4.60}$$

e para $z = 1$, temos:

$$1 = E_j(1)A(1)(1-1) + F_j(1)1^{-j}, \tag{4.61}$$

o que mostra que $F_j(1) = 1$. Esse resultado comprova, da mesma forma que no caso do DMC, que a união do modelo escolhido para as perturbações com a proposta da

[9] Usamos aqui a expressão da resposta livre do caso com $C(z^{-1}) = 1$ e sem perturbações medidas, mas o resultado é válido para o caso mais geral. Veja o Exercício 10 da lista de problemas propostos no fim deste capítulo que trata desse caso.

função custo com controle incremental garante um sistema em malha fechada que segue referências e rejeita perturbações do tipo degrau, quando estável, se o ponto de equilíbrio definido pelos valores da referência e perturbação é alcançável.

Outra das caraterísticas comuns entre o DMC e o GPC é a possibilidade de uso de filtros de referência. Neste caso, o sinal de referência informado ao GPC para ser usado na função custo não é a referência original para o processo, mas um sinal filtrado. A análise deste caso é idêntica àquela realizada para o DMC, dado que se trata de uma modificação externa ao próprio algoritmo, bastando usar um sinal $r_f(k)$ e não $r(k)$ na função custo. Contudo, apenas trataremos desse caso nos exemplos apresentados na próxima seção.

## 4.6 EXEMPLOS

Apresentaremos alguns exemplos de obtenção da lei de controle do GPC para processos simples, realizando todo o cálculo manualmente e também usando ferramentas computacionais, de forma a ilustrar todos os procedimentos discutidos até aqui neste capítulo. Assim como no caso do DMC, ilustraremos casos com a inclusão de filtros de referência e de ação antecipativa, bem como casos com restrições nas ações e incrementos de controle. Serão apresentados exemplos de processos estáveis, instáveis e integradores, para ilustrar a potencialidade do método. Também mostraremos nos exemplos como escrever a lei de controle obtida para o caso sem restrições na forma de um controlador discreto clássico, o que motivará os estudos das seções seguintes.

**Exemplo 4.14**

Considere o modelo de processo duplo integrador dado por:

$$A(z^{-1}) = (1 - z^{-1})^2, \; B(z^{-1}) = 0{,}2, \; B_q(z^{-1}) = 0{,}1 + 0{,}2z^{-1}, \; C(z^{-1}) = 1$$

e $d = 0$. Observe que se trata de um sistema com comportamento instável em malha aberta, mas isso não é um problema para o GPC, dado que ele pode ser aplicado diretamente nesse tipo de modelo. Neste exemplo, queremos calcular a lei de controle do GPC sem restrições para um horizonte de predição dado por $N_1 = 1$ e $N_2 = 3$ e um horizonte de controle $N_u = 2$, considerando a perturbação $q$ futura conhecida com $N_q = 1$. Para o ajuste do GPC, consideramos $\lambda = 0{,}5$ e $\delta = 1$. Note que essas escolhas não garantem que teremos uma boa resposta do sistema em malha fechada. Os valores apenas foram escolhidos para ilustrar o cálculo manual das predições e das matrizes necessárias para determinar a lei de controle explícita.

Podemos utilizar a forma das predições já calculadas no Exemplo 4.12 e identificar a matriz que caracteriza a resposta forçada e as partes da resposta livre, obtendo a matriz **G** e o vetor **f**:

$$\mathbf{G} = \begin{bmatrix} 0{,}2 & 0 \\ 0{,}6 & 0{,}2 \\ 1{,}2 & 0{,}6 \end{bmatrix},$$

$$\mathbf{f} = \begin{bmatrix} f(k+1) \\ f(k+2) \\ f(k+3) \end{bmatrix} = \begin{bmatrix} 3 & -3 & 1 \\ 6 & -8 & 3 \\ 10 & -15 & 6 \end{bmatrix} \begin{bmatrix} y(k) \\ y(k-1) \\ y(k-2) \end{bmatrix} + \begin{bmatrix} 0{,}2 \\ 0{,}6 \\ 1{,}2 \end{bmatrix} [\Delta q(k)] + \begin{bmatrix} 0{,}1 \\ 0{,}5 \\ 1{,}2 \end{bmatrix} [\Delta q(k+1)].$$

Com as ponderações escolhidas, temos que $\mathbf{Q}_e = \mathbf{I}_3$ e $\mathbf{Q}_u = 0{,}5\mathbf{I}_2$. Assim, a matriz de ganho $\mathbf{K} = \left(\mathbf{G}^T\mathbf{Q}_e\mathbf{G} + \mathbf{Q}_u\right)^{-1} \mathbf{G}^T\mathbf{Q}_e$ é dada por:

$$\mathbf{K} = \left( \begin{bmatrix} 0{,}2 & 0{,}6 & 1{,}2 \\ 0 & 0{,}2 & 0{,}6 \end{bmatrix} \begin{bmatrix} 0{,}2 & 0 \\ 0{,}6 & 0{,}2 \\ 1{,}2 & 0{,}6 \end{bmatrix} + \begin{bmatrix} 0{,}5 & 0 \\ 0 & 0{,}5 \end{bmatrix} \right)^{-1} \begin{bmatrix} 0{,}2 & 0{,}6 & 1{,}2 \\ 0 & 0{,}2 & 0{,}6 \end{bmatrix},$$

que resulta em:

$$\mathbf{K} = \begin{bmatrix} 0{,}1285 & 0{,}2656 & 0{,}4113 \\ -0{,}1200 & -0{,}0257 & 0{,}2828 \end{bmatrix}.$$

Como apenas o primeiro incremento de controle do horizonte de controle vai ser aplicado, basta empregarmos a primeira linha de **K**, dada por:

$$\mathbf{K}_1 = \begin{bmatrix} 0{,}1285 & 0{,}2656 & 0{,}4113 \end{bmatrix}.$$

Com isso, o incremento de controle para o instante atual é:

$$\Delta u(k) = \mathbf{K}_1 [\mathbf{r} - \mathbf{f}],$$

com $\mathbf{r} = [r(k+1) \;\; r(k+2) \;\; r(k+3)]^T$ sendo o vetor de referências futuras.

Podemos escrever de forma explícita a expressão para o incremento de controle, usando a expressão do vetor **f**, o que resulta em:

$$\begin{aligned} \Delta u(k) = & 0{,}1285r(k+1) + 0{,}2656r(k+2) + 0{,}4113r(k+3) \\ & - 6{,}0925y(k) + 8{,}6804y(k-1) - 3{,}3933y(k-2) \\ & - 0{,}6787\Delta q(k) - 0{,}6393\Delta q(k+1). \end{aligned}$$

Essa expressão pode ser transformada na lei de controle ao empregar a igualdade $u(k) = u(k-1)+\Delta u(k)$ e ao transformar o incremento de perturbação na diferença entre a perturbação em um dado instante e a perturbação no instante anterior, isto é, $\Delta q(k+j) = q(k+j) - q(k+j-1)$. Fazendo essas mudanças de variável, a expressão para o sinal de controle em um dado instante $k$ passa a ser:

$$\begin{aligned} u(k) =& u(k-1) + 0{,}1285r(k+1) + 0{,}2656r(k+2) + 0{,}4113r(k+3) \\ &- 6{,}0925y(k) + 8{,}6804y(k-1) - 3{,}3933y(k-2) \\ &- (0{,}6787q(k) - 0{,}6787q(k-1)) - (0{,}6393q(k+1) - 0{,}6393q(k)). \end{aligned}$$

Simplificando os termos comuns, obtemos:

$$\begin{aligned} u(k) =& u(k-1) + 0{,}1285r(k+1) + 0{,}2656r(k+2) + 0{,}4113r(k+3) \\ &- 6{,}0925y(k) + 8{,}6804y(k-1) - 3{,}3933y(k-2) - 0{,}6393q(k+1) \\ &- 0{,}0394q(k) + 0{,}6787q(k-1). \end{aligned}$$

Como pode ser observado, trata-se de uma lei de controle com ação integral, com conhecimento da referência futura e com ação antecipativa das perturbações atual e futura. Em termos práticos, a cada amostra, o controle deve receber de um estimador o valor de $q(k+1)$ e de um gerenciador de referência os valores de $r(k+1), r(k+2)$ e $r(k+3)$.

Apresentaremos agora mais exemplos de cálculo da lei de controle e alguns resultados de simulação considerando o caso com restrições.

**Exemplo 4.15**

No exemplo anterior (Exemplo 4.14), limitamos o horizonte de predição e controle a valores pequenos para poder mostrar manualmente os cálculos da lei de controle. Agora, vamos considerar o mesmo modelo de processo duplo integrador, mas usaremos horizontes maiores e diversas ponderações para mostrar o desempenho em malha fechada do sistema e o efeito do ajuste. Também analisaremos, por meio de simulação, o efeito do conhecimento da referência futura e da pertubação medida.

Na primeira análise, vamos considerar um GPC, nomeado Caso 1, ajustado com $N_1 = 1$ e $N_2 = 30$. Observe que um horizonte maior é mais adequado para este processo, dado que o duplo integrador pode ser associado a uma resposta infinitamente lenta. Ajustando $\lambda = 1$ e $N_u = 3$ e considerando inicialmente o controle sem conhecimento da perturbação nem da referência futura, são obtidas as respostas apresentadas na Figura 4.1. Na simulação de 100 amostras, aplica-se um degrau unitário de referência na amostra 10 e uma perturbação do tipo degrau de amplitude 0,5 na amostra 50.

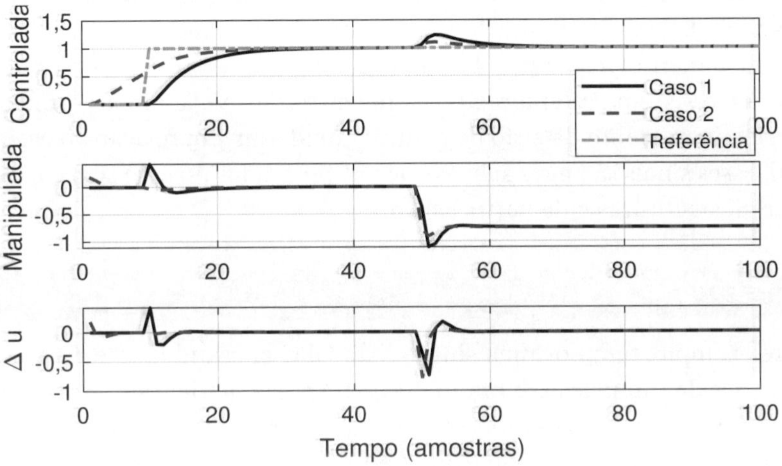


**Figura 4.1** Exemplo 4.15 – respostas do sistema duplo integrador com o GPC ajustado com $N_1 = 1$, $N_2 = 30$, $\lambda = 1$ e $N_u = 3$. Caso 1, sem conhecimento da perturbação nem da referência futura, e Caso 2, com conhecimento da referência futura e com a perturbação mensurável e $N_q = 0$.

Como se observa na figura, a saída do sistema segue a referência com erro nulo em regime permanente, sem pico e com um tempo de assentamento de aproximadamente 20 amostras. Ainda, observamos que o controlador rejeita totalmente a perturbação em regime permanente e que a rejeição ocorre em aproximadamente 20 amostras. Nos gráficos da parte de baixo é possível observar a ação de controle e o incremento da ação de controle.

Sugerimos ao leitor simular o exemplo usando os códigos disponibilizados e analisar com mais detalhes o ajuste do GPC. Por exemplo, analisar o efeito dos horizontes nas respostas, variando $N_2$ e também $N_u$. Nessa simulação, é possível buscar o melhor compromisso entre tempo de assentamento e oscilações da resposta. Ainda, sugerimos variar $\lambda$ para mostrar que com valores menores deste parâmetro é possível obter respostas mais rápidas, com maior esforço de controle. Veja o Exercício 11 da lista ao fim deste capítulo, que propõe este estudo.

Na segunda análise, usamos os mesmos ajustes do GPC do caso anterior, mas consideramos agora que o controle tem conhecimento da referência futura e da perturbação, mas com $N_q = 0$ (Caso 2), ou seja, apenas a perturbação em $k$ e as anteriores são conhecidas. Observe que o conhecimento da referência futura somente afeta a resposta de seguimento de referências e o conhecimento da perturbação medida somente afeta a rejeição de perturbações. As novas repostas também são apresentadas na Figura 4.1, junto com a simulação do caso anterior.

Como se observa na figura, o sistema mantém as mesmas caraterísticas em regime permanente, mas agora há uma antecipação da resposta na mudança de referência e o sistema rejeita melhor a perturbação. Veja, ainda, como a ação de controle e o incremento da ação de controle mudaram em relação ao caso anterior. No geral, esses sinais são mais suaves que os observados no caso sem conhecimento das referências futuras e da perturbação.

**Exemplo 4.16**

Neste exemplo, faremos uma sintonia do GPC buscando acelerar a resposta às perturbações de um processo mantendo a resposta ao degrau de referência sem pico. Faremos o ajuste em dois passos, ajustando primeiro a resposta à perturbação, mesmo que isso cause uma deterioração da resposta ao degrau na referência, para posteriormente compensar este efeito com o uso de um filtro de referência. Considere o processo com modelo dado por:

$$A(z^{-1}) = 1 - 1{,}9024z^{-1} + 0{,}9048z^{-2},\ B(z^{-1}) = 0{,}002418 + 0{,}002339z^{-1},$$

$C(z^{-1}) = 1$ e $d = 5$. Neste caso, não temos perturbação medível e, para as simulações, apenas consideramos uma perturbação não medida de entrada na amostra 50 da simulação.

O processo tem 5 amostras de atraso e, portanto, o efeito de uma perturbação na entrada do processo somente começa a ser rejeitada a partir de duas vezes o tamanho do atraso, ou seja, 10 amostras após a aplicação da perturbação (veja mais detalhes da forma desta resposta no Volume 2 no capítulo que trata de sistemas com atraso). Neste caso, ajustando os horizontes e ponderações com $N_1 = 6$, $N_2 = 50$, $\lambda = 0{,}001$ e $N_u = 10$ alcançamos um tempo de rejeição menor que 10 amostras. Na Figura 4.2, podemos ver como a saída volta ao valor da referência antes do instante 70, ou seja, as 10 amostras em que o controlador não tem como agir para corrigir a perturbação e outras 10 amostras para levar o erro a praticamente zero.

A resposta ao degrau de referência com esse ajuste apresenta um tempo de assentamento depois do atraso de aproximadamente 12 amostras e um pico de aproximadamente 8%. Assim, o sistema cumpre os requisitos para a perturbação, mas devemos melhorar a resposta à referência, eliminando o pico. Isso pode ser resolvido com um filtro simples de primeira ordem com polo em $a_f = 0{,}65$, como se observa na Figura 4.2.

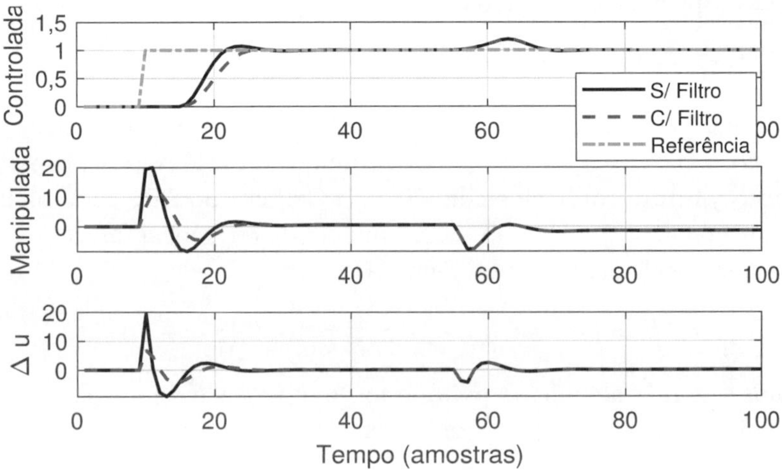


**Figura 4.2** Exemplo 4.16 – respostas do processo com o GPC ajustado com $N_1 = 6$, $N_2 = 50$, $\lambda = 0{,}001$ e $N_u = 10$. Caso sem e com filtro de referência ($a_f = 0{,}65$).

Nessa nova figura, o GPC mantém a mesma resposta à perturbação e não tem pico na resposta para a referência. Ainda, o tempo de assentamento é um pouco menor (de aproximadamente 13 amostras depois do atraso), apesar de ter sido empregado um filtro passa baixas. Isso ocorre porque o pico na resposta foi eliminado, então o assentamento dentro da região de $\pm 5\%$ em torno da referência ocorre antes. Apesar do tempo de assentamento ligeiramente menor, o tempo de subida (tempo para a resposta ir de 10% a 90% da variação desejada) é maior que no caso original, pois a característica passa baixas do filtro acaba limitando a taxa de subida da resposta durante a mudança de referência. Note, ainda, que o sinal de controle é mais suave para este segundo caso no transitório para seguimento de referência se comparado ao caso sem filtro, o que está em linha com o maior tempo de subida.

**Exemplo 4.17**

Vamos analisar a seguir o caso de um sistema instável em malha aberta e com atraso de transporte, com modelo dado por:

$$A(z^{-1}) = 1 - 1{,}1z^{-1}, \; B(z^{-1}) = 0{,}1 + 0{,}2z^{-1}, \; B_q(z^{-1}) = 0{,}3,$$

$C(z^{-1}) = 1$ e $d = 1$. Queremos calcular as predições para um horizonte de predição dado por $N_1 = d + 1 = 2$, $N_2 = 4$ e horizonte de controle $N_u = 2$, considerando perturbação $q$ futura conhecida com $N_q = 1$. O ajuste do GPC será inicialmente considerado com $\lambda = \delta = 1$ e sem conhecimento da referência futura.

Inicialmente, calculamos o polinômio $\tilde{A}(z^{-1})$:

$$\tilde{A}(z^{-1}) = (1 - z^{-1})(1 - 1{,}1z^{-1}) = 1 - 2{,}1z^{-1} + 1{,}1z^{-2}.$$

Precisamos, agora, calcular os polinômios $E_j(z^{-1})$ e $F_j(z^{-1})$ para $j = 2{,}3{,}4$. Usando a divisão de 1 por $\tilde{A}(z^{-1})$, obtemos:

$$\begin{aligned}
&E_2(z^{-1}) = 1 + 2{,}1z^{-1}, && F_2(z^{-1}) = 3{,}31 - 2{,}31z^{-1},\\
&E_3(z^{-1}) = 1 + 2{,}1z^{-1} + 3{,}31z^{-2}, && F_3(z^{-1}) = 4{,}641 - 3{,}641z^{-1},\\
&E_4(z^{-1}) = 1 + 2{,}1z^{-1} + 3{,}31z^{-2} + 4{,}641z^{-3}, && F_4(z^{-1}) = 6{,}1051 - 5{,}1051z^{-1}.
\end{aligned}$$

Considerando $d = 1$, $d_q = 0$ e os polinômios $B$ e $B_q$ do modelo, as predições são dadas por:

$$\begin{aligned}
\hat{y}(k + j \mid k) =& E_j(z^{-1})(0{,}1 + 0{,}2z^{-1})\Delta u(k + j - 2)\\
&+ E_j(z^{-1})0{,}3\Delta q(k + j) + F_j(z^{-1})y(k).
\end{aligned}$$

Agora, vamos calcular as predições. Para $j = 2$, temos:

$$\begin{aligned}
\hat{y}(k + 2 \mid k) =& (1 + 2{,}1z^{-1})(0{,}1 + 0{,}2z^{-1})\Delta u(k) + (1 + 2{,}1z^{-1})0{,}3\Delta q(k + 2)\\
&+ (3{,}31 - 2{,}31z^{-1})y(k),
\end{aligned}$$

ou

$$\begin{aligned}
\hat{y}(k + 2 \mid k) =& 0{,}1\Delta u(k) + 0{,}41\Delta u(k - 1) + 0{,}42\Delta u(k - 2) + 0{,}3\Delta q(k + 2)\\
&+ 0{,}63\Delta q(k + 1) + 3{,}31y(k) - 2{,}31y(k - 1),
\end{aligned}$$

mas como $N_q = 1$, temos $\Delta q(k + 2) = 0$, o que permite simplificar a expressão para:

$$\begin{aligned}
\hat{y}(k + 2 \mid k) =& 0{,}1\Delta u(k) + 0{,}41\Delta u(k - 1) + 0{,}42\Delta u(k - 2)\\
&+ 0{,}63\Delta q(k + 1) + 3{,}31y(k) - 2{,}31y(k - 1).
\end{aligned}$$

Para $j = 3$, temos:

$$\begin{aligned}\hat{y}(k+3 \mid k) =&(1+2{,}1z^{-1}+3{,}31z^{-2})(0{,}1+0{,}2z^{-1})\Delta u(k+1)\\&+(1+2{,}1z^{-1}+3{,}31z^{-2})0{,}3\Delta q(k+3)\\&+(4{,}641-3{,}641z^{-1})y(k),\end{aligned}$$

que depois de organizada e usando que $N_q = 1$ resulta em:

$$\begin{aligned}\hat{y}(k+3 \mid k) =&0{,}1\Delta u(k+1)+0{,}41\Delta u(k)+0{,}7510\Delta u(k-1)\\&+0{,}6620\Delta u(k-2)+0{,}9930\Delta q(k+1)\\&+4{,}6410y(k)-3{,}6410y(k-1).\end{aligned}$$

Para $j = 4$, temos:

$$\begin{aligned}\hat{y}(k+4 \mid k) =&(1+2{,}1z^{-1}+3{,}31z^{-2}+4{,}6410z^{-3})(0{,}1+0{,}2z^{-1})\Delta u(k+2)\\&+(1+2{,}1z^{-1}+3{,}31z^{-2}+4{,}6410z^{-3})0{,}3\Delta q(k+4)\\&+(6{,}1051-5{,}1051z^{-1})y(k),\end{aligned}$$

que pode ser organizada e simplificada considerando que $N_q = 1$ e $N_u = 2$, resultando em:

$$\begin{aligned}\hat{y}(k+4 \mid k) =&0{,}4100\Delta u(k+1)+0{,}7510\Delta u(k)+1{,}1261\Delta u(k-1)\\&+0{,}9282\Delta u(k-2)+1{,}3923\Delta q(k+1)\\&+6{,}1051y(k)-5{,}1051y(k-1).\end{aligned}$$

Vamos, agora, escrever as predições na forma matricial:

$$\begin{aligned}\begin{bmatrix}\hat{y}(k+2 \mid k)\\ \hat{y}(k+3 \mid k)\\ \hat{y}(k+4 \mid k)\end{bmatrix} =& \begin{bmatrix}0{,}100 & 0\\ 0{,}410 & 0{,}100\\ 0{,}751 & 0{,}410\end{bmatrix}\begin{bmatrix}\Delta u(k)\\ \Delta u(k+1)\end{bmatrix}\\&+\begin{bmatrix}0{,}41 & 0{,}42\\ 0{,}751 & 0{,}662\\ 1{,}1261 & 0{,}9282\end{bmatrix}\begin{bmatrix}\Delta u(k-1)\\ \Delta u(k-2)\end{bmatrix}\\&+\begin{bmatrix}3{,}31 & -2{,}31\\ 4{,}641 & -3{,}641\\ 6{,}1051 & -5{,}1051\end{bmatrix}\begin{bmatrix}y(k)\\ y(k-1)\end{bmatrix}\\&+\begin{bmatrix}0{,}6300\\ 0{,}9930\\ 1{,}3923\end{bmatrix}\begin{bmatrix}\Delta q(k+1)\end{bmatrix}.\end{aligned}$$

Desta forma, temos a resposta livre dada por:

$$\mathbf{f} = \begin{bmatrix} 0{,}41 & 0{,}42 \\ 0{,}751 & 0{,}662 \\ 1{,}1261 & 0{,}9282 \end{bmatrix} \begin{bmatrix} \Delta u(k-1) \\ \Delta u(k-2) \end{bmatrix} + \begin{bmatrix} 0{,}6300 \\ 0{,}9930 \\ 1{,}3923 \end{bmatrix} \begin{bmatrix} \Delta q(k+1) \end{bmatrix}$$
$$+ \begin{bmatrix} 3{,}31 & -2{,}31 \\ 4{,}641 & -3{,}641 \\ 6{,}1051 & -5{,}1051 \end{bmatrix} \begin{bmatrix} y(k) \\ y(k-1) \end{bmatrix}$$

e a matriz de resposta ao degrau:

$$\mathbf{G} = \begin{bmatrix} 0{,}100 & 0 \\ 0{,}410 & 0{,}100 \\ 0{,}751 & 0{,}410 \end{bmatrix}.$$

Com as ponderações escolhidas, temos que $\mathbf{Q}_e = \mathbf{I}_3$ e $\mathbf{Q}_u = \mathbf{I}_2$. Assim, o ganho para o caso irrestrito é obtido como:

$$\mathbf{K} = \left( \begin{bmatrix} 0{,}1 & 0{,}41 & 0{,}751 \\ 0 & 0{,}1 & 0{,}41 \end{bmatrix} \begin{bmatrix} 0{,}100 & 0 \\ 0{,}410 & 0{,}100 \\ 0{,}751 & 0{,}410 \end{bmatrix} + \begin{bmatrix} 1 & 0 \\ 0 & 1 \end{bmatrix} \right)^{-1} \begin{bmatrix} 0{,}1 & 0{,}41 & 0{,}751 \\ 0 & 0{,}1 & 0{,}41 \end{bmatrix},$$

que resulta em:

$$\mathbf{K} = \begin{bmatrix} 0{,}0610 & 0{,}2321 & 0{,}3842 \\ -0{,}0181 & 0{,}0161 & 0{,}2342 \end{bmatrix}.$$

Como apenas o primeiro incremento de controle do horizonte vai ser aplicado, temos:

$$\mathbf{K}_1 = \begin{bmatrix} 0{,}0610 & 0{,}2321 & 0{,}3842 \end{bmatrix},$$

e a lei de controle pode ser obtida a partir de:

$$\Delta u(k) = \mathbf{K_1} \left[ \mathbf{r} - \mathbf{f} \right],$$

com $\mathbf{r} = [r(k) \;\; r(k) \;\; r(k)]^T$, pois a referência futura é desconhecida. Assim:

$$\Delta u(k) = 0{,}0610(r(k) - f(k+2)) + 0{,}2321(r(k) - f(k+3)) + 0{,}3842(r(k) - f(k+4)).$$

Substituindo os valores previamente calculados, obtemos:

$$\begin{aligned}\Delta u(k) =&0{,}0610\,[r(k) - 0{,}41\Delta u(k-1) - 0{,}42\Delta u(k-2) - 0{,}63\Delta q(k+1)\\ &\quad -3{,}31y(k) + 2{,}31y(k-1)]\\ &+ 0{,}2321\,[r(k) - 0{,}7510\Delta u(k-1) - 0{,}6620\Delta u(k-2)\\ &\quad -0{,}9930\Delta q(k+1) - 4{,}6410y(k) + 3{,}6410y(k-1)]\\ &+ 0{,}3842\,[r(k) - 1{,}1261\Delta u(k-1) - 0{,}9282\Delta u(k-2)\\ &\quad -1{,}3923\Delta q(k+1) - 6{,}1051y(k) + 5{,}1051y(k-1)]\,.\end{aligned}$$

Manipulando e agrupando os termos comuns, encontramos o incremento de controle a calcular:

$$\begin{aligned}\Delta u(k) =&0{,}6773r(k) - 0{,}6320\Delta u(k-1) - 0{,}5359\Delta u(k-2)\\ &- 0{,}8038\Delta q(k+1) - 3{,}6247y(k) + 2{,}9473y(k-1)\end{aligned}$$

e o controle a implementar em cada amostra é dado por:

$$u(k) = u(k-1) + \Delta u(k).$$

Para finalizar esta seção, vamos apresentar mais dois exemplos com simulações. No primeiro, vamos mostrar o efeito do polinômio $C(z^{-1})$ na solução e, no segundo, analisar o efeito das restrições.

**Exemplo 4.18**

Vamos voltar aqui a estudar um sistema de primeira ordem com atraso com:

$$A(z^{-1}) = 1 - 0{,}9z^{-1},\ B(z^{-1}) = 0{,}3,$$

$d = 10$ e considerar, inicialmente, $C(z^{-1}) = 1$ e, posteriormente, $C(z^{-1}) = 1 - 0{,}7z^{-1}$, para comparar o funcionamento do sistema em malha fechada para o caso sem restrições. A sintonia foi definida como $N_u = 5$, $N_1 = d + 1$, $N_2 = d + 20$ e $\lambda = 1$. No cenário de simulação utilizado, há uma mudança de referência no tempo 10 amostras de 0 para 1 e uma perturbação de entrada de amplitude 0,2 é aplicada no tempo 50 amostras.

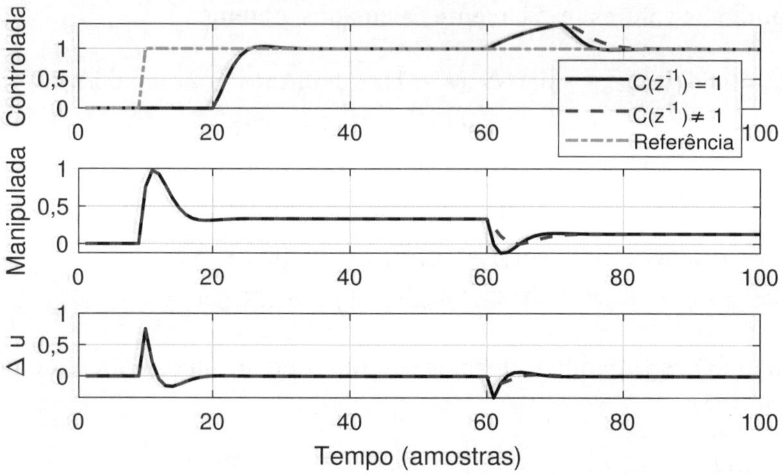


**Figura 4.3** Exemplo 4.18 – respostas com $C(z^{-1}) = 1$ e $C(z^{-1}) = 1 - 0{,}7z^{-1}$.

No primeiro caso, com $C(z^{-1}) = 1$, como mostra a Figura 4.3, note que temos seguimento de referência e rejeição de perturbação com tempo de assentamento em torno de 5 amostras após o atraso. Já no segundo caso, com $C(z^{-1}) = 1 - 0{,}7z^{-1}$, a resposta para a referência é idêntica (como esperado) e apenas a resposta da perturbação muda, sendo que esta última fica mais lenta, com um tempo de assentamento em torno de 9 amostras. Observe que o sinal de controle é mais suave durante a rejeição da perturbação no caso com $C(z^{-1}) = 1 - 0{,}7z^{-1}$. Isso se deve à característica passa-baixas do filtro equivalente associado a $C(z^{-1})$, que torna a resposta mais lenta, mas mais robusta a erros de modelagem. Então, comprovamos neste exemplo que o polinômio $C(z^{-1})$ age alterando o comportamento do sistema em malha fechada apenas para perturbações. Como já explicado, este polinômio muda a forma como o algoritmo GPC estima a perturbação e, por consequência, como a perturbação é rejeitada. Note que se o modelo de predição não fosse exatamente igual à planta, a resposta para seguimento de referência obtida com diferentes polinômios $C(z^{-1})$ no algoritmo GPC também seria diferente. Este caso é apresentado na Figura 4.4, em que o polinômio $A(z^{-1})$ do processo é substituído na simulação por:

$$A_r(z^{-1}) = 1 - 0{,}85z^{-1}.$$

Observe como tanto a resposta ao degrau de referência como ao degrau de perturbação obtida neste caso com erro de modelagem são mais oscilatórias e mais lentas que no caso nominal em ambos os ajustes, mas que a que usa o polinômio $C(z^{-1}) = 1$ continua mais agressiva e é um pouco mais oscilatória.

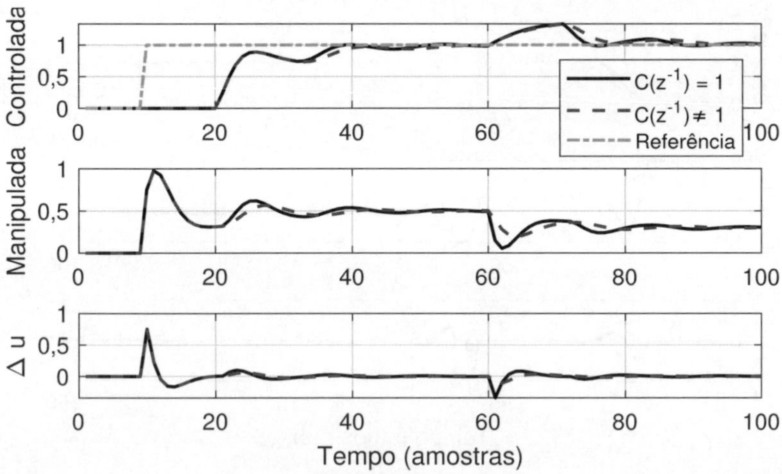


**Figura 4.4** Exemplo 4.18 – respostas com $C(z^{-1}) = 1$ e $C(z^{-1}) = 1 - 0{,}7z^{-1}$ e com erro de modelagem.

### Exemplo 4.19

Usaremos, neste caso, o mesmo modelo de processo do Exemplo 4.16, mantendo a mesma sintonia usada naquele caso, mas agora considerando restrições no sinal de controle no intervalo $[-5;\ +5]$. Usando o mesmo cenário de simulação do caso do GPC com filtro de referência daquele exemplo, os resultados obtidos são mostrados na Figura 4.5 como Caso 1. Primeiro, observe que o sinal de controle respeita as restrições impostas e se mantém no intervalo desejado. Veja que a resposta obtida para a saída do sistema acaba ficando mais suave nos transitórios da mudança de referência e da rejeição de perturbação, se comparado com a resposta sem restrições do Exemplo 4.16. Isso ocorre pois estamos limitando a energia que o controlador pode exercer sobre o sistema por meio da especificação de valores mínimo e máximo para o sinal de controle. Numa segunda simulação, utilizamos valores mais restritivos para o sinal de controle, que fica limitado ao intervalo $[-3;\ +3]$. Os resultados são mostrados na Figura 4.5 como Caso 2. Veja que os transitórios se tornam ainda mais lentos e, como esperado, as restrições no controle são atendidas.

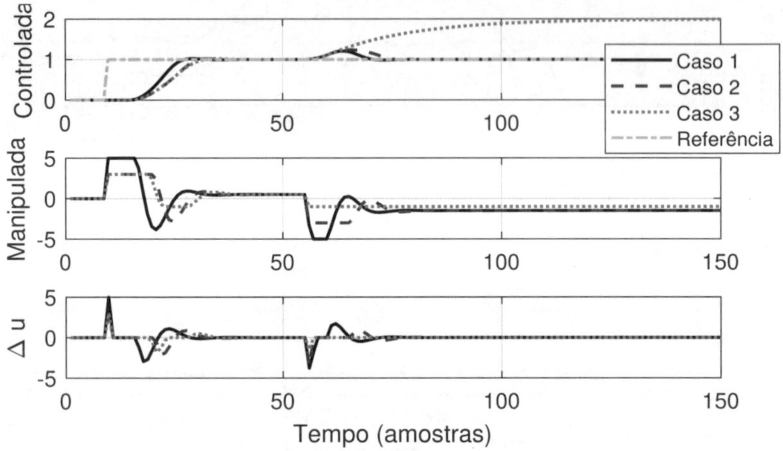


**Figura 4.5** Exemplo 4.19 – respostas do processo com o GPC ajustado com $N_1 = 6$, $N_2 = 50$, $\lambda = 0{,}001$ e $N_u = 10$, com filtro de referência $a_f = 0{,}65$ e para diferentes valores de restrição no sinal de controle. Caso 1: $[-5; +5]$; Caso 2: $[-3; +3]$; Caso 3: $[-1; +3]$.

Para finalizar, num novo cenário de simulação utilizamos valores ainda mais restritivos para $u$, usando o intervalo $[-1; +3]$. Veja que apenas alteramos o limite inferior da banda de controle. Os resultados são mostrados na Figura 4.5 como Caso 3. Observe que, neste caso, temos transitórios ainda mais lentos e que o controle não tem capacidade para rejeitar a perturbação em regime permanente, dado que o valor de controle necessário para compensar o efeito da perturbação em regime permanente é menor que o limite inferior estipulado para $u$.

## Exemplo 4.20

Considere o controle de posição de um motor de corrente contínua (CC) alimentado em tensão, ilustrado na Figura 4.6. Nesse sistema, desejamos controlar a posição do eixo do motor dentro de um intervalo atuando na tensão de alimentação do motor. A principal perturbação do sistema é o torque de carga aplicado no eixo do motor, que consideramos representado por sinais do tipo degrau.

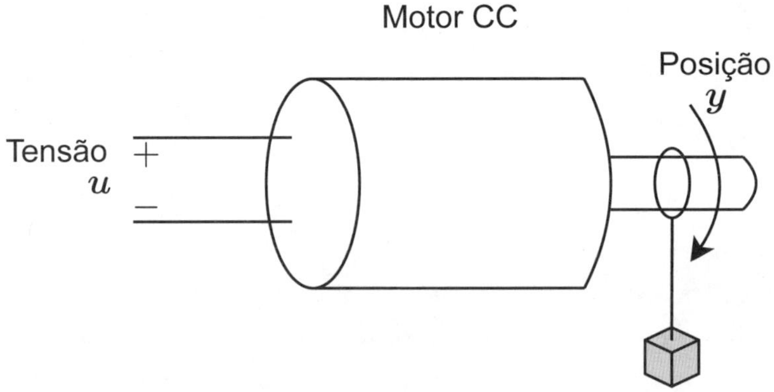


**Figura 4.6** Exemplo 4.20 – motor CC acionado por tensão de armadura: controle de posição.

Um modelo simplificado em função de transferência discreta desse sistema, com variáveis normalizadas de 0% a 100% é dado por:

$$Y(z) = \frac{0{,}09675z + 0{,}09358}{z^2 - 1{,}905z + 0{,}905}[4U(z) - Q(z)],$$

sendo $U$ o sinal de tensão aplicado, $Y$ a posição do eixo do motor e $Q$ o torque de carga. O cenário de simulação em malha fechada considera uma mudança de referência de tipo degrau de amplitude 30% no tempo 40 amostras e perturbações de amplitude 20% no tempo 5 amostras e 30% no tempo 70 amostras.

Um GPC foi sintonizado com $N_u = 5$, $N_1 = 1$, $N_2 = 30$ e $\lambda = 1$, considerando apenas as restrições no controle: $[0\%, 100\%]$ (Caso 1). Na segunda simulação, foram consideradas restrições no incremento de controle, assumindo que a tensão de alimentação não pode variar mais do que $3\%$ a cada amostra (Caso 2). O GPC não usa filtro de referência nem tem conhecimento da referência futura e também não tem medida da perturbação.

Os resultados obtidos são mostrados na Figura 4.7. Primeiro, observe que o sinal de controle respeita as restrições impostas e se mantém no intervalo desejado nos dois casos. Veja como no Caso 2 o sinal de controle tem uma subida em rampa no início da simulação, dado que o incremento de controle está saturado. Veja que a resposta obtida para a saída do sistema no Caso 2 tem transitórios mais lentos, tanto para a mudança de referência como para a rejeição da perturbação, se comparada com a resposta do Caso 1. Isso ocorre pois estamos limitando a velocidade com que a atuação pode se dar sobre o sistema por meio da especificação de taxas de variação mínima e máxima para o sinal de controle.

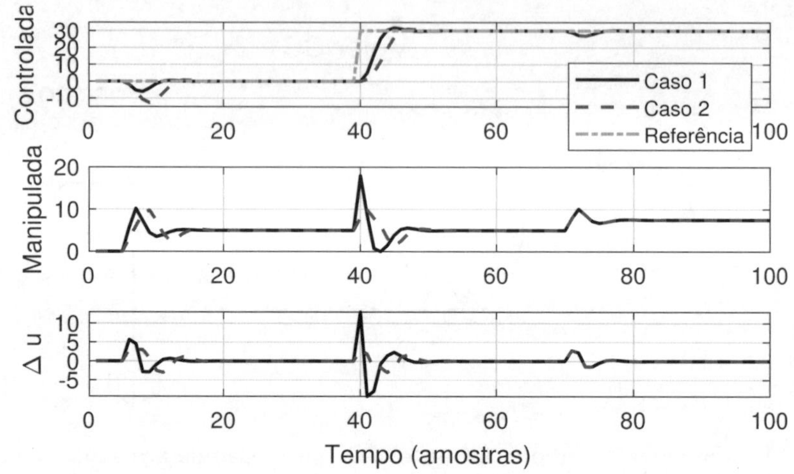


**Figura 4.7** Exemplo 4.20 – respostas do motor com o GPC ajustado com $N_1 = 1$, $N_2 = 30$, $\lambda = 1$ e $N_u = 5$, com restrição no sinal de controle no intervalo $[0,\ 100]\%$ (Caso 1), e com restrição adicional no incremento do controle no intervalo $[-3,\ +3]\%$ (Caso 2).

Os últimos dois exemplos ilustraram como usar o GPC considerando as restrições, que são definidas no momento do ajuste do controlador. Sugerimos ao leitor a realização de outras simulações deste exemplos, considerando outras faixas para as restrições em $u$ e $\Delta u$ (veja o Exercício 16 deste capítulo). Para as simulações pode ser utilizado o código do GPC disponibilizado na página web própria do livro[10].

## 4.7 OBTENÇÃO DO CONTROLADOR EQUIVALENTE

Como vimos nos exemplos da seção anterior, no caso sem restrições, é possível obter uma expressão para $u(k)$ do controle GPC na forma de uma combinação linear, com coeficientes constantes, das saídas e ações de controle passadas, e das referências e perturbações passadas e futuras (quando conhecidas). Isso mostra que o GPC sem restrições pode ser equivalente a um controlador linear com ação realimentada e antecipativa. O objetivo desta seção é realizar uma análise mais geral dessa equivalência e ressaltar algumas propriedades do controle equivalente. O procedimento que seguiremos é similar ao realizado com o DMC.

Encontrar o sistema de controle equivalente ao GPC pode ser interessante em alguns casos, pois esta representação permite a utilização das ferramentas clássicas de análise

[10] https://danielml.paginas.ufsc.br/livro-mpc/.

no domínio frequência, como diagrama de reposta em frequência (sendo o mais comuns os diagramas de Bode e Nyquist) e diagramas polo-zero, por exemplo.

Inicialmente, faremos uma análise do caso geral, seguida de uma análise específica para o caso de processos de segunda ordem sem atraso, para os quais se consegue representar o GPC como um controlador PID quando não há restrições ativas. Na sequência, será feita a análise do comportamento de rejeição de perturbações mensuráveis do GPC. Por fim, a análise será estendida para o caso de $C(z^{-1}) \neq 1$.

### 4.7.1 GPC como um controlador de dois graus de liberdade com ação antecipativa

Como visto anteriormente, o sinal de controle a ser aplicado na planta, no caso geral com perturbações medíveis e quando não há restrições, é dado por:

$$\Delta u(k) = \mathbf{K_1}(\mathbf{r} - \mathbf{f}),$$

com

$$\mathbf{K_1} = [k_{N_1} \;\; k_{N_1+1} \;\; k_{N_1+2} \;\; \dots \;\; k_{N_2}].$$

Com a definição de $\mathbf{f}$ apresentada na Seção 4.4,

$$\Delta u(k) = \mathbf{K_1}\left(\mathbf{r} - \mathbf{F}\underset{\leftarrow}{\mathbf{y}} - \mathbf{H}\underset{\leftarrow}{\Delta\mathbf{u}} - \mathbf{H}_q\underset{\leftarrow}{\Delta\mathbf{q}} - \mathbf{G}_q\Delta\mathbf{q}\right)$$

e, considerando referências constantes $\mathbf{r} = \mathbf{1}_N r(k)$, então:

$$\begin{aligned}\Delta u(k) = & f_0 r(k) - \sum_{j=0}^{n_a} \mathbb{a}_j z^{-j} y(k) - \sum_{j=1}^{n_b+d} \mathbb{b}_j z^{-j} \Delta u(k) \\ & - \sum_{j=0}^{n_{bq}+d_q} \mathbb{c}_j z^{-j} \Delta q(k) - \sum_{j=1}^{N_q} \mathbb{d}_j z^{j} \Delta q(k),\end{aligned}$$

sendo

$$f_0 = \sum_{i=N_1}^{N_2} k_i, \quad \mathbb{a}_j = \sum_{i=N_1}^{N_2} k_i\, f_{i,j}, \quad \mathbb{b}_j = \sum_{i=N_1}^{N_2} k_i\, h_{i,j}, \tag{4.62}$$

$$\mathbb{c}_j = \sum_{i=N_1}^{N_2} k_i\, h_{q,i,j}, \quad \mathbb{d}_j = \sum_{i=N_1}^{N_2} k_i\, g_{q,i,j}, \tag{4.63}$$

no qual $g_{q,i,j}$ é o elemento da linha $i$ e coluna $j$ da matriz $\mathbf{G}_q$. Rearranjando, podemos escrever:

$$\begin{aligned}\left(\Delta\left[1+\sum_{j=1}^{n_b+d}\mathbb{b}_j z^{-j}\right]\right)u(k) &= f_0 r(k)-\sum_{j=0}^{n_a}\mathbb{a}_j z^{-j}y(k)\\ &- \left(\Delta\left[\sum_{j=0}^{n_{bq}+d_q}\mathbb{c}_j z^{-j}+\sum_{j=1}^{N_q}\mathbb{d}_j z^{j}\right]\right)q(k).\end{aligned} \tag{4.64}$$

Aplicando a transformada Z, obtemos:

$$D_c(z)U(z)=N_f(z)R(z)-N_c(z)Y(z)+N_a(z)Q(z), \tag{4.65}$$

com

$$D_c(z)=\Delta\left[1+\sum_{j=1}^{n_b+d}\mathbb{b}_j z^{-j}\right],\quad N_f(z)=f_0,\quad N_c(z)=\sum_{j=0}^{n_a}\mathbb{a}_j z^{-j},$$

$$N_a(z)=-\Delta\left[\sum_{j=0}^{n_{bq}+d_q}\mathbb{c}_j z^{-j}+\sum_{j=1}^{N_v}\mathbb{d}_j z^{j}\right].$$

Assim, o controlador equivalente do GPC pode ser interpretado como um sistema de controle com dois graus de liberdade, com um controlador $C_r(z)$ e um filtro de referência $F_r(z)$, mais uma ação antecipativa $C_a(z)$, com as funções de transferência definidas por:

$$C_r(z)=\frac{N_c(z)}{D_c(z)},\quad F_r(z)=\frac{N_f(z)}{N_c(z)},\quad C_a(z)=\frac{N_a(z)}{D_c(z)}. \tag{4.66}$$

O diagrama de blocos equivalente é ilustrado na Figura 4.8.

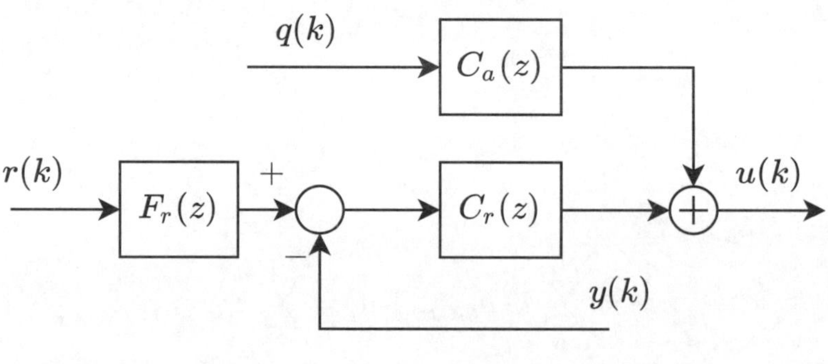


**Figura 4.8** Esquema de controle com dois graus de liberdade e ação antecipativa.

Note que:

- o controlador equivalente possui ação integral, garantindo seguimento de referências do tipo degrau e rejeição de perturbações do tipo degrau em regime permanente, se o comportamento em malha fechada é estável e a referência é atingível;
- o filtro de referência, $F_r(z)$, cancela todos os zeros do controlador, evitando, assim, os efeitos causados pelos zeros do controlador na resposta de seguimento de referência, tais como picos na resposta a referências do tipo degrau;
- o sistema de malha fechada ainda pode ter sobressinal se os polos de malha fechada da região de dominância forem complexos;
- o controle antecipativo somente deverá ser considerado se a perturbação estiver disponível para medição;
- os termos futuros de referência e perturbação somente devem ser usados caso exista uma predição de seus valores ou conhecimento prévio, no caso da referência.

Vamos apresentar alguns exemplos relacionados com esta análise.

**Exemplo 4.21**

Vamos calcular o controle equivalente do sistema estudado no Exemplo 4.17. Se queremos achar o modelo equivalente do controle, utilizamos a lei de controle já calculada naquele exemplo:

$$\begin{aligned}\Delta u(k) =& 0{,}6773r(k) - 0{,}6320\Delta u(k-1) - 0{,}5359\Delta u(k-2)\\ &- 0{,}8038\Delta q(k+1) - 3{,}6247y(k) + 2{,}9473y(k-1),\end{aligned}$$

agrupamos termos e usamos a transformada Z. Observando que a transformada de $\Delta u(k)$ é $(1-z^{-1})U(z)$ e a de $\Delta q(k)$ é $(1-z^{-1})Q(z)$, temos:

$$\begin{aligned}(1-z^{-1})U(z) =& 0{,}6773R(z) - 0{,}6320z^{-1}(1-z^{-1})U(z)\\ &- 0{,}5359z^{-2}(1-z^{-1})U(z) - 0{,}8038z(1-z^{-1})Q(z)\\ &- (3{,}6247 - 2{,}9473z^{-1})Y(z).\end{aligned}$$

Agrupando, agora, todos os termos em $U(z)$ chega-se a:

$$\begin{aligned}(1-z^{-1})(1+0{,}6320z^{-1}+0{,}5359z^{-2})U(z) =& 0{,}6773R(z)\\ &- 0{,}8038z(1-z^{-1})Q(z)\\ &- (3{,}6247 - 2{,}9473z^{-1})Y(z).\end{aligned}$$

Multiplicando ambos os lados por $z^3$, encontramos:

$$\begin{aligned}(z-1)(z^2+0{,}6320z+0{,}5359)U(z) =& 0{,}6773z^3R(z)\\ &-0{,}8038z^2(z-1)Q(z)\\ &-(3{,}6247z^3-2{,}9473z^2)Y(z),\end{aligned}$$

e dividindo ambos os lados da equação por $(z-1)(z^2+0{,}6320z+0{,}5359)$, temos:

$$U(z) = \frac{0{,}6773z^3}{(z-1)(z^2+0{,}6320z+0{,}5359)}R(z)$$

$$+\frac{-0{,}8038z^2(z-1)}{(z-1)(z^2+0{,}6320z+0{,}5359)}Q(z) - \frac{(3{,}6247z^3-2{,}9473z^2)}{(z-1)(z^2+0{,}6320z+0{,}5359)}Y(z).$$

Eliminando o termo $z-1$ do denominador e numerador da função de transferência que multiplica $Q(z)$ e agrupando os termos em $Y(z)$ e $R(z)$ com $\frac{(3{,}6247z^3-2{,}9473z^2)}{(z-1)(z^2+0{,}6320z+0{,}5359)}$ como fator comum, temos:

$$U(z) = \frac{(3{,}6247z^3-2{,}9473z^2)}{(z-1)(z^2+0{,}6320z+0{,}5359)}\left(\frac{0{,}6773z^3}{(3{,}6247z^3-2{,}9473z^2)}R(z)-Y(z)\right)$$

$$+\frac{-0{,}8038z^2}{(z^2+0{,}6320z+0{,}5359)}Q(z).$$

Finalmente, eliminando termos comuns do denominador e numerador das funções de transferência e organizando, obtemos a forma equivalente de um controle de dois graus de liberdade com ação antecipativa dada por:

$$U(z) = C_r(z)[F_r(z)R(z)-Y(z)] + C_a(z)Q(z),$$

com o controle antecipativo:

$$C_a(z) = \frac{-0{,}8038z^2}{z^2+0{,}6320z+0{,}5359},$$

o filtro de referência:

$$F_r(z) = \frac{0{,}6773z}{3{,}6247z-2{,}9473},$$

e o controle realimentado:

$$C_r(z) = \frac{(3{,}6247z-2{,}9473)z^2}{(z-1)(z^2+0{,}6320z+0{,}5359)},$$

como na estrutura da Figura 4.8. O controle neste caso tem um filtro de referência de primeira ordem, um controle realimentado de terceira ordem com ação integral e um controle antecipativo de segunda ordem. Na lista de exercícios apresentada no fim do capítulo (Exercício 15), sugerimos realizar uma análise do comportamento em malha fechada desta planta instável controlada pelo GPC, assim como estudos por simulação.

**Exemplo 4.22**

Vamos utilizar aqui a lei de controle do GPC calculada no Exemplo 4.14 para encontrar o controle clássico equivalente no caso sem restrições. Aplicando a transformada Z na lei de controle discreta obtida no exemplo, podemos calcular:

$$\begin{aligned} U(z) =& z^{-1}U(z) + 0{,}1285zR(z) + 0{,}2656z^2R(z) + 0{,}4113z^3R(z) \\ &- 6{,}0925Y(z) + 8{,}6804z^{-1}Y(z) - 3{,}3933z^{-2}Y(z) \\ &- 0{,}6393zQ(z) - 0{,}0394Q(z) + 0{,}6787z^{-1}Q(z), \end{aligned}$$

ou

$$\begin{aligned} U(z)(1 - z^{-1}) =& (0{,}1285z + 0{,}2656z^2 + 0{,}4113z^3)R(z) \\ &+ (-6{,}0925 + 8{,}6804z^{-1} - 3{,}3933z^{-2})Y(z) \\ &+ z(-0{,}6393 - 0{,}0394z^{-1} + 0{,}6787z^{-2})Q(z). \end{aligned}$$

Ainda, observando a identidade polinomial abaixo:

$$-0{,}6393 - 0{,}0394z^{-1} + 0{,}6787z^{-2} = -0{,}6393(1 - 1{,}0616z^{-1})(1 - z^{-1}),$$

podemos escrever:

$$\begin{aligned} U(z)(1 - z^{-1}) =& (0{,}1285z + 0{,}2656z^2 + 0{,}4113z^3)R(z) \\ &+ (-6{,}0925 + 8{,}6804z^{-1} - 3{,}3933z^{-2})Y(z) \\ &- 0{,}6393z(1 - 1{,}0616z^{-1})(1 - z^{-1})Q(z). \end{aligned}$$

Usando um procedimento similar ao do exemplo anterior, dividimos ambos os lados da equação por $1 - z^{-1}$, obtendo:

$$U(z) = C_1(z)R(z) - C_2(z)Y(z) + C_3(z)Q(z),$$

com

$$C_1(z) = \frac{0{,}4113z^3 + 0{,}2656z^2 + 0{,}1285z}{1 - z^{-1}},$$

$$C_2(z) = \frac{6{,}0925 - 8{,}6804z^{-1} + 3{,}3933z^{-2}}{1 - z^{-1}},$$

$$C_3(z) = -0{,}6393z(1 - 1{,}0616z^{-1}).$$

Extraindo $C_2(z)$ como fator comum dos termos que multiplicam $R(z)$ e $Y(z)$, esta lei de controle pode ser reduzida a:

$$U(z) = C_2(z)\left[\frac{C_1(z)}{C_2(z)}R(z) - Y(z)\right] + C_3(z)Q(z),$$

que pode ser escrita na forma clássica de um controle de dois graus de liberdade com ação antecipativa:

$$U(z) = C_r(z)[F_r(z)R(z) - Y(z)] + C_a(z)Q(z),$$

sendo $C_r(z)$ o controle de realimentação, $F_r(z)$ o filtro de referência e $C_a(z)$ o controlador antecipativo das perturbações, dados por:

$$C_r(z) = \frac{6{,}0925 - 8{,}6804z^{-1} + 3{,}3933z^{-2}}{1 - z^{-1}},$$

$$F_r(z) = \frac{0{,}4113z^3 + 0{,}2656z^2 + 0{,}1285z}{6{,}0925 - 8{,}6804z^{-1} + 3{,}3933z^{-2}},$$

$$C_a(z) = -0{,}6393z(1 - 1{,}0616z^{-1}),$$

como na estrutura da Figura 4.8.

Para analisar as funções de transferência que definem o controle, podemos passar todos os termos para potências positivas de $z$, o que resulta em:

$$C_r(z) = \frac{6{,}0925z^2 - 8{,}6804z + 3{,}3933}{z(z-1)},$$

$$F_r(z) = \frac{0{,}4113z^5 + 0{,}2656z^4 + 0{,}1285z^3}{6{,}0925z^2 - 8{,}6804z + 3{,}3933},$$

$$C_a(z) = -0{,}6393z - 0{,}6787.$$

As expressões obtidas mostram que o controle equivalente do GPC para este exemplo é um controle realimentado do tipo PID com filtro de referência antecipativo, mais um PD ideal atuando na perturbação mensurável. Do ponto de vista da implementação, o fato de possuirmos conhecimento futuro dos sinais de referência e perturbação, permite que consideremos funções de transferência com o grau do numerador maior que o do denominador em $F_r$ e $C_a$. Esse comportamento é o mesmo que se tem no GPC, que só possui ação antecipativa, caso os valores futuros da referência e da perturbação sejam conhecidos. É importante ressaltar que a implementação direta desse tipo de função de transferência em simuladores convencionais não é possível, dado que a função de transferência resultante é não causal. Como alternativa, pode-se reduzir o grau do numerador e adiantar os sinais de referência e perturbação informados ao controlador ou implementar as equações a diferenças equivalentes e informar os valores conhecidos dos sinais futuros.

Para este exemplo, podemos definir um sinal $r$ como referência e $r_f$ como referencia filtrada e escrever $R_f(z) = F_r(z)R(z)$, resultando em:

$$(6{,}0925z^2 - 8{,}6804z + 3{,}3933)R_f(z) = (0{,}4113z^5 + 0{,}2656z^4 + 0{,}1285z^3)R(z),$$

ou ainda:

$$(6{,}0925 - 8{,}6804z^{-1} + 3{,}3933z^{-2})R_f(z) = (0{,}4113z^3 + 0{,}2656z^2 + 0{,}1285z)R(z),$$

que equivale no tempo a:

$$\begin{aligned} r_f(k) =&(1/6{,}095)\left[8{,}6804r_f(k-1) - 3{,}3933r_f(k-2) + 0{,}4113r(k+3)\right. \\ &\left.+0{,}2656r(k+2) + 0{,}1285r(k+1)\right]. \end{aligned}$$

Como os valores futuros de $r$ são conhecidos, podemos implementar a equação anterior sem problemas.

Além disso, observe que como temos ação integral no controle realimentado e o filtro de referência tem ganho estático unitário, $F_r(1) = 1$, tem-se garantia de seguimento de referências do tipo degrau em regime permanente se o sistema em malha fechada é estável e a referência é fisicamente atingível. Note, ainda, que os zeros introduzidos pelo controlador PID são sempre cancelados pelo filtro $F_r$ na resposta à referência (o numerador de $C_r(z)$ é igual ao denominador de $F_r(z)$), o que é uma abordagem bastante usada em controladores de dois graus de liberdade

Caso a referência futura não seja conhecida, fazemos $r(k+i) = r(k)$ e a lei de controle se reduz a:

$$\begin{aligned} u(k) =&u(k-1) + 0{,}8054r(k) - 6{,}0925y(k) + 8{,}6804y(k-1) - 3{,}3933y(k-2) \\ &+ 0{,}6264q(k+1) + 0{,}05220q(k) - 0{,}6786q(k-1), \end{aligned}$$

o que apenas altera o filtro de referência do caso anterior para:

$$F_r(z) = \frac{0{,}8054z^2}{6{,}0925z^2 - 8{,}6804z + 3{,}3933}.$$

Note que, nesse caso, o filtro de referência deixa de ter os termos antecipativos, já que o grau do numerador não é mais maior que o do denominador. De forma similar, se os valores futuros da perturbação não forem conhecidos, ou seja, $\Delta q(k+j) = 0$ $(q(k+j) = q(k))$ $\forall j > 0$, então a parte antecipativa do controlador se torna:

$$C_a(z) = C_3(z) = -0{,}6787.$$

Assim, neste exemplo, poderíamos ajustar um controlador clássico formado por um PID, um filtro de referência e um controlador antecipativo que execute a mesma lei de controle do GPC ajustado.

Para finalizar o exemplo, vamos estudar com mais detalhes o controle antecipativo. Observe que o modelo do processo tinha como função de transferência entre as variáveis manipulada e controlada:

$$G_u(z) = \frac{Y(z)}{U(z)} = \frac{0{,}2z}{(z-1)^2},$$

e como função de transferência entre a perturbação e a variável controlada:

$$G_q(z) = \frac{Y(z)}{Q(z)} = \frac{0{,}1z + 0{,}2}{(z-1)^2}.$$

Neste caso, um controlador antecipativo clássico ideal seria calculado como:

$$C_{ai}(z) = \frac{-G_q(z)}{G_u(z)} = \frac{-0{,}1z - 0{,}2}{0{,}2z} = \frac{-0{,}5(z+2)}{z}.$$

Como este controlador é realizável, ele permite eliminar totalmente o efeito da perturbação na variável controlada. Veja que o $C_a$ calculado pelo GPC é diferente deste $C_{ai}$ e, portanto, não vai conseguir eliminar totalmente o efeito da perturbação durante o transitório, mas apenas depois de decorrido certo tempo. Isso acontece pelo fato de o GPC usar uma ponderação de controle $\lambda$ diferente de zero, o que gera uma solução que busca um compromisso entre erro de seguimento e esforço de controle. O controlador ideal $C_{ai}$ elimina totalmente a perturbação ao custo de ter uma ação de controle mais violenta.

Observe que se considerarmos apenas o controle antecipativo, o sinal de controle gerado por $C_{ai}(z)$, aqui denominado $u_a$, poderia ser obtido aplicando a transformada Z na equação:

$$U_a(z) = \frac{-0{,}5(z+2)}{z}Q(z) = (-0{,}5 - z^{-1})Q(z),$$

o que resulta em:

$$u_a(k) = -0{,}5q(k) - q(k-1).$$

Quando aplicamos um degrau unitário em $q(k)$ no instante 0, temos $q(k) = 1$ para todo $k \geq 0$ e $q(k) = 0$ para todo $k < 0$, logo:

$$u_a(0) = -0{,}5, \quad u_a(i) = -1{,}5, \quad \forall i \geq 1,$$

que tem variações de valor $-0{,}5$ e $-1$ nos dois primeiros instantes. No caso do GPC, temos, para o caso da perturbação futura desconhecida, que $C_a(z) = -0{,}6787$, logo neste caso, $U_a(z) = -0{,}6787Q(z)$ e, assim, $u_a(k)$ é um degrau de valor $-0{,}6787$, quando $q(k)$ é um degrau unitário aplicado no instante $k = 0$. Logo, este controle apenas aplica uma variação de valor $-0{,}6787$ no primeiro instante e depois não muda mais. Note que isso faz com que a soma dos quadrados das variações de controle, usada na função custo, seja menor que no caso do controle ideal.

Alguns dos resultados do Exemplo 4.22 são bem interessantes e podem ser generalizados, como analisaremos nas próximas seções, que tratam da equivalência entre o GPC e o PID para processos modelados por funções de transferência de segunda ordem e das propriedades do controle antecipativo do GPC, respectivamente.

### 4.7.2 GPC como PID

Pelo interesse prático, vamos, na sequência, analisar com mais detalhes o cálculo do GPC para processos de primeira e de segunda ordem sem atraso, mostrando que, neste caso, o GPC irrestrito pode ser escrito como um controlador PI ou como um PID, respectivamente. O caso de sistemas com atraso, que também é de grande interesse prático, será estudado de forma detalhada no Volume 2, no qual mostraremos que o GPC sem restrições pode ser colocado de forma equivalente a um compensador de atraso de transporte com filtro de predição.

Da forma obtida para a lei de controle equivalente implementada pelo GPC sem restrições, podemos inferir que:

- para sistemas sem atraso entre o sinal de controle e a saída, $d = 0$, e sem perturbação medida, o controlador equivalente de realimentação $C_r$ possui ordem igual à ordem do processo, $n_a$. Note que o numerador tem grau $n_a$ em $z^{-1}$ e o denominador $n_b + 1$ (se $d = 0$). Desta forma, o GPC implementa um PID para processos modelados por sistemas de segunda ordem e um PI para aqueles modelados por sistemas de primeira ordem;

- para os casos específicos de sistemas de primeira e de segunda ordem sem atraso, o GPC pode ser visto como um método preditivo de ajuste de controladores PI ou PID, que possuem sempre um filtro de referência ajustado também de forma preditiva.

Assim, na sequência, vamos calcular o controle equivalente especificamente para sistemas de primeira e de segunda ordem sem atraso.

Considere um processo com modelo de segunda ordem genérico, sem transferência direta, com modelo dado pelos polinômios $A(z^{-1}) = 1 + a_1 z^{-1} + a_2 z^{-2}$ e $B(z^{-1}) = b_0 + b_1 z^{-1}$. Não consideraremos aqui perturbações medíveis e usaremos $C(z^{-1}) = 1$. Nesse caso, a lei de controle do GPC (4.64) resulta em:

$$\left(\Delta\left[1 + \mathbb{b}_1 z^{-1}\right]\right) u(k) \quad = \quad f_0 r(k) - \left[\mathbb{a}_0 + \mathbb{a}_1 z^{-1} + \mathbb{a}_2 z^{-2}\right] y(k).$$

Assim:

$$C_r(z) = \frac{\mathbb{a}_0 + \mathbb{a}_1 z^{-1} + \mathbb{a}_2 z^{-2}}{(1 + \mathbb{b}_1 z^{-1})(1 - z^{-1})}, \quad F_r(z) = \frac{f_0}{\mathbb{a}_0 + \mathbb{a}_1 z^{-1} + \mathbb{a}_2 z^{-2}}, \tag{4.67}$$

ou, de forma equivalente:

$$C_r(z) = \frac{\mathbb{a}_0 z^2 + \mathbb{a}_1 z + \mathbb{a}_2}{(z + \mathbb{b}_1)(z - 1)}, \quad F_r(z) = \frac{f_0 z^2}{\mathbb{a}_0 z^2 + \mathbb{a}_1 z + \mathbb{a}_2}, \tag{4.68}$$

que equivale a uma lei de controle PID com filtro de referência de segunda ordem. Note que o filtro da ação derivativa do PID é definido por $\mathbb{b}_1$ e os zeros do PID por $\mathbb{a}_1$ e $\mathbb{a}_2$. O filtro de referência, como esperado, é de segunda ordem e tem polos que cancelam os zeros do PID.

Caso o processo seja modelado por um sistema de primeira ordem, basta considerar $\mathbb{b}_1 = \mathbb{a}_2 = 0$ no modelo anterior, o que leva a:

$$C_r(z) = \frac{\mathbb{a}_0 z + \mathbb{a}_1}{z - 1}, \quad F_r(z) = \frac{f_0 z}{\mathbb{a}_0 z + \mathbb{a}_1}, \tag{4.69}$$

que é um controle PI com filtro de referência de primeira ordem.

Assim, na prática, usando o ajuste de horizontes e ponderações, podemos calcular os polos e zeros dos controladores PI ou PID e seus filtros de referência associados, que são definidos pelos coeficientes $\mathbb{a}_i$ e $\mathbb{b}_i$. Os próximos exemplos analisam esses ajustes com base em casos concretos.

**Exemplo 4.23**

Considere o seguinte modelo de processo, com:

$$A(z^{-1}) = 1 - 0{,}8187z^{-1}, \ B(z^{-1}) = 0{,}3625, \ d = 0,$$

e um GPC ajustado com $N_1 = 1$, $N_2 = 15$, $N_u = 5$ e $\lambda = 1$. Neste exemplo, como não temos perturbações medidas, o atraso é zero e o polinômio $B$ é de ordem zero ($n_b = 0$), não há dependência de $\Delta u(k)$ com os valores da perturbação nem com os valores passados do incremento de controle. Logo, a Equação (4.64) se reduz a:

$$\Delta u(k) \quad = \quad f_0 r(k) - \sum_{j=0}^{1} \mathbb{a}_j z^{-j} y(k), \tag{4.70}$$

dado que $n_a = 1$. Para encontrar os coeficientes $f_0$, $\mathbb{a}_0$ e $\mathbb{a}_1$, usamos as expressões dadas em (4.62), que, neste caso, são escritas como:

$$f_0 = \sum_{i=1}^{15} k_i, \qquad \mathbb{a}_j = \sum_{i=1}^{15} k_i \ f_{i,j}.$$

Para isso, devemos encontrar primeiro a matriz de ganho do controle $\mathbf{K}_1$ (com coeficientes $k_i$) e a matriz $\mathbf{F}$ (com coeficientes $f_{i,j}$) usada na resposta livre. Assim, inicialmente calculamos a matriz de resposta ao degrau $\mathbf{G}$ e calculamos $\mathbf{K}_1$ como a primeira linha de $(\mathbf{G}^T\mathbf{G}+\lambda\mathbf{I})^{-1}\mathbf{G}^T$. Depois, usando a solução da equação diofantina para $j = 1$ até $j = 15$, calculamos os polinômios $E_j$ e $F_j$ que permitem obter os coeficientes $f_{i,j}$ da matriz $\mathbf{F}$.

Aplicando o procedimento descrito, obtemos os seguintes valores para os parâmetros:

$$\mathbb{a}_0 = 1{,}9052, \qquad \mathbb{a}_1 = -1{,}192, \qquad f_0 = 0{,}7135,$$

o que resulta em:

$$C_r(z) = \frac{\mathbb{a}_0 + \mathbb{a}_1 z^{-1}}{1 - z^{-1}} = 1{,}9052\frac{z - 0{,}6255}{z - 1}$$

e

$$F_r(z) = \frac{f_0}{\mathbb{a}_0 + \mathbb{a}_1 z^{-1}} = \frac{0{,}3745z}{z - 0{,}6255}.$$

O sistema em malha fechada para esta estrutura de controle tem função de transferência dada por:

$$H_{rf}(z) = \frac{0{,}2587z}{z^2 - 1{,}128z + 0{,}3867},$$

que é estável, tem ganho estático unitário e tem polos em $z = 0{,}5640 \pm 0{,}2619j$. Observe que, como o filtro de referência cancela o zero introduzido pelo controlador de realimentação, $H_{rf}(z)$ não tem esse zero dominante, que causaria um pico maior na resposta ao degrau de referência. Observe, ainda, que esse mesmo controlador PI poderia ser calculado usando um método clássico de ajuste de controladores, como alocação de polos.

**Exemplo 4.24**

Vamos considerar o seguinte modelo de processo, com:

$$A(z^{-1}) = 1 - 1{,}8006z^{-1} + 0{,}8187z^{-2}, \quad B(z^{-1}) = 0{,}0093 + 0{,}0087z^{-1},$$

e $d = 0$, que tem polos complexos conjugados em $z = 0{,}9003 \pm 0{,}0903j$. Para o GPC, ajustamos $N_u = 5$, $N_1 = 1$, $N_2 = 15$ e $\lambda = 1$. Aplicando o procedimento descrito, obtemos os seguintes valores para os parâmetros:

$$\mathbb{a}_0 = 20{,}4510, \quad \mathbb{a}_1 = -34{,}3161, \quad \mathbb{a}_2 = 14{,}6627,$$
$$\mathbb{b}_1 = 0{,}1566, \quad f_0 = 0{,}7977,$$

o que resulta em:

$$C_r(z) = 20{,}4510\frac{z^2 - 1{,}6780z + 0{,}7170}{(z + 0{,}1566)(z - 1)}, \quad F_r(z) = \frac{0{,}0390z^2}{z^2 - 1{,}6780z + 0{,}7170}.$$

Os zeros de $C_r$, que é um controle PID, estão alocados em $z = -0{,}8390 \pm 0{,}1143j$ e os polos em $z = 1$ e $z = -0{,}1566$. Como esperado, temos um polo associado à ação integral e mais um polo que corresponde na literatura clássica à filtragem da ação derivativa.

Note que o GPC aloca o polo do filtro da ação derivativa do PID no semiplano esquerdo do plano complexo, o que não é, em geral, habitual nos projetos clássicos de controle, nos quais tipicamente alocamos polos do controlador com parte real positiva. Um polo com parte real negativa dentro do círculo unitário está associado a uma resposta oscilatória, do tipo $z_0^k$ com $-1 < z_0 < 0$, que muda de sinal a cada amostra. Note que como o polo do controlador neste exemplo é muito rápido se comparado com as dinâmicas de malha fechada, o efeito deste polo de caráter oscilatório não tem um efeito importante na resposta do sistema nem no sinal de controle. A posição dos polos do controle equivalente dependem dos parâmetros de ajuste do GPC, mas não há uma forma simples e clara de associar os valores dos polos com os parâmetros.

Calculando a função de transferência de malha fechada $H_r(z) = \frac{C(z)P(z)}{1+C(z)P(z)}$, considerando $P(z)$ o modelo do processo, temos:

$$H_r(z) = \frac{0{,}1912z^3 - 0{,}1420z^2 - 0{,}1630z + 0{,}1282}{z^4 - 2{,}4528z^3 + 2{,}0387z^2 - 0{,}5715z},$$

e adicionando o filtro de referência, obtemos a função de transferência entre a referência e a saída, que é dada por:

$$H_{rf}(z) = \frac{0{,}007458z(z + 0{,}9355)}{z^3 - 2{,}4528z^2 + 2{,}0387z - 0{,}5715},$$

que é estável, tem ganho estático unitário e polos em: $z = 0{,}8484 \pm 0{,}1902j$ e $z = 0{,}7559$. Observe que $H_{rf}(z)$ possui apenas o zero do modelo da planta e um zero em $z = 0$ inserido pelo filtro de referência.

A resposta para uma perturbação na entrada do processo é dada por:

$$H_q(z) = \frac{0{,}0093(z + 0{,}9355)(z + 0{,}1566)(z - 1)}{z(z^3 - 2{,}4528z^2 + 2{,}0387z - 0{,}5715)},$$

que é estável e possui os mesmos polos de $H_r(z)$. Ainda, tem ganho estático zero, que garante a rejeição da perturbação degrau, já que, como esperado, os dois polos de $C_r(z)$ são zeros de $H_q(z)$ e um deles está em $z = 1$. Finalmente, $H_q(z)$ tem também o zero do modelo da planta.

Se mudarmos o ajuste do GPC, aumentando o horizonte de controle para $N_u = 10$ mantendo o resto dos parâmetros, temos:

$$C_r(z) = 19{,}6987\frac{z^2 - 1{,}6662z + 0{,}7077}{(z + 0{,}1489)(z - 1)}, \quad F_r(z) = \frac{0{,}0415z^2}{z^2 + 1{,}6662z + 0{,}7077}.$$

O sistema em malha fechada para este controle tem uma função de transferência da referência para a saída:

$$H_{rf}(z) = \frac{0{,}007647z(z + 0{,}9355)}{z^3 - 2{,}4675z^2 + 2{,}0676z - 0{,}5853},$$

que é estável, tem ganho estático unitário e polos em: $z = 0{,}8519 \pm 0{,}2017j$ e $z = 0{,}3637$, gerando uma resposta um pouco mais lenta e com mais pico que a anterior.

Se usamos neste processo um controle PID com filtro de referência com o ajuste tal que se obtenham as mesmas funções de transferência $C_r(z)$ e $F_r(z)$, o resultado será o mesmo que o obtido com o GPC. Por exemplo, usando um PID na forma paralela com ação derivativa filtrada:

$$PID(z) = K_p + K_i \frac{z}{z-1} + K_d \frac{z-1}{z-z_f},$$

com $K_p = 4{,}3924$, $K_i = 0{,}7115$, $K_d = 14{,}5948$ e $z_f = -0{,}1489$, obtemos o mesmo $C_r(z)$ equivalente do GPC para o caso de $N_u = 10$. Se usamos o ajuste de $N_u = 5$, o ajuste do PID resulta com $K_p = 4{,}4078$, $K_i = 0{,}6896$, $K_d = 15{,}3536$ e $z_f = -0{,}1566$,

Veja que o PID paralelo pode ser colocado na forma:

$$PID(z) = \frac{(K_p + K_i + K_d)z^2 - [K_p(1+z_f) + K_i z_f + 2K_d]z + K_p z_f + K_d}{(z-1)(z-z_f)},$$

e assim igualando com o $C_r(z)$ do GPC termo a termo, podemos encontrar o ajuste dos ganhos do PID e do polo do filtro da ação derivativa $z_f$.

O resultado obtido usando o GPC (sintonia com $N_u = 10$) e um PID adequadamente ajustado para o caso sem restrições é mostrado na Figura 4.9. Observe que os resultados são idênticos.

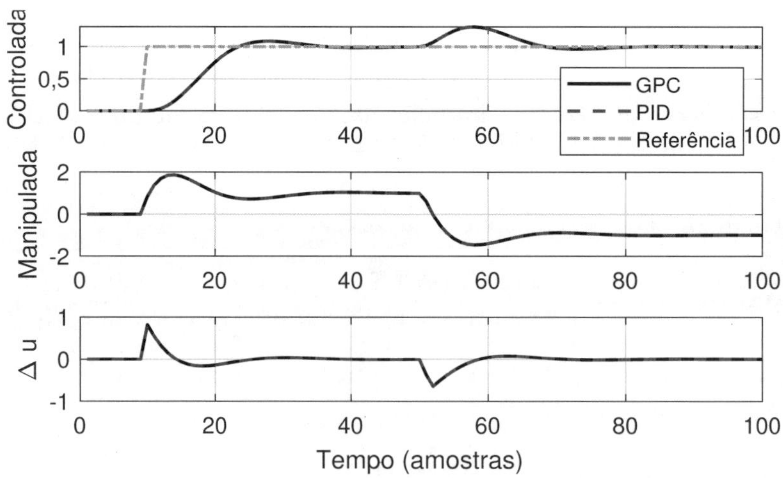


**Figura 4.9** Exemplo 4.24 – comparação das respostas para o GPC e a versão em PID.

Caso sejam consideradas restrições na ação de controle ou no incremento da ação de controle, a solução do GPC será diferente daquela apresentada pelo PID.

Este último deveria ser acrescido de um bloco de saturação e de uma estratégia de anti-*windup* (AW) caso se deseje evitar os problemas que a saturação causa na resposta de malha fechada ao usar o PID. Note que mesmo que seja considerada uma estratégia AW, as abordagens são diferentes e no caso da existência de restrições geralmente não é trivial, ou às vezes nem mesmo possível, encontrar uma sintonia equivalente para o PID que leve exatamente à mesma resposta apresentada pelo sistema com o GPC.

Os resultados obtidos usando o GPC com restrições, o PID adequadamente ajustado para o caso sem usar anti-*windup* e para o caso de usar uma estratégia simples de anti-*windup*, que apenas atualiza o sinal de controle anterior com o valor realmente aplicado ao processo, são mostrados nas Figuras 4.10 e 4.11. Veja que, no caso do PID sem anti-*windup* a resposta é bem diferente, pois há uma saturação na planta limitando o sinal de controle à faixa [−1,2; +1,2] que o PID não leva em conta, causando um sobressinal maior. Já no caso do PID com anti-*windup* (Figura 4.11), as respostas do PID e GPC são muito similares, mas não idênticas, pois o GPC faz o cálculo da ação de controle ótima já levando em conta as restrições, enquanto o PID calcula uma ação de controle sem restrição e depois faz uma correção com o uso do anti-*windup*.

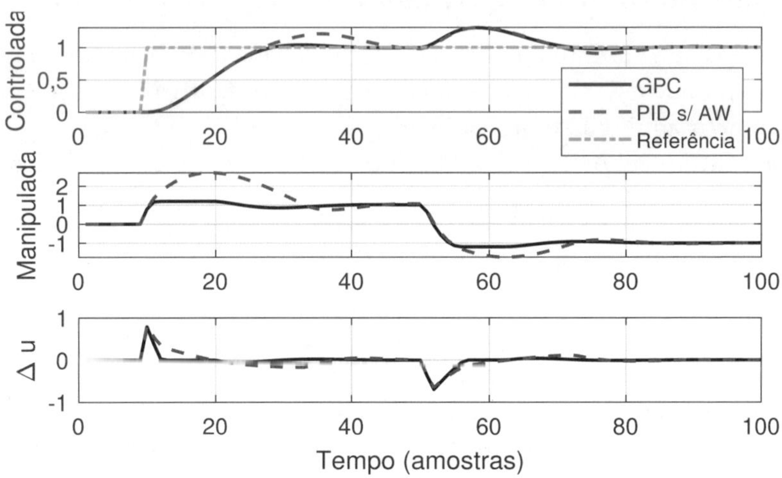


**Figura 4.10** Exemplo 4.24 – caso com restrição, comparação das respostas para o GPC e a versão em PID sem anti-*windup*.

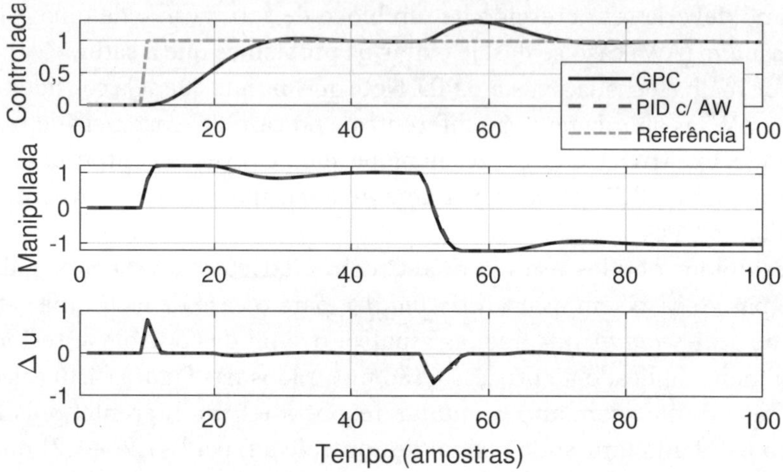


**Figura 4.11** Exemplo 4.24 – caso com restrição, comparação das respostas para o GPC e a versão em PID com anti-*windup*.

## 4.7.3 Análise do controle equivalente antecipativo do GPC

A análise do controle antecipativo pode ser realizada da mesma forma que no caso do DMC, para ver que o GPC implementa uma ação antecipativa ideal somente se $\lambda = 0$. Não vamos repetir aqui todo o procedimento, mas observe que, se desconsideramos o conhecimento futuro de $q(k)$ e reorganizamos a expressão de $C_a(z)$, temos:

$$C_a(z) = -\frac{\left[\mathbb{c}_0 + \sum_{j=1}^{n_{bq}+d_q} \mathbb{c}_j z^{-j}\right]}{\left[1 + \sum_{j=1}^{n_b+d} \mathbb{b}_j z^{-j}\right]}. \tag{4.71}$$

Suponha uma perturbação na entrada do processo, de forma que $B(z^{-1}) = B_v(z^{-1})$ e $d = d_q$. Neste caso, temos $\mathbb{c}_j = \mathbb{b}_j$ para todo $j = 1 \ldots n_b$. O controle $C_a$ ideal deve ser $C_a = -1$, para cancelar instantaneamente a perturbação medida, o que somente acontece se $\mathbb{c}_0 = 1$. Para isso, precisamos de total liberdade para a ação de controle ($\lambda = 0$).

Para elaborar melhor esta propriedade, considere a lei de controle do GPC no caso sem restrições, dada por:

$$\Delta\mathbf{u} = \mathbf{K}(\mathbf{r} - \mathbf{f}),$$

e que o sistema opera em um ponto de operação com referência nula e queremos analisar a resposta a uma pertubação tipo degrau com a ação de controle antecipativa do GPC. Nesta condição, $\mathbf{r} = \mathbf{0}$ e as saídas passadas $\underset{\leftarrow}{\mathbf{y}}$, os incrementos de controles passados $\underset{\leftarrow}{\Delta\mathbf{u}}$

e os incrementos de perturbação passados $\overleftarrow{\Delta \mathbf{q}}$ também são nulos. Assim, a expressão da resposta livre para o caso com perturbação medível $\mathbf{f} = \mathbf{G}_q \Delta \mathbf{q} + \mathbf{F} \overleftarrow{\mathbf{y}} + \mathbf{H} \overleftarrow{\Delta \mathbf{u}} + \mathbf{H}_q \overleftarrow{\Delta \mathbf{q}}$ se reduz a:

$$\mathbf{f} = \mathbf{G}_q \Delta \mathbf{q}.$$

Vamos, agora, considerar o caso com a pertubação entrando junto com a ação de controle. Assim, temos duas condições a serem satisfeitas no cálculo do vetor de ações de controle no instante $k$: (i) $\mathbf{G}_q = \mathbf{G}$ e (ii) a pertubação em $k$ não afeta instantaneamente a resposta livre, pois há um atraso de pelo menos uma amostra entre $q$ e $y$ (já que o modelo empregado no GPC nunca considera resposta instantânea da entrada para a saída do processo). Assim, podemos escrever:

$$\mathbf{f} = \mathbf{G}_q \Delta \mathbf{q} = \mathbf{G} \Delta \mathbf{q}.$$

Então, para ter rejeição total da perturbação, a ação de controle terá que ser igual e contrária à perturbação medida que entra no sistema. Vamos mostrar que isso é apenas possível se $\lambda = 0$.

Analisemos, então, a expressão da matriz:

$$\mathbf{K} = (\mathbf{G}^T \mathbf{G} + \lambda \mathbf{I})^{-1} \mathbf{G}^T,$$

que para o caso de $\lambda = 0$ leva a:

$$\mathbf{K} = (\mathbf{G}^T \mathbf{G})^{-1} \mathbf{G}^T.$$

Consequentemente, a lei de controle que se aplica no sistema quando entra uma perturbação mensurável é:

$$\Delta \mathbf{u} = \mathbf{K}(\mathbf{r} - \mathbf{f}) = (\mathbf{G}^T \mathbf{G})^{-1} \mathbf{G}^T (\mathbf{0} - \mathbf{G} \Delta \mathbf{q}) = (\mathbf{G}^T \mathbf{G})^{-1} (\mathbf{G}^T \mathbf{G}) \Delta \mathbf{q} = -\Delta \mathbf{q},$$

que mostra que a ação de controle é a desejada, de ganho $-1$. Caso $\lambda \neq 0$, teremos um ganho no controle que não cumpre essa condição.

De forma geral, se mantivermos todas as condições anteriores ($\lambda = 0$ e o sistema em regime permanente com referência nula e perturbação degrau), mas a perturbação não estiver na entrada do processo, $\mathbf{G}_q \neq \mathbf{G}$, calculamos:

$$\Delta \mathbf{u} = -(\mathbf{G}^T \mathbf{G})^{-1} \mathbf{G}^T \mathbf{G}_q \Delta \mathbf{q}.$$

Como discutido na Seção 3.2.3, sempre devemos escolher os horizontes de modo a garantir que $\mathbf{G}$ não tenha colunas nulas e isso garante que as colunas sejam linearmente independentes. Neste caso, a pseudo-inversa de $\mathbf{G}$ pode ser definida como $\mathbf{G}^+ = (\mathbf{G}^T \mathbf{G})^{-1} \mathbf{G}^T$. A partir dessa definição, podemos escrever:

$$\Delta \mathbf{u} = -\mathbf{G}^+ \mathbf{G}_q \Delta \mathbf{q}.$$

Caso a matriz $\mathbf{G}$ seja inversível, $\mathbf{G}^{+}$ é a própria inversa de $\mathbf{G}$. Neste caso, o GPC com $\lambda = 0$ inverte o modelo da relação entre $u$ e $y$ e o multiplica pelo modelo de $q$ para $y$ para calcular a ação antecipativa, como no controle tradicional. No caso de uma matriz $\mathbf{G}$ não inversível, é usada a pseudoinversa de $\mathbf{G}$, que é a melhor generalização para a inversa, neste caso. Na situação em que $\lambda \neq 0$, teremos um controle que não cumpre essa condição.

No próximo exemplo, ilustramos o uso de $\lambda = 0$ no ajuste do GPC para o caso de perturbações mensuráveis e analisamos o efeito dessa escolha na resposta de malha fechada.

### Exemplo 4.25

Vamos considerar novamente aqui o controle de posição do motor de corrente contínua já estudado no Exemplo 4.20. Neste caso, não vamos considerar restrições no controlador, mas vamos supor que a perturbação de carga (torque) pode ser medida. Vamos comparar, em termos de rejeição de perturbação, o GPC projetado no Exemplo 4.20, ajustado com $N_u = 5$, $N_1 = 1, N_2 = 30$, $N_q = 0$ e $\lambda = 1$ (que chamaremos GPC1), contra um novo GPC, com ajuste $N_u = 5$, $N_1 = 1, N_2 = 30$, $N_q = 0$ e $\lambda = 0$ (que chamaremos GPC2). Usaremos um cenário sem mudança de referência, aplicando apenas uma perturbação de carga do tipo degrau de amplitude 20 no tempo 10 amostras nas simulações.

Os resultados obtidos são mostrados na Figura 4.12, na qual as duas repostas obtidas são apresentadas.

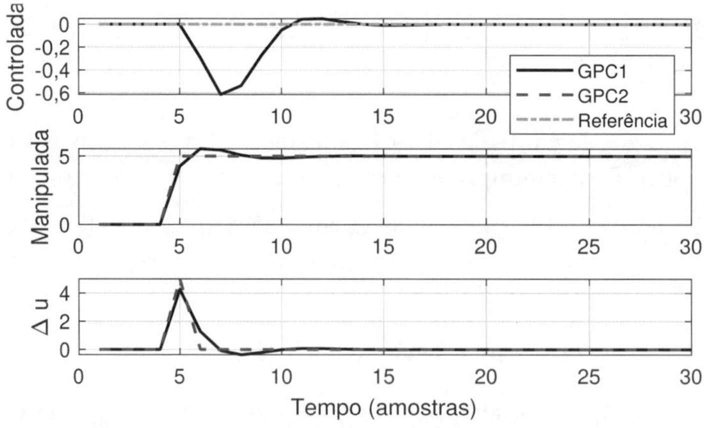


**Figura 4.12** Exemplo 4.25 – comparação das respostas do motor com o GPC com ação antecipativa, GPC1 ajustado com $N_1 = 1$, $N_2 = 30$, $N_q = 0$, $\lambda = 1$ e $N_u = 5$, e GPC2 ajustado com $N_1 = 1$, $N_2 = 30$, $N_q = 0$, $\lambda = 0$ e $N_u = 5$.

Observe que somente o GPC2 elimina totalmente a perturbação e que seu sinal de controle é exatamente um sinal igual e contrário ao da perturbação. Veja que a resposta obtida para a saída do sistema no caso do GPC1 tem transitórios mais lentos para a rejeição da perturbação, como esperado, pois este GPC não consegue a ação antecipativa perfeita. Isso se dá porque o problema de otimização do GPC1 considera também na função custo uma parcela referente às variações do sinal de controle, então a ação de controle não é tão brusca quanto a necessária para obter a rejeição instantânea da perturbação. Por outro lado, observe que os esforços de controle não são tão maiores no GPC2 que no GPC1, apenas se atua de forma mais eficiente.

Todo o estudo realizado até aqui para obtenção do controle equivalente considerou o caso do modelo CARIMA do GPC com $C(z^{-1}) = 1$. Na próxima seção, analisaremos o caso geral com $C(z^{-1}) \neq 1$.

### 4.7.4 Controlador equivalente com $C(z^{-1}) \neq 1$

Como vimos na Seção 4.3, utilizar $C(z^{-1}) \neq 1$ muda a forma como o GPC realiza as predições da resposta do sistema e, consequentemente, isso tem efeito no controlador equivalente. Nesta seção, analisaremos dois aspectos: primeiro mostraremos que é possível encontrar o controle equivalente de forma similar ao caso com $C(z^{-1}) = 1$ e, depois, mostraremos que o polinômio $C(z^{-1})$ não afeta a resposta à referência do sistema em malha fechada, mas apenas a resposta às perturbações não medidas. O fato de não haver alteração da resposta à referência só ocorre se consideramos o modelo de predição perfeito, isto é, representando exatamente o comportamento do processo.

#### Cômputo do controlador equivalente

Da mesma forma que com $C(z^{-1}) = 1$, o sinal de controle é dado por:

$$\Delta u(k) = \mathbf{K_1}(\mathbf{r} - \mathbf{f}),$$

com

$$\mathbf{K_1} = [k_{N_1} \ \ k_{N_1+1} \ \ k_{N_1+2} \ \ \ldots \ \ k_{N_2}].$$

Como o ganho $\mathbf{K}_1$ é obtido da primeira linha de $\mathbf{K} = (\mathbf{G}^T\mathbf{G} + \lambda\mathbf{I})^{-1}\mathbf{G}$, observe que há uma independência de $C(z^{-1})$ pois, como vimos na Seção 4.3, a matriz $\mathbf{G}$ não é afetada pela escolha de $C(z^{-1})$.

Já a resposta livre $\mathbf{f}$ sofre modificações dependendo da escolha de $C(z^{-1})$. No entanto, sua definição é similar à apresentada em (4.50), na Seção 4.4. Considerando perturbações medidas, a resposta livre é dada por:

$$\Delta u(k) = \mathbf{K}_1 \left( \mathbf{r} - \mathbf{F}\underset{\leftarrow}{\mathbf{y}_c} - \mathbf{H}\underset{\longleftarrow}{\Delta \mathbf{u}_c} - \mathbf{H}_q\underset{\longleftarrow}{\Delta \mathbf{q}_c} - \mathbf{G}_q \Delta \mathbf{q}_c \right), \tag{4.72}$$

em que o subscrito $c$ indica a filtragem do sinal pelo filtro $\frac{1}{C(z^{-1})}$. Considerando referências constantes $\mathbf{r} = \mathbf{1}_N r(k)$, então:

$$\begin{aligned}\Delta u(k) =& f_0 r(k) - \sum_{j=0}^{n_f} \mathbb{a}_j z^{-j} y_c(k) - \sum_{j=1}^{n_h} \mathbb{b}_j z^{-j} \Delta u_c(k) \\ & - \sum_{j=0}^{n_{hq}} \mathbb{c}_j z^{-j} \Delta q_c(k) - \sum_{j=1}^{N_q} \mathbb{d}_j z^{j} \Delta q_c(k),\end{aligned} \tag{4.73}$$

na qual $n_f$, $n_h$ e $n_{hq}$ são os números de colunas das matrizes $\mathbf{F}$, $\mathbf{H}$ e $\mathbf{H}_q$, respectivamente, que estão relacionados com os graus dos respectivos polinômios obtidos ao solucionar as equações diofantinas descritas na Seção 4.3. Além disso,

$$f_0 = \sum_{i=N_1}^{N_2} k_i, \quad \mathbb{a}_j = \sum_{i=N_1}^{N_2} k_i\, f_{i,j}, \quad \mathbb{b}_j = \sum_{i=N_1}^{N_2} k_i\, h_{i,j}, \tag{4.74}$$

$$\mathbb{c}_j = \sum_{i=N_1}^{N_2} k_i\, h_{q,i,j}, \quad \mathbb{d}_j = \sum_{i=N_1}^{N_2} k_i\, g_{q,i,j}, \tag{4.75}$$

em que $g_{q,i,j}$ é o elemento da linha $i$ e coluna $j$ da matriz $\mathbf{G}_q$. A partir de (4.73), podemos explicitar a dependência do polinômio $C(z^{-1})$ como:

$$\begin{aligned}\Delta u(k) =& f_0 r(k) - \frac{\sum_{j=0}^{n_f} \mathbb{a}_j z^{-j}}{C(z^{-1})} y(k) - \frac{\sum_{j=1}^{n_h} \mathbb{b}_j z^{-j}}{C(z^{-1})} \Delta u(k) \\ & - \frac{\sum_{j=0}^{n_{hq}} \mathbb{c}_j z^{-j}}{C(z^{-1})} \Delta q(k) - \frac{\sum_{j=1}^{N_q} \mathbb{d}_j z^{j}}{C(z^{-1})} \Delta q(k).\end{aligned}$$

Rearranjando, podemos escrever:

$$\begin{aligned}C(z^{-1})\Delta u(k) + \sum_{j=1}^{n_h} \mathbb{b}_j z^{-j} \Delta u(k) =& C(z^{-1}) f_0 r(k) - \sum_{j=0}^{n_f} \mathbb{a}_j z^{-j} y(k) \\ & - \sum_{j=0}^{n_{hq}} \mathbb{c}_j z^{-j} \Delta q(k) - \sum_{j=1}^{N_q} \mathbb{d}_j z^{j} \Delta q(k),\end{aligned}$$

$$\left(\Delta\left[C(z^{-1})+\sum_{j=1}^{n_h}\mathbb{b}_j z^{-j}\right]\right)u(k) = C(z^{-1})f_0 r(k) - \sum_{j=0}^{n_f}\mathbb{a}_j z^{-j}y(k)$$
$$-\left(\Delta\left[\sum_{j=0}^{n_{hq}}\mathbb{c}_j z^{-j}+\sum_{j=1}^{N_q}\mathbb{d}_j z^{j}\right]\right)q(k),$$

Aplicando a transformada Z, obtemos:

$$D_c(z)U(z) = N_f(z)R(z) - N_c(z)Y(z) + N_a(z)Q(z), \tag{4.76}$$

com

$$D_c(z) = \Delta\left[C(z^{-1})+\sum_{j=1}^{n_h}\mathbb{b}_j z^{-j}\right], \quad N_f(z) = f_0 C(z^{-1}),$$

$$N_c(z) = \sum_{j=0}^{n_f}\mathbb{a}_j z^{-j}, \quad N_a(z) = -\Delta\left[\sum_{j=0}^{n_{bq}+d_q}\mathbb{c}_j z^{-j}+\sum_{j=1}^{N_v}\mathbb{d}_j z^{j}\right].$$

Assim, o controlador equivalente do GPC com $C(z^{-1}) \neq 1$ ainda pode ser interpretado como um sistema de controle com dois graus de liberdade, com um controlador $C_r(z)$ e um filtro de referência $F_r(z)$, mais uma ação antecipativa $C_a(z)$, definidos por:

$$C_r(z) = \frac{N_c(z)}{D_c(z)}, \quad F_r(z) = \frac{N_f(z)}{N_c(z)}, \quad C_a(z) = \frac{N_a(z)}{D_c(z)}. \tag{4.77}$$

A representação desses controladores é a mesma ilustrada na Figura 4.8.

### Análise do efeito de $C(z^{-1})$ em malha fechada

Nesta seção, veremos que é possível mostrar matematicamente que, no caso nominal (modelo perfeito da planta como modelo de predição), o polinômio $C(z^{-1})$ não afeta a resposta em malha fechada do sistema para mudanças de referência, mas sim a resposta às perturbações não medidas. Para o desenvolvimento deste estudo é necessário reescrever o controlador equivalente de uma maneira alternativa. Nesta análise, vamos desconsiderar os termos dependentes da perturbação medida, dado que eles apenas afetam o controle antecipativo e assim simplificamos o desenvolvimento.

Como mostrado na Seção 4.3, as predições em termos polinomiais são calculadas a partir de (4.40), que reescrevemos aqui:

$$\hat{y}(k+j \mid k) = G_j(z^{-1})\Delta u(k+j-1) + F_j(z^{-1})y_c(k) + H_j(z^{-1})\Delta u_c(k-1), \tag{4.78}$$

sendo que a resposta livre é:

$$f(k+j \mid k) = F_j(z^{-1})y_c(k) + H_j(z^{-1})\Delta u_c(k-1). \tag{4.79}$$

Reescrevendo a equação do incremento de controle $\Delta u(k) = \mathbf{K_1}\,(\mathbf{r} - \mathbf{f})$ com essa definição polinomial da resposta livre, obtemos:

$$\Delta u(k) = f_0 r(k) - \frac{\sum_{i=N_1}^{N_2} k_i F_i(z^{-1})}{C(z^{-1})} y(k) - z^{-1}\frac{\sum_{i=N_1}^{N_2} k_i H_i(z^{-1})}{C(z^{-1})}\Delta u(k).$$

Note que o termo da referência é o mesmo usado na análise anterior, mas os termos dependentes dos valores passados do controle e da saída estão na forma de quocientes de polinômios em $z^{-1}$.

Manipulando a equação anterior, agrupando os termos em $\Delta u(k)$:

$$\left(1 + z^{-1}\frac{\sum_{i=N_1}^{N_2} k_i H_i(z^{-1})}{C(z^{-1})}\right)\Delta u(k) = f_0 r(k) - \frac{\sum_{i=N_1}^{N_2} k_i F_i(z^{-1})}{C(z^{-1})} y(k),$$

que é equivalente a (multiplicando tudo por $C(z^{-1})$):

$$\Delta\left(C(z^{-1}) + z^{-1}\sum_{i=N_1}^{N_2} k_i H_i(z^{-1})\right) u(k) = f_0 C(z^{-1}) r(k) - \sum_{i=N_1}^{N_2} k_i F_i(z^{-1}) y(k).$$

Definindo:

$$D_c(z) = \Delta\left(C(z^{-1}) + z^{-1}\sum_{i=N_1}^{N_2} k_i H_i(z^{-1})\right),$$

$$N_c(z) = \sum_{i=N_1}^{N_2} k_i F_i(z^{-1}), \qquad N_f(z) = f_0 C(z^{-1}),$$

temos:

$$D_c(z)u(k) = N_f(z)r(k) - N_c(z)y(k),$$

e aplicando a transformada Z e organizando:

$$U(z) = \frac{N_c(z)}{D_c(z)}\left(\frac{N_f(z)}{N_c(z)}R(z) - Y(z)\right) = C_r(z)[F_r(z)R(z) - Y(z)].$$

Assim, uma representação equivalente para $C_r(z)$ e $F_r(z)$ é:

$$C_r(z) = \frac{N_c(z)}{D_c(z)} = \frac{\sum_{i=N_1}^{N_2} k_i F_i(z^{-1})}{\Delta\left(C(z^{-1}) + z^{-1}\sum_{i=N_1}^{N_2} k_i H_i(z^{-1})\right)}, \tag{4.80}$$

$$F_r(z) = \frac{N_f(z)}{N_c(z)} = \frac{f_0 C(z^{-1})}{\sum_{i=N_1}^{N_2} k_i F_i(z^{-1})}. \tag{4.81}$$

A função de transferência de malha fechada da referência para a saída é dada por:

$$\frac{Y(z)}{R(z)} = \frac{C_r(z)G(z)}{1 + C_r(z)G(z)}F_r(z) = \frac{N_c(z)N_g(z)}{N_c(z)N_g(z) + D_c(z)D_g(z)}\frac{N_f(z)}{D_f(z)}. \tag{4.82}$$

Analisando apenas o termo dos polos de malha fechada e utilizando as definições anteriores, temos:

$$\begin{aligned} D_{MF} =& N_c(z)N_g(z) + D_c(z)D_g(z) \\ =& \sum_{i=N_1}^{N_2} k_i F_i(z^{-1})\tilde{B}(z)z^{-1} + \Delta\left(C(z^{-1}) + z^{-1}\sum_{i=N_1}^{N_2} k_i H_i(z^{-1})\right)A(z). \end{aligned} \tag{4.83}$$

Note que os polos do filtro de referência não entram nessa análise, porque o filtro não está no laço de realimentação. Ele apenas filtra a referência antes de ela ser passada para o cálculo do erro informado ao controlador.

Da equação diofantina (4.37), temos:

$$H_j(z^{-1}) = \frac{E_j(z^{-1})\tilde{B}(z^{-1}) - G_j(z^{-1})C(z^{-1})}{z^{-j}}.$$

Substituindo a expressão de $H_j(z^{-1})$ em (4.83) e lembrando que $\tilde{A}(z^{-1}) = \Delta A(z^{-1})$:

$$\begin{aligned} D_{MF} =& \sum_{i=N_1}^{N_2} k_i F_i(z^{-1})\tilde{B}(z)z^{-1} \\ &+ \tilde{A}(z^{-1})\left(C(z^{-1}) + z^{-1}\sum_{i=N_1}^{N_2} k_i \frac{E_i(z^{-1})\tilde{B}(z^{-1}) - G_i(z^{-1})C(z^{-1})}{z^{-i}}\right). \end{aligned}$$

Rearranjando, obtemos:

$$\begin{aligned} D_{MF} =& \sum_{i=N_1}^{N_2} k_i F_i(z^{-1})\tilde{B}(z)z^{-1} + \tilde{A}(z^{-1})C(z^{-1}) \\ &+ z^{-1}\sum_{i=N_1}^{N_2} k_i \frac{\tilde{A}(z^{-1})E_i(z^{-1})\tilde{B}(z^{-1})}{z^{-i}} - z^{-1}\sum_{i=N_1}^{N_2} k_i \frac{\tilde{A}(z^{-1})G_i(z^{-1})C(z^{-1})}{z^{-i}}. \end{aligned}$$

Da equação diofantina (4.32),

$$\tilde{A}(z^{-1})E_j(z^{-1}) = C(z^{-1}) - z^{-j}F_j(z^{-1}),$$

e substituindo $\tilde{A}(z^{-1})E_j(z^{-1})$ na expressão obtida para $D_{MF}$, encontramos:

$$\begin{aligned}
D_{MF} = & \sum_{i=N_1}^{N_2} k_i F_i(z^{-1})\tilde{B}(z)z^{-1} + \tilde{A}(z^{-1})C(z^{-1}) \\
& + z^{-1}\sum_{i=N_1}^{N_2} k_i \frac{(C(z^{-1}) - z^{-i}F_i(z^{-1}))\tilde{B}(z^{-1})}{z^{-i}} \\
& - z^{-1}\sum_{i=N_1}^{N_2} k_i \frac{\tilde{A}(z^{-1})G_i(z^{-1})C(z^{-1})}{z^{-i}} \\
= & \sum_{i=N_1}^{N_2} k_i F_i(z^{-1})\tilde{B}(z)z^{-1} + \tilde{A}(z^{-1})C(z^{-1}) + \sum_{i=N_1}^{N_2} k_i z^{i-1}C(z^{-1})\tilde{B}(z^{-1}) \\
& - \sum_{i=N_1}^{N_2} k_i F_i(z^{-1}))\tilde{B}(z^{-1})z^{-1} - \sum_{i=N_1}^{N_2} k_i z^{i-1}\tilde{A}(z^{-1})G_i(z^{-1})C(z^{-1}).
\end{aligned}$$

Veja que o primeiro e o quarto termos do lado direito da equação anterior se cancelam. Dessa forma,

$$\begin{aligned}
D_{MF} = & \tilde{A}(z^{-1})C(z^{-1}) + \sum_{i=N_1}^{N_2} k_i z^{i-1}C(z^{-1})\tilde{B}(z^{-1}) - \sum_{i=N_1}^{N_2} k_i z^{i-1}\tilde{A}(z^{-1})G_i(z^{-1})C(z^{-1}). \\
= & C(z^{-1})\left[\tilde{A}(z^{-1}) + \sum_{i=N_1}^{N_2} k_i z^{i-1}\left(\tilde{B}(z^{-1}) - \tilde{A}(z^{-1})G_i(z^{-1})\right)\right]. \qquad (4.84)
\end{aligned}$$

Note que o polinômio $C(z^{-1})$ aparece em evidência nesta equação. Retomando a função de transferência de malha fechada completa (4.82), definindo $D_{MF} = C(z^{-1})D'_{MF}$ para simplificar a notação, e fazendo as substituições adequadas, obtemos:

$$\frac{Y(z)}{R(z)} = \frac{\sum_{i=N_1}^{N_2} k_i F_i(z^{-1})z^{-1}\tilde{B}(z^{-1})}{C(z^{-1})D'_{MF}} \frac{f_0 C(z^{-1})}{\sum_{i=N_1}^{N_2} k_i F_i(z^{-1})} = \frac{f_0 z^{-1}\tilde{B}(z^{-1})}{D'_{MF}}. \qquad (4.85)$$

Veja, então, que a resposta da saída para mudanças de referência não depende do polinômio $C(z^{-1})$, como foi observado em alguns exemplos numéricos apresentados neste capítulo. Vale destacar que o polinômio $D'_{MF}$ depende do modelo da planta e dos polinômios $G_i(z^{-1})$ que multiplicam os incrementos futuros de controle e, como discutido na Seção 4.3, esses polinômios só dependem do modelo da planta e não do polinômio $C(z^{-1})$. As demais considerações feitas na seção anterior a respeito do controlador equivalente do GPC continuam válidas, exceto a que diz respeito à ordem do controlador, que agora dependerá da ordem do polinômio $C(z^{-1})$.

Vamos, agora, analisar a resposta em malha fechada para uma perturbação $q$ atuando na entrada do processo e que não pode ser medida. Neste caso, temos que a função de transferência de malha fechada entre a perturbação e a saída é:

$$\frac{Y(z)}{Q(z)} = \frac{G(z)}{1 + C_r(z)G(z)} = \frac{D_c(z)N_g(z)}{N_c(z)N_g(z) + D_c(z)D_g(z)}. \tag{4.86}$$

Como o denominador desta expressão é o mesmo $D_{MF}$ já calculado em (4.84) e depois escrito como $D_{MF} = C(z^{-1})D'_{MF}$, temos:

$$\frac{Y(z)}{Q(z)} = \frac{\Delta\left(C(z^{-1}) + z^{-1}\sum_{i=N_1}^{N_2} k_i H_i(z^{-1})\right)\tilde{B}(z^{-1})}{C(z^{-1})D'_{MF}}, \tag{4.87}$$

ou, usando a expressão de $H_i(z^{-1})$:

$$\frac{Y(z)}{Q(z)} = \frac{\Delta\tilde{B}(z^{-1})\left(C(z^{-1}) + \sum_{i=N_1}^{N_2} z^{j-1}k_i[E_j(z^{-1})\tilde{B}(z^{-1}) - G_j(z^{-1})C(z^{-1})]\right)}{C(z^{-1})D'_{MF}}. \tag{4.88}$$

Como nem $E_j(z^{-1})$ e nem $\tilde{B}(z^{-1})$ são divisíveis por $C(z^{-1})$, a função de transferência para a perturbação é dependente do polinômio $C(z^{-1})$, mostrando que este pode afetar a resposta às perturbações, como também vimos nos exemplos que motivaram este estudo. Por ter influência na resposta às perturbações, o polinômio $C(z^{-1})$ é usado frequentemente como um parâmetro de projeto do GPC e não com o objetivo de modelar o ruído.

Vamos analisar mais detalhadamente o efeito de $C(z^{-1})$ na resposta. A partir da expressão de $\frac{Y(z)}{Q(z)}$, podemos observar que como o polinômio $C(z^{-1})$ aparece no denominador, ao escolher as raízes do polinômio, afetamos os polos da função de transferência e, assim, o tempo de resposta do sistema em malha fechada. Em geral, podemos dizer que um polinômio $C(z^{-1})$ com raízes mais próximas de 1 tende a gerar respostas para a perturbação lentas, mas, em contrapartida atenua mais o efeito do ruído no sinal de controle. Porém, como os coeficientes do polinômio $E_j(z^{-1})$ que aparece na expressão também são dependentes do ajuste de $C(z^{-1})$, não é possível obter conclusões simples do efeito do seu ajuste na resposta.

Veja que, se a perturbação não medida não está na entrada do processo, mas na saída ou em algum ponto intermediário do mesmo, a função de transferência será:

$$\frac{Y(z)}{Q(z)} = \frac{D_c(z)D_g(z)}{N_c(z)N_g(z) + D_c(z)D_g(z)}\frac{N_q(z)}{D_q(z)}, \tag{4.89}$$

sendo $\frac{N_q(z)}{D_q(z)}$ a função de transferência em malha aberta entre a perturbação e a saída. Assim como no caso anterior, podemos escrever o denominador como $C(z^{-1})D'_{MF}$ e então:

$$\frac{Y(z)}{Q(z)} = \frac{D_c(z)\tilde{A}(z^{-1})}{C(z^{-1})D'_{MF}} \frac{N_q(z)}{D_q(z)}. \tag{4.90}$$

Usando a mesma análise que no caso anterior, observamos que $C(z^{-1})$ também afeta a função de transferência.

### Análise do efeito de $C(z^{-1})$ na robustez

Para entender o efeito do polinômio $C(z^{-1})$ na robustez, vamos usar novamente o índice de robustez de um controlador realimentado (como definido na Seção 3.7.3 quando estudamos o DMC), e aplicar ao caso do $C_r(z)$ equivalente do GPC. Lembre-se que o filtro de referência $F_r(z)$ não afeta a estabilidade da malha fechada, dado que $F_r(z)$ seja estável. Considerando, da mesma forma que foi analisado no DMC, que o modelo nominal do processo é dado por $G_n(z)$, o índice de robustez é dado por:

$$I_r(\omega) = \left| \frac{1 + C_r(z)G_n(z)}{C_r(z)G_n(z)} \right| \quad \forall z = e^{\pm j\omega T_s}, \ \omega \in [0, \pi/T_s),$$

e a condição de estabilidade robusta é dada por:

$$I_r(\omega) \geq |\delta G(z)| \quad \forall z = e^{\pm j\omega T_s}, \ \omega \in [0, \pi/T_s),$$

com $\delta G(z)$ o erro de modelagem multiplicativo. $I_r(\omega)$ pode ser calculado de forma simples usando os resultados de $H_{rf}(z) = Y(z)/R(z)$ e do filtro $F_r(z)$ como:

$$I_r(\omega) = \left| \frac{F_r(z)}{H_{rf}(z)} \right| = \left| \frac{C(z^{-1})D'_{MF}}{\sum_{i=N_1}^{N_2} k_i F_i(z^{-1}) z^{-1} \tilde{B}(z^{-1})} \right|,$$

mostrando a dependência do índice de robustez com $C(z^{-1})$. Note que para obter o índice de robustez, removemos o efeito do filtro de referência $F_r(z)$ da função de transferência da referência para a saída, uma vez que esse filtro não afeta a estabilidade do laço de realimentação, como já discutido. Observe, também, que a relação entre o ajuste de $C(z^{-1})$ e $I_r(\omega)$ é complexa, dado que o polinômio aparece explicitamente no numerador de $I_r(\omega)$, mas ele também afeta o cálculo dos polinômios $F_i(z^{-1})$ que aparecem no denominador do índice. Assim, também não é simples, na prática, ajustar $C(z^{-1})$ para modificar a robustez. De todas formas, o ajuste deve ser escolhido com um compromisso entre velocidade de resposta às perturbações e sensibilidade aos erros de modelagem.

**Exemplo 4.26**

Neste exemplo, iremos verificar o efeito do polinômio $C(z^{-1})$ no controlador equivalente. Faremos isso utilizando o mesmo processo e a mesma sintonia do Exemplo 4.24. Como demonstrado anteriormente, para $N_u = 5$, as funções de transferência de malha fechada para a referência e perturbação são, respectivamente:

$$H_{rf}(z) = \frac{0{,}007458z(z+0{,}9355)}{z^3 - 2{,}4528z^2 + 2{,}0387z - 0{,}5715},$$

$$H_q(z) = \frac{0{,}0093(z+0{,}9355)(z+0{,}1566)(z-1)}{z(z-0{,}756)(z^2-1{,}697z+0{,}756)}.$$

Considere, agora, a utilização de $C(z^{-1}) = 1 - 0{,}8z^{-1}$. Após obter as novas matrizes para o cálculo das predições e utilizando o procedimento explicado na Seção 4.7.4, verificaremos o efeito de $C(z^{-1})$ no controlador equivalente. Após os passos iniciais da obtenção do controlador equivalente, temos os seguintes parâmetros:

$$\mathbb{a}_0 = 6{,}1238, \quad \mathbb{a}_1 = -10{,}5515, \quad \mathbb{a}_2 = 4{,}5873,$$
$$\mathbb{b}_1 = 0{,}2906, \quad f_0 = 0{,}7976,$$

resultando em:

$$C_r(z) = \frac{6{,}1238(z^2 - 1{,}7230z + 0{,}7491)}{(z-0{,}5094)(z-1)},$$

$$F_r(z) = \frac{0{,}1303z(z-0{,}8)}{z^2 - 1{,}7230z + 0{,}7491}.$$

Note que o filtro de referência $F_r(z^{-1})$ continua cancelando os zeros do controlador $C_r(z^{-1})$, mas agora o polinômio $C(z^{-1})$ aparece no numerador de $F_r(z^{-1})$. Calculando a função de transferência de malha fechada para a referência ainda sem o filtro $F_r(z^{-1})$, obtemos:

$$H_r(z) = \frac{0{,}05726(z+0{,}9355)(z^2-1{,}7230z+0{,}7491)}{(z-0{,}8)(z-0{,}756)(z^2-1{,}697z+0{,}756)}.$$

Observe o aparecimento de $C(z^{-1})$ no denominador de $H_r(z)$. Os polos de malha fechada são $z = 0{,}8$, $z = 0{,}7559$ e $z = 0{,}8484 \pm 0{,}1902j$. Adicionando o filtro de referência, obtemos a função de transferência entre a referência e a saída, que é dada por:

$$H_{rf}(z) = \frac{0{,}007458z(z+0{,}9355)}{z^3 - 2{,}4528z^2 + 2{,}0387z - 0{,}5715},$$

que é idêntica à função de transferência com $C(z^{-1}) = 1$ obtida anteriormente. Isso ilustra, novamente, que o polinômio $C(z^{-1})$ não afeta a resposta para a referência no caso nominal. Por fim, a função de transferência de malha fechada para a perturbação é:

$$H_q(z) = \frac{0{,}0093(z+0{,}9355)(z-0{,}5094)(z-1)}{(z-0{,}8)(z-0{,}756)(z^2-1{,}697z+0{,}756)},$$

que é muito similar àquela do caso com $C(z^{-1}) = 1$, mas veja que o polinômio $C(z^{-1})$ aparece explicitamente no denominador da função de transferência.

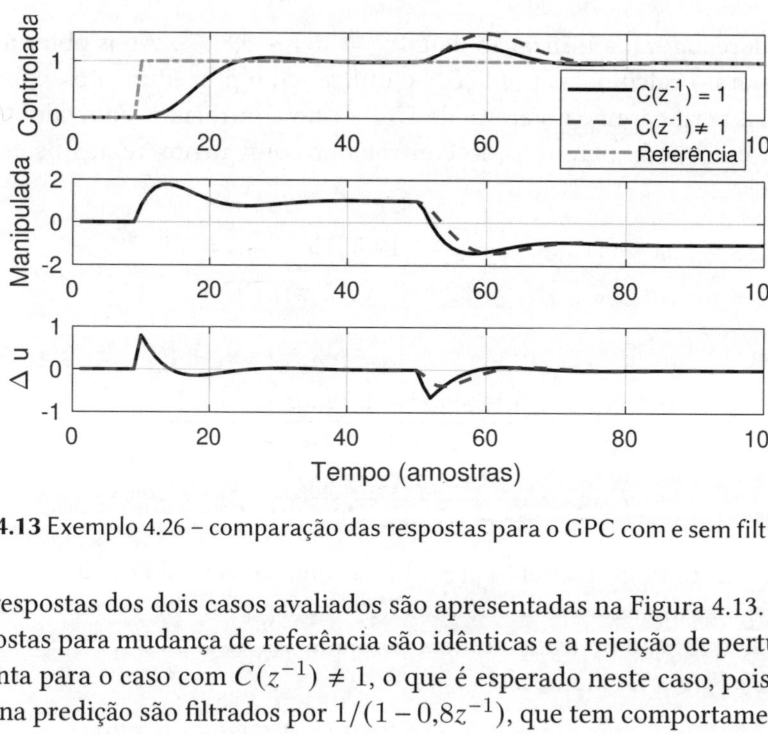


**Figura 4.13** Exemplo 4.26 – comparação das respostas para o GPC com e sem filtro $C(z^{-1})$.

As respostas dos dois casos avaliados são apresentadas na Figura 4.13. Note que as respostas para mudança de referência são idênticas e a rejeição de perturbação é mais lenta para o caso com $C(z^{-1}) \neq 1$, o que é esperado neste caso, pois os sinais usados na predição são filtrados por $1/(1-0{,}8z^{-1})$, que tem comportamento passa baixas.

## 4.8 ESTUDO DE CASO

Nesta seção, apresentamos um estudo de caso de um processo não linear controlado por um GPC. O estudo de caso busca ilustrar como se daria a aplicação do GPC em um processo real, avaliando aspectos importantes discutidos neste capítulo. Além disso, o mesmo estudo de caso também emprega um DMC, que é usado para fins de comparação.

Vamos considerar um sistema de controle de nível de um tanque, com acionamento por válvulas, tanto na entrada como na saída. Os dados das diferentes variáveis do processo são amostrados a cada segundo ($T_s = 1$ s) e a equação que define o comportamento nível $h(k)$ do tanque é:

$$A\left(h(k) - h(k-1)\right) = V_e(k-1) - V_s(k-1),$$

sendo $A$ a área da base do tanque, $V_e(k)$ a vazão de entrada ao tanque e $V_s(k)$ a vazão de saída. Consideraremos $V_e(k)$ proporcional à abertura $a_e(k)$ da válvula de entrada e $V_s(k)$ proporcional à abertura $a_s(k)$, mas também proporcional à raiz quadrada do nível de água no tanque:

$$V_e(k) = \alpha_1 a_e(k), \qquad V_s(k) = \alpha_2 a_s(k)\sqrt{2gh(k)}, \tag{4.91}$$

sendo $\alpha_1$ e $\alpha_2$ constantes que dependem das características construtivas das válvulas. Neste caso, consideramos $a_e(k)$ como a variável manipulada e $a_s(k)$ como uma perturbação. Assim, o comportamento do processo é modelado pela seguinte equação:

$$A\left(h(k) - h(k-1)\right) = \alpha_1 a_e(k-1) - \alpha_2 a_s(k-1)\sqrt{2gh(k-1)},$$

ou

$$h(k) = h(k-1) + \frac{\alpha_1}{A} a_e(k-1) - \frac{\alpha_2}{A} a_s(k-1)\sqrt{2gh(k-1)}.$$

Para este estudo de caso, usaremos $\alpha_1 = 2\,\mathrm{m}^3$, $\alpha_2 = 0{,}2\,\mathrm{m}^2\mathrm{s}$, $A = 10\,\mathrm{m}^2$ e $g = 9{,}8\,\mathrm{m/s}^2$, as aberturas variando no intervalo $[0, 1]$ e o nível entre 0 m e 5 m.

Para facilitar o ajuste do controle preditivo, como foi comentado no Capítulo 2, é interessante normalizar as variáveis. Neste caso, como as aberturas das válvulas estão no intervalo $[0; 1]$ é interessante também normalizar a medida de nível, dividindo os valores de $h(k)$ pelo valor máximo 5, de forma a ter um modelo na variável normalizada $h_n(k)$ no intervalo $[0; 1]$. Embora o controlador use as variáveis normalizadas, nos gráficos mostraremos o nível real, em metros.

O modelo não linear será usado para simular o processo real e, para efeitos de controle, vamos utilizar um modelo linear, obtido pela aplicação de um degrau de pequena amplitude (0,05 ou 5% de abertura) em cada uma das válvulas para identificar dois modelos de resposta ao degrau (no caso do DMC) e duas funções de transferência de tempo discreto (no caso do GPC). O ponto de operação usado foi $a_e = 0{,}35$, $a_s = 0{,}5$ e $h = 2{,}5$ m. As funções de transferência identificadas a partir dos ensaios no modelo não linear no ponto de operação escolhido são:

$$\frac{Y(z)}{U(z)} = \frac{0{,}03944}{z - 0{,}9868}, \qquad \frac{Y(z)}{Q(z)} = \frac{-0{,}02285}{z - 0{,}9868}, \tag{4.92}$$

com as variáveis $Y(z)$, $U(z)$ e $Q(z)$ representando, respectivamente, as transformadas das variações do nível normalizado, da abertura da válvula de entrada e da abertura da válvula de saída, com relação ao ponto de operação.

Para mostrar que os modelos usados no GPC e no DMC são parecidos, uma comparação entre os coeficientes das respostas ao degrau usadas no DMC e as respostas para esse mesmo degrau das funções de transferência do GPC é apresentada na Figura 4.14.

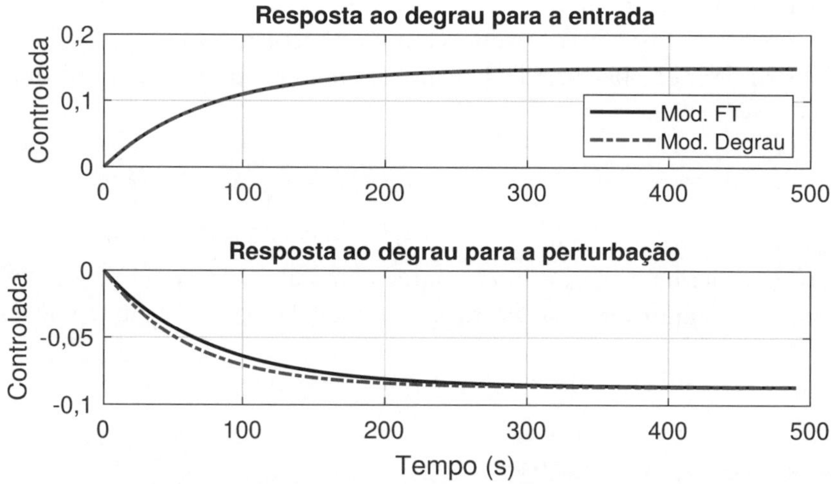


**Figura 4.14** Estudo de caso – comparando a resposta normalizada ao degrau dos modelos função de transferência com os coeficientes da resposta ao degrau de amplitude 0,05 (5% de abertura), para a entrada de controle e para a perturbação.

Observe que estes gráficos representam a variação do nível com relação ao ponto de equilíbrio escolhido e não o valor absoluto do nível.

Analisando as funções de transferência, os polinômios do modelo utilizado pelo GPC são:

$$A(z^{-1}) = 1 - 0{,}9868z^{-1},$$
$$B(z^{-1}) = 0{,}03944,$$
$$B_q(z^{-1}) = -0{,}02285z^{-1}.$$

Utilizaremos a mesma sintonia para os dois algoritmos (DMC e GPC): $N_1 = 1$, $N_2 = 30$, $N_u = 10$ e $\lambda = 1$. Esta escolha se baseia nas seguintes considerações: (a) como o sistema não tem atraso e queremos dar maior importância ao erro de seguimento no transitório, usamos $N_1 = 1$ e $N_2 = 30$, que captura aproximadamente 40% de uma constante de tempo da resposta do sistema em malha aberta para um degrau; (b) usamos

$N_u$ aproximadamente igual a um terço da janela de predição, que é uma escolha que busca compromisso entre graus de liberdade e complexidade; (c) usamos uma ponderação $\lambda = 1$ porque queremos dar mais importância ao erro de seguimento que ao esforço de controle. Note que os controladores usam variáveis normalizadas, e como a janela de predição tem 30 elementos e a de controle 10, com $\delta = \lambda = 1$, temos aproximadamente 3 vezes mais peso do erro que do esforço de controle na função custo.

Inicialmente, não utilizaremos restrições, filtro de referência ou ação antecipativa da perturbação. O primeiro cenário considera o sistema inicialmente no ponto de operação, em $t = 10\,\mathrm{s}$ há uma troca de referência para $2{,}75\,\mathrm{m}$ e, em $t = 75\,\mathrm{s}$, a perturbação passa a ter o valor de 0,65, uma variação de 30% em relação ao ponto de operação. Os resultados de simulação do DMC e do GPC são mostrados na Figura 4.15. Veja que as respostas para mudanças de referência são virtualmente idênticas, já que ambos os tipos de modelos (resposta ao degrau e função de transferência) são adequados para modelar a relação entre entrada e saída se não houver erros de modelagem significativos. No entanto, note que as respostas de rejeição de perturbação (a partir de $75\,\mathrm{s}$) são muito diferentes, já que cada algoritmo modela perturbações não medidas de formas distintas.

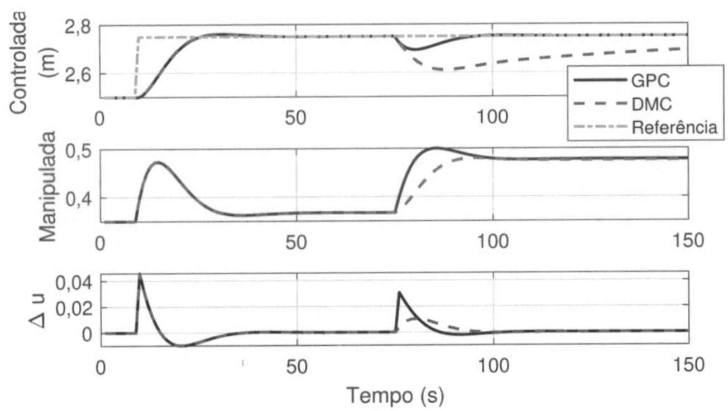


**Figura 4.15** Estudo de caso – cenário de simulação 1 para o DMC e GPC, sem ação antecipativa ou restrições.

Devemos lembrar que, no caso do DMC, o controlador não consegue obter em malha fechada respostas para as pertubações na entrada do processo que sejam mais rápidas que a resposta do sistema em malha aberta (ver Seção 3.7). Assim, observamos que o sistema leva mais de $100\,\mathrm{s}$ para chegar ao equilíbrio. Note que o GPC, com a mesma sintonia, consegue acelerar a resposta, mas tem uma ação de controle mais agressiva para rejeitar a perturbação. Observe que isso não tem relação direta com o que é apresentado na Figura 4.14, mas com a diferença na forma de atualização da resposta livre dos dois controladores.

Vamos considerar, agora, um segundo cenário, no qual incluímos ação antecipativa com $N_q = 0$ nos dois controladores. As mudanças de referência e perturbação são iguais ao que foi considerado no cenário 1. Os resultados são apresentados na Figura 4.16. Note que, agora, as respostas de rejeição de perturbação nos dois casos são muito similares, pois o efeito da perturbação foi incorporado no modelo de predição. Assim, apenas erros de modelagem e efeitos de outras perturbações aparecem nos modelos de perturbação do DMC e do GPC.

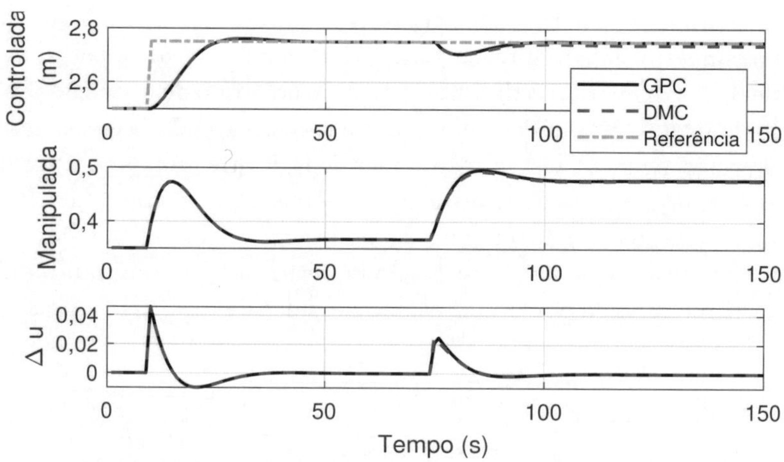


**Figura 4.16** Estudo de caso – cenário de simulação 2 para o DMC e GPC, com ação antecipativa e sem restrições.

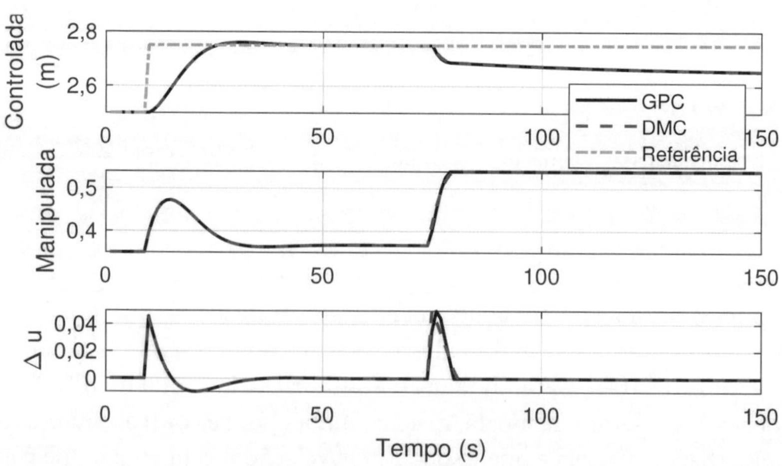


**Figura 4.17** Estudo de caso – cenário de simulação 3 para o DMC e GPC, com ação antecipativa e com restrições.

Num último cenário, agora considere que a ação de controle está limitada ao intervalo $[0; 0{,}54]$, que o incremento de controle deve estar no intervalo $[-0{,}05; 0{,}05]$, e que a perturbação sofre uma variação de 50% em relação ao ponto de operação, indo para o valor de 0,75 em $t = 75$ s. Os resultados são mostrados na Figura 4.17. Veja que com esse valor de perturbação e com as restrições impostas, não é possível garantir a rejeição completa da perturbação. Assim, o sistema converge para um novo ponto de operação que satisfaça as restrições impostas. Também vale notar que as respostas do DMC e do GPC são muito similares nesse caso com restrições e com ação antecipativa.

Assim, a partir dos resultados deste estudo de caso é importante destacar que os controladores GPC e DMC terão respostas muito similares se perturbações não medidas e erros de modelagem forem pequenos. No entanto, se isso não for verdade, o GPC tende a ter uma rejeição de perturbações mais rápida do que o DMC para uma mesma sintonia. Porém, como é sabido da teoria clássica de controle, a rejeição mais agressiva de perturbações usualmente compromete a robustez de malha fechada, ou seja, o GPC tende a ser mais sensível a erros de modelagem.

## 4.9 COMENTÁRIOS FINAIS

Neste capítulo, estudamos em detalhes a formulação do controlador GPC, que é uma das estratégias de MPC linear monovariável mais usadas. O GPC se destaca por empregar uma formulação que permite tratar de forma unificada sistemas estáveis e instáveis em malha aberta, assim como considerar perturbações com diferentes caraterísticas. Apresentamos a forma como calcular as predições, incluir perturbações medíveis e como obter o sinal de controle, seja no caso com e sem restrições. Mostramos que, usando a mesma função custo, o GPC apenas se diferencia do DMC no cálculo da resposta livre. Logo, eles compartilham todo o procedimento do cálculo do controle que minimiza a função custo e o tratamento de restrições. Assim como no caso do DMC, também mostramos que no caso sem restrições o GPC é equivalente a um controle discreto linear de dois graus de liberdade com ação antecipativa no caso de perturbações medíveis. Em particular, para processos modelados por sistemas de segunda ordem, o controle por realimentação que o GPC implementa é equivalente a um PID. No Volume 2, estudaremos algumas questões particulares relacionadas ainda ao GPC, como o caso particular de processos com atraso e o uso de filtros na predição como forma de melhorar o desempenho e a robustez do controlador. Além disso, faremos a extensão do GPC para o caso multivariável.

## 4.10 EXERCÍCIOS PROPOSTOS

1. Considere uma planta que tem função de transferência entre a variável manipulada e a controlada dada por $G_u(z) = \frac{0{,}05}{(z-0{,}9)(z-0{,}8)}$ e função de transferência entre uma perturbação que pode ser medida e a variável controlada dada por $G_q(z) = \frac{0{,}1}{z-0{,}95}$. Obtenha o modelo CARIMA deste processo, considerando um polinômio $C(z^{-1}) = 1$.

2. Obtenha o modelo CARIMA do processo do exemplo anterior, considerando agora um polinômio $C(z^{-1}) = 1 - 0{,}7z^{-1}$.

3. Considere uma planta que tem função de transferência entre a variável manipulada e a controlada dada por $G(z) = \frac{0{,}2}{z-0{,}9}$. Escreva o modelo CARIMA para este processo com um polinômio $C(z^{-1}) = 1$ e calcule as predições da saída do processo de $N_1 = 1$ até $N_2 = 3$, com $N_u = 2$. Faça isso primeiro de forma recursiva, e depois considerando as equações diofantinas. Uma vez encontradas as predições, organize o resultado para deixar explícitas a resposta livre e a resposta forçada da predição.

4. Considere uma planta com atraso de transporte de 5 amostras com função de transferência entre a variável manipulada e a controlada dada por $G(z) = \frac{0{,}2z^{-5}}{z-0{,}8}$. Escreva o modelo CARIMA para este processo com um polinômio $C(z^{-1}) = 1$ e calcule as predições da saída do processo de $N_1 = 6$ até $N_2 = 9$, com $N_u = 2$. Utilize as equações diofantinas para o cálculo. Uma vez encontradas as predições, organize o resultado para deixar explícitas a resposta livre e a resposta forçada da predição.

5. Para o Exercício 1, usando as equações diofantinas, calcule as equações de predição, considerando que se conhecem as perturbações futuras. Utilize os horizontes $N_1 = 1$, $N_2 = 3$, $N_u = 2$ e $N_q = 1$.

6. Para o Exercício 2, usando as equações diofantinas, calcule as equações de predição, considerando que se conhecem as perturbações futuras. Utilize os horizontes $N_1 = 1$, $N_2 = 3$, $N_u = 3$ e $N_q = 2$.

7. Considerando a equação diofantina abaixo no contexto do GPC:

$$C(z^{-1}) = \tilde{A}(z^{-1})E_j(z^{-1}) + z^{-j}F_j(z^{-1}),$$

mostre que o polinômio $E_j(z^{-1})$ continua tendo grau $j-1$ e o grau de $F_j(z^{-1})$ depende do grau de $C(z^{-1})$ e pode até ser variável. Se $n_c \le n_a+1$, o grau de $F_j(z^{-1})$ continua sendo $n_a$, como no caso de $C(z^{-1})=1$. Se $n_c > n_a+1$, para $j \le n_c - n_a$, o grau de $F_j(z^{-1})$ é $n_c - j$, e se $j > n_c - n_a$ o grau é sempre $n_a$.

8. Considere uma planta que tem função de transferência entre a variável manipulada e a controlada, dada por $G(z) = \frac{0{,}2}{z-0{,}9}$ e função de transferência entre uma perturbação que pode ser medida e a variável controlada dada por $G_q(z) = \frac{0{,}1}{z-0{,}9}$. Assuma ponderações $\delta = 1$ e $\lambda = 0{,}5$, polinômio $C(z^{-1}) = 1$, além de horizontes $N_1 = 1$, $N_2 = 2$ e $N_u = 2$. Assuma, ainda, que você pode medir as perturbações que entram na planta, mas não consegue fazer predições dos valores dessas perturbações no futuro. Além disso, as referências futuras não são conhecidas. Para este controlador, faça o que se pede abaixo.

   (a) Deduza a lei de controle resultante para o problema irrestrito, caso seja empregado um GPC que considere a perturbação no modelo da planta. A lei de controle deve ser escrita na forma $u(k) = \alpha_0 y(k) + \alpha_1 y(k-1) + \ldots + \beta_1 u(k-1) + \ldots$.

   (b) Represente o controlador equivalente como um controlador clássico de dois graus de liberdade e com um filtro de pré-alimentação da perturbação medida.

9. Um engenheiro deseja implementar um GPC para o controle de velocidade angular de um motor. O motor já conta com uma malha de controle de corrente, portanto o GPC será responsável por definir o valor da referência dessa malha para que a velocidade angular tenha o comportamento desejado. O controlador da malha de corrente é dado por: $C(z) = 3(z-0{,}6)/(z-1)$, o modelo do bloco que relaciona a tensão aplicada (saída do controlador de corrente) com a corrente do motor é dado por: $G_i = 0{,}2/(z-0{,}6)$ e o modelo do bloco que relaciona a variação da corrente do motor com sua variação de velocidade angular é dado por: $G_w = 100/(z-0{,}9)$. Além disso, o modelo que relaciona a variação da potência de um gerador acoplado ao motor (perturbação mensurável) com a variação da velocidade angular do motor é dado por: $G_q = 300/(z-0{,}4)$. Com base no cenário descrito, faça o que se pede a seguir:

(a) Proponha uma sintonia razoável dos horizontes e dos pesos do controlador e justifique sua resposta.

(b) Para $N_1 = 1$, $N_2 = N_u = 2$, $\delta = \lambda = 1$, perturbações medíveis e valores futuros desconhecidos (de todas as variáveis), escreva a ação de controle resultante para o caso irrestrito.

10. Mostre que o GPC, mesmo no caso com $C(z^{-1}) \neq 1$ e perturbações medíveis, garante erro de seguimento ao degrau igual a zero em regime permanente se o sistema resultante de malha fechada for estável e a referência for atingível. Para a demonstração, use o mesmo procedimento do caso com $C(z^{-1}) = 1$, apenas modificando as equações da resposta livre neste novo caso.

11. Simule o Exemplo 4.15 usando os códigos disponibilizados e analise o ajuste do GPC, seguindo o seguinte procedimento: (i) analise o efeito dos horizontes nas respostas, variando $N_2$ e também $N_u$, tomando cuidado de normalizar as ponderações de acordo com os novos horizontes; (ii) usando o resultado do item anterior, escolha um ajuste que consiga o melhor compromisso entre tempo de resposta e oscilações da resposta; (iii) com os horizontes definidos, varie $\lambda$ (novamente de forma normalizada) para mostrar como com valores menores deste parâmetro são obtidas respostas mais rápidas, com maior esforço de controle.

12. Usando o mesmo processo do exercício anterior e o ajuste que considerou melhor dos estudados, analise por simulação e compare os seguintes casos: (i) considerando a perturbação não medida; (ii) considerando a perturbação medida com $N_q = 0$ e (iii) considerando a perturbação medida com $N_q = 3$. Repita o estudo para o caso no qual $\lambda = 0$ e compare com o resultado de $\lambda \neq 0$ (como ajustado no exercício anterior).

13. Este exercício tem por objetivo analisar intuitivamente a robustez do GPC. Para isso, consideramos um processo modelado por um sistema estável de primeira ordem com atraso sem perturbações medíveis, que é um modelo muito usado na prática para representar a dinâmica de processos industriais na vizinhança de um ponto de operação. Neste caso, usamos: $A(z^{-1}) = 1 - 0{,}85z^{-1}$, $d = 5$, $B(z^{-1}) = B_q(z^{-1}) = 0{,}3$ e $C(z^{-1}) = 1$ (observe que as perturbações estão na entrada do processo). Projete um GPC para este processo, buscando respostas (depois do atraso) com tempo de assentamento pelo menos duas vezes mais rápido que

o tempo de assentamento do processo em malha aberta. Observe as ações de controle, tanto nas respostas às mudanças de referência como para rejeição de perturbações, ambas de tipo degrau. Considere, agora, que o processo não é igual ao modelo usado no GPC e desejamos estudar o efeito nas respostas em malha fechada causadas por esta situação. Para simular esta condição, considere que o processo é simulado com $A(z^{-1}) = 1 - a_p z^{-1}$, $d = d_p$, $B(z^{-1}) = B_q(z^{-1}) = b_p$ e que $a_p$, $b_p$ e $d_p$ tem valores diferentes dos nominais. Simule primeiro apenas variações em cada parâmetro separado, para depois realizar experimentos com variações simultâneas dos mesmos. Analise para que situações seu controle é mais sensível. Mude os parâmetros de ajuste do GPC, buscando diminuir a sensibilidade do sistema aos erros no modelo. Discuta.

14. Para o problema do exercício anterior, projete um DMC buscando, no caso nominal, obter respostas similares às do GPC. Posteriormente, realize a mesma análise de robustez, considerando os mesmos erros do exercício anterior. Compare os comportamentos do DMC e do GPC.

15. Considere o sistema controlado no Exemplo 4.17. A partir do controle equivalente encontrado no exemplo, analise a estabilidade em malha fechada do sistema. Simule as respostas em malha fechada para mudanças do tipo degrau na referência e perturbação. Finalmente, estude o efeito nas respostas em malha fechada para diferentes valores de horizontes e ponderações. Estude com qual conjunto de parâmetros é possível obter as melhores respostas, fixando um determinado critério (lembre-se de que o GPC busca o mínimo da função custo).

16. Considere o controle de posição do motor do Exemplo 4.20. Partindo dos resultados do exemplo, realize outras simulações considerando outras faixas para as restrições em $u$ e $\Delta u$. Considere, também, outras amplitudes dos degraus de referência e de perturbação no estudo de simulação.

17. Ainda, para o controle de posição do motor do Exemplo 4.20, projete um GPC considerando que a pertubação de torque pode ser medida, mas que não se conhece o valor futuro da mesma. Compare os resultados com os do exercício anterior, principalmente observando a ação de controle e o efeito das restrições.

18. Considere o sistema estudado no Exemplo 4.26. Nesse exercício, deseja-se estudar o efeito do ajuste de $C(z^{-1})$ na resposta à perturbação. Para

isso, analise, usando cálculos analíticos e simulações, o efeito de usar um polinômio $C(z^{-1})$ diferente. Considere os seguintes casos:

(i) $C(z^{-1}) = 1 - 0{,}9z^{-1}$,
(ii) $C(z^{-1}) = 1 - 0{,}5z^{-1}$ e
(iii) $C(z^{-1}) = (1 - 0{,}8z^{-1})^2$.

Compare os resultados e discuta.

19. Para o estudo de caso, controle de nível do tanque da Seção 4.8, realize os estudos detalhados abaixo.

    (a) Inclua o polinômio $C(z^{-1})$ no GPC e ajuste-o tentando conseguir uma resposta às perturbações que seja similar àquela obtida com o DMC. Mantenha os demais parâmetros inalterados.
    (b) Busque um ajuste de $C(z^{-1})$, tal que se consiga um compromisso entre esforço de controle e rapidez da resposta a perturbação;
    (c) Realize uma análise de robustez por simulação, considerando que tanto o DMC como o GPC são ajustados com o modelo apresentado no estudo de caso, mas que o processo é simulado com parâmetros diferentes: a área da base do tanque é $12\,\text{m}^2$, $\alpha_1 = 1{,}5$ e $\alpha_2 = 0{,}3$. Confirme o esperado, que o DMC tem um comportamento mais robusto.

CAPÍTULO 5

# Aspectos práticos do MPC

Este capítulo analisa diversos aspectos práticos importantes do MPC que não foram, por uma questão didática, introduzidos nos capítulos anteriores. Por exemplo, na prática industrial, é normal que sejam utilizadas funções custo diferentes da básica usada nos capítulos anteriores, de forma a permitir tratar situações com objetivos mais diversos. Também, o tratamento de restrições nas variáveis de saída, ou controladas, deve ser realizado de forma diferente do já apresentado neste livro a fim de evitar problemas de factibilidade. Finalmente, para a implementação do algoritmo de controle em uma aplicação real, o problema de otimização deve ser resolvido dentro do período de amostragem e, caso isso não aconteça, alguma estratégia deve ser definida para enviar o sinal de controle ao processo. Na sequência, formularemos esses casos especiais e mostraremos as diferenças em relação aos casos já estudados.

## 5.1 RESTRIÇÕES ESPECIAIS

Nos capítulos anteriores, vimos que o problema de otimização quadrático com restrições de desigualdade, na forma padrão, pode ser definido como:

$$\begin{array}{lcl} \min\limits_{\Delta\mathbf{u}} & J(\Delta\mathbf{u}) & \\ \text{sujeito a:} & \overline{\mathbf{R}}\Delta\mathbf{u} \leq \overline{\mathbf{r}} & \end{array}, \tag{5.1}$$

com $\overline{\mathbf{R}}$ e $\overline{\mathbf{r}}$ sendo, respectivamente, uma matriz e um vetor que representam restrições de desigualdade dadas por uma combinação linear de $\Delta\mathbf{u}$, mas obtidos a partir das restrições originais do problema (tipicamente no controle, no incremento de controle e na saída). A forma padrão é importante, pois a maioria dos pacotes de otimização a utilizam, facilitando a entrada de dados e a troca de algoritmos. E, como veremos na sequência, vários outros tipos de restrições podem ser colocados desta forma. Ressalta-se, no entanto, que ao se aumentar o número de restrições, o custo computacional para resolver o problema de otimização cresce consideravelmente, possivelmente inviabilizando a implementação do controlador em sistemas com períodos de amostragem relativamente curtos.

Apresentaremos, neste capítulo, algumas restrições que são bastante interessantes para as variáveis de saída do processo: (i) restrições de resposta monotônica, isto é, que o sistema se aproxime da referência sem oscilações; (ii) restrições de pico zero, quando se deseja que a resposta não ultrapasse o valor da referência durante o transitório; e

(iii) restrições de resposta inversa, quando se deseja que a saída não se movimente em direção contrária da mudança de referência (efeito geralmente conhecido de resposta de fase não mínima).

Em todos os casos anteriores, ilustraremos o estudo considerando a restrição aplicada em toda a janela de predição. Outros tipos de restrições também podem ser estudados aplicando as mesmas ideias aqui apresentadas, inclusive com condições aplicadas apenas em alguns elementos do horizonte. Nos exercícios, no final do capítulo, são propostos alguns problemas relacionados com outras restrições especiais.

### 5.1.1 Resposta monotônica

A resposta monotônica exige que:

$$\hat{y}(k+j \mid k) \geq \hat{y}(k+j-1 \mid k),$$

para todo elemento do horizonte ($j = N_1, \ldots, N_2$), quando o sinal de referência seja tal que $r(k+j) > y(k)$. De forma contrária, exigimos:

$$\hat{y}(k+j \mid k) \leq \hat{y}(k+j-1 \mid k),$$

para todo elemento do horizonte, quando o sinal de referência seja tal que $r(k+j) < y(k)$.

Observe que se o sistema tiver atraso $d$ e $N_1$ for escolhido de forma inadequada, isto é, com $N_1 < d+1$, não há nada que o controlador possa fazer para as condições colocadas nas saídas preditas até $d+1$, dado que uma ação de controle aplicada no instante $k$ só surtirá efeito em $k+d+1$. Assim, a ação de controle definida em $k$ não terá como alterar a resposta do sistema antes de $k+d+1$ e a satisfação ou não de qualquer restrição imposta para a saída até esse instante de tempo dependerá da resposta livre que o sistema apresentava em função das entradas passadas. Dessa forma, neste caso a restrição colocada pode ser infactível, visto que não haverá sinal de controle aplicado em $k$ e nos instantes seguintes que possa fazer com que a restrição não seja violada caso a resposta do sistema a entradas passadas viole a restrição. Vamos considerar aqui a escolha correta de $N_1$ e desenvolver com detalhes apenas o primeiro dos casos, quando $r(k+j) > y(k)$:

$$\hat{\mathbf{y}} = \begin{bmatrix} \hat{y}(k+N_1 \mid k) \\ \hat{y}(k+N_1+1 \mid k) \\ \vdots \\ \hat{y}(k+N_2 \mid k) \end{bmatrix} \geq \begin{bmatrix} \hat{y}(k+N_1-1 \mid k) \\ \hat{y}(k+N_1 \mid k) \\ \vdots \\ \hat{y}(k+N_2-1 \mid k) \end{bmatrix}.$$

Considerando a forma vetorial das predições, o vetor do lado esquerdo da desigualdade é escrito como: $\hat{\mathbf{y}} = \mathbf{G}\Delta\mathbf{u} + \mathbf{f}$. Já o vetor do lado direito pode ser escrito como:

$$\begin{bmatrix} \hat{y}(k+N_1-1 \mid k) \\ \hat{y}(k+N_1 \mid k) \\ \vdots \\ \hat{y}(k+N_2-1 \mid k) \end{bmatrix} = \mathbf{G}_0\Delta\mathbf{u} + \mathbf{f}_0,$$

sendo a matriz $\mathbf{G}_0$, de dimensão $N \times N_u$, e o vetor $\mathbf{f}_0$, de dimensão $N$, definidos como:

$$\mathbf{G}_0 = \begin{bmatrix} g_{N_1-1} & g_{N_1-2} & \cdots & g_{N_1-N_u-1} \\ g_{N_1} & g_{N_1-1} & \cdots & g_{N_1-N_u} \\ g_{N_1+1} & g_{N_1} & \cdots & g_{N_1+1-N_u} \\ \vdots & \vdots & \ddots & \vdots \\ g_{N_2-1} & g_{N_2-2} & \cdots & g_{N_2-N_u} \end{bmatrix}, \qquad \mathbf{f}_0 = \begin{bmatrix} f(k+N_1-1) \\ f(k+N_1) \\ \vdots \\ f(k+N_2-1) \end{bmatrix},$$

Assim temos:

$$\mathbf{G}\Delta\mathbf{u} + \mathbf{f} \geq \mathbf{G}_0\Delta\mathbf{u} + \mathbf{f}_0,$$

que pode ser escrito como:

$$[\mathbf{G} - \mathbf{G}_0]\Delta\mathbf{u} \geq [\mathbf{f}_0 - \mathbf{f}],$$

ou

$$[\mathbf{G}_0 - \mathbf{G}]\Delta\mathbf{u} \leq [\mathbf{f} - \mathbf{f}_0],$$

e usado no conjunto de restrições do problema de programação quadrática. Note que, caso $N_1$ seja escolhido como $N_1 = d + 1$, então a primeira linha da matriz $\mathbf{G}_0$ será nula, pois somente os $g_{d+i}$ com $i > 0$ serão não nulos. Lembre, também, que as predições $\hat{y}(k + j \mid k) = y(k + j)$ se $j \leq 0$.

Para o caso de $r(k + j) < y(k)$, se usarmos o mesmo procedimento anterior com a condição contrária, chegamos a:

$$\mathbf{G}\Delta\mathbf{u} + \mathbf{f} \leq \mathbf{G}_0\Delta\mathbf{u} + \mathbf{f}_0,$$

que pode ser escrito como:

$$[\mathbf{G} - \mathbf{G}_0]\Delta\mathbf{u} \leq [\mathbf{f}_0 - \mathbf{f}].$$

Vamos apresentar dois exemplos: no primeiro, usaremos um MPC com horizonte curto para o mostrar o cálculo das matrizes e, no segundo, realizaremos simulações com este tipo de restrição.

**Exemplo 5.1**

Considere um sistema controlado por um GPC com horizontes definidos por $N_1 = 1$, $N_2 = 3$ e $N_u = 2$ e uma matriz $\mathbf{G}$ dada por:

$$\mathbf{G} = \begin{bmatrix} 0{,}2 & 0 \\ 0{,}4 & 0{,}2 \\ 0{,}7 & 0{,}4 \end{bmatrix}.$$

Considere, ainda, que no instante $k$ temos o valor de:

$$\hat{y}(k + N_1 - 1 \mid k) = \hat{y}(k \mid k) = y(k)$$

e a resposta livre é dada por:

$$\mathbf{f} = \begin{bmatrix} f_1 \\ f_2 \\ f_3 \end{bmatrix}.$$

Com esses dados, podemos calcular a matriz $\mathbf{G}_0$ e o vetor $\mathbf{f}_0$ como:

$$\mathbf{G}_0 = \begin{bmatrix} 0 & 0 \\ 0{,}2 & 0 \\ 0{,}4 & 0{,}2 \end{bmatrix}, \qquad \mathbf{f}_0 = \begin{bmatrix} y(k) \\ f_1 \\ f_2 \end{bmatrix}.$$

Logo:

$$\mathbf{G}_0 - \mathbf{G} = \begin{bmatrix} 0 & 0 \\ 0{,}2 & 0 \\ 0{,}4 & 0{,}2 \end{bmatrix} - \begin{bmatrix} 0{,}2 & 0 \\ 0{,}4 & 0{,}2 \\ 0{,}7 & 0{,}4 \end{bmatrix} = \begin{bmatrix} -0{,}2 & 0 \\ -0{,}2 & -0{,}2 \\ -0{,}3 & -0{,}2 \end{bmatrix}$$

e

$$\mathbf{f} - \mathbf{f}_0 = \begin{bmatrix} f_1 \\ f_2 \\ f_3 \end{bmatrix} - \begin{bmatrix} y(k) \\ f_1 \\ f_2 \end{bmatrix} = \begin{bmatrix} f_1 - y(k) \\ f_2 - f_1 \\ f_3 - f_2 \end{bmatrix}.$$

Assim, caso desejemos impor uma resposta monotônica com o sinal de referência, tal que $r(k + j) > y(k)$, precisamos colocar a seguinte restrição no problema de otimização:

$$\begin{bmatrix} -0{,}2 & 0 \\ -0{,}2 & -0{,}2 \\ -0{,}3 & -0{,}2 \end{bmatrix} \Delta\mathbf{u} \leq \begin{bmatrix} f_1 - y(k) \\ f_2 - f_1 \\ f_3 - f_2 \end{bmatrix}.$$

## Exemplo 5.2

Aplicaremos uma restrição monotônica no processo do Exemplo 3.12, que trata do controle do nível de um tanque. O controlador é um DMC e a sintonia aplicada foi modificada em relação ao exemplo original. Agora, utilizamos: $N_1 = 1$, $N_2 = 90$, $N_u = 25$ e $\lambda = 1$.

No cenário de simulação testado, a referência muda de 52 para 57 em $t = 2\,\text{min}$, de 57 para 54 em $t = 8\,\text{min}$ e uma variação de 1% na válvula de saída é aplicada em $t = 12\,\text{min}$. Os resultados são apresentados nas Figuras 5.1 e 5.2. Veja que, no caso sem a restrição, a resposta do sistema tem um sobressinal e uma pequena oscilação em torno da referência. Com o uso da restrição isso não ocorre.

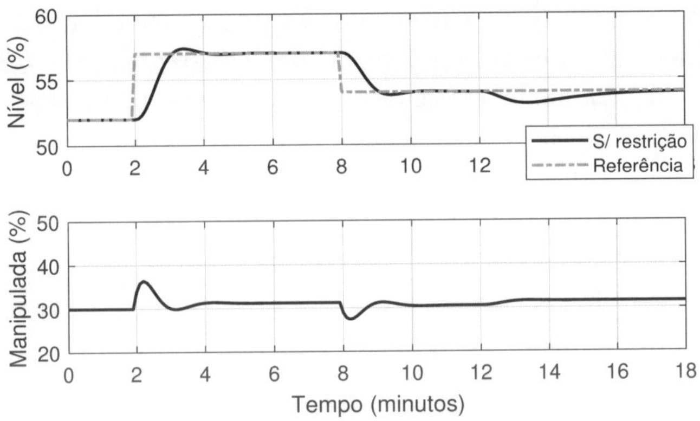


**Figura 5.1** Exemplo 5.2 – respostas sem restrição monotônica

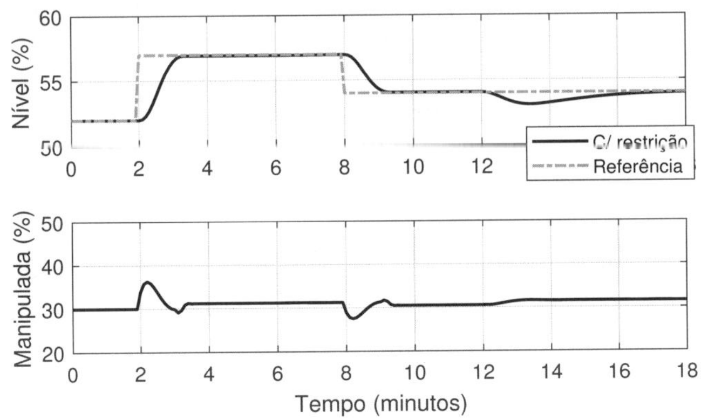


**Figura 5.2** Exemplo 5.2 – respostas com restrição monotônica

Um detalhe importante desta restrição é que, em geral, horizontes de predição maiores são necessários para uma resposta adequada, sendo que horizontes muito curtos podem até instabilizar a resposta. Isso ocorre porque, com um horizonte curto, o controlador não tem a informação adequada do efeito da ação de controle que está aplicando no sistema e, assim, um valor inadequado de controle é calculado.

Na prática, é interessante implementar esta restrição usando variáveis de folga, para evitar infatibilidade do problema de otimização. Isso será discutido com detalhes na Seção 5.2. O mesmo vale para qualquer outra restrição na variável de saída do processo.

### 5.1.2 Resposta sem pico

A resposta sem pico tem interesse quando se aplica uma mudança de referência constante no processo e esse valor é mantido constante por um certo tempo $r(k+j) = r(k)$. Um exemplo de interesse prático desse tipo de restrição é um processo de furação, que terá uma profundidade maior que a referência desejada caso a resposta possua pico. Se $r(k)$ é o valor da referência, exige-se que:

$$\hat{y}(k+j \mid k) \leq r(k)$$

para todo elemento do horizonte, quando o sinal de referência for tal que $r(k) > y(k)$. De forma contrária, exigimos:

$$\hat{y}(k+j \mid k) \geq r(k)$$

para todo elemento do horizonte, quando o sinal de referência for tal que $r(k) < y(k)$. Caso a referência seja igual ao valor de $y(k)$, não é necessário aplicar a restrição nesse instante de amostragem. Vamos colocar de forma matricial primeiro a condição para o caso em que $r(k) > y(k)$, que implica:

$$\hat{\mathbf{y}} = \mathbf{G}\Delta\mathbf{u} + \mathbf{f} \leq \mathbf{1}_N r(k),$$

que pode ser reestruturada para o formato padrão como:

$$\mathbf{G}\Delta\mathbf{u} \leq \mathbf{1}_N r(k) - \mathbf{f}.$$

Para o caso em que $r(k) < y(k)$, temos a desigualdade:

$$\hat{\mathbf{y}} = \mathbf{G}\Delta\mathbf{u} + \mathbf{f} \geq \mathbf{1}_N r(k),$$

que pode ser reestruturada para o formato padrão como:

$$-\mathbf{G}\Delta\mathbf{u} \leq \mathbf{f} - \mathbf{1}_N r(k).$$

## Exemplo 5.3

Este exemplo considera o mesmo cenário do Exemplo 5.2, com o mesmo processo e a mesma sintonia do controlador, porém agora é considerada uma restrição de resposta sem pico ao invés da restrição de resposta monotônica. Como pode ser visto nas Figura 5.3 e 5.4, esta restrição eliminou o pico presente na resposta do sistema, como desejado. Apesar de a resposta ser semelhante àquela encontrada no Exemplo 5.2, note que as restrições são diferentes. No caso deste exemplo, a resposta poderia ter oscilações, desde que o o valor máximo não ultrapassasse a referência. No caso do Exemplo 5.2, esse comportamento não seria possível, dado que foi imposta a necessidade de resposta monotônica.

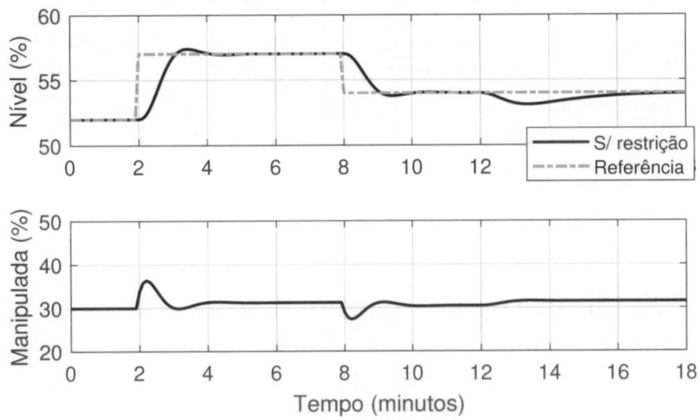


**Figura 5.3** Exemplo 5.3 – respostas sem restrição de pico.

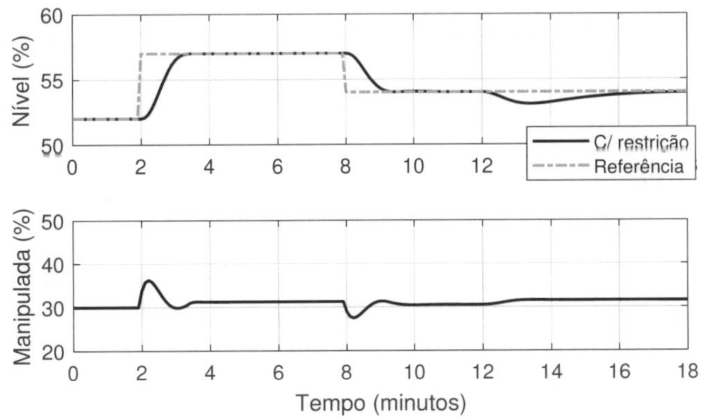


**Figura 5.4** Exemplo 5.3 – respostas com restrição de pico.

Como discutido no fim do Exemplo 5.3, é importante ressaltar que esta restrição não garante que o sistema não oscilará, apenas que não haverá pico. É possível que ocorram oscilações sem ultrapassagem da referência. Se isto também não for desejável, a restrição de resposta monotônica é a mais adequada.

Assim como no caso da restrição monotônica, é interessante implementar esta restrição usando variáveis de folga para evitar infactibilidade do problema de otimização. Isso será discutido com detalhes na Seção 5.2.

### 5.1.3 Transitório sem resposta inversa

O transitório sem resposta inversa (também denominada de fase não-mínima) implica:

$$\hat{y}(k+j \mid k) \geq y(k)$$

para todo elemento do horizonte, quando o sinal de referência for tal que $r(k) > y(k)$. De forma contrária, exigimos:

$$\hat{y}(k+j \mid k) \leq y(k),$$

para todo elemento do horizonte, quando o sinal de referência for tal que $r(k) < y(k)$. Novamente, não é necessário aplicar a restrição no instante de amostragem em que referência seja igual ao valor de $y(k)$.

Vamos colocar primeiro para o caso $r(k) > y(k)$:

$$\hat{\mathbf{y}} = \mathbf{G}\Delta\mathbf{u} + \mathbf{f} \geq \mathbf{1}_N y(k),$$

que pode ser escrito na forma padrão como:

$$-\mathbf{G}\Delta\mathbf{u} \leq -\mathbf{1}_N y(k) + \mathbf{f}.$$

Já para o caso $r(k) < y(k)$:

$$\hat{\mathbf{y}} = \mathbf{G}\Delta\mathbf{u} + \mathbf{f} \leq \mathbf{1}_N y(k),$$

que pode ser escrito na forma padrão como:

$$\mathbf{G}\Delta\mathbf{u} \leq \mathbf{1}_N y(k) - \mathbf{f}.$$

Assim como nos casos anteriores, esta restrição não pode ser implementada da forma convencional, ou seja, sem uma variável de folga. Observe que se a resposta inversa é causada por um zero do processo fora do círculo unitário e com parte real positiva (conhecido como zero de fase não mínima), o controlador não pode evitar que o sistema tenha uma resposta inversa, dado que o zero que causa este efeito não pode ser eliminado do sistema em malha fechada (trata-se de um zero do modelo do processo fora do círculo unitário, que não pode ser cancelado pelo controlador). Assim, o controlador realiza um ajuste que busca minimizar a amplitude desta parte inversa da resposta, mas não consegue evitar completamente o aparecimento da resposta inversa, o que leva à infactibilidade do problema de otimização. Como é conhecido do controle clássico, este efeito do zero de fase não mínima pode ser diminuído se o zero não for dominante, ou seja, o controlador pode buscar uma resposta em malha fechada mais lenta, que tire a dominância do zero fora do círculo unitário. A folga nesta restrição segue as mesmas diretrizes da implementada para limitar o valor máximo ou mínimo de $y$, como será discutido com detalhes na Seção 5.2.

**Exemplo 5.4**

Para este exemplo, considere um sistema representado pela seguinte função de transferência, que inclui um zero com parte real positiva (que causa a resposta inversa):

$$G(s) = \frac{2(-0{,}75s + 1)}{s^2 + 1{,}875s + 3{,}516},$$

e que foi discretizado com período de amostragem $T_s = 0{,}1\,\text{s}$. O controlador utilizado foi um DMC, com a seguinte sintonia: $N_1 = 1$, $N_2 = 20$, $N_u = 5$, $\lambda = 0{,}1$, $N_{ss} = 150$ e com a restrição de resposta transitória sem resposta inversa.

O cenário de simulação inclui duas mudanças de referência em $t = 2\,\text{s}$ e $t = 8\,\text{s}$ para 5 e 2, respectivamente, e uma perturbação de entrada de amplitude $-1$ em $t = 15\,\text{s}$. Os resultados podem ser vistos na Figura 5.5 para os casos com e sem restrição. Veja que no caso sem a restrição (Caso 1), o efeito do zero com parte real positiva é bem pronunciado e a resposta inversa tem uma amplitude de aproximadamente $-2$ para o primeiro degrau. Já no caso do DMC com a restrição (Caso 2), essa amplitude cai para menos da metade mas, como consequência, o tempo de resposta do processo é maior, como esperado.

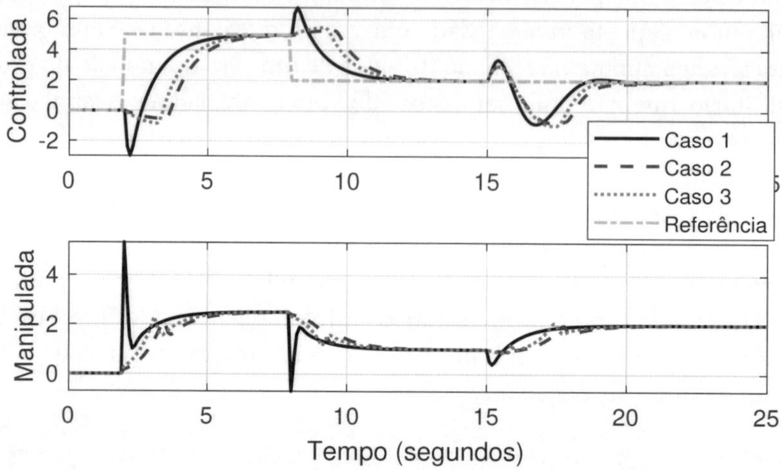


**Figura 5.5** Exemplo 5.4 – respostas do sistema em malha fechada sem restrições (Caso 1), com restrição de resposta inversa, ou de fase não-mínima (Caso 2), e com restrição monotônica (Caso 3).

Note, ainda, como o DMC com a restrição tem uma ação de controle mais suave. Finalmente, pode ser observado que as respostas para a perturbação são similares em ambos os casos, o que é esperado, pois o DMC tem uma resposta lenta para a rejeição das perturbações, como já analisado no Capítulo 3.

Observe que, para este exemplo, uma restrição monotônica resolveria o problema, buscando evitar a mudança de tendência da saída do processo. Isto é mostrado na Figura 5.5 como Caso 3, e veja que os resultados são muito similares ao Caso 2, que usa a restrição de resposta inversa. Porém, os resultados não serão iguais se a resposta obtida com o sistema que evita a resposta inversa tivesse pico ou oscilações, que nunca aconteceriam aplicando a restrição monotônica.

## 5.2 PROBLEMAS DE INFACTIBILIDADE COM TRATAMENTO DE RESTRIÇÕES

Como vimos na Seção 3.2.2 e na seção anterior (Seção 5.1), podem existir situações nas quais o problema de otimização se torna infactível, dado que não existem valores da ação de controle que permitam a satisfação de todas as restrições simultaneamente. Este problema é especialmente importante quando o MPC trata restrições na variável de saída (controlada). Na prática, devido aos erros de modelagem e ao efeito das perturbações não medidas, a saída do processo $y(k)$ será diferente da predição $\hat{y}(k \mid k)$. E como a saída medida do processo é utilizada para o cálculo das predições dentro do horizonte, pode não ser possível encontrar um sinal de controle futuro factível que mantenha $\hat{y}(k + j \mid k)$ dentro das restrições. Isto pode acontecer quando no instante $k$ uma perturbação não medida de grande amplitude atua diretamente na saída do processo, de modo que o valor medido $y(k)$ não atenda às restrições, por exemplo. Como $y(k)$ será usado para o cálculo de todos os valores de $\hat{y}(k + j \mid k)$ dentro do horizonte, a resposta livre poderá também ter valores que não atendem a condição requerida pelas restrições. Se, considerando as restrições nas variáveis manipuladas, não existem valores do controle factíveis capazes de levar a predição para dentro da banda definida pelas restrições, teremos uma infactibilidade no problema de otimização.

Para evitar a infactibilidade, pode ser definida uma variável de folga $\epsilon_y$ para admitir que, transitoriamente, as restrições sejam violadas. Assim, o algoritmo deve ser modificado considerando: (i) uma nova restrição que inclua a folga e (ii) uma função custo modificada para que a folga seja minimizada.

Consideraremos aqui apenas o caso de restrições de máximo e mínimo para a saída, mas o problema pode ser facilmente generalizado para as outras restrições já analisadas e para qualquer restrição que considere condições sobre os valores futuros da variável de processo. Nesse caso, a nova restrição de saída será:

$$y_{\min} - \epsilon_{y,\min}(k + j) \leq \hat{y}(k + j \mid k) \leq y_{\max} + \epsilon_{y,\max}(k + j), \forall j = N_1, \ldots, N_2, \quad (5.2)$$

sendo que $y_{\min}$ e $y_{\max}$ expressam, respectivamente, os valores mínimo e máximo desejados para a saída ao longo do horizonte de predição, e $\epsilon_{y,\min}(k + j)$ e $\epsilon_{y,\max}(k + j)$ são, respectivamente, as folgas para o valor máximo e mínimo da saída em cada instante do horizonte.

Esta formulação pode ser simplificada considerando a mesma folga para todos os instantes do horizonte. Isso simplifica muito o problema de otimização, pois o número de variáveis de decisão diminui consideravelmente. No entanto, isso faz com que caso tenha que ocorrer violação em um dado instante, o "novo limite de saída" será o mesmo para todos os instantes e a saída poderá ser violada em todos eles, em um pior caso.

Lembrando que $\hat{\mathbf{y}} = \mathbf{G}\Delta\mathbf{u} + \mathbf{f}$, então:

$$\mathbf{1}_N y_{\min} - \boldsymbol{\epsilon}_{y,\min} \leq \mathbf{G}\Delta\mathbf{u} + \mathbf{f} \leq \mathbf{1}_N y_{\max} + \boldsymbol{\epsilon}_{y,\max}. \quad (5.3)$$

Nesta equação, $\boldsymbol{\epsilon}_{y,\min}$ é um vetor de dimensão $N \times 1$, contendo todos os valores das folgas $\epsilon_{y,\min}(k + j)$ no horizonte.

As variáveis de folga passarão a ser consideradas como variáveis de decisão do problema de otimização, de modo que a função custo original $J$ é modificada para $J_f$:

$$J_f = J + \boldsymbol{\epsilon}_{y,\min}^T \boldsymbol{\psi}_1 \boldsymbol{\epsilon}_{y,\min} + \boldsymbol{\epsilon}_{y,\max}^T \boldsymbol{\psi}_2 \boldsymbol{\epsilon}_{y,\max},$$

com $\psi_1$ e $\psi_2$ os pesos matriciais a considerar para cada uma das folgas. Nesse problema, a nova variável de decisão é o vetor:

$$\mathbf{w} = \begin{bmatrix} \Delta\mathbf{u} \\ \boldsymbol{\epsilon}_{y,\,\min} \\ \boldsymbol{\epsilon}_{y,\,\max} \end{bmatrix},$$

e todo o problema de otimização deve ser colocado em função desta variável. Se utilizamos a forma já analisada de $J$, temos:

$$J_f = \frac{1}{2}\Delta\mathbf{u}^T\mathbf{H}_{qp}\Delta\mathbf{u} + \mathbf{f}_{qp}\Delta\mathbf{u} + \boldsymbol{\epsilon}_{y,\,\min}^T\boldsymbol{\psi}_1\boldsymbol{\epsilon}_{y,\,\min} + \boldsymbol{\epsilon}_{y,\,\max}^T\boldsymbol{\psi}_2\boldsymbol{\epsilon}_{y,\,\max},$$

e utilizando a variável $\mathbf{w}$ escrevemos:

$$J_f = \frac{1}{2}\mathbf{w}^T\mathbf{H}_w\mathbf{w} + \mathbf{f}_w\mathbf{w},$$

com

$$\mathbf{H}_w = \begin{bmatrix} \mathbf{H}_{qp} & 0 & 0 \\ 0 & 2\boldsymbol{\psi}_1 & 0 \\ 0 & 0 & 2\boldsymbol{\psi}_2 \end{bmatrix},$$

e

$$\mathbf{f}_w = \begin{bmatrix} \mathbf{f}_{qp} & 0 & 0 \end{bmatrix}.$$

Além disso, as restrições precisam ser reorganizadas no formato $\mathbf{R}_w\mathbf{w} \leq \mathbf{r}_w$ para também serem escritas em função da nova variável de decisão, que resulta em:

$$\begin{bmatrix} \mathbf{G} & -\mathbf{1}_N & \mathbf{0}_N \\ -\mathbf{G} & \mathbf{0}_N & -\mathbf{1}_N \end{bmatrix}\mathbf{w} \leq \begin{bmatrix} \mathbf{1}_N y_{\max} - \mathbf{f} \\ -\mathbf{1}_N y_{\min} + \mathbf{f} \end{bmatrix}. \tag{5.4}$$

Desta forma, usando as novas matrizes $\mathbf{H}_w$, $\mathbf{f}_w$, $\mathbf{R}_w$ e $\mathbf{r}_w$, podemos chamar o algoritmo QP para obter o controle e as variáveis de folga a cada amostra.

Uma questão prática muito importante no uso das variáveis de folga é que as ponderações $\psi_1$ e $\psi_2$ devem ser escolhidas com valores muito superiores às ponderações dos erros futuros e do esforço de controle. O problema deve ser resolvido sem a necessidade de violar restrições, mas deve ser capaz de retornar uma solução factível (a um custo alto), caso não seja possível manter as folgas em zero. Isso é obtido com uma escolha de pesos muito mais altos para as variáveis de folga, usualmente da ordem de mil vezes maiores que os valores adotados para $\delta$. Novamente, o propósito das variáveis de folga é relaxar as restrições apenas quando surgir algum problema de infactibilidade. Assim, se as ponderações das folgas forem relativamente baixas, o controlador sempre utilizará as variáveis de folga para resolver o problema de otimização (usando valores de $\epsilon_{y,\,\min}$ e/ou $\epsilon_{y,\,\max}$ maiores que zero), ou seja, as restrições originais (sem folga) não terão efeito prático algum. Colocando um valor alto para as ponderações das folgas, qualquer valor de $\epsilon_{y,\,\text{min}} > 0$ ou $\epsilon_{y,\,\text{max}} > 0$ fará a função custo ter seu valor elevado consideravelmente, mesmo para um valor pequeno da folga. Assim, o controlador MPC tenderá a buscar uma solução sempre com a menor folga possível, ou seja, $\epsilon_{y,\,\text{min}} \rightarrow 0$ e $\epsilon_{y,\,\text{max}} \rightarrow 0$, sempre que não houver problemas de factibilidade na otimização.

Ilustraremos o uso das folgas no problema de otimização do MPC no próximo exemplo.

**Exemplo 5.5**

Considerando o problema do Exemplo 5.4, faremos uma comparação da relaxação da restrição para as duas possíveis implementações discutidas:

- Caso 1: uma única variável de folga para todas as restrições no horizonte e com ponderação igual a 1000;
- Caso 2: uma variável de folga para cada restrição no horizonte, e todas com ponderação igual a 1000.

Os resultados são apresentados na Figura 5.6. Veja que o Caso 2, com uma variável de folga para cada restrição no horizonte, consegue uma resposta melhor considerando que o objetivo da restrição é evitar a resposta inversa. No Caso 1, como temos apenas um grau de liberdade para relaxar todas as restrições, a variável de folga vai assumir o valor necessário para relaxar o pior caso de todas as restrições, mas, ao fazer isso, acaba por relaxar demais todas as outras. Na Figura 5.7, são mostrados os valores da relaxação no Caso 1, e os valores máximos do vetor de relaxações do Caso 2 ao longo da simulação. Note que as relaxações possuem valores não nulos nos transitórios e, em regime permanente, voltam a zero. Além disso, observe que os valores da relaxação no Caso 1 são, em geral, maiores do que no Caso 2. Porém, é importante frisar que é possível ajustar a resposta em ambos os casos alterando as ponderações da relaxação.

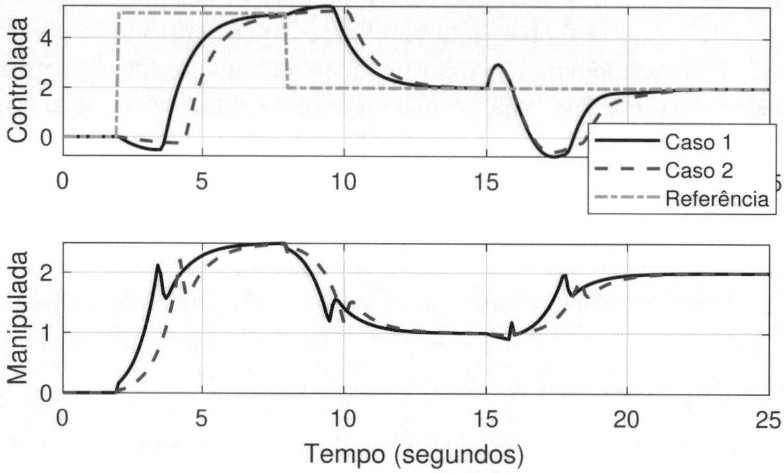


**Figura 5.6** Exemplo 5.5 – respostas para implementações diferentes da variável de folga.

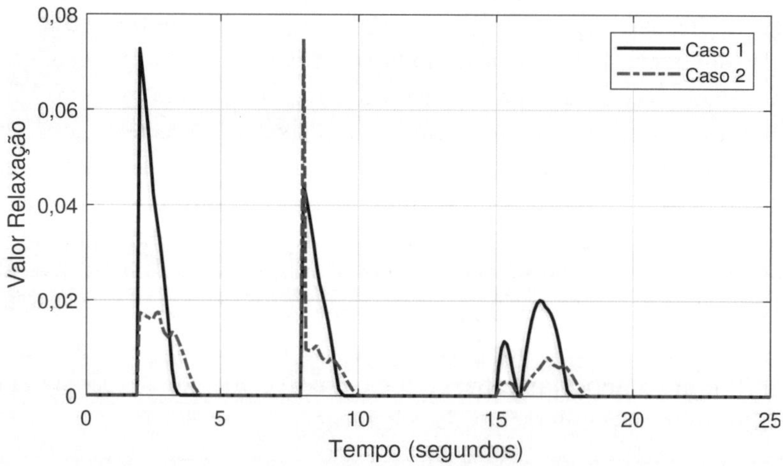


**Figura 5.7** Exemplo 5.5 – valores das relaxações ao longo do tempo.

Como discutido, a implementação das relaxações é de extrema importância para evitar situações de infactibilidade do problema de controle. Porém, é importante frisar que o caso em que é adicionada uma variável de folga para cada instante de tempo ao longo do horizonte tende a tornar o problema de otimização mais complexo, por conta do aumento da quantidade de variáveis de decisão. Assim, essa solução usualmente é adotada apenas quando o tempo médio que se leva para resolver o problema de otimização é muito inferior ao período de amostragem do sistema de controle. Se este não for o caso, sugere-se utilizar a solução de uma variável de folga para um conjunto de instantes de tempo menores que o horizonte, uma mesma variável de folga por tipo de restrição para todo o horizonte ou, em um pior caso, a remoção de restrições menos importantes.

## 5.3 CONTROLE POR BANDAS

O controle denominado por bandas é muito usado na prática. Nesse tipo de controle, não se deseja que a variável controlada siga uma determinada referência constante (na indústria muitas vezes denominada de *target*), mas apenas estabelece-se uma banda de operação e o controlador apenas precisa manter a variável controlada dentro da sua banda. Dessa forma, o problema de otimização associado ao MPC se torna mais fácil de ser resolvido, dado que existe mais liberdade para definição das variáveis. Essa estratégia deve ser definida de acordo com os requisitos de operação do processo e as caraterísticas estáticas do mesmo. Há algumas formas de implementar o controle por bandas e as principais são discutidas nas subseções abaixo.

### 5.3.1 Implementação simples das bandas

A forma mais simples de implementação do controle por bandas é apenas considerar a variável controlada no conjunto de restrições, removendo a parcela do erro de seguimento da função custo. As restrições são definidas pelas bandas e o termo que pondera o erro de seguimento de referência na função custo não é usado. Nesses casos, podem existir dois tipos de restrições para a variável controlada: as associadas à banda de operação, que podem ser temporariamente violadas, e as associadas às condições de segurança que, caso violadas, ativam alarmes para o operador. Note que estas últimas também devem ser usadas para o caso de seguimento de referências definidas e não apenas para o caso de controle por bandas.

É importante ressaltar que, como as bandas associadas às condições de segurança devem ser respeitadas quase a qualquer custo, os pesos usados na função custo para as variáveis de folga destas bandas devem ser escolhidos bem maiores que os associados às variáveis de folga das bandas de operação, que aceitam ser violadas em situações transitórias. Como o procedimento para a definição do problema MPC é o mesmo para os dois casos, não faremos distinção destes casos na análise que segue, e falaremos de forma unificada de controle por bandas.

Vamos apresentar um exemplo de utilização dessa estratégia, mostrando como são definidas a função custo e as restrições.

**Exemplo 5.6**

Vamos considerar o controle de temperatura $T$ de um forno que tem como variável manipulada a vazão de gás no queimador $u$, ambas definidas em valor percentual. Nesse forno, um GPC sem restrições está operando de forma adequada, ajustado com horizontes $N_1 = 1$, $N_2 = 15$ e $N_u = 3$, e usando uma função custo tradicional com ponderação $\lambda = 1$ (isto é, apresenta respostas transitórias adequadas aos requerimentos do usuário). Deseja-se adaptar o GPC para o caso no qual o objetivo do controle é manter a temperatura na banda $[80, 90]\%$, considerando restrições no incremento de controle dadas por $[-10, 10]\%$. Assim, sem mudar horizontes nem o valor de $\lambda$, as restrições serão incluídas no problema e a função custo modificada, de forma tal que o GPC opere por bandas. Note que neste caso, a ponderação $\delta$ não aparece mais na função custo, então, apesar de $\lambda$ poder ser mantido o mesmo, qualquer valor de $\lambda$ teria o mesmo efeito prático, dado que, com exceção das variáveis de folga, o problema passa a ser encontrar o sinal de controle que minimize o esforço de controle e satisfaça as restrições, incluindo as que definem as bandas de referência.

As restrições que usaremos para a banda de temperatura são:

$$80 - \epsilon_{T,\min}(k+j) \leq \hat{T}(k+j \mid k) \leq 90 + \epsilon_{T,\max}(k+j),\ \forall j = 1, \dots, 15,$$

sendo $\epsilon_{T,\min}$ e $\epsilon_{T,\max}$ as variáveis de folga, e:

$$-10 \leq \Delta u(k+j \mid k) \leq 10,\ \forall j = 0, \dots, 2$$

serão as restrições para o incremento do controle. Estas restrições podem ser escritas de forma vetorial como:

$$80 \cdot \mathbf{1}_{15} - \boldsymbol{\epsilon}_{T,\min} \leq \mathbf{G}\Delta\mathbf{u} + \mathbf{f} \leq 90 \cdot \mathbf{1}_{15} + \boldsymbol{\epsilon}_{T,\max},$$

$$-10 \cdot \mathbf{1}_3 \leq \Delta\mathbf{u} \leq 10 \cdot \mathbf{1}_3,$$

com $\mathbf{G}$ e $\mathbf{f}$ obtidos com o modelo do forno e $\boldsymbol{\epsilon}_{T,\min}$ e $\boldsymbol{\epsilon}_{T,\max}$ sendo vetores contendo as variáveis de folga (ambos de dimensão $15 \times 1$).

Reorganizando as equações, temos:

$$\mathbf{G}\Delta\mathbf{u} - \boldsymbol{\epsilon}_{T,\max} \leq 90 \cdot \mathbf{1}_{15} - \mathbf{f},$$

$$-\mathbf{G}\Delta\mathbf{u} - \boldsymbol{\epsilon}_{T,\min} \leq -80 \cdot \mathbf{1}_{15} + \mathbf{f},$$

$$\Delta\mathbf{u} \leq 10 \cdot \mathbf{1}_3,$$

$$-\Delta\mathbf{u} \leq 10 \cdot \mathbf{1}_3.$$

Finalmente, agrupando temos a equação final das restrições a ser usada no problema QP com variável de decisão $\mathbf{w}$:

$$\begin{bmatrix} \mathbf{G} & -\mathbf{I}_{15} & \mathbf{0}_{15} \\ -\mathbf{G} & \mathbf{0}_{15} & -\mathbf{I}_{15} \\ \mathbf{I}_{15} & \mathbf{0}_{15} & \mathbf{0}_{15} \\ -\mathbf{I}_{15} & \mathbf{0}_{15} & \mathbf{0}_{15} \end{bmatrix} \mathbf{w} \leq \begin{bmatrix} 90 \cdot \mathbf{1}_{15} - \mathbf{f} \\ -80 \cdot \mathbf{1}_{15} + \mathbf{f} \\ 10 \cdot \mathbf{1}_{3} \\ -10 \cdot \mathbf{1}_{3} \end{bmatrix},$$

com

$$\mathbf{w} = \begin{bmatrix} \Delta\mathbf{u} \\ \boldsymbol{\epsilon}_{T,\,\max} \\ \boldsymbol{\epsilon}_{T,\,\min} \end{bmatrix}.$$

Como neste problema não temos que seguir uma referência de temperatura, apenas usaremos o incremento de controle e as variáveis de folga na função custo. Assim, $J$ é dada por:

$$J = \Delta\mathbf{u}^T \Delta\mathbf{u} + \boldsymbol{\epsilon}_{T,\,\min}^T \boldsymbol{\psi}_1 \boldsymbol{\epsilon}_{T,\,\min} + \boldsymbol{\epsilon}_{T,\,\max}^T \boldsymbol{\psi}_2 \boldsymbol{\epsilon}_{T,\,\max},$$

com $\boldsymbol{\psi}_1$ e $\boldsymbol{\psi}_2$ os pesos matriciais a considerar para cada uma das folgas. Ainda, $J$ pode ser escrita em função de $\mathbf{w}$ como:

$$J = \mathbf{w}^T \mathbf{Q}_w \mathbf{w},$$

com

$$\mathbf{Q}_w = \begin{bmatrix} \mathbf{I}_3 \\ \boldsymbol{\psi}_1 \\ \boldsymbol{\psi}_2 \end{bmatrix}.$$

Como vimos no exemplo anterior, a implementação da estratégia de controle por bandas usando apenas uma restrição de saída é bem simples. Esta não é a única forma de implementar essa estratégia e, na sequência, duas outras formas de implementação do controle por bandas serão apresentadas, usando referências variáveis.

### 5.3.2 Referências variáveis de acordo com a saída atual

Neste caso, o valor da referência da variável controlada é variável no tempo e definido pelo próprio algoritmo de controle com base nos valores das bandas e do valor atual da saída. Para a variável $y$, define-se o valor constante da referência $r$ com a lógica:

$$\begin{cases} r = y_{\min} & \text{se} \quad y(k) \leqslant y_{\min}, \\ r = y(k) & \text{se} \quad y_{\min} < y(k) \leqslant y_{\max}, \\ r = y_{\max} & \text{se} \quad y_{\max} < y(k). \end{cases}$$

Nesta lógica, $y_{\min}$ é o limite inferior da banda e $y_{\max}$ é o limite superior da mesma.

Com essa estratégia, o controle buscará levar a variável $y$ para dentro da banda, caso ela se encontre fora da mesma (aproximando-se pelo limite superior ou inferior, dependendo da situação). Já quando $y$ está dentro da banda, ao escolher $r = y(k)$, dizemos ao controle que a variável $y$ está no valor desejado. No entanto, esta abordagem é simplificada, pois não se pode garantir que os valores futuros de $y$ dentro do horizonte de predição não estarão fora da banda ou permanecerão constantes ($y(k+j) = r$), o que impacta no valor da função custo e, consequentemente, na ação de controle ótima. De modo equivalente, ao impor a referência como um dos limites da banda, o controlador evitará que a variável controlada entre na banda, dado que a referência é imposta como o limite inferior ou superior. Dessa forma, o comportamento pode ser diferente do obtido com a implementação das bandas por meio de restrições, como apresentado na Seção 5.3.1. De qualquer maneira, esta abordagem funciona razoavelmente bem, reduzindo o impacto na função custo do erro da variável quando está dentro da banda e é uma alterativa simples para implementação.

### 5.3.3 Referências como variáveis de decisão

Uma forma mais aprimorada de implementar as bandas é calculando as referências variáveis no próprio problema de otimização e com valores diferentes ao longo do horizonte. Neste caso, faz-se com que as referências se tornem variáveis de decisão do problema de otimização, mas com valores restritos à banda definida pelos limites de operação superior e inferior da variável. Desta forma, se a predição futura da variável indicar que esta está dentro da banda, a referência será o próprio valor da predição, tornando o erro futuro naquele instante zero, ou seja, este termo não afetará o valor da função custo. Porém, se a predição indicar um valor fora da banda, o erro não será nulo e o controlador será obrigado a minimizar o erro associado. Isso resolve os problemas discutidos na abordagem anterior, apresentada na Seção 5.3.2, porém aumenta a complexidade do problema de otimização.

Como agora as referências se tornam variáveis do problema de otimização, é necessário reescrever o problema, usando como variável de decisão um vetor contendo os incrementos de controle e todas as referências da variável controlada. A modificação do problema de otimização é similar àquela do caso com variáveis de folga que já analisamos, e as restrições das referências da variável são:

$$y_{\min} \leq r(k+j) \leq y_{\max}, \quad \forall j = N_1, \ldots, N_2.$$

Ressalta-se que implementar a restrição de bandas das variáveis controladas desta maneira traz um custo computacional muito grande ao problema de otimização devido ao aumento do número de variáveis de decisão. São adicionadas $N$ variáveis de decisão e $2N$ restrições. Desta forma, apesar de ser, teoricamente, a melhor implementação de controle por bandas, na prática sugere-se o uso de uma das alternativas anteriores.

**Exemplo 5.7**

Aplicaremos a restrição de banda no processo do Exemplo 3.12, que trata do controle do nível de um tanque, já que é comum neste tipo de processo a definição de bandas, pois não é necessário que o nível mantenha uma referência fixa. A sintonia é a mesma do exemplo original (sem filtro de referência): $N_1 = 1$, $N_2 = 15$, $N_u = 5$, $\lambda = 5$, e $\psi_i = 1000$, caso seja necessário variáveis de relaxação.

No cenário de simulação, o sistema inicia com o nível em 52% e com a banda na faixa [49 , 54]%, que é mudada em $t = 12$ min para [51 , 53]% para forçar uma ação do sistema de controle. Além disso, variações na vazão de saída (perturbação) de amplitudes 3% e -1% são aplicadas nos tempos 2 min e 20 min.

Três casos diferentes são simulados, considerando diferentes implementações do controle por bandas:

- Caso 1: bandas como restrições na saída, como apresentado na Seção 5.3.1 (neste caso, o erro futuro não é considerado na função custo, apenas o esforço de controle e as relaxações).
- Caso 2: a referência muda de acordo com o valor da saída atual, como explicado na Seção 5.3.2.
- Caso 3: as referências são definidas como variáveis de decisão do problema de otimização, como discutido nesta seção.

Os resultados são apresentados na Figura 5.8. Note que em todos os casos o controle por bandas é alcançado. A variável controlada sempre é levada para a banda definida e isso sempre acontecerá, contanto que exista um ponto de equilíbrio alcançável dentro da faixa considerando o processo em questão e, possivelmente, outras restrições. No entanto, veja que cada implementação possui um comportamento diferente. Em termos de resposta, é difícil dizer qual implementação será melhor, pois isto dependerá das particularidades de cada processo. O Caso 2 é uma boa opção em sistemas em que o custo computacional é um fator importante, pois não adiciona nenhuma restrição ou variáveis de decisão adicionais, porém, tem a tendência de levar a variável controlada sempre para os limites da faixa por conta da lógica utilizada e tende a manter a variável controlada fora da faixa por mais tempo, dado que o esforço de controle é projetado não para levar a variável controlada pra dentro da faixa, mas para seu limite, a não ser que a variável já esteja dentro da faixa. O Caso 3, apesar de adicionar mais variáveis de decisão e restrições, apresenta uma resposta com um esforço de controle mais moderado que a abordagem do Caso 1 e faz com que a variável tenda para a banda de forma mais rápida que no Caso 2. As restrições adicionadas no Caso 3 são de um tipo mais simples, apenas definindo limites, e muitos algoritmos de otimização conseguem lidar com elas de maneira eficiente. Dessa forma, não necessariamente o esforço computacional será um impeditivo para sua adoção.

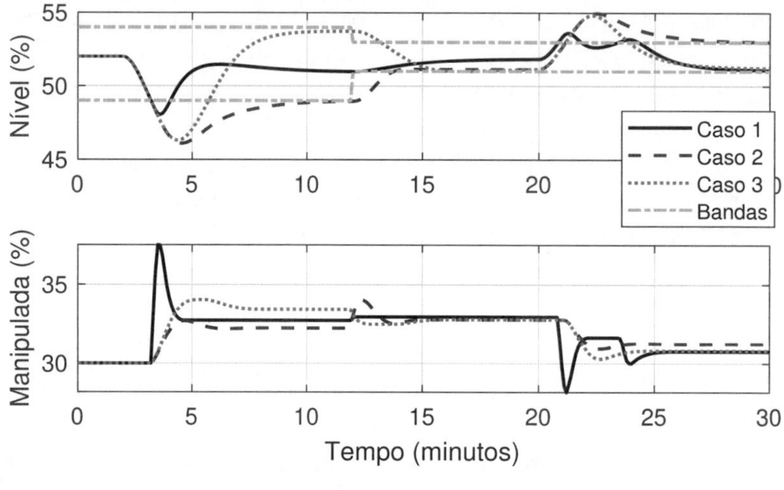


**Figura 5.8** Exemplo 5.7 – respostas com diferentes implementações do controle por bandas.

Em termos de respostas, note que o Caso 1 possui uma resposta mais agressiva, com esforços de controle maiores, dado que o peso do fator de seguimento de referência passa a ser o peso de implementação das variáveis de relaxação quando a variável controlada está fora da banda. Com isso, a prioridade principal do controlador passa a ser fazer com que a variável retorne à banda, de forma praticamente independente da ponderação do esforço de controle. Isso pode, inclusive, levar à oscilações, como as observadas no exemplo, e até mesmo instabilidade, caso o modelo deixe de ser uma boa representação do processo por conta de erros de modelagem. Uma forma de contornar esse problema seria empregar pesos mais baixos para as variáveis de relaxação, como forma de ajustar a dinâmica da resposta quando a variável controlada se encontrar fora da banda de referência. Observe que essa ponderação mais baixa só deve ser usada se as bandas definem valores desejados para a variável controlada, mas o peso deve ser mantido alto para bandas que definem restrições de segurança para o processo.

Na Figura 5.9, os resultados são reapresentados apenas para o Caso 1 mas, agora, utilizamos três pesos diferentes para as relaxações: (a) $\psi_i = 1000$, o caso original da Figura 5.8; (b) $\psi_i = 100$; e (c) $\psi_i = 1$. Veja que o resultado desejado ainda é alcançado, mas o esforço de controle é mais suave à medida em que o peso da relaxação diminui, o que impacta na rejeição de perturbações e também em como o controlador leva a variável para a banda. Observe que neste último caso, com $\psi_i = 1$, o resultado é muito parecido como o obtido no Caso 3 da Figura 5.8.

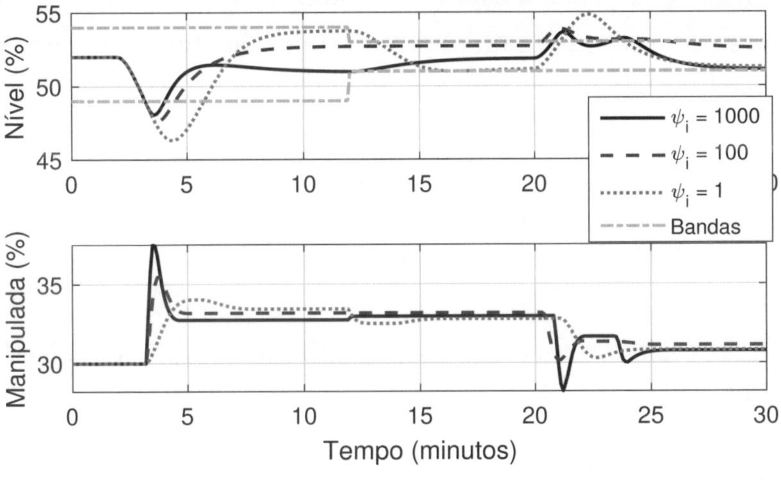


**Figura 5.9** Exemplo 5.7 – comparação do Caso 1 com diferentes pesos nas relaxações.

Como mostrado no último exemplo, todas as implementações de controle por banda atingem o objetivo especificado. Assim, não há forma única de implementar um controle por bandas. Foram apresentados três casos, mas, por exemplo, a simplificação na implementação das relaxações explicada na Seção 5.2, que ao invés de uma relaxação por restrição usa apenas uma por grupo de restrições, pode ser empregada para diminuir consideravelmente o custo computacional.

## 5.4 PONDERAÇÕES VARIÁVEIS POR FAIXAS

Nos algoritmos clássicos apresentados para o GPC e o DMC, a ponderação da variável controlada era escolhida fixa, não importando o valor do erro entre a predição da variável controlada e a referência. Uma alternativa que pode ser usada na prática é definir várias faixas de erro entre a referência e a predição, e valores de ponderação diferentes em cada faixa. Assim, caso a predição da variável esteja mais longe da sua referência em um dado instante do horizonte, o peso desse erro na função custo será maior que quando ela se encontre mais próxima da referência. Para evitar que se aplique uma variação brusca da ponderação quando o erro passa de uma faixa a outra, pode-se usar uma faixa de transição, de forma a utilizar um peso interpolado linearmente entre os valores dos pesos das duas faixas. Note que este procedimento é similar ao utilizado em controladores clássicos que usam escalonamento de ganho, nos quais o ganho do controlador é diferente para diferentes faixas do erro.

A definição do peso a ser utilizado em cada instante futuro do horizonte, para a variável controlada $y$, se baseia, então, no valor da resposta livre corrigida do sistema correspondente, $f(k)$. A lógica para um sistema com três faixas, inferior, intermediária e superior, mas sem zonas de transição seria:

$$\begin{cases} \delta(j) = p_{\text{inf}} & \text{se} \qquad\qquad f(k+j) \leqslant L_{\text{inf}}, \\ \delta(j) = p_{\text{int}} & \text{se} \quad L_{\text{inf}} < f(k+j) \leqslant L_{\text{sup}}, \\ \delta(j) = p_{\text{sup}} & \text{se} \quad L_{\text{sup}} < f(k+j), \end{cases} \tag{5.5}$$

com $L_{\text{inf}}$ e $L_{\text{sup}}$ os valores que definem as faixas (abaixo de $L_{\text{inf}}$, entre $L_{\text{inf}}$ e $L_{\text{sup}}$ e acima de $L_{\text{sup}}$) e $p_{\text{inf}}$, $p_{\text{int}}$ e $p_{\text{sup}}$, respectivamente, os pesos usados em cada faixa. Nessas equações, $j$ varia dentro do horizonte da variável controlada.

**Exemplo 5.8**

Aplicaremos a metodologia de ponderação variável no processo do Exemplo 3.12, que trata do controle do nível de um tanque. A sintonia tomada como base é: $N_1 = 1$, $N_2 = 15$, $N_u = 5$, $\delta = 1$ e $\lambda = 5$, que é tratada neste exemplo como Caso 2. O Caso 1 considera os mesmos parâmetros de ajuste, mas um valor de $\delta$ variável, sendo que $p_{\text{sup}} = p_{\text{inf}} = 50$ e $p_{\text{int}} = 1$ (observe que o peso intermediário é igual ao valor de $\delta$ usado no Caso 2). Neste caso, usaremos valores dos limites da faixa $L_{\text{inf}}$ e $L_{\text{sup}}$ distintos em diferentes partes da simulação. Iniciamos com $L_{\text{inf}} = 48\%$ e $L_{\text{sup}} = 54\%$ e em $t = 13$ min mudamos os valores para $L_{\text{inf}} = 51\%$ e $L_{\text{sup}} = 53\%$, como se observa na Figura 5.10.

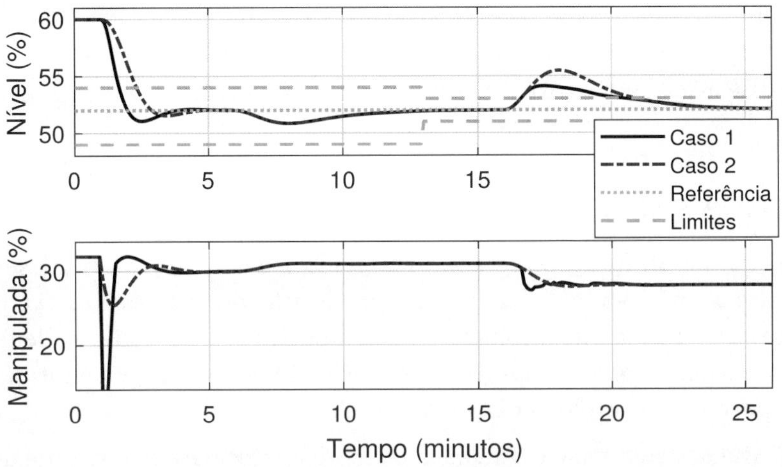


**Figura 5.10** Exemplo 5.8 – respostas do DMC com ponderação variável (Caso 1) e tradicional (Caso 2).

No cenário de simulação, o sistema inicia em malha aberta com sinal de controle em 32% e com o nível fora da banda em 58%, sendo que o ponto médio da banda (o valor da referência) é de 52% ao longo de toda a simulação. A malha fechada entra em ação em $t = 1{,}0\,\text{min}$, além disso, a vazão de saída (perturbação) é alterada 1% e depois diminuída em 3% nos tempos 6 min e 16 min, respectivamente.

Os resultados são apresentados na Figura 5.10. Para o Caso 2, o do DMC com ponderação constante, o comportamento é o esperado: o sistema rastreia a referência e rejeita perturbações considerando a sintonia proposta, de forma tal que o comportamento dinâmico não se altera com a distância ao valor da referência. Já no Caso 1, com ponderação variável, veja que o comportamento é distinto. Quando a saída está fora dos limites especificados, o controlador toma ações mais agressivas do que o DMC tradicional, dado que a ponderação do erro é 50 vezes maior do que dentro da banda. Mas, a partir do momento que a saída passa para dentro dos limites, o controlador age de forma similar ao caso tradicional, pois as ponderações agora são iguais, e o rastreamento da referência ocorre mais lentamente. Este ponto fica mais evidente quando ocorre o efeito da perturbação em 6 min. Como o efeito da perturbação não força a saída a sair da banda, veja que as respostas de ambos os controladores são idênticas. Já em 16 min, com uma faixa mais estreita, o efeito da perturbação faz a saída sair da banda definida e, desta forma, as sintonias geram comportamentos diferentes. No Caso 1, com ponderação variável, a perturbação é rejeitada de forma mais rápida e agressiva.

Este tipo de sintonia com ponderação variável pode trazer benefícios, dependendo da aplicação e das especificações, especialmente quando tratamos de sistemas multivariáveis, que serão discutidos no Volume 2.

## 5.5 PARTIDA A QUENTE (*WARM START*)

O problema de otimização QP a ser resolvido a cada amostra pode ser bastante acelerado, caso a condição inicial da variável de decisão do problema esteja próxima do valor ótimo. Isso faz com que a solução a cada amostra seja encontrada de forma mais rápida e com menor esforço computacional. Assim, inicializar o QP de forma adequada pode ser importante na implementação do MPC.

Como o MPC calcula toda a sequência de incrementos para o horizonte de controle, no instante $k-1$ são conhecidas todas as ações de controle $\Delta u(k-1+j \mid k-1)$ de $j=0$ a $N_u-1$. No próximo passo de amostragem, devem ser calculados os incrementos $\Delta u(k+j \mid k)$, novamente de $j=0$ a $N_u-1$. Se não houver uma mudança de referência não conhecida e nem uma perturbação, e o modelo do processo for bom, espera-se que o planejamento feito no instante anterior seja bom. Logo, os incrementos do sinal de controle calculados para os instantes futuros devem ser próximos dos valores que foram previamente definidos. Assim, podemos considerar que inicializar os valores de $\Delta u(k+j \mid k)$ com os valores de $\Delta u(k+j \mid k-1)$ é uma boa aproximação. Como o horizonte é deslizante, a cada amostra, o sinal de controle aplicado no último instante é descartado da janela definida pelo horizonte de controle e um novo elemento é adicionado ao fim. Neste procedimento, não temos o valor de $\Delta u(k+N_u-1 \mid k-1)$, dado que em $k-1$ o planejamento dos incrementos de controle é feito até $k+N_u-2$ (os incrementos de controle calculados são de $k-1$ até $k+N_u-2$, que definem os $N_u$ incrementos de controle da janela definida pelo horizonte de controle). Neste caso, para fins de inicialização, tipicamente consideramos que o último elemento da sequência de incrementos de controle é igual a zero, ou seja, assumimos que o sinal de controle será mantido igual ao do elemento anterior do horizonte. Assim, usamos para inicializar o QP no passo $k$ o vetor:

$$\Delta \mathbf{u}_{\text{inicial}} = \begin{bmatrix} \Delta u(k \mid k-1) \\ \Delta u(k+1 \mid k-1) \\ \vdots \\ \Delta u(k+N_u-2 \mid k-1) \\ 0 \end{bmatrix},$$

que é essencialmente o vetor ótimo de incrementos de controle calculado em $k-1$, porém deslocado uma unidade de tempo e com um zero adicionado no fim. Esse procedimento é conhecido como partida a quente (em inglês *warm start*) e, praticamente, todos os algoritmos de otimização permitem sua utilização.

**Exemplo 5.9**

Para mostrar o benefício da partida a quente, utilizaremos o controle por bandas aplicado a um controle de nível de um tanque apresentado no Exemplo 5.7. A sintonia é: $N_1 = 1$, $N_2 = 40$, $N_u = 5$, $\delta = 0$, $\lambda = 1$, $\psi_i = 1000$, e as bandas são implementadas como restrições na saída.

No cenário de simulação, o sistema inicia com o nível em 52% e com a banda [51 , 53]%. Além disso, a vazão de saída (perturbação) sofre uma variação senoidal de frequência 0,01 Hz e amplitude 3%. Este cenário foi escolhido para forçar o controlador a trabalhar próximo das restrições ao longo da simulação, fazendo com que o algoritmo de otimização tenha mais dificuldades para encontrar a solução ótima (mais gasto computacional) de forma a evidenciar as vantagens da partida a quente.

Os resultados sem e com partida a quente, Caso 1 e Caso 2, respectivamente, são apresentados na Figura 5.11. Nesta última figura, veja que essencialmente não há diferença alguma nos resultados em ambos os casos em termos de resposta de malha fechada. Isso sempre será verdade, contanto que ambos os casos sempre consigam resolver o problema de otimização em um tempo muito abaixo do período de amostragem.

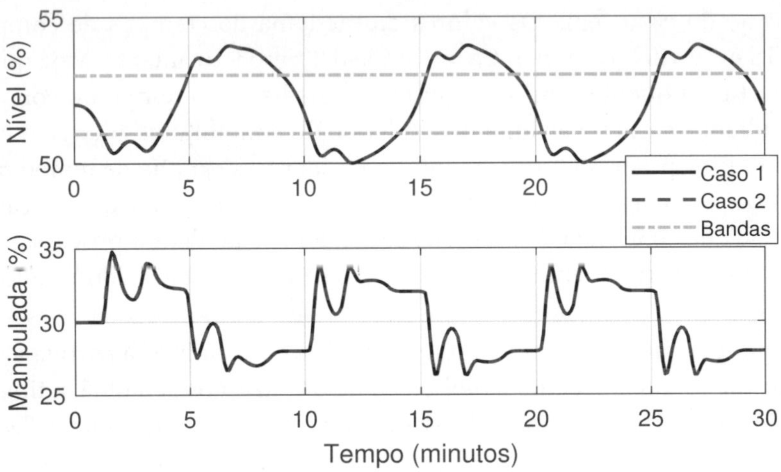


**Figura 5.11** Exemplo 5.9 – respostas com (Caso 2) e sem (Caso 1) partida a quente.

É interessante analisar, também, os tempos de cômputo do algoritmo de otimização dos dois casos ao longo da simulação. Estes dados são apresentados na Figura 5.12.

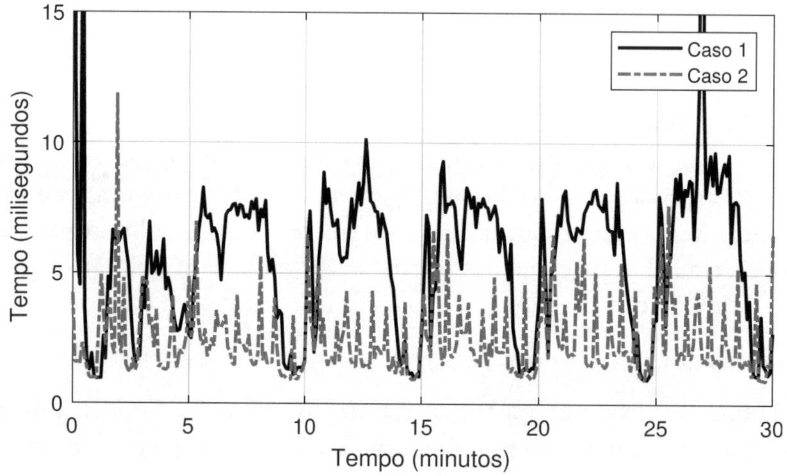


**Figura 5.12** Exemplo 5.9 – tempos de computação sem (Caso 1) e com (Caso 2) partida a quente.

Veja que, na maior parte da simulação, o tempo do caso com partida a quente é inferior ao do caso sem. Os valores da mediana dos tempos de computação foram 6,18 ms e 1,94 ms para o Caso 1 e Caso 2, respectivamente. Veja que, neste caso, a partida a quente diminuiu em 68% a mediana do tempo de computação (estes resultados variam bastante dependendo do computador em que o código é executado). Para processos com dinâmicas rápidas, esse ganho de tempo pode ser significativo para permitir a adoção de um MPC. Além disso, em alguns casos há a possibilidade de economia de recursos com a aquisição de um processador mais simples e, consequentemente, mais barato para implementar o controlador.

É importante frisar que o ganho temporal obtido ao se utilizar a partida a quente vai depender de vários fatores, como a biblioteca de otimização escolhida, a linguagem de programação da implementação, a plataforma de execução, entre outras. De qualquer forma, em geral, é interessante utilizar a partida a quente para reduzir os gastos computacionais associados ao controle preditivo, já que é esperado que o planejamento feito na iteração anterior seja uma boa inicialização para a iteração atual.

## 5.6 BLOCAGEM

Em alguns casos práticos, a resolução de uma otimização quadrática pode ser muito custosa computacionalmente, considerando os recursos de processamento disponíveis. Assim, para tentar diminuir esse custo, uma abordagem é a blocagem. A ideia da blocagem é, dado o horizonte de controle da variável manipulada $N_u$, ao invés de calcular todos os pontos nesse horizonte, utilizar apenas alguns pontos específicos, mantendo o sinal de controle constante entre esses pontos. Isso reduz o número de variáveis no problema de otimização e também o número de restrições, o que impacta positivamente no tempo de resolução do problema. Ressalta-se que o uso da blocagem não tem efeito sobre a forma da função custo ou sobre as forma de se montar as matrizes do problema de otimização, ele apenas tem influência sobre o número de variáveis de decisão (dimensão das matrizes).

Vários métodos de blocagem podem ser usados para definir quais instantes do horizonte de controle serão efetivamente empregados. As opções mais comuns são as seguintes:

1. blocagem uniforme;
2. blocagem exponencial.

### Blocagem uniforme

Na blocagem uniforme, os $n_{bc}$ pontos a serem utilizados dentro do horizonte de controle estão uniformemente espaçados. Para isso, utiliza-se a equação de uma reta:

$$y = ax + b.$$

As constantes da reta são calculadas da seguinte maneira:

$$a = \frac{N_u - 1}{n_{bc} - 1}, \tag{5.6}$$

$$b = -a + 1. \tag{5.7}$$

Assim, variando-se $x$ entre 1 e $n_{bc}$, os pontos dentro do horizonte que serão utilizados pelo algoritmo são obtidos. Note que devemos realizar algumas aproximações para forçar o resultado a ser um número inteiro e que se mantenha a ordem crescente da sequência de pontos.

**Exemplo 5.10**

Considere um problema de controle em que o horizonte de controle é $N_u = 10$. Sem usar a blocagem, teríamos 10 variáveis de decisão associadas aos incrementos de controle. Desejamos simplificar o algoritmo e usar apenas 4 pontos dentro do horizonte.

A equação da reta para cálculo dos pontos é defina pelos coeficientes:

$$a = \frac{10-1}{4-1} = 3, \qquad b = -3+1 = -2,$$

que resultam na equação da reta:

$$y = 3x - 2.$$

Para os valores de $x$ de 1 a 4, temos a sequência de valores de $y$:

$$y = \{1,\ 4,\ 7,\ 10\}.$$

Desta forma, as variáveis de decisão do problema de controle seriam o primeiro, quarto, sétimo e décimo elementos do horizonte:

$$\Delta u(k), \Delta u(k+3), \Delta u(k+6), \Delta u(k+9),$$

de forma a utilizar apenas quatro variáveis de decisão no algoritmo de otimização.

Os incrementos dos demais instantes do horizontes serão assumidos nulos, para manter as ações de controle constantes.

### Blocagem exponencial

Na blocagem exponencial, os pontos a serem utilizados dentro do horizonte de controle são aproximados por uma exponencial da forma:

$$y = ab^x.$$

Dados o horizonte máximo $N_u$, e o número de pontos a ser considerado, $n_{bc}$, calculam-se os valores de $a$ e $b$ da seguinte maneira:

$$b = N_u^{\frac{1}{n_{bc}-1}}, \tag{5.8}$$

$$a = \frac{1}{b}. \tag{5.9}$$

Assim, variando-se $x$ entre 1 e $n_{bc}$, obtêm-se os pontos dentro do horizonte que serão utilizados pelo algoritmo. Note que, computacionalmente, devemos forçar o resultado a ser um número inteiro e que se mantenha a ordem crescente da sequência de pontos.

Na sequência, apresentaremos dois exemplos. O primeiro, Exemplo 5.11, ilustra como obter os pontos do horizonte que devem ser considerados como variáveis de decisão, caso seja empregada uma blocagem exponencial. O segundo, Exemplo 5.12, compara os casos sem blocagem e com blocagem, tanto considerando blocagem linear quanto exponencial.

**Exemplo 5.11**

Vamos considerar o mesmo caso do Exemplo 5.10, com o mesmo horizonte $N_u = 10$. Aqui, novamente, vamos simplificar o algoritmo e usar apenas quatro pontos dentro do horizonte, mas com blocagem exponencial.

A equação da função exponencial para cálculo dos pontos é definida pelos coeficientes abaixo:

$$b = 10^{\frac{1}{4-1}} = 10^{1/3}, \qquad a = -1/b = 10^{-1/3},$$

que resultam na equação:

$$y = 10^{-1/3} 10^{x/3} = 10^{(x-1)/3}.$$

Para os valores de $x$ de 1 a 4, temos a sequência de valores de $y$:

$$y = \{1;\ 10^{1/3};\ 10^{2/3};\ 10\} = \{1;\ 2{,}15;\ 4{,}64;\ 10\}.$$

Aproximando pelos números inteiros mais próximos, temos:

$$y = \{1;\ 2;\ 5;\ 10\}.$$

Desta forma, as variáveis de decisão do problema de controle seriam o primeiro, segundo, quinto e décimo elementos do horizonte:

$$\Delta u_1(k), \Delta u_1(k+1), \Delta u_1(k+4), \Delta u_1(k+9),$$

de forma a utilizar apenas quatro variáveis de decisão no algoritmo de otimização. Veja que, neste caso, temos mais pontos escolhidos no início do horizonte e eles se espalham de forma exponencial com o passar do horizonte. Assim, como no caso de blocagem linear, os incrementos dos demais instantes dos horizontes serão nulos para manter as ações de controle constantes.

### Exemplo 5.12

Considere um controle de temperatura de um forno da indústria de cerâmica apresentado no Exemplo 3.11. Para este forno, projeta-se um controle DMC com o objetivo de seguir a referência de temperatura. O modelo do forno tem um vetor de resposta ao degrau de 80 elementos ($N_{ss} = 80$), com amostragem de 3 s. O sistema apresenta um atraso de 30 s (10 amostras) e um comportamento próximo de um sistema de primeira ordem. Assim, foram escolhidos os seguintes parâmetros de ajuste: $N_1 = 11, N_2 = 40, N_u = 15, \lambda = 1$, e foram realizadas três simulações: (a) sem blocagem; (b) com blocagem uniforme com $n_{bc} = 4$; (c) com blocagem exponencial com $n_{bc} = 4$. Os pontos dos horizontes de controle para os casos (b) e (c), respectivamente, são apresentados abaixo:

$$N_{u,\text{unif}} = [1;\ 6;\ 10;\ 15]\,,$$
$$N_{u,\text{exp}} = [1;\ 2;\ 6;\ 15]\,.$$

Os resultados das simulações para os casos em questão são apresentados na Figura 5.13. Veja que a blocagem acaba alterando a resposta do sistema, o que era esperado, já que os graus de liberdade (número de variáveis de decisão) disponíveis para o controlador MPC são reduzidos.

Observe que, neste caso particular, a resposta de rejeição da perturbação quase não se altera com o uso da blocagem. Já a resposta para o degrau de referência é mais lenta, mas apresenta menos pico que a resposta do caso sem blocagem. Por fim, observe que os dois casos de blocagem apresentam respostas semelhantes para este exemplo.

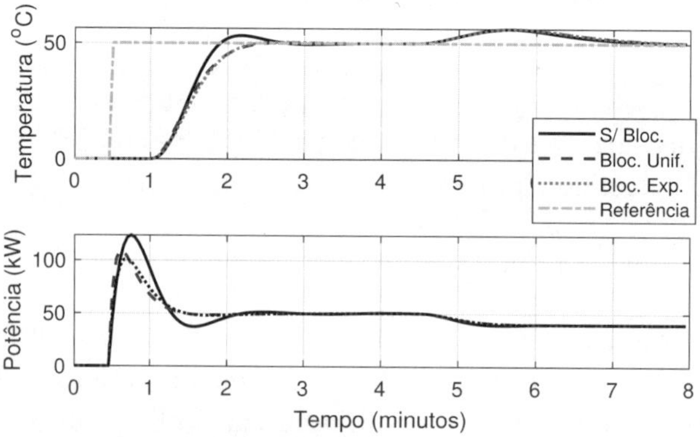


**Figura 5.13** Exemplo 5.12 – controle de temperatura do forno com e sem blocagem na ação de controle.

Como fica claro no Exemplo 5.12, ao usar a blocagem para reduzir o custo computacional (sem reduzir o tamanho do horizonte de controle) temos como contrapartida uma alteração no desempenho do sistema em malha fechada. Esse compromisso deve ser resolvido caso a caso.

Como mencionado, o uso da blocagem diminui o número de variáveis de decisão e também o número de restrições do problema de otimização, o que diminui o custo computacional para resolver o problema de otimização. O tamanho exato do impacto é difícil de calcular a priori, pois depende da implementação do algoritmo de otimização, dos tipos de restrições presentes, do estado do sistema e do *hardware* em que o código está sendo executado. Porém, é fácil verificar essa melhoria para um caso particular, como será mostrado no próximo exemplo.

**Exemplo 5.13**

Utilizaremos aqui o sistema do exemplo anterior com as mesmas sintonias (com e sem blocagem), mas agora adicionaremos as seguintes restrições:

$$
\begin{aligned}
0\% \leq u(k+j) &\leq 100\%, \quad \forall j = 0, \ldots, N_u - 1, \\
-2\% \leq \Delta u(k+j) &\leq +2\%, \quad \forall j = 0, \ldots, N_u - 1.
\end{aligned}
$$

O cenário de simulação é o mesmo utilizado anteriormente, exceto que a perturbação agora é uma senoide de amplitude 20% e frequência $3\,\mathrm{rad\,s^{-1}}$ a partir de $t = 1{,}5\,\mathrm{min}$. O importante deste cenário de simulação é fazer com que o sistema não fique parado num ponto fixo, mas seja excitado continuamente para forçar a ativação das restrições e tornar a comparação mais justa.

Por conta das restrições, as respostas de todos os casos são muito similares, como pode ser visto na Figura 5.14. O importante aqui é verificar os tempos médios de resolução do problema de otimização para cada caso, reforçando que os tempos indicados variam bastante dependendo do computador em que o código é executado:

- sem blocagem: 5,1 ms;
- blocagem uniforme: 3,6 ms;
- blocagem exponencial: 3,3 ms.

Veja que o tempo médio do caso sem blocagem é aproximadamente 40% maior que o dos outros dois. No caso sem blocagem, temos 15 variáveis de decisão e 60 restrições no problema de otimização, enquanto nos casos com blocagem, temos 4 variáveis de decisão e 12 restrições. Ou seja, conseguimos diminuir a complexidade do problema de otimização sem impactar de maneira significativa a resposta do sistema.

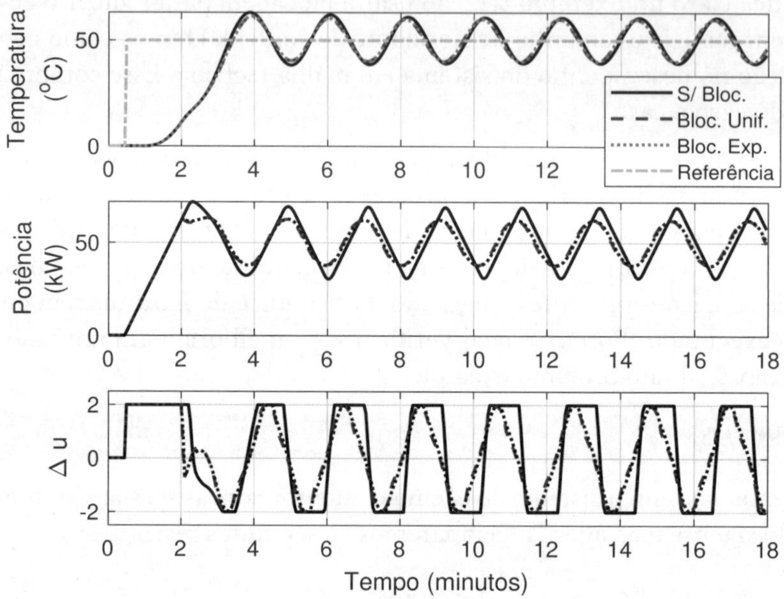


**Figura 5.14** Exemplo 5.13 – controle de temperatura do forno com e sem blocagem na ação de controle.

## 5.7 REFERÊNCIAS PARA A VARIÁVEL MANIPULADA NA FUNÇÃO CUSTO

Em algumas aplicações práticas, pode ser importante que o processo opere muito próximo de um valor de referência da variável manipulada, muitas vezes denominado *target* da manipulada ($u^{TG}$). Isto é, como o ponto de operação ótimo do processo tipicamente é uma função da variável manipulada e controlada, pode ser interessante considerar na função custo do MPC um termo que pondere a distância do controle calculado ao valor desejado. Assim, o novo termo da função custo, que deve ser somado ao $J$ já calculado e apresentado em capítulos anteriores, é dado por:

$$J_U = \sum_{j=0}^{N_u-1} \lambda^{TG}(k)\left(u(k+j) - u^{TG}(k)\right)^2, \tag{5.10}$$

sendo $\lambda^{TG}(k)$ a ponderação relacionada à distância entre a variável manipulada e seu valor desejado para operação em regime permanente.

Assim, o objetivo deste termo é forçar com que o controlador mantenha a variável manipulada o mais próximo possível do valor ótimo $u^{TG}$, que pode representar, por exemplo, um ponto ótimo de produção do sistema ou um menor consumo energético. Note que, na prática, o ponto de operação pode não estar univocamente definido ao escolher uma referência para a variável controlada, pois o sistema pode estar sujeito a diversas perturbações. No caso que o custo associado a não conseguir manter $u$ próximo a $u^{TG}$ seja mais importante que o de manter $y$ próximo de $r$, este tipo função custo é interessante.

Para analisar este caso, vamos escrever a ação de controle futura $u(k+j)$ em função do sinal de controle passado $u(k-1)$ e dos incrementos futuros de controle como:

$$u(k+j) = \sum_{i=0}^{j} \Delta u(k+i) + u(k-1). \tag{5.11}$$

Considerando todo o vetor futuro para a variável manipulada, é possível reescrever (5.11) de forma matricial como:

$$\mathbf{U} = \mathbf{T}\Delta\mathbf{u} + \mathbf{U}(t-1), \tag{5.12}$$

com $\mathbf{U}(t-1) = u(k-1)\mathbf{1}_{N_u}$ e $\mathbf{T}$ uma matriz triangular inferior, na qual todos os elementos não nulos são iguais a 1, como definida na Seção 3.2.2. Note que a abordagem é a mesma que foi empregada para escrever restrições no valor absoluto do sinal de controle como função dos incrementos de controle.

Para completar, é possível reescrever $J_U$ de forma matricial, utilizando as seguintes expressões:

$$\mathbf{r}_U = u^{TG}(k)\mathbf{1}_{N_u}, \quad \mathbf{Q}_U = \begin{bmatrix} \lambda^{TG}(0) & 0 & 0 \\ 0 & \ddots & 0 \\ 0 & 0 & \lambda^{TG}(N_u-1) \end{bmatrix}.$$

Assim, temos:

$$\begin{aligned} J_U =& (\mathbf{U} - \mathbf{r}_U)^T \mathbf{Q}_U (\mathbf{U} - \mathbf{r}_U) \\ =& (\mathbf{Tu} + \mathbf{U}(t-1) - \mathbf{r}_U)^T \mathbf{Q}_U (\mathbf{Tu} + \mathbf{U}(t-1) - \mathbf{r}_U) \\ =& \mathbf{u}^T\mathbf{T}^T\mathbf{Q}_U\mathbf{Tu} + 2\mathbf{u}^T\mathbf{T}^T\mathbf{Q}_U(\mathbf{U}(t-1) - \mathbf{r}_U) + (\mathbf{U}(t-1) - \mathbf{r}_U)^T\mathbf{Q}_U(\mathbf{U}(t-1) - \mathbf{r}_U). \end{aligned}$$

O termo $J_U$ então deve ser incorporado à função custo total $J$, resultando em:

$$J = \frac{1}{2}\Delta\mathbf{u}^T\mathbf{H}_{qp}\Delta\mathbf{u} + \mathbf{f}_{qp}^T\Delta\mathbf{u}^T + c_{qp},$$

com

$$\begin{aligned} \mathbf{H}_{qp} &= 2\left(\mathbf{G}^T\mathbf{Q}_e\mathbf{G} + \mathbf{Q}_u + \mathbf{T}^T\mathbf{Q}_U\mathbf{T}\right), \\ \mathbf{f}_{qp} &= -2\mathbf{G}^T\mathbf{Q}_e\left[\mathbf{r} - \mathbf{f}\right] - 2\mathbf{T}^T\mathbf{Q}_U(\mathbf{r}_U - \mathbf{U}(t-1)), \\ c_{qp} &= \left[\mathbf{r} - \mathbf{f}\right]^T\mathbf{Q}_e\left[\mathbf{r} - \mathbf{f}\right] + (\mathbf{r}_U - \mathbf{U}(t-1))^T\mathbf{Q}_U(\mathbf{r}_U - \mathbf{U}(t-1)). \end{aligned}$$

Com esta nova função custo, dependendo da escolha de $\mathbf{Q}_U$ e $\mathbf{Q}_e$, o controlador poderá buscar um ponto de operação que mantenha o processo mais ou menos perto do valor ótimo do sinal de controle ou da variável controlada. Note que, normalmente, não é possível garantir o seguimento das duas referências ao mesmo tempo, então o que define a importância de uma ou outra variável é a escolha das ponderações. Adicionalmente, veja que essa forma de função custo pode ser muito bem combinada com um controle de $y$ por faixas, de modo que o controlador tente se aproximar de $u^{TG}$, mantendo $y$ dentro da faixa.

**Exemplo 5.14**

Aqui, aproveitaremos novamente o Exemplo 3.12, que trata do controle do nível de um tanque. A sintonia é a mesma do exemplo original: $N_1 = 1$, $N_2 = 15$, $N_u = 5$ e $\lambda = 5$.

No cenário de simulação, o sistema inicia com o nível em 52%, que é mudada em $t = 22\,\text{min}$ para 55% e em $t = 8\,\text{min}$ uma variação na vazão de saída de amplitude 2% também é aplicada. Três casos diferentes serão simulados:

- Caso 1: sem referência para a variável manipulada.
- Caso 2: com referência de valor 30% para a manipulada e $\lambda^{TG} = 0{,}4$.
- Caso 3: com referência de valor 30% para a manipulada e $\lambda^{TG} = 5$.

Assim, no Caso 1 entende-se que o valor de equilíbrio da variável manipulada não é importante. Já nos outros dois casos o funcionamento ótimo do processo é dado para um valor da variável manipulada de 30%.

Os resultados são apresentados na Figura 5.15. Veja que, no Caso 1, o sistema segue a referência e rejeita o efeito da perturbação com erro nulo. Isto já não é verdade nos Casos 2 e 3, nos quais o controlador precisa encontrar um ponto ótimo que minimize, simultaneamente, os erros futuros do seguimento de referência das variáveis controlada e manipulada. No Caso 2, que possui uma ponderação $\lambda^{TG}$ menor, a diferença para o Caso 1 é pequena e se torna cada vez menor ao diminuirmos $\lambda^{TG}$. Por outro lado, no Caso 3, no qual $\lambda^{TG}$ é relativamente maior, acontece o contrário e o controlador começa a priorizar o seguimento da referência da variável manipulada, o que gera erros maiores em regime permanente. Esse seria o caso na prática no qual é mais importante manter a variável manipulada próxima de 30% do que a variável controlada perto de 55%.

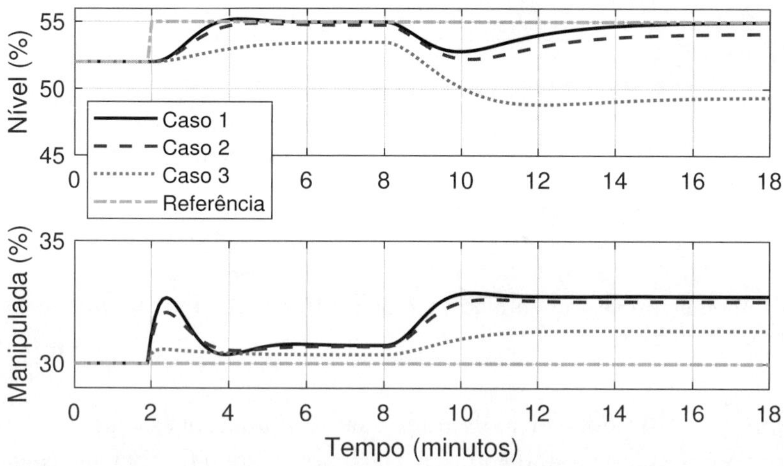


**Figura 5.15** Exemplo 5.14 – comparação das respostas com referência para a manipulada.

## 5.8 EFEITO DO TEMPO DE PROCESSAMENTO DA AÇÃO DE CONTROLE NO SISTEMA E SOLUÇÕES PRÁTICAS

Na modelagem do processo e na solução do MPC, consideramos que o tempo de processamento da solução do problema de otimização é muito menor que o tempo de amostragem, e o controle calculado em $k$ é realmente aplicado nessa amostra. Observe que, na realidade, sempre existe um atraso entre o momento de realização da medição da saída do processo e das perturbações medidas, e o instante de aplicação do sinal de controle. Se esse atraso puder ser desprezado, a formulação do problema MPC, como vista, pode ser mantida, considerando que a resposta à atuação em $k$ pode ser percebida em $k + 1$, ou seja, há uma amostra de atraso causada pelo fato de a amostragem ser realizada antes da atuação. Caso isso não aconteça e o tempo de processamento seja bem próximo do $T_s$, então o correto é considerar que o modelo do processo mais sistema de medição-atuação-processamento tem mais uma amostra de atraso. Na Figura 5.16 são ilustradas essas duas situações. No caso (a) da figura, o tempo de processamento é pequeno se comparado ao período de amostragem e podemos considerar o controle aplicado em $k$. Já no caso (b) da figura, é mais adequado aguardar a nova amostra e aplicar o controle em $k + 1$.

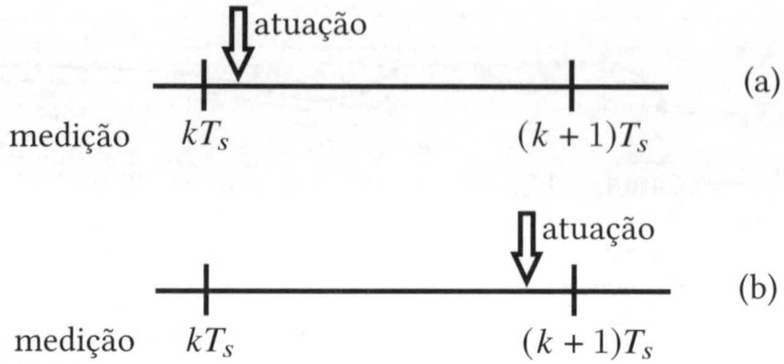


**Figura 5.16** Tempo de processamento da ação de controle: (a) tempo muito menor que $T_S$; (b) tempo muito próximo de $T_S$.

Assim, no caso (b) pode ser mais interessante já incluir esse atraso adicional no modelo do processo usado para formular o MPC, pois o sinal de controle calculado em $k$ será aplicado apenas em $k+1$ e surtirá efeito, na melhor das hipóteses, em $k+2$. Caso o sistema tenha atraso em sua dinâmica, o efeito aparecerá apenas depois de passados o atraso e as duas amostras, ou seja, em $k+d+2$.

Considere, por exemplo, um GPC para um modelo do processo do tipo:

$$y(k) = \frac{B(z^{-1})z^{-d}}{A(z^{-1})}u(k-1),$$

no qual $d$ representa o atraso da dinâmica do processo, em amostras, e $u(k-1)$ é usado para representar o atraso inerente à representação discreta. Caso o controle somente possa ser aplicado no final do $T_s$, deveríamos mudar o modelo para:

$$y(k) = \frac{B(z^{-1})z^{-d-1}}{A(z^{-1})}u(k-1),$$

de forma a aumentar o atraso entre a efetiva aplicação do sinal de controle e a medição do efeito que esta causa na saída do processo.

Devemos ressaltar que, na prática, quando o controlador MPC é ajustado para ter um certo grau de robustez, o erro introduzido pela desconsideração de uma amostra de atraso pode não ter um efeito perceptível na resposta em malha fechada do sistema. Por exemplo, em sistemas que naturalmente tem um atraso de transporte importante na dinâmica do processo, ao sintonizar um controle robusto, vamos considerar um erro de atraso que, geralmente, será muito maior que uma amostra. Assim, o efeito de modelar esse atraso adicional de uma amostra não vai trazer grandes ganhos no desempenho do sistema. Já em sistemas que não têm atraso e são de dinâmica muito rápida, desconsiderar o problema do atraso adicional pelo processamento do sinal de controle pode causar uma deterioração da dinâmica do sistema em malha fechada.

Vamos ilustrar esses casos com dois exemplos utilizando um GPC sem restrições.

**Exemplo 5.15**

Considere um sistema SISO com modelo dado por:

$$y(k) = \frac{bz^{-d}}{1 - az^{-1}} u(k-1),$$

com $b = 0{,}3$, $a = 0{,}9$ e $d = 20$, que corresponde a um sistema de aquecimento com atraso de transporte do fluido aquecido que é duas vezes maior que a constante de tempo do sistema. Vamos considerar que o sistema de controle GPC usado é instalado em um processador de baixo desempenho que precisa de quase todo o $T_s$ para calcular $u(k)$ em cada passo.

Tipicamente, nesse tipo de sistema, o controle tem que ser robusto às incertezas de estimação do atraso (considerado de 10%) e da constante de tempo (considerado de 5%). Assim, o ajuste do controle deve prever uma variação de $d$ de mais ou menos duas amostras, além do erro de estimação de $a$. Observe, então, que o erro adicional de uma amostra que seria introduzido pelo tempo de processamento não é significativo frente aos outros erros considerados.

Para conseguir controlar bem o processo para os erros de modelagem, o GPC foi sintonizado com $N_1 = d + 1$, $N_2 = d + 50$, $N_u = 5$ e $\lambda = 100$. O desempenho do sistema em malha fechada com o GPC proposto usando o modelo com $d = 21$ (GPC1) e com modelo com $d = 20$ (GPC2) para um caso no qual o processo tem atraso de 23 amostras (uma amostra adicional pelo processamento e duas pelo erro de estimação) é mostrado na Figura 5.17.

Como pode ser observado, as respostas obtidas com o GPC1 e GPC2 são similares, mostrando que a adição do atraso de processamento do controle no modelo não traz tantas vantagens neste caso, dado que o ajuste robusto absorve o erro adicional do atraso. De todo modo, observe que o sinal de controle tende a ser oscilatório no caso que não compensa o atraso adicional causado pelo processamento.

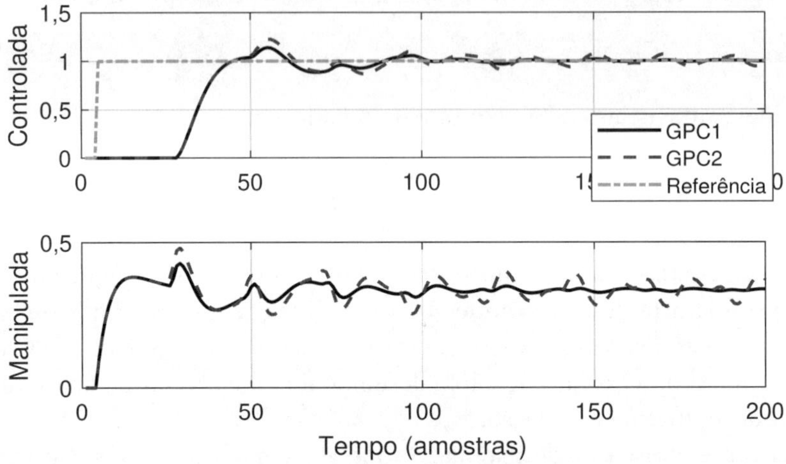


**Figura 5.17** Exemplo 5.15 – respostas do sistema em malha fechada para um GPC ajustado com modelo com $d = 21$ (GPC1) e com $d = 20$ (GPC2).

## Exemplo 5.16

Neste segundo exemplo, considere um sistema de controle de velocidade de um motor, com modelo dado por:

$$y(k) = \frac{b}{1 - az^{-1}} u(k-1),$$

com $b = 0{,}4$ e $a = 0{,}8$, que não tem atraso. Assim como no exemplo anterior, vamos considerar que o sistema de controle GPC usado é instalado em um processador de baixo desempenho que precisa de quase todo o $T_s$ para calcular $u(k)$ em cada passo.

O ajuste do controle, neste caso, deve conseguir respostas em malha fechada muito mais rápidas que em malha aberta, o que é uma especificação comum em sistemas elétricos. Para isso, o modelo deve ser uma boa representação do processo. Aqui, o erro adicional de uma amostra que seria introduzido pelo tempo de processamento é significativo, frente à dinâmica de malha fechada.

Para controlar este processo, o GPC foi sintonizado com $N_1 = d+1$, $N_2 = d+10$, $N_u = 2$ e $\lambda = 0{,}2$. A Figura 5.18 mostra o desempenho do sistema em malha fechada com o GPC proposto usando o modelo com $d = 1$ (GPC1) e com modelo com $d = 0$ (GPC2).

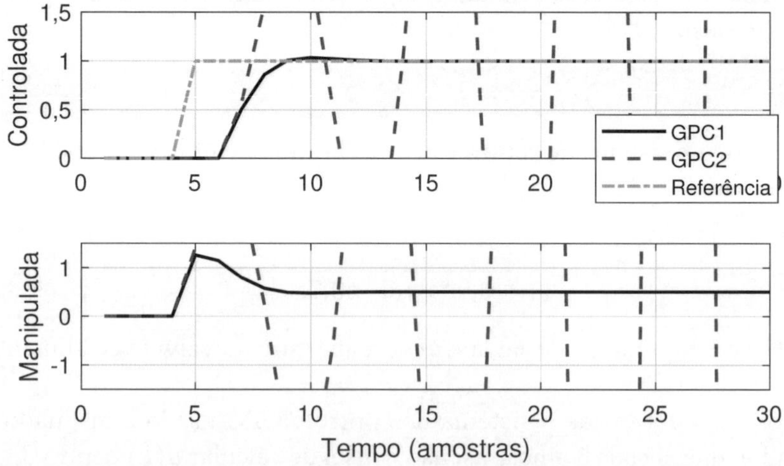


**Figura 5.18** Exemplo 5.16 – respostas do sistema em malha fechada para um GPC ajustado com modelo com $d = 1$ (GPC1) e com $d = 0$ (GPC2).

Como pode ser observado, as respostas obtidas com o GPC1 e GPC2 são bem diferentes, tanto que o GPC2 não consegue manter a estabilidade. Isso ilustra que, neste caso, a adição do atraso de processamento do controle no modelo traz vantagens significativas. Claro que, do ponto de vista prático, um controle tão pouco robusto pode ter pouca utilidade, pois mesmo com o uso correto do atraso no modelo, a resposta pode se deteriorar bastante, caso existam erros de modelagem, por exemplo, no ganho ou na constante de tempo.

Os exemplos anteriores ilustraram bem o caso associado a um MPC que pode processar o sinal de controle dentro do período de amostragem. Por outro lado, podemos ter situações para as quais o tempo de amostragem não é suficiente para resolver o problema QP. Nestes casos, além de poder considerar no modelo o tempo de processamento, podemos definir um procedimento para que o controlador envie ao processo um valor de controle o mais próximo possível da solução ótima esperada, mas que não conseguiu ser calculada a tempo. Na prática, temos várias opções para esta situação:

- repetir o valor do controle anterior;
- entregar um valor sub-ótimo, que seria o resultado do algoritmo QP ao final do tempo de amostragem, por mais que ele ainda não tenha convergido para o ótimo;
- calcular a solução do QP sem restrições (que é muito rápida) e saturar o valor do controle de acordo com os valores máximos e mínimos de $u$ e $\Delta u$;
- calcular qual das três opções anteriores é a que gera menor valor da função custo e utilizar esta como sinal de controle a ser enviado ao processo.

Vamos ilustrar esta análise com um exemplo comparativo, implementando as quatro estratégias propostas.

**Exemplo 5.17**

Considere um sistema de controle de temperatura de um trocador de calor água-vapor, com modelo dado por:

$$y(k) = \frac{0{,}5z^{-5}}{(1 - 0{,}9z^{-1})(1 - 0{,}7z^{-1})} u(k - 1),$$

sendo $y(k)$ a temperatura de saída e $u(k)$ a abertura da válvula de alimentação de vapor.

Vamos considerar que o sistema de controle GPC usado é instalado em um processador, que, a cada 3 amostras, não consegue calcular $u(k)$ dentro do período de amostragem, $T_s$. Para controlar este processo, o GPC foi sintonizado com $N_1 = 6$, $N_2 = 30$, $N_u = 5$, $\lambda = 1$ e com referências futuras, e as restrições de operação consideradas são $u(k + j) \in [0, 1]$, $\Delta u(k + j) \in [-0{,}05, +0{,}05]\%$, para todo $j$ no horizonte de controle.

A Figura 5.19 mostra o desempenho do sistema em malha fechada, com o GPC proposto, usando as estratégias de repetição do valor do controle anterior (GPC 1), de uso do resultado do algoritmo QP ao final do tempo de amostragem (GPC 2), da solução do QP sem restrições saturada (GPC 3) e a combinação das soluções anteriores com o menor valor da função custo (GPC 4). Também é simulado o GPC sem perdas, considerando o resultado ideal, quando há tempo suficiente para resolver o QP no tempo de amostragem.

Como pode ser observado, as respostas obtidas com o GPC 1, GPC 2, GPC 3 e GPC 4 são parecidas, com o GPC 1 apresentando um pouco mais de sobressinal que as demais para este exemplo específico. No gráfico do esforço de controle ficam mais claras as diferenças entre as três abordagens para tratar o atraso no cálculo. Pode-se perceber os momentos de repetição da ação de controle anterior para o GPC 1. No GPC 2, note que pode haver violação das restrições caso o otimizador entregue um valor sub-ótimo. Já o GPC 3, que usa o cálculo sem restrições e posterior saturação do incremento de controle, apresenta mais oscilações em relação às outras. A abordagem GPC 4 acaba sendo a que mais se aproxima da solução ótima, pois utiliza a abordagem que gera a menor função custo. É importante deixar claro que este resultado não pode ser considerado geral, pois depende do ajuste do controle e do conjunto de restrições utilizadas.

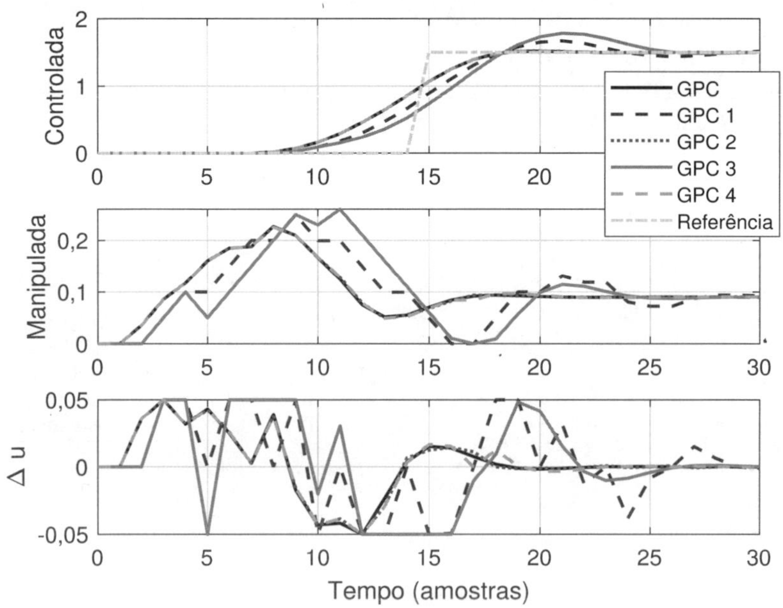


**Figura 5.19** Exemplo 5.17 – Respostas do sistema em malha fechada para os GPC 1, GPC 2, GPC 3 e GPC 4, que utilizam diferentes soluções para a ação de controle quando o QP não obtém $u(k)$ a tempo. Mostra-se também o GPC calculado sem restrições de tempo de cômputo (em linha cheia).

**Exemplo 5.18**

Considere agora o exemplo de um sistema de usinagem CNC com controle de posição em um eixo, cujo modelo é dado por:

$$Y(s) = \frac{4}{s(s+1)^2}U(s),$$

sendo $Y(s)$ a posição da ferramenta e $U(s)$ a tensão no motor. O modelo discretizado é obtido considerando $T_s = 0{,}1$ s.

Assim como no exemplo anterior, vamos considerar que o sistema de controle GPC usado é instalado em um processador, que, a cada 3 amostras, não consegue calcular $u(k)$ dentro do período de amostragem. Para controlar este processo, o GPC foi sintonizado com $N_1 = 1$, $N_2 = 90$, $N_u = 25$ e $\lambda = 0{,}01$ e a restrição de operação considerada é de resposta sem pico, ou seja, $\hat{y}(k+j) \le r(k)$, para todo $j$ no horizonte de predição. A Figura 5.20 mostra o desempenho do sistema em malha fechada com o GPC proposto, usando as mesmas estratégias do exemplo anterior, ou seja, de repetição do valor do controle anterior (GPC 1), de uso do resultado do algoritmo QP ao final do tempo de amostragem (GPC 2), da solução do QP sem restrições saturada (GPC 3) e da combinação das soluções anteriores com o menor valor da função custo (GPC 4).

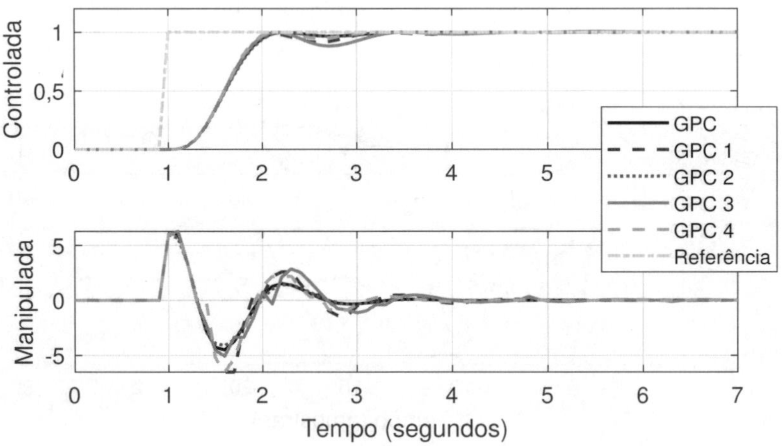


**Figura 5.20** Exemplo 5.18 – respostas do sistema em malha fechada para os GPC 1, GPC 2, GPC 3 e GPC 4, que utilizam diferentes soluções para a ação de controle quando o QP não obtém $u(k)$ a tempo. Mostra-se, também, o GPC calculado sem restrições de tempo de cômputo (em linha cheia).

Para esse cenário, todas as soluções obtiveram respostas razoavelmente similares. No entanto, a abordagem por saturação do sinal de controle, GPC 3, apresenta uma resposta que é mais distante da resposta ideal que as demais soluções. Para o tipo de restrição considerada, a abordagem por saturação da saída não é direta e, por esse motivo, tem perda de desempenho. Quando a restrição está ativa, podemos perceber uma grande diferença entre a solução ótima e a irrestrita saturada.

## 5.9 COMENTÁRIOS FINAIS

Neste capítulo, estudamos algumas estratégias importantes para serem consideradas quando se implementam os controladores MPC na prática. As ideias aqui apresentadas se aplicam tanto ao GPC quanto ao DMC analisados nos capítulos anteriores. Como veremos no Volume 2 desta obra, a maioria das metodologias apresentadas também podem ser usadas nos casos MIMO e não linear.

Algumas das técnicas apresentadas tiveram como objetivo generalizar parte dos resultados discutidos em capítulos anteriores, como o uso de diferentes tipos de restrições e formulações da função custo. Outras foram apresentadas com o intuito de diminuir a carga computacional do algoritmo de controle, que pode ser importante em algumas aplicações práticas. Finalmente, foram mostradas alternativas para gerar uma solução aproximada do problema de otimização quando o sinal de controle não pode ser calculado dentro do tempo de amostragem. Em todos os temas, foram apresentados exemplos de aplicação das técnicas.

Somando os assuntos aqui tratados com os dos capítulos anteriores, o leitor tem um conjunto de ferramentas bastante completo para o entendimento e a implementação de um controle MPC SISO em um sistema real.

## 5.10 EXERCÍCIOS PROPOSTOS

1. Considere a formulação de um controle GPC para uma planta SISO. O GPC precisa manter a resposta transitória do sistema em malha fechada com um pico menor que 10% quando se aplicam mudanças de referência do tipo degrau. Formule esta condição a partir de uma restrição no problema de otimização do GPC, calculando as matrizes $\overline{\mathbf{R}}$ e $\overline{\mathbf{r}}$. Faça esta formulação considerando primeiro restrições no formato convencional, e depois considerando variáveis de folga.

2. Um algoritmo de controle DMC com restrições no controle $u(t+j)$ e no incremento de controle $\Delta u(t+j)$, para $j = 0$ até $j = N_u - 1$, e na saída $y(t+j)$, com $j = N_1$ até $j = N_2$, pode ser transformado a cada amostragem na solução de um problema de programação quadrática (QP) do tipo:

$$\min \left( \frac{1}{2} \Delta \mathbf{u}^T \mathbf{H}_{qp} \Delta \mathbf{u} + \mathbf{b}_{qp}^T \Delta \mathbf{u} \right)$$

sujeito a um conjunto de restrições na forma $\overline{\mathbf{R}} \Delta \mathbf{u} \leq \overline{r}$, considerando $N_1$ e $N_2$ os horizontes de predição mínimo e máximo e $N_u$ o horizonte de controle. Quais as dimensões das matrizes $\mathbf{H}_{qp}$, $\mathbf{b}_{qp}$, $\overline{\mathbf{R}}$ e $\overline{\mathbf{r}}$ do problema QP a ser resolvido em cada amostra?

3. Considere a mesma formulação do problema anterior e faça o que se pede abaixo:

(a) Escreva $\overline{\mathbf{R}}$ e $\overline{\mathbf{r}}$ para representar todas as seguintes restrições simultaneamente:

- os incrementos no sinal de controle devem verificar que $|\Delta u(k+j) + \Delta u(k+j+1)| \leq 0{,}5$, para $j = 0$ até $j = N_u - 1$;
- a taxa de variação da saída do sistema:

$$\Delta y(t+j) = y(k+j) - y(k+j-1)$$

deve ser limitada: $|\Delta y(t+j)| \leq 2$, para $j = N_1$ até $j = N_2$. Esta restrição deve ser implementada de forma "*soft*", e, consequentemente, o problema QP a ser resolvido deve ser devidamente modificado.

(b) Quais as dimensões das matrizes das novas $\mathbf{H}_{qp}$, $\mathbf{b}_{qp}$, $\overline{\mathbf{R}}$ e $\overline{\mathbf{r}}$ do problema QP a ser resolvido em cada amostra?

4. Repita o Exercício 2 para as seguintes restrições:

- a soma dos incrementos no sinal de controle no horizonte $N_u$ deve ser maior ou igual que zero e menor ou igual a 10;
- o controle do último elemento do horizonte de controle deve ser menor que 5;
- o valor final da predição no horizonte $y(k+N_2)$ deve ficar numa banda de mais ou menos 0,1 do valor da referência, considerada, neste caso, do tipo degrau. Esta restrição deve ser implementada considerando folgas, e, consequentemente, o problema QP a ser resolvido deve ser devidamente modificado.

5. Considere o estudo de caso do sistema de controle de nível do tanque da Seção 4.8. Deseja-se comparar os resultados obtidos naquele estudo de caso, no qual a função custo usava um seguimento de referência, com um algoritmo modificado, no qual agora o nível seja controlado por bandas. Considere no seu estudo diferentes valores para a banda desejada em torno da referência e analise o efeito dessa largura de banda no desempenho do sistema e no sinal de controle.

6. Considere, novamente, o estudo de caso do sistema de controle de nível do tanque da Seção 4.8. Deseja-se comparar os resultados obtidos naquele estudo de caso, no qual a função custo usava uma ponderação fixa, com um algoritmo modificado, no qual agora a ponderação do nível seja

definida com diferentes valores, usando três faixas. Considere no seu estudo diferentes valores para os pesos em cada uma das faixas e analise o efeito desses pesos no desempenho do sistema e no sinal de controle.

7. Considere o problema de um DMC controlando um processo genérico usando controle por bandas implementado usando referências variáveis no problema de otimização e com valores diferentes no horizonte. Partindo do problema QP tradicional para o controle DMC, realize as modificações necessárias para gerar o problema QP que resolve este novo caso.

8. Implemente um código de controle GPC que permita realizar a blocagem linear e tenha parâmetros ajustáveis, $N_u$ e $n_{bc}$. Realize um estudo por simulação para um processo de primeira ordem com atraso e analise o efeito do ajuste de $n_{bc}$ no desempenho do sistema em malha fechada.

9. Considere o controle do nível de um tanque. Considera-se que a operação ótima econômica desse tanque do ponto de vista do processo no qual o tanque está instalado é dada pelo nível de 70%, abertura da válvula de entrada de 40% e abertura da válvula de saída de 50%. O modelo linearizado nesse ponto de operação é dado por:

$$Y(s) = \frac{1}{1+2s}[2A(s) - Q(s)],$$

em que as variáveis $y$ (nível), $a$ (abertura da válvula de entrada) e $q$ (abertura da válvula de saída) são incrementais. O tempo está em minutos e a amostragem foi definida como 0,1 min.

Durante a operação, o tanque está submetido a variações de $q$, que atua como uma perturbação para o sistema.

Projete um GPC para este sistema, considerando tanto a referência de nível como a de abertura da válvula de entrada na função custo. Use um cenário de simulação com o sistema iniciando no ponto de operação ótimo e aplique perturbações da abertura da válvula de saída de amplitude +5% e −5% em tempos diferentes da simulação. Defina uma sintonia para o GPC em termos de $N_1$, $N_2$, $N_u$ e $\lambda$, mas varie o $\lambda^{TG}$ para mudar a importância do afastamento do ponto de operação ótimo.

10. Escreva um pseudo-código de um DMC que permita incluir na sua formulação os seguintes aspectos: (i) partida a quente; (ii) alguma ação que

evite o problema de falta de tempo em $T_s$ para encontrar a solução do problema QP.

11. Considere um sistema de controle de temperatura de um forno com modelo dado por:

$$y(k) = \frac{0{,}5z^{-10}}{(1 - 0{,}95z^{-1})(1 - 0{,}75z^{-1})} u(k-1),$$

sendo $y(k)$ a temperatura do forno e $u(k)$ a abertura da válvula de gás no queimador. Para controlar este processo, o GPC foi sintonizado com $N_1 = 11$, $N_2 = 46$, $N_u = 5$ e $\lambda = 1$ e as restrições de operação consideradas são $u(k+j) \in [0;1]$, $\Delta u(k+j) \in [-0{,}05; +0{,}05]\%$, para todo $j$ no horizonte de controle.

Para este processo, deseja-se testar um sistema de controle GPC usando duas estratégias para a solução do problema de otimização: GPC 1, que usa um algoritmo QP com restrições, e GPC 2, que usa a solução do QP sem restrições e satura a solução irrestrita. Implemente as duas soluções e calcule o tempo de processamento de cada solução (por exemplo usando as funções `tic` e `toc` do MATLAB). A partir dos resultados, veja qual seria o período de amostragem mínimo que poderia ser usado para a implementação dos dois GPCs.

12. Para o mesmo processo do exercício anterior, adicione restrições tipo *soft* na saída do processo para que as respostas aos degraus de referência não tenham pico. Refaça o projeto do GPC usando, novamente, o QP com restrições para o GPC 1, e usando o QP sem restrições com ação de controle saturada para o GPC 2. Compare as duas soluções em termos de tempo de cômputo e de desempenho dinâmico. Analise, principalmente, o atendimento da restrição de pico na saída do sistema e proponha um filtro de referência para o GPC 2 para melhorar a solução.

APÊNDICE A

# Simulador GPC-SISO

Neste apêndice, apresentamos brevemente um simulador interativo para o controlador GPC para o caso SISO, que pode ser descarregado da página web do professor José Luis Guzman Sanchez, da Universidade de Almería na Espanha[11].

Os arquivos são executáveis e não precisam de nenhuma instalação. Ainda, na mesma página podem ser baixados os manuais de utilização. Por ser interativa, é possível modificar quaisquer parâmetros da simulação e observar os efeitos causados no desempenho do sistema de forma imediata. Por isso, é uma ferramenta bem útil para ilustrar os principais conceitos de MPC, apesar de ser baseada apenas no GPC.

No simulador, é possível escolher o processo a ser simulado, mediante à definição dos coeficientes da função de transferência, ou ainda, usando uma ferramenta de alocação de polos e zeros no plano complexo. Para as simulações, é possível escolher entre o caso onde o modelo é igual ao processo e o caso com erro de modelagem, bastando para isso movimentar os polos e zeros da planta ou modelo.

A Figura A.1 mostra a janela da ferramenta com os diferentes elementos. Na parte inferior podemos ver os gráficos da saída $y$, do controle $u$ e do incremento de controle $\Delta u$. Barras verticais pontilhadas indicam os horizontes de predição no gráfico de $y$ e de controle no gráfico de $u$ e $\Delta u$. É possível mudar as referências e perturbações aplicadas, assim como o tempo de simulação. Na parte superior à esquerda, se observa a janela que mostra a localização de polos e zeros. Na parte superior à direita, estão todos os parâmetros de ajuste do controle, período de amostragem, definição de restrições e tempo total de simulação.

Para o ajuste de quaisquer parâmetro, basta mover as barras para esquerda ou direita. Para escolha do tipo de restrição a ser usada basta marcar a caixa correspondente. Nos gráficos, é possível modificar os horizontes, tempos de aplicação das mudanças de referência e perturbações, assim como suas amplitudes, apenas mexendo diretamente com o cursor no elemento correspondente.

Para maiores detalhes sugerimos a leitura do manual, que pode ser acessado da própria ferramenta no menu *Settings-Tutorial.*

---

11 https://abre.ai/iSuL.

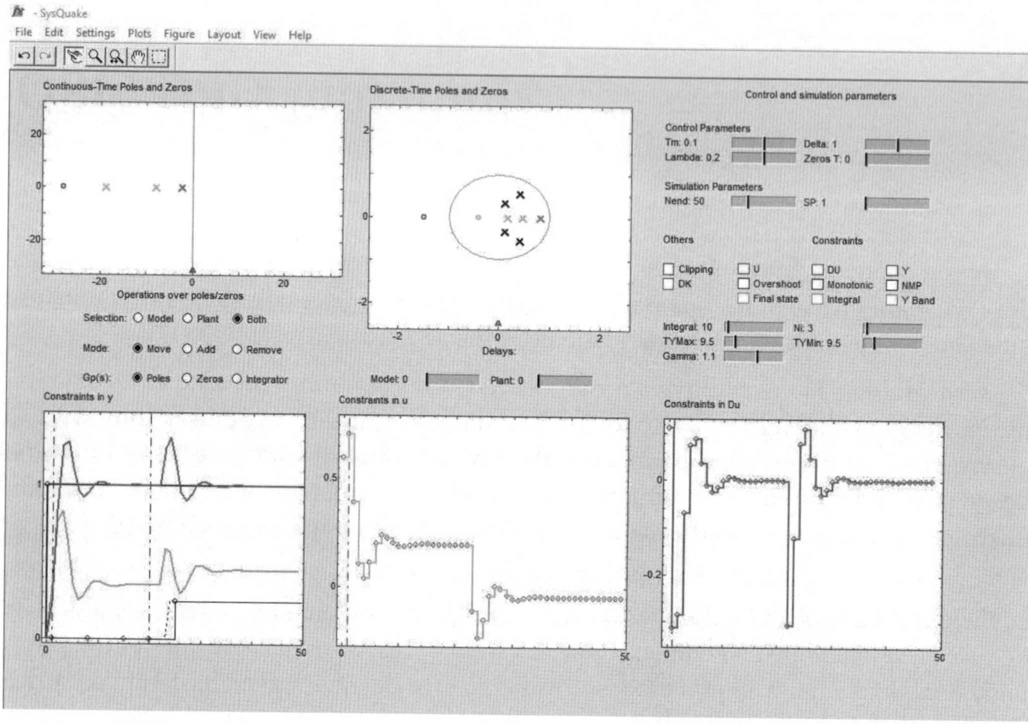

**Figura A.1** Janela da ferramenta interativa de simulação do GPC SISO

APÊNDICE B

# Resumo dos algoritmos MPC

Neste apêndice, são descritos de forma resumida os algoritmos MPC apresentados para facilitar eventuais consultas do leitor.

## B.1 CONTROLE PREDITIVO BASEADO EM MODELO (MPC)

A função custo a ser resolvida considerada neste volume é dada por:

$$J = \delta \sum_{i=N_1}^{N_2} (r(k+i) - \hat{y}(k+i \mid k))^2 + \lambda \sum_{i=0}^{N_u-1} \Delta u(k+i)^2, \tag{B.1}$$

sendo $r$, $\hat{y}$, $\Delta u$, respectivamente, a referência desejada, a predição da saída, e o incremento de controle a ser aplicado. Os parâmetros de sintonia são os horizontes de predição inicial $N_1$ e final $N_2$, o horizonte de controle $N_u$, a ponderação do esforço de controle $\lambda$, e a ponderação dos erros futuros $\delta$.

As predições podem ser escritas no formato vetorial:

$$\hat{\mathbf{y}} = \mathbf{G}\Delta\mathbf{u} + \mathbf{f}, \tag{B.2}$$

sendo que o termo $\mathbf{G}\Delta\mathbf{u}$ representa a resposta forçada e $\mathbf{f} \in \mathbb{R}^N$ a resposta livre, com $N = N_2 - N_1 + 1$. A matriz $\mathbf{G} \in \mathbb{R}^{N \times N_u}$ é definida pelos algoritmos DMC e GPC, $\Delta\mathbf{u} \in \mathbb{R}^{N_u}$ é o vetor de incrementos futuros de controle que deve ser calculado pelo controlador, e $f$ o vetor de resposta livre:

$$\hat{\mathbf{y}} = \begin{bmatrix} \hat{y}(k+N_1 \mid k) \\ \hat{y}(k+N_1+1 \mid k) \\ \vdots \\ \hat{y}(k+N_2 \mid k) \end{bmatrix}, \Delta\mathbf{u} = \begin{bmatrix} \Delta u(k) \\ \Delta u(k+1) \\ \vdots \\ \Delta u(k+N_u-1) \end{bmatrix}, \mathbf{f} = \begin{bmatrix} f(k+N_1 \mid k) \\ f(k+N_1+1 \mid k) \\ \vdots \\ f(k+N_2 \mid k) \end{bmatrix},$$

A função custo pode ser escrita no formato matricial padrão:

$$J = \frac{1}{2}\Delta\mathbf{u}^T \mathbf{H}_{qp} \Delta\mathbf{u} + \mathbf{f}_{qp}^T \Delta\mathbf{u} + c_{qp}, \tag{B.3}$$

com

$$\mathbf{H}_{qp} = 2\left(\mathbf{G}^T\mathbf{Q}_e\mathbf{G} + \mathbf{Q}_u\right),$$
$$\mathbf{f}_{qp} = -2\mathbf{G}^T\mathbf{Q}_e\left[\mathbf{r} - \mathbf{f}\right],$$
$$c_{qp} = \left[\mathbf{r} - \mathbf{f}\right]^T\mathbf{Q}_e\left[\mathbf{r} - \mathbf{f}\right],$$

com $\mathbf{Q}_u = \lambda\mathbf{I}_{N_u}$ e $\mathbf{Q}_e = \delta\mathbf{I}_N$. Se não forem consideradas restrições, existe solução analítica, a qual é dada por:

$$\Delta\mathbf{u} = -\mathbf{H}_{qp}^{-1}\mathbf{f}_{qp},$$
$$\Delta\mathbf{u} = \left(\mathbf{G}^T\mathbf{Q}_e\mathbf{G} + \mathbf{Q}_u\right)^{-1}\mathbf{G}^T\mathbf{Q}_e\left[\mathbf{r} - \mathbf{f}\right],$$
$$\Delta\mathbf{u} = \mathbf{K}\left[\mathbf{r} - \mathbf{f}\right],$$

com $\mathbf{K} = \left(\mathbf{G}^T\mathbf{Q}_e\mathbf{G} + \mathbf{Q}_u\right)^{-1}\mathbf{G}^T\mathbf{Q}_e$ constante que pode ser calculado de maneira *offline*. Como, usualmente, é de interesse apenas o valor de $\Delta u(k)$, o cálculo se torna:

$$\Delta u(k) = \mathbf{K_1}\left[\mathbf{r} - \mathbf{f}\right],$$

sendo $\mathbf{K_1}$ a primeira linha da matriz $\mathbf{K}$.

Se forem consideradas restrições, o problema de otimização se torna:

$$\begin{aligned} \min \quad & \tfrac{1}{2}\Delta\mathbf{u}^T\mathbf{H}_{qp}\Delta\mathbf{u} + \mathbf{f}_{qp}^T\Delta\mathbf{u} + c_{qp} \\ \text{s.a.} \quad & \overline{\mathbf{R}}\Delta\mathbf{u} \leq \overline{\mathbf{r}} \end{aligned} \tag{B.4}$$

com $\overline{\mathbf{R}}$ e $\overline{\mathbf{r}}$ representando as restrições associadas ao problema de otimização. As restrições mais comuns são: (a) no incremento de controle; (b) no valor da ação de controle; (c) na saída do sistema. A restrição no incremento de controle é descrita como:

$$\Delta u_{\min} \leq \Delta u(k+j) \leq \Delta u_{\max}, \ \forall j \geq 0,$$
$$\mathbf{1}_{N_u}\Delta u_{\min} \leq \Delta\mathbf{u} \leq \mathbf{1}_{N_u}\Delta u_{\max},$$

sendo $\mathbf{1}_{N_u}$ um vetor de dimensão $N_u$ no qual todos os elementos são iguais a 1.

A restrição no valor da ação de controle é dada por:

$$u_{\min} \leq u(k+j) \leq u_{\max}, \ \forall j \geq 0,$$
$$u_{\min} \leq \sum_{i=0}^{j}\Delta u(k+i) + u(k-1) \leq u_{\max}, \ \forall j \geq 0,$$
$$\mathbf{1}_{N_u}u_{\min} \leq \mathbf{T}\Delta\mathbf{u} + \mathbf{1}_{N_u}u(k-1) \leq \mathbf{1}_{N_u}u_{\max},$$

sendo $\mathbf{T} \in \mathbb{R}^{N_u \times N_u}$ uma matriz triangular inferior, na qual todos os elementos não nulos são iguais a 1.

Por fim, a restrição na saída é dada por:

$$y_{\min} \leq \hat{y}(k+j \mid k) \leq y_{\max}, \quad \forall j > 0,$$
$$\mathbf{1}_N y_{\min} \leq \mathbf{G}\Delta\mathbf{u} + \mathbf{f} \leq \mathbf{1}_N y_{\max}.$$

As restrições devem ser agrupadas de forma a obter o formato $\overline{\mathbf{R}}\Delta\mathbf{u} \leq \overline{\mathbf{r}}$, assim:

$$\overline{\mathbf{R}} = \begin{bmatrix} \mathbf{I}_{N_u} \\ -\mathbf{I}_{N_u} \\ \mathbf{T} \\ -\mathbf{T} \\ \mathbf{G} \\ -\mathbf{G} \end{bmatrix}, \qquad \overline{\mathbf{r}} = \begin{bmatrix} \mathbf{1}_{N_u}\Delta u_{\max} \\ -\mathbf{1}_{N_u}\Delta u_{\min} \\ \mathbf{1}_{N_u}(u_{\max} - u(k-1)) \\ \mathbf{1}_{N_u}(-u_{\min} + u(k-1)) \\ \mathbf{1}_N y_{\max} - \mathbf{f} \\ -\mathbf{1}_N y_{\min} + \mathbf{f} \end{bmatrix}. \tag{B.5}$$

## B.2 CONTROLE POR MATRIZ DINÂMICA (DMC)

O algoritmo DMC utiliza o seguinte modelo do processo:

$$\hat{y}_O(k \mid k) = \sum_{i=1}^{\infty} g_i \Delta u(k-i) + \sum_{i=0}^{\infty} g_{q,i} \Delta q(k-i), \tag{B.6}$$

em que $g_i$ e $g_{q,i}$ são os coeficientes da resposta ao degrau referentes à entrada $u$ e à perturbação medida $q$. O processo se considera estável.

Já o modelo para os cálculos das predições corrigidas do processo é dado por:

$$\hat{y}(k+j \mid k) = \sum_{i=1}^{\infty} g_i \Delta u(k+j-i) + \sum_{i=0}^{\infty} g_{q,i} \Delta q(k+j-i) + \hat{\eta}(k \mid k), \tag{B.7}$$

com $\eta(k \mid k) = y(k) - \hat{y}_O(k \mid k)$. Substituindo o valor de $\hat{\eta}(k \mid k)$ na equação anterior e rearranjando:

$$\hat{y}(k+j \mid k) = \sum_{i=1}^{j} g_i \Delta u(k+j-i) + \sum_{i=1}^{N_{ss}} \left(g_{j+i} - g_i\right) \Delta u(k-i)$$
$$+ \sum_{i=0}^{j-1} g_{q,i} \Delta q(k+j-i) + \sum_{i=0}^{N_{ssq}} \left(g_{q,j+i} - g_{q,i}\right) \Delta q(k-i) + y(k) \tag{B.8}$$

sendo que $N_{ss}$ e $N_{ssq}$ são, respectivamente, os horizontes de modelo escolhidos para a relação manipulada/controlada e perturbação/controlada.

O vetor de predições é dado, então, por:

$$\hat{\mathbf{y}} = \mathbf{G}\Delta\mathbf{u} + \mathbf{f}, \tag{B.9}$$

e uma vez que $N_1$, $N_2$ e $N_u$ são os horizontes de predição inicial e final, e de controle, respectivamente, então $\mathbf{G} \in \mathbb{R}^{N \times N_u}$:

$$\mathbf{G} = \begin{bmatrix} g_{N_1} & g_{N_1-1} & \cdots & g_{N_1-N_u+1} \\ g_{N_1+1} & g_{N_1} & \cdots & g_{N_1-N_u+2} \\ \vdots & \vdots & \vdots & \vdots \\ g_{N_2} & g_{N_2-1} & \cdots & g_{N_2-N_u+1} \end{bmatrix},$$

e a resposta livre do sistema é dada por:

$$\mathbf{f} = \mathbf{G}_q\Delta\mathbf{q} + \mathbf{1}_N y(k) + \mathbf{H}\underleftarrow{\Delta\mathbf{u}} + \mathbf{H}_q\underleftarrow{\Delta\mathbf{q}}, \tag{B.10}$$

com $\mathbf{G}_q \in \mathbb{R}^{N \times N_q}$, $\Delta\mathbf{q} \in \mathbb{R}^{N_q}$, $\mathbf{1}_N \in \mathbb{R}^N$ sendo um vetor formado por elementos iguais a 1, $\mathbf{H} \in \mathbb{R}^{N \times N_{ss}}$, $\underleftarrow{\Delta\mathbf{u}} \in \mathbb{R}^{N_{ss}}$, $\mathbf{H}_q \in \mathbb{R}^{N \times N_{ssq}+1}$, $\underleftarrow{\Delta\mathbf{q}} \in \mathbb{R}^{N_{ssq}+1}$. As matrizes e vetores são dados por:

$$\mathbf{H} = \begin{bmatrix} h_{N_1,1} & h_{N_1,2} & \cdots & h_{N_1,N_{ss}-1} & h_{N_1,N_{ss}} \\ h_{N_1+1,1} & h_{N_1+1,2} & \cdots & h_{N_1+1,N_{ss}-1} & h_{N_1+1,N_{ss}} \\ \vdots & \vdots & \ddots & \vdots & \vdots \\ h_{N_2,1} & h_{N_2,2} & \cdots & h_{N_2,N_{ss}-1} & h_{N_2,N_{ss}} \end{bmatrix}, \quad \underleftarrow{\Delta\mathbf{u}} = \begin{bmatrix} \Delta u(k-1) \\ \Delta u(k-2) \\ \vdots \\ \Delta u(k-N_{ss}) \end{bmatrix},$$

com

$$h_{j,i} = g_{j+i} - g_i, \; j+i \le N_{ss},$$
$$h_{j,i} = g_{N_{ss}} - g_i, \; j+i > N_{ss}.$$

$$\mathbf{G}_q = \begin{bmatrix} g_{q,N_1-1} & g_{q,N_1-2} & \cdots & g_{q,N_1-N_q} \\ g_{q,N_1} & g_{q,N_1-1} & \cdots & g_{q,N_1-N_q+1} \\ \vdots & \vdots & \vdots & \vdots \\ g_{q,N_2-1} & g_{q,N_2-2} & \cdots & g_{q,N_2-N_q} \end{bmatrix},$$

com

$$h_{q,j,i} = g_{q,j+i} - g_{q,i}, \; j+i \le N_{ssq},$$
$$h_{q,j,i} = g_{q,N_{ssq}} - g_{q,i}, \; j+i > N_{ssq}.$$

$$\Delta\mathbf{q} = \begin{bmatrix} \Delta q(k+1) \\ \Delta q(k+2) \\ \vdots \\ \Delta q(k+N_q) \end{bmatrix}, \quad \underleftarrow{\Delta\mathbf{q}} = \begin{bmatrix} \Delta q(k) \\ \Delta q(k-1) \\ \vdots \\ \Delta q(k-N_{ssq}) \end{bmatrix}.$$

### B.2.1 Implementação recursiva do DMC

Na implementação recursiva, o cálculo da resposta livre muda. As predições de malha aberta (sem correção), são dadas por:

$$\hat{\mathbf{y}}_o(k \mid k) = \hat{\mathbf{y}}_o(k \mid k-1) + \begin{bmatrix} g_1 \\ g_2 \\ \vdots \\ g_{N_{ss}} \end{bmatrix} \Delta u(k-1) + \begin{bmatrix} g_{q,0} \\ g_{q,1} \\ \vdots \\ g_{q,N_{ss}-1} \end{bmatrix} \Delta q(k). \tag{B.11}$$

com

$$\hat{\mathbf{y}}_o(k \mid k-1) = \begin{bmatrix} \hat{y}_o(k \mid k-1) \\ \hat{y}_o(k+1 \mid k-1) \\ \vdots \\ \hat{y}_o(k+N_{ss}-1 \mid k-1) \end{bmatrix}.$$

Após a atualização, o primeiro elemento de $\hat{\mathbf{y}}_o(k \mid k)$ é utilizado para calcular o erro de predição $\hat{\eta}(k \mid k) = y(k) - \hat{y}_o(k \mid k)$. Daí, obtemos o novo vetor $\hat{\mathbf{y}}_o(k+1 \mid k)$ a partir dos elementos de $\hat{\mathbf{y}}_o(k \mid k)$:

$$\hat{\mathbf{y}}_o(k+1 \mid k) = \begin{bmatrix} \hat{y}_o(k+1 \mid k) \\ \hat{y}_o(k+2 \mid k) \\ \vdots \\ \hat{y}_o(k+N_{ss}-1 \mid k) \\ \hat{y}_o(k+N_{ss} \mid k) \end{bmatrix} \approx \begin{bmatrix} \hat{y}_o(k+1 \mid k) \\ \hat{y}_o(k+2 \mid k) \\ \vdots \\ \hat{y}_o(k+N_{ss}-1 \mid k) \\ \hat{y}_o(k+N_{ss}-1 \mid k) \end{bmatrix}. \tag{B.12}$$

A resposta livre pode, então, ser calculada:

$$\mathbf{f} = \begin{bmatrix} \hat{y}_o(k+N_1 \mid k) \\ \vdots \\ \hat{y}_o(k+N_2 \mid k) \end{bmatrix} + \mathbf{1}_N \, \hat{\eta}(k \mid k) + \mathbf{G}_q \Delta \mathbf{q}. \tag{B.13}$$

### B.2.2 DMC Filtrado

Para implementar a versão filtrada do DMC, o cálculo da resposta livre muda ligeiramente, ao invés de adicionar o valor de $\hat{\eta}(k \mid k)$, agora se adiciona o valor $\hat{\eta}_f(k \mid k)$, dado por:

$$\hat{\eta}_f(k \mid k) = F_e(z)\hat{\eta}(k \mid k),$$

sendo $F_e(z)$ um filtro estável, com ganho unitário, projetado adequadamente. A resposta livre é calculada como:

$$\mathbf{f} = \begin{bmatrix} \hat{y}_o(k+N_1 \mid k) \\ \vdots \\ \hat{y}_o(k+N_2 \mid k) \end{bmatrix} + \mathbf{1}_N\, \hat{\eta}_f(k \mid k) + \mathbf{G}_q \Delta \mathbf{q}. \tag{B.14}$$

## B.3 DMC GENERALIZADO (GDMC)

A versão generalizada do DMC (GDMC) pode ser aplicada a qualquer tipo de modelo linear, inclusive integradores e instáveis. Para isso, a forma como o erro de predição $\hat{\eta}$ é utilizado para o cálculo da resposta livre muda:

$$\hat{\eta}_f(k+j \mid k) = F_{e,j}(z)\hat{\eta}(k \mid k) = F_{e,j}(z)\left[y(k) - \hat{y}_o(k \mid k)\right], \tag{B.15}$$

sendo $F_{e,j}(z)$ filtros do erro de predição que devem ser estáveis, ter ganho unitário e ser projetados adequadamente. Cada um dos filtros $F_{e,j}(z)$ deve satisfazer a seguinte condição:

$$\frac{d^m(z^j - F_{e,j}(z))}{dz^m} = 0 \qquad \forall z = z_l,\ m = 0,1,2,\ldots,M_l - 1, \tag{B.16}$$

sendo $z_l$ um polo de $G(z)$ (ou $G_q(z)$) com $|z_l| \geq 1$, ou em uma posição indesejada, e $M_l$ a multiplicidade do polo. Caso $G(z)$ tenha polos integradores, a condição a ser considerada para esse conjunto de polos deve ser:

$$\frac{d^m(z^j - F_{e,j}(z))}{dz^m} = 0 \qquad z = 1,\ m = 0,1,2,\ldots,M_l. \tag{B.17}$$

A ordem de $F_{e,j}(z)$ deve ser escolhida para satisfazer todas as condições simultaneamente.

Com $F_{e,j}(z)$ e a definição de $\hat{\eta}_f$ (B.15), a resposta livre é dada por:

$$\begin{aligned} f(k+j \mid k) = &\sum_{i=1}^{N_f} \left(g_{j+i} - \tilde{g}_{j,i}\right) \Delta u(k-i) + \sum_{i=0}^{j-1} g_{q,i} \Delta q(k+j-i) \\ &+ \sum_{i=0}^{N_f} \left(g_{q,j+i} - \tilde{g}_{q,j,i}\right) \Delta q(k-i) + y_{f,j}(k), \end{aligned} \tag{B.18}$$

sendo que $\tilde{g}_{j,i}$ e $\tilde{g}_{q,j,i}$ são os coeficientes das respostas ao degrau filtrados por $F_{e,j}(z)$ relacionados à entrada $u$ e à perturbação medida $q$, respectivamente, e $y_{f,j}$ é a saída filtrada $y_{f,j}(k) = F_{e,j}(z)y(k)$. $N_f$ é o horizonte de modelo filtrado escolhido de forma que $g_{j+i} - \tilde{g}_{j,i} \approx 0$ e $g_{q,j+i} - \tilde{g}_{q,j,i} \approx 0, \forall j, i \geq N_f$. Assim, a resposta livre em formado vetorial é dada por:

$$\mathbf{f} = \mathbf{G}_q \Delta\mathbf{q} + \mathbf{H}_q \underset{\longleftarrow}{\Delta\mathbf{q}} + \mathbf{H} \underset{\longleftarrow}{\Delta\mathbf{u}} + \mathbf{y}_f, \tag{B.19}$$

com $\mathbf{y}_f \in \mathbb{R}^N$, $\mathbf{H} \in \mathbb{R}^{N \times N_f}$, $\underset{\longleftarrow}{\Delta\mathbf{u}} \in \mathbb{R}^{N_f}$, $\mathbf{G}_q \in \mathbb{R}^{N \times N_q}$, $\Delta\mathbf{q} \in \mathbb{R}^{N_q}$, $\mathbf{H}_q \in \mathbb{R}^{N \times N_f}$, $\underset{\longleftarrow}{\Delta\mathbf{q}} \in \mathbb{R}^{N_f+1}$, dado que é um vetor com as saídas do processo filtradas, dado por:

$$\mathbf{y}_f = \begin{bmatrix} y_{f,N_1}(k) \\ y_{f,N_1+1}(k) \\ \vdots \\ y_{f,N_2}(k) \end{bmatrix}, \quad \underset{\longleftarrow}{\Delta\mathbf{q}} = \begin{bmatrix} \Delta q(k) \\ \Delta q(k-1) \\ \vdots \\ \Delta q(k-N_f) \end{bmatrix}, \quad \underset{\longleftarrow}{\Delta\mathbf{u}} = \begin{bmatrix} \Delta u(k-1) \\ \Delta u(k-2) \\ \vdots \\ \Delta u(k-N_f) \end{bmatrix},$$

$$\mathbf{H} = \begin{bmatrix} h_{N_1,1} & h_{N_1,2} & \cdots & h_{N_1,N_f-1} & h_{N_1,N_f} \\ h_{N_1+1,1} & h_{N_1+1,2} & \cdots & h_{N_1+1,N_f-1} & h_{N_1+1,N_f} \\ \vdots & \vdots & \ddots & \vdots & \vdots \\ h_{N_2,1} & h_{N_2,2} & \cdots & h_{N_2,N_f-1} & h_{N_2,N_f} \end{bmatrix},$$

com

$$h_{j,i} = g_{j+i} - \tilde{g}_{j,i}, \; j+i \leq N_f,$$
$$h_{j,i} = g_{N_f} - \tilde{g}_{j,i}, \; j+i > N_f,$$

$$\mathbf{G}_q = \begin{bmatrix} g_{q,N_1-1} & g_{q,N_1-2} & \cdots & g_{q,N_1-1-N_q} \\ g_{q,N_1} & g_{q,N_1-1} & \cdots & g_{q,N_1-N_q} \\ \vdots & \vdots & \vdots & \vdots \\ g_{q,N_2-1} & g_{q,N_2-2} & \cdots & g_{q,N_2-N_q} \end{bmatrix}, \quad \Delta\mathbf{q} = \begin{bmatrix} \Delta q(k+1) \\ \Delta q(k+2) \\ \vdots \\ \Delta q(k+N_q) \end{bmatrix},$$

$$\mathbf{H}_q = \begin{bmatrix} h_{q,N_1,0} & h_{q,N_1,1} & \cdots & h_{q,N_1,N_f-1} & h_{q,N_1,N_f} \\ h_{q,N_1+1,0} & h_{q,N_1+1,1} & \cdots & h_{q,N_1+1,N_f-1} & h_{q,N_1+1,N_f} \\ \vdots & \vdots & \ddots & \vdots & \vdots \\ h_{q,N_2,0} & h_{q,N_2,1} & \cdots & h_{q,N_2,N_f-1} & h_{q,N_2,N_f} \end{bmatrix},$$

com

$$h_{q,j,i} = g_{q,j+i} - \tilde{g}_{q,j,i}, \; j+i \leq N_f,$$
$$h_{q,j,i} = g_{q,N_f} - \tilde{g}_{q,j,i}, \; j+i > N_f,$$

e lembrando que $g_i = g_{q,i} = \tilde{g}_{j,i} = \tilde{g}_{q,j,i} = 0$ para todo $i < 0$.

## B.4 CONTROLE PREDITIVO GENERALIZADO (GPC)

O modelo do processo utilizado pelo GPC é dado por:

$$A(z)y(k) = B(z)u(k-1) + B_q(z)q(k) + \frac{e(k)}{\Delta}, \tag{B.20}$$

sendo $y$ a saída, $u$ o sinal de controle, $q$ uma perturbação medida, $e$ um ruído branco de média zero, $\Delta = 1 - z^{-1}$, e $A(z)$, $B(z)$, $B_q(z)$ polinômios definidos como:

$$\begin{aligned} A(z) &= 1 + a_1 z^{-1} + a_2 z^{-2} + \ldots + a_{n_a} z^{-n_a}, \\ B(z) &= b_0 + b_1 z^{-1} + b_2 z^{-2} + \ldots + b_{n_b} z^{-n_b}, \\ B_q(z) &= b_{q,0} + b_{q,1} z^{-1} + b_{q,2} z^{-2} + \ldots + b_{q,n_{bq}} z^{-n_{bq}}, \end{aligned}$$

sendo $n_a$, $n_b$ e $n_{bq}$ a ordem dos polinômios. Se o sistema possuir atrasos, é possível incorporar os mesmos nos polinômios $B(z) = \tilde{B}(z)z^{-d}$ e $B_q(z) = \tilde{B}_q(z)z^{-d_q}$, sendo $d$ e $d_q$ os atrasos discretos.

Utilizando a equação diofantina abaixo:

$$1 = E_j(z)\Delta A(z) + z^{-j} F_j(z), \tag{B.21}$$

com $E_j(z)$ e $F_j(z)$ polinômios de ordem $j-1$ e $n_a$, respectivamente,

$$\begin{aligned} E_j(z) =& e_{j,0} + e_{j,1} z^{-1} + e_{j,2} z^{-2} + \ldots + e_{j,j-1} z^{-(j-1)}, \\ F_j(z) =& f_{j,0} + f_{j,1} z^{-1} + \ldots + f_{j,n_a} z^{-n_a}, \end{aligned}$$

as predições são dadas por:

$$\hat{y}(k+j \mid k) = E_j B(z) u(k+j-1) + E_j B_q(z) q(k+j) + F_j(z) y(k). \tag{B.22}$$

Utilizando as seguintes equações diofantinas:

$$\begin{aligned} E_j(z)B(z) =& G_j(z) + z^{-j} H_j(z), \\ E_j(z)B_q(z) =& G_{q,j}(z) + z^{-j} H_{q,j}(z), \end{aligned}$$

obtemos os polinômios abaixo:

$$\begin{aligned} G_j(z) =& g_1 + g_2 z^{-1} + g_3 z^{-2} + \ldots + g_j z^{-(j-1)}, \\ H_j(z) =& h_{j,1} + h_{j,2} z^{-1} + \ldots + h_{j,n_b} z^{-(n_b-1)}, \\ G_{q,j}(z) =& g_{q,1} + g_{q,2} z^{-1} + g_{q,3} z^{-2} + \ldots + g_{q,j} z^{-(j-1)}, \\ H_{q,j}(z) =& h_{q,j,0} + h_{q,j,1} z^{-1} + h_{q,j,2} z^{-2} + \ldots + h_{q,j,n_{bq}} z^{-(n_{bq}-1)}, \end{aligned}$$

assim, é possível separar os termos que dependem de informações futuras e passadas:

$$\begin{aligned}\hat{y}(k+j \mid k) =& G_j(z)\Delta u(k+j-1) + H_j(z)\Delta u(k-1)\\ &+ G_{q,j}(z)\Delta q(k+j) + H_{q,j}(z)\Delta q(k) + F_j(z)y(k).\end{aligned} \tag{B.23}$$

Desta maneira, o vetor de predições é definido como:

$$\hat{\mathbf{y}} = \mathbf{G}\Delta\mathbf{u} + \mathbf{f}, \tag{B.24}$$

e dado que $N_1$, $N_2$ e $N_u$ são os horizontes de predição inicial e final, e de controle, respectivamente, então $\mathbf{G} \in \mathbb{R}^{N\times N_u}$ é a matriz de resposta ao degrau do processo cujos elementos foram obtidos através dos polinômios $G_j(z)$:

$$\mathbf{G} = \begin{bmatrix} g_{N_1} & g_{N_1-1} & \cdots & g_{N_1-N_u+1} \\ g_{N_1+1} & g_{N_1} & \cdots & g_{N_1-N_u+2} \\ \vdots & \vdots & \vdots & \vdots \\ g_{N_2} & g_{N_2-1} & \cdots & g_{N_2-N_u+1} \end{bmatrix}.$$

O vetor de resposta livre, por sua vez, é dado por:

$$\mathbf{f} = \mathbf{G}_q\Delta\mathbf{q} + \mathbf{F}\underset{\longleftarrow}{\mathbf{y}} + \mathbf{H}\underset{\longleftarrow}{\Delta\mathbf{u}} + \mathbf{H}_q\underset{\longleftarrow}{\Delta\mathbf{q}}, \tag{B.25}$$

com

$$\mathbf{G}_q = \begin{bmatrix} g_{q,N_1-1} & g_{q,N_1-2} & \cdots & g_{q,N_1-N_q} \\ g_{q,N_1} & g_{q,N_1-1} & \cdots & g_{q,N_1-1-N_q} \\ \vdots & \vdots & \ddots & \vdots \\ g_{q,N_2-1} & g_{q,N_2-2} & \cdots & g_{q,N_2-N_q} \end{bmatrix}, \quad \Delta\mathbf{q} = \begin{bmatrix} \Delta q(k+1) \\ \Delta q(k+2) \\ \vdots \\ \Delta q(k+N_q) \end{bmatrix},$$

$$\mathbf{F} = \begin{bmatrix} f_{N_1,0} & f_{N_1,1} & \cdots & f_{N_1,n_a} \\ f_{N_1+1,0} & f_{N_1+1,1} & \cdots & f_{N_1+1,n_a} \\ \vdots & \vdots & \ddots & \vdots \\ f_{N_2,0} & f_{N_2,1} & \cdots & f_{N_2,n_a} \end{bmatrix}, \quad \underset{\longleftarrow}{\mathbf{y}} = \begin{bmatrix} y(k) \\ y(k-1) \\ \vdots \\ y(k-n_a) \end{bmatrix},$$

$$\mathbf{H} = \begin{bmatrix} h_{N_1,1} & h_{N_1,2} & \cdots & h_{N_1,n_b} \\ h_{N_1+1,1} & h_{N_1+1,2} & \cdots & h_{N_1+1,n_b} \\ \vdots & \vdots & \ddots & \vdots \\ h_{N_2,1} & h_{N_2,2} & \cdots & h_{N_2,n_b} \end{bmatrix}, \quad \underset{\longleftarrow}{\Delta\mathbf{u}} = \begin{bmatrix} \Delta u(k-1) \\ \Delta u(k-2) \\ \vdots \\ \Delta u(k-n_b) \end{bmatrix},$$

$$\mathbf{H}_q = \begin{bmatrix} h_{q,N_1,0} & h_{q,N_1,1} & \cdots & h_{q,N_1,n_{bq}-1} \\ h_{q,N_1+1,0} & h_{q,N_1+1,1} & \cdots & h_{q,N_1+1,n_{bq}-1} \\ \vdots & \vdots & \ddots & \vdots \\ h_{q,N_2,0} & h_{q,N_2,1} & \cdots & h_{q,N_2,n_{bq}-1} \end{bmatrix}, \quad \underset{\longleftarrow}{\Delta\mathbf{q}} = \begin{bmatrix} \Delta q(k) \\ \Delta q(k-1) \\ \vdots \\ \Delta q(k-n_{bq}+1) \end{bmatrix},$$

sendo que $\mathbf{G}_q \in \mathbb{R}^{N\times N_q}$, $\mathbf{H}_q \in \mathbb{R}^{N\times n_{bq}}$, $\mathbf{H} \in \mathbb{R}^{N\times n_b}$, $\mathbf{F} \in \mathbb{R}^{N\times n_a+1}$, $\Delta\mathbf{q} \in \mathbb{R}^{N_q}$, $\underleftarrow{\Delta\mathbf{u}} \in \mathbb{R}^{n_b}$, $\underleftarrow{\Delta\mathbf{q}} \in \mathbb{R}^{n_{bq}}$, e $\underleftarrow{\mathbf{y}} \in \mathbb{R}^{n_a+1}$.

### B.4.1 GPC com polinômio $C(z) \neq 1$

Neste caso, o modelo do processo utilizado pelo GPC é:

$$A(z)y(k) = B(z)u(k-1) + B_q(z)q(k) + C(z)\frac{e(k)}{\Delta}.$$

com

$$C(z) = 1 + c_1 z^{-1} + c_2 z^{-2} + ... + c_{n_c} z^{-n_c}.$$

Assim, a equação diofantina a ser utilizada para obter as predições futuras é:

$$C(z) = \tilde{A}(z)E_j(z) + z^{-j}F_j(z), \tag{B.26}$$

sendo que o polinômio $E_j(z)$ continua tendo grau $j-1$ e o grau de $F_j(z)$ depende do grau de $C(z)$ e pode até ser variável. Se $n_c \leq n_a + 1$, a ordem de $F_j(z)$ continua tendo grau $n_a$, como no caso de $C(z) = 1$. Se $n_c > n_a + 1$, para $j \leq n_c - n_a$, o grau de $F_j(z)$ é $n_c - j$, e se $j > n_c - n_a$ o grau é sempre $n_a$. Assim, para facilitar a notação, definiremos $n_f$ como a maior ordem de todos os $F_j(z)$, e:

$$F_j(z) = f_{j,0} + f_{j,1}z^{-1} + \cdots + f_{j,n_f}z^{-n_f}.$$

Caso algum $F_j(z)$ tenha ordem menor que $n_f$, alguns dos elementos de maior ordem serão nulos.

As predições, então, são dadas por:

$$\hat{y}(k+j \mid k) = \frac{E_j(z)B(z)}{C(z)}\Delta u(k+j-1) + \frac{E_j(z)B_q(z)}{C(z)}\Delta q(k+j) + \frac{F_j(z)}{C(z)}y(k). \tag{B.27}$$

Definindo os sinais auxiliares:

$$\Delta q_c(k) = \frac{1}{C(z)}\Delta q(k), \quad y_c(k) = \frac{1}{C(z)}y(k),$$

e utilizando as equações diofantinas abaixo:

$$\begin{aligned} E_j(z)B(z) &= G_j(z)C(z) + z^{-j}H_j(z), \\ E_j(z)B_q(z) &= G_{q,j}(z) + z^{-j}H_{q,j}(z), \end{aligned}$$

com $G_{q,j}(z)$ e $H_{q,j}(z)$ definidos da mesma maneira que no caso $C(z) = 1$, e

$$\begin{aligned} G_j(z) &= g_1 + g_2 z^{-1} + g_3 z^{-2} + \ldots + g_j z^{-(j-1)}, \\ H_j(z) &= h_{j,0} + h_{j,1} z^{-1} + \ldots + h_{j,n_h} z^{-n_h}, \end{aligned}$$

e $n_h$ depende tanto de $n_b$ quanto de $n_c$, se $n_b \leq n_c$, então $n_h = n_b - 1$, e se $n_b < n_c$, então $n_h = n_c - 1$. Assim, a predição se torna:

$$\begin{aligned} \hat{y}(k + j \mid k) = &G_j(z)\Delta u(k + j - 1) + H_j(z)\Delta u_c(k - 1) \\ &+ G_{q,j}(z)\Delta q_c(k + j) + H_{q,j}(z)\Delta q_c(k + j) + F_j(z) y_c(k). \end{aligned} \tag{B.28}$$

Desta maneira, o vetor de predições é definido como:

$$\hat{\mathbf{y}} = \mathbf{G}\Delta\mathbf{u} + \mathbf{f}, \tag{B.29}$$

com $\mathbf{G}$ definido exatamente como no caso com $C(z) = 1$, e a resposta livre é dada por:

$$\mathbf{f} = \mathbf{G}_q \Delta\mathbf{q}_c + \mathbf{F}\underleftarrow{\mathbf{y}_c} + \mathbf{H}\underleftarrow{\Delta\mathbf{u}_c} + \mathbf{H}_q \underleftarrow{\Delta\mathbf{q}_c}, \tag{B.30}$$

com

$$\mathbf{G}_q = \begin{bmatrix} g_{q,N_1-1} & g_{q,N_1-2} & \cdots & g_{q,N_1-N_q} \\ g_{q,N_1} & g_{q,N_1-1} & \cdots & g_{q,N_1-1-N_q} \\ \vdots & \vdots & \ddots & \vdots \\ g_{q,N_2-1} & g_{q,N_2-2} & \cdots & g_{q,N_2-N_q} \end{bmatrix}, \quad \Delta\mathbf{q}_c = \begin{bmatrix} \Delta q_c(k+1) \\ \Delta q_c(k+2) \\ \vdots \\ \Delta q_c(k+N_q) \end{bmatrix},$$

$$\mathbf{F} = \begin{bmatrix} f_{N_1,0} & f_{N_1,1} & \cdots & f_{N_1,n_f} \\ f_{N_1+1,0} & f_{N_1+1,1} & \cdots & f_{N_1+1,n_f} \\ \vdots & \vdots & \ddots & \vdots \\ f_{N_2,0} & f_{N_2,1} & \cdots & f_{N_2,n_f} \end{bmatrix}, \quad \underleftarrow{\mathbf{y}_c} = \begin{bmatrix} y_c(k) \\ y_c(k-1) \\ \vdots \\ y_c(k-n_f) \end{bmatrix},$$

$$\mathbf{H} = \begin{bmatrix} h_{N_1,0} & h_{N_1,1} & \cdots & h_{N_1,n_h} \\ h_{N_1+1,0} & h_{N_1+1,1} & \cdots & h_{N_1+1,n_h} \\ \vdots & \vdots & \ddots & \vdots \\ h_{N_2,0} & h_{N_2,1} & \cdots & h_{N_2,n_h} \end{bmatrix}, \quad \underleftarrow{\Delta\mathbf{u}_c} = \begin{bmatrix} \Delta u_c(k-1) \\ \Delta u_c(k-2) \\ \vdots \\ \Delta u_c(k-n_h-1) \end{bmatrix},$$

$$\mathbf{H}_q = \begin{bmatrix} h_{q,N_1,0} & h_{q,N_1,1} & \cdots & h_{q,N_1,n_{bq}-1} \\ h_{q,N_1+1,0} & h_{q,N_1+1,1} & \cdots & h_{q,N_1+1,n_{bq}-1} \\ \vdots & \vdots & \ddots & \vdots \\ h_{q,N_2,0} & h_{q,N_2,1} & \cdots & h_{q,N_2,n_{bq}-1} \end{bmatrix}, \quad \underleftarrow{\Delta\mathbf{q}_c} = \begin{bmatrix} \Delta q_c(k) \\ \Delta q_c(k-1) \\ \vdots \\ \Delta q_c(k-n_{bq}+1) \end{bmatrix},$$

sendo que $\mathbf{G}_q \in \mathbb{R}^{N\times N_q}$, $\mathbf{H}_q \in \mathbb{R}^{N\times n_{bq}}$, $\mathbf{H} \in \mathbb{R}^{N\times n_h+1}$, $\mathbf{F} \in \mathbb{R}^{N\times n_f+1}$, $\Delta\mathbf{q}_c \in \mathbb{R}^{N_q}$, $\underleftarrow{\Delta\mathbf{u}_c} \in \mathbb{R}^{n_h+1}$, $\underleftarrow{\Delta\mathbf{q}_c} \in \mathbb{R}^{n_{bq}}$, e $\underleftarrow{\mathbf{y}_c} \in \mathbb{R}^{n_f+1}$.

# Referências

ALAMIR, M. *A Pragmatic Story of Model Predictive Control*: Self contained algorithms and case-studies. Scotts Valley: CreateSpace Independent Publishing Platform, 2013. 308 p.

CAMACHO, E. F.; BORDONS, C. *Model Predictive Control*. London: Springer, 2004. (Advanced Textbooks in Control and Signal Processing).

CLARKE, D.; MOHTADI, C. Properties of generalized predictive control. *Automatica*, v. 25, n. 6, p. 859–875, 1989.

CLARKE, D. W.; MOHTADI, C.; TUFFS, P. S. Generalized predictive control – Part I. The basic algorithm. *Automatica*, v. 23, n. 2, p. 137–148, Mar 1987.

CLARKE, D. W.; MOTHADI, C.; TUFFS, P. S. Generalized predictive control – Part II. Extensions and interpretations. *Automatica*, v. 23, n. 2, p. 149–160, Mar 1987.

CUTLER, C. R.; RAMAKER, B. L. Dynamic matrix control: A computer control algorithm. In: *Proceedings of the Joint Automatic Control Conference*. San Francisco, USA: AIChE, 1980. v. 17, p. 72.

DATTA, A.; OCHOA, J. Adaptive internal model control: Design and stability analysis. *Automatica*, v. 32, n. 2, p. 261–266, 1996.

DE KEYSER, R. M. C.; CUAWENBERGHE, A. R. Extended prediction self adaptive control. In: *IFAC Symposium on Identification and System Parameter Estimation*. York: IFAC, 1985. p. 1317–1322.

FERNANDES, D. et al. DMC controller design for an integrated Allam cycle and air separation plant. *Computers & Chemical Engineering*, v. 141, p. 107019, 2020.

GARCIA, C. E.; PRETT, D. M.; MORARI, M. Model predictive control: theory and practice – A survey. *Automatica*, v. 25, p. 335–348, 1989.

HE, X.; LIMA, F. V. Development and implementation of advanced control strategies for power plant cycling with carbon capture. *Computers & Chemical Engineering*, v. 121, p. 497–509, 2019.

KOUVARITAKIS, B.; ROSSITER, J.; CHANG, A. Stable generalised predictive control: an algorithm with guaranteed stability. *IEE Proceedings D (Control Theory and Applications)*, v. 139, n. 4, p. 349–362, 1992.

LATHI, B. P. *Sinais e Sistemas Lineares*. 2. ed. Porto Alegre: Bookman, 2006.

LIMA, D. M. et al. Improving robustness and disturbance rejection performance with industrial MPC. In: *Proc. 20th Brazilian Conference on Automation (CBA)*. Belo Horizonte, Brazil: SBA, 2014. p. 3229–3236.

MAYNE, D. Q. et al. Constrained model predictive control: Stability and optimality. *Automatica*, v. 36, n. 6, p. 789–814, 2000.

NORMEY-RICO, J. E.; CAMACHO, E. F. Robustness effects of a prefilter in Smith predictor based generalised predictive controller. *IEE Proceedings, Control Therory and Applications*, v. 146, n. 2, p. 179–185, 1999.

NORMEY-RICO, J. E.; CAMACHO, E. F. A multivariable Smith predictor based generalised predictive controller. *IEE Proceedings, Control Therory and Applications*, v. 147, n. 5, p. 538–546, 2000.

NORMEY-RICO, J. E.; CAMACHO, E. F. *Control of Dead-time Processes*. London: Springer, 2007.

QIN, S. J.; BADGWELL, T. A. A survey of industrial model predictive control technology. *Control Engineering Practice*, v. 11, n. 7, p. 733–764, 2003.

RICHALET, J. et al. Algorithm control for industrial processes. In: *Proc. 4th IFAC Symposium on Identification and System Parameter Estimation*. Tbilisi, URSS: IFAC, 1976.

ROBINSON, B. D.; CLARKE, D. W. Robustness effects of a prefilter in generalised predictive control. *IEE Proceedings D (Control Theory and Applications)*, v. 138, n. 1, p. 2–8, 1991.

SANTOS, T. L. M.; NORMEY-RICO, J. E. A generalised dynamic matrix control for unstable processes based on filtered predictions. *ISA Transactions*, v. 136, p. 297–307, 2023.

SHI, Y. et al. Dual-mode fast DMC algorithm for the control of ORC based waste heat recovery system. *Energy*, v. 244, p. 122664, 2022.

SKOGESTAD, S.; POSTLETHWAITE, I. *Multivariable feedback control*: Analysis and design. New York: John Wiley and Sons, 1996.

SOETERBOEK, A. R. M. *Predictive Control*: A unified approach. Upper Saddle River: Prentice Hall, 1992.

TAKATSU, H.; ITOH, T.; ARAKI, M. Future needs for the control theory in industries-report and topics of the control technology survey in the Japanese industry. *Journal of Process Control*, v. 8, n. 5-6, p. 369–374, 1998.

WANG, J. et al. A distributed model predictive control algorithm with the gap metric output feedback decoupling. *Computers & Chemical Engineering*, p. 107167, 2020.

XU, X. D. et al. Data-driven plant-model mismatch estimation for dynamic matrix control systems. *International Journal of Robust and Nonlinear Control*, v. 30, n. 17, p. 7103–7129, 2020.

YDSTIE, B. E. Extended horizon adaptive control. In: *Proc. 9th IFAC World Congress*. Budapest: IFAC, 1984.

YOON, T.; CLARKE, D. W. Observer design in receding-horizon control. *International Journal of Control*, v. 2, p. 171–191, 1995.

ZIEGLER, J. G.; NICHOLS, N. B. Optimum settings for automatic controllers. *Transactions of the American Society of Mechanical Engineers*, v. 64, n. 8, p. 759–765, 1942.

# Sobre os autores

**Julio Elias Normey-Rico** possui graduação em Engenharia Eletrônica - Universidade Nacional de La Plata (1986), mestrado em Engenharia Elétrica pela Universidade Federal de Santa Catarina (1989) e doutorado em Robótica Automática e Eletrônica - Universidade de Sevilla (1999). É professor titular da Universidade Federal de Santa Catarina, Coordenador do Programa de Pós Graduação em Engenharia de Automação e Sistemas, Pesquisador 1A do CNPq, Coordenador do Instituto Nacional de Ciência e Tecnologia em Controle e Automação de Processos de Energia, e também coordenador de vários projetos de pesquisa. É membro de comitês editoriais nacionais e internacionais. Atua em engenharia de controle e automação com ênfase em controle de processos, principalmente em controle de sistemas com atraso e controle preditivo, com aplicações em diversos setores, principalmente em energias renováveis. É autor dos livros Control of Dead-Time Processes (Springer, 2007) e Introdução ao Controle de Processos (Blucher, 2021). Leciona disciplinas de controle preditivo na UFSC desde o ano 2000, participando como professor convidado em outras universidades no Brasil e no exterior.

**Rodolfo César Costa Flesch** é professor do Departamento de Automação e Sistemas, do Programa de Pós-graduação em Engenharia de Automação e Sistemas e do Programa de Pós-graduação em Engenharia Mecânica da Universidade Federal de Santa Catarina. É doutor (2012), mestre (2008) e graduado (2006, com mérito estudantil) em Engenharia de Controle e Automação pela Universidade Federal de Santa Catarina. Realizou pós-doutorado na Fuzhou University (China) na área de controle preditivo de conversores de potência. Suas principais áreas de interesse são controle de processos (com ênfase em controle preditivo), instrumentação, metrologia e automação da medição. Mantém projetos de cooperação internacional com diversas universidades, além de projetos de cooperação com o setor produtivo. É coordenador do Programa de Formação de Engenheiros em Automação, Controle e Instrumentação para Petróleo, Gás e Biocombustíveis (PRH 2.1, financiado pela ANP), subcoordenador do Instituto Nacional de Ciência e Tecnologia em Controle e Automação de Processos de Energia e bolsista de produtividade em pesquisa 1D do CNPq. Tem mais de uma centena de artigos publicados e orientou mais de 70 trabalhos de conclusão de graduação e de pós-graduação, muitos deles na área de controle preditivo.

**Daniel Martins Lima** possui graduação em Engenharia de Controle e Automação (2011), mestrado (2013) e doutorado (2015) em Engenharia de Automação e Sistemas, todos pela Universidade Federal de Santa Catarina. Desde 2016, é professor adjunto da Universidade Federal de Santa Catarina, Campus Blumenau, atuando principalmente no curso de graduação em Engenharia de Controle e Automação. Leciona disciplinas na área de controle de processos, incluindo técnicas clássicas e avançadas como controle preditivo. Suas áreas de pesquisa incluem controle de sistemas com atraso e controle preditivo aplicados a diferentes áreas da indústria, tal como energias renováveis e produção de petróleo.

**Vinícius Berndsen Peccin** obteve a graduação em Engenharia de Controle e Automação em 2009, o mestrado e o doutorado em Engenharia de Automação e Sistemas em 2013 e 2021, respectivamente, todos pela Universidade Federal de Santa Catarina. É professor do Instituto Federal de Santa Catarina, atuando principalmente no curso de graduação em Engenharia de Controle e Automação. Atua no ensino e pesquisa nas áreas de controle de processos, modelagem dinâmica e otimização. É líder do grupo de pesquisa em instrumentação e controle (Labicon) do Instituto Federal de Santa Catarina.